竹島紀事

죽도기사 종합편

상

상

竹島紀事
죽도기사 종합편

권혁성 편역주

우리가 몰랐던 일본고문서의 역사적 사실들
그리고 수많은 논쟁 속에 있는 독도의 본질을 들여다본다.

한국학술정보

일러두기

1. 본 『죽도기사』 종합편은 국립공문서서관 내각문고 소장의 화서 30889, 함호 178-659를 저본으로 하고 동시에 화서 47092호, 함호 178-655를 참조본으로 해서 권오엽과 권정, 오오니시 토시테루가 편역주하여 한국학술정보㈜에서 출판한 『죽도기사』 권1부터 권5의 13권을 발췌한 것이다.

1. 발췌하는 과정에서 문장의 원활한 흐름을 위해 해석의 일부를 보정하였다.

1. 본서의 번각문은 저본과 참조본을 오오니시 토시테루와 권오엽이 공동으로 문자를 확인하여 만들었다. 참고한 것은 죽도문제 연구회의 『죽도문제에 관한 조사연구』 및 이케우치 사토시의 『죽도일건의 역사적 연구 죽도(울릉도)를 둘러싼 근세 일본과 조선』이다.

1. 본서의 「죽도」가 「울릉도」를 의미할 경우는 「울릉도」를 병기하지 않는 것을 원칙으로 한다. 또 본문 중의 「일한」이나 「한일」, 「일조」, 「조일」 등의 표현은 일본과 조선(한국)의 관계를 설명하기 위한 표현일 뿐, 우선권을 인정하는 것은 아니다.

1. 일본어 표기는 원음에 가까운 표기를 위하여 일반적으로 생략하는 장음 「이·우·오」를 살려 「東京」은 「토우쿄우」로, 「大阪」은 「오오사카」로, 「京都」는 「쿄우토」로 표기하기로 한다.

1. 「か·き·く·け·こ」는 「카·키·쿠·케·코」로, 「た·ち·つ·て·と」는 「타·치·쓰·테·토」로, 「しゃ·しゅ·しょ」는 「샤·슈·쇼」로, 「ちゃ·ちゅ·ちょ」는 「챠·츄·쵸」로 표기한다.

凡例

一、本『竹嶋記事』は 国立公文書書館内閣文庫所蔵の和書30889,函
　　号 178－659を底本にし、同じく 和書47902号、函号178－655
　　を参照本として、権五曄と権静、大西俊耀が編注釈し、韓国
　　学術情報(株)にて出版した『竹嶋紀事』巻一から巻五の十三冊
　　を抜粋したものである。

一、抜粋する過程において文章の円滑流れのため解釈の一部を補
　　正した。

一、本書の飜刻文は、底本と参照本とを大西俊輝と権五曄が共同
　　し文字を確認検討して行った。参考としたのは竹島問題研究
　　会『竹島問題に関する調査研究』及び池内敏『竹島一件の歴史学
　　的研究－竹島(欝陵島)をめぐる近世の日本と朝鮮－』である。

一、「竹島」が「欝陵島」をも意味する場合は「欝陵島」は併記しない
　　ことを原則とした。また本文中の「日韓」や「韓日」、「日朝」、「朝
　　日」などの表現は両国の表記で、前後に優先権を置くものでは
　　ない。

一、日本語の韓国語表記は原音に近い表記を期待して一般的に省略
　　する長音「い・う・お」を生かして「東京」は「토우쿄우」に、「大
　　阪」は「오오사카」に、「京都」は「쿄우토」に表記することにした。
　　1. 「か・き・く・け・こ」は「카・키・쿠・케・코」に,「た・ち・
　　つ・て・と」は「타・치・쓰・테・토」に,「しゃ・しゅ・しょ」
　　は「샤・슈・쇼」に、「ちゃ・ちゅ・ちょ」は「챠・츄・쵸」に表記
　　する。

목차

일러두기 / 4

凡例 ··· 5

第一部

竹嶋紀事一(竹嶋一件の第一期) ····························· 11

　　　序
　　　大綱　一段(元禄六年五月)
　　　大綱　二段(元禄六年六月)
　　　大綱　三段(元禄六年七月①)
　　　大綱　四段(元禄六年七月②)
　　　大綱　五段(元禄六年八月)
　　　大綱　六段(元禄六年九月①)
　　　大綱　七段(元禄六年九月②)
　　　大綱　八段(元禄六年十月)
　　　大綱　九段(元禄六年十一月)
　　　大綱一〇段(元禄六年十二月①)
　　　大綱一一段(元禄六年十二月②)
　　　大綱一二段(元禄七年一月①)
　　　大綱一三段(元禄七年一月②)
　　　大綱一四段(元禄七年二月①)
　　　大綱一五段(元禄七年二月②)
　　　大綱一六段(元禄七年二月③)
　　　大綱一七段(元禄七年二月④)
　　　大綱一八段(元禄七年三月～五月)
　　　大綱一九段(元禄七年閏五月)
　　　大綱二〇段(元禄七年七月)
　　　大綱二一段(元禄七年八月①)

第二部

竹嶋紀事二(竹嶋一件の第二期) ……………………………………… 275

　　　　大綱二二段(元禄七年八月②)
　　　　大綱二三段(元禄七年九月①)
　　　　大綱二四段(元禄七年九月②)
　　　　大綱二五段(元禄七年九月③)
　　　　大綱二六段(元禄七年十月①)
　　　　大綱二七段(元禄七年十月②)
　　　　大綱二八段(元禄七年十月③)
　　　　大綱二九段(元禄七年十月④)
　　　　大綱三十段(元禄七年十一月)
　　　　大綱三一段(元禄八年一月①)
　　　　大綱三二段(元禄八年一月②～三月)
　　　　大綱三三段(元禄八年五月①)
　　　　大綱三四段(元禄八年五月②)
　　　　大綱三五段(元禄八年六月①)

찾아보기 / 534

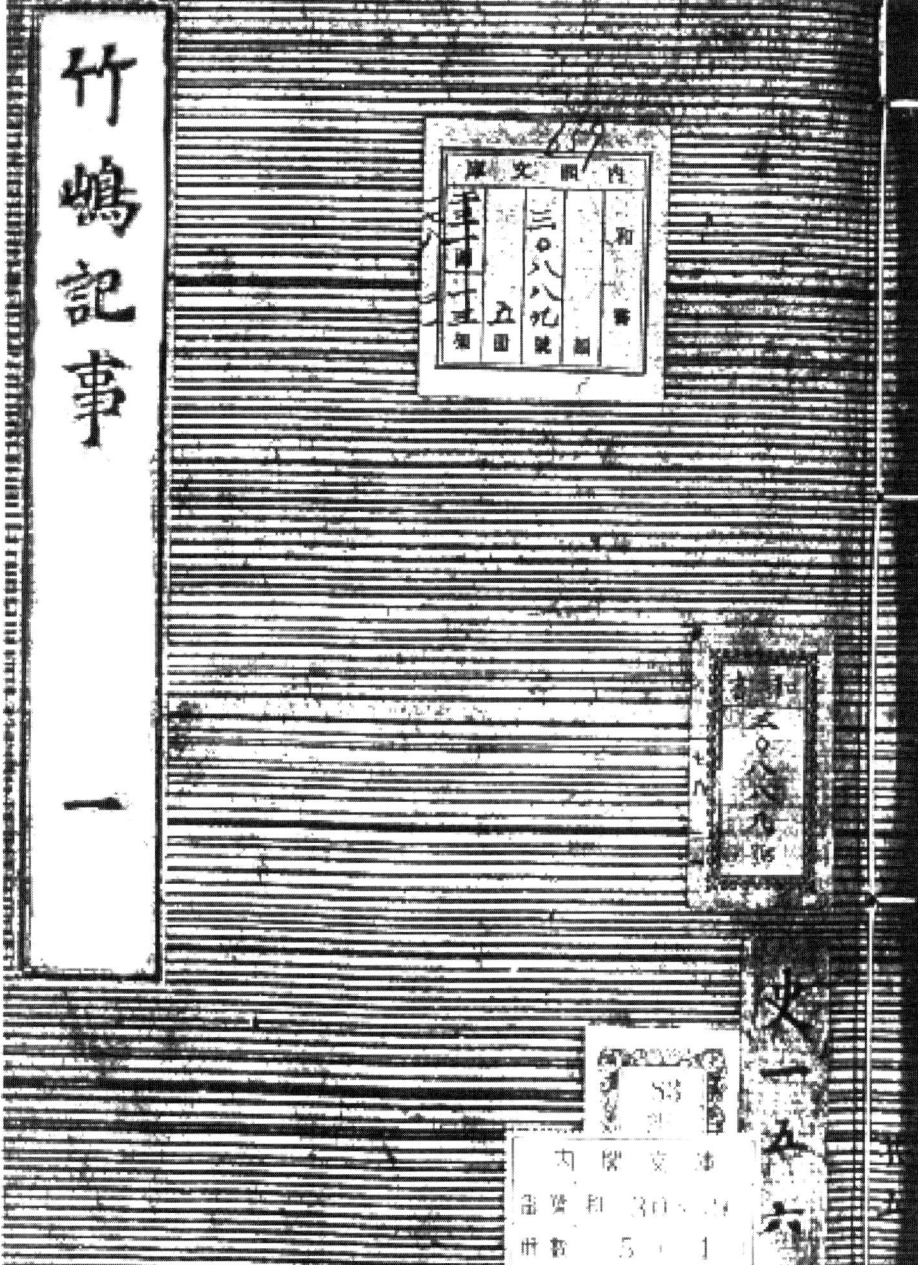

竹嶋記事

一

第一部
竹嶋紀事一

【序】

(00－01)

竹嶋紀事序

竹嶋の事元禄癸酉の年に始りて同己卯の年に畢れり其の間前後七年を閲しなり然も此の事いまた其の記録せしあらさるによりて此年越克明をして此の編をあらハさしむ大抵此の始末其年の久しきを閲たりしゆへいハゆる事機の変既に多端にしてまたもつて、かの考に備ふ遍き翅に一二ならす、克明能く多めに心を謁して此の編を成して、また間其の所見を附しもつて鑒を他日に存せしものなり弥可ハくは覧る人の能くこれを察して、徒に記録をもつて例して視ることな可らむことを、夫竹嶋の事これより先を万松院公の御時にありてかつて論難ありし子細善隣通書に見へしもの、また予か著すところの朝鮮通交大紀に論し及しぬ、冝しく此の編に参へ見る遍し、今此のあめる克明の心を用ゆる、おふかたならさるをおもひて姑くこれか梗概を序して、もつて後の人に告く、其の事の詳なるかこときハ覧る人能くこれを此編に尽さむ時

亨保十一丙午年臘月　日

　　　　　松浦儀右衛門充任題

제1부
죽도기사 1

【서】

(00-01)

죽도기사 서

죽도에 관한 일은 겐로쿠 시대의 계유년(겐로쿠 6년, 1693)에 시작되어 동 기묘년(겐로쿠 12년, 1699)에 끝났다. 그 사이의 전후 7년이 지났다. 그러나 그 일은 아직 그 [일건의 경과를] 기록하지 않은 채, 금년에 이르렀다. 그래서 여기서 코시 쓰네에몬 카쓰오키에게 이 자료의 조사를 행하게 하여 이 일편을 [정리하게 하여 사건의 전말을] 기록하게 했다. 그러나 이 [편찬에 임하여] 대체적인 것에 대하여 말하자면 세월도 상당히 지나버렸기 때문에 사건의 내용이나 관련된 흔적에 대한 [사람들의 기억이 흐려져 실제로는 어떠했는지에 대한 개략마저도] 이미 여러 내용과 형태로 변화하고 말았다. [그 전말에 대해] 생각을 정리하려 해도 그 일의 도리에 맞는 자세한 내용을 [찾으려 해도 그것은] 이미 하나나 둘의 내용과 형태가 아니다. [편찬에 임한] 코시 [쓰네에몬] 카쓰아키는 [그러한 착종 속에서] 충분히 노력하여 [자료가 되는 기록 하나하나를] 찾아보고 [세심히 확인한 위에] 이 일편을 이루었다. 그동안에 얻은 [기록의] 소견을 그대로 기록하고 [불명한 점은] 그것에 맞는 감정을 후일에 맡기기로 했다.

[이 일편을] 열람하는 사람에게 바라는 것은 [이러한 사정을] 충분히 살펴서 함부로 [여기에 남은] 기록만을 가지고, 그것이 실례라면

서 [그저 표면적으로만] 보는 일이 없도록 해주었으면 한다. 원래 죽
도의 사건에 대해 말하자면 [그 근원을 더듬자면 이곳에 기록한 시기
보다 훨씬] 이전의 이야기이다. 만쇼우인 공(쓰시마 후츄우 한슈, 초
대 소우 요시토시)가 살아 계실 때에 이미 곤란한 문제로 논해진 일
이 있다. 그때의 자세한 사정은 선린통서에서도 볼 수 있다. 또 내가
지은 조선통교대기에도 [그 사이의 사정에 대해 언급하여] 편집의 붓
을 옮겨 참고했다. 그러므로 더 알고 싶으면 이 편집물(조선통교대기)
를 참고하기를 바란다. 지금 이곳에 [새로] 편찬한 [이 본서 일편]은
코시[쓰네에몬] 카쓰아키가 마음을 써서 행한 것으로 [그 완성도를
말하자면 이것은] 보통의 것이 아니다. 그렇게 생각하기 때문에 이
개략을 이곳에 쓰기로 했다. 그것으로 후일의 사람들에게 [이 편찬물
의 가치를 바르게] 알리려고 생각한다. 이 [죽도의] 일에 관해서는
[본서의] 기술은 [아주] 상세하다. 이것은 [달리 류를 찾을 수 없을
정도의 것이다. 그것은] 이것을 열람하는 사람이 더 잘 이해[하고 납
득]할 것이다. [즉 죽도일건에 관하여] 이 편찬물보다 나은 것은 달리
없다. 그야말로 [기록을 모아 정리하고 그리고 사건에 대한 총괄을
행한 것으로 그러한] 시기에 [지금 이 정도에] 이르게 된 것이다.

교우호 11(1726)년 병오년 로우게쓰(음력 12월)의 날에

마쓰우라 요시에몬 마사타다가 이것을 써서 기록한다.

(00－02)

竹嶋紀事編集之凡例

一 竹嶋之一件元禄六癸酉年ニ始り同十二丁卯年ニ終り候得共其砌

　　御記録編集無之候付、亨保十一甲午(丙午)年御記録被仰付候

処、参判使両度之記録茂脱簡等在之、江戸朝鮮往復之書状モ連続不仕、其上三十年を経候事故、御帳面茂虫損ニ及全備不致候故諸帳面を考合相知ﾚ候分を以編集仕候事

一 数百枚之御記録故書ﾂ続ケ二仕候而者御考之節難見分ケ候故、一段之大綱を二三字高ク書載仕、其次ニ二、三字下ケ条書ニ微細なる儀を書載仕り一段ツ丶段を分ケ申候事
附り条書之分者状扣日帳等之文句を大方其侭用ﾉ置候事

一 事実之始末見分ｹ安ク候様ニ編集仕候故往復書状之内より考出候儀者書状之文句を少ツ丶相改記録言葉ニ直シ書載仕、書状を載セ不申候而難罷成所ハ書状之略を記し全文ハ載セ不申事

一 此一件前後七年之間ニ而御国御三代ニ及ひ御称号紛敷殊ニ数年之後編集仕候儀故、御称号を書載仕候所ニハ何茂御院号を相用候事

一 御書簡往復を載セ候所ハ輪番書稿之内より書抜載之尤全篇者輪番書稿ニ詳ニ書載在之候故別幅者相省置候事
附り大差再座之返簡者輪番書稿ニ無之候故多田与左衛門日帳之内より書抜候尤別幅者日帳ニ相見江不申候事

一 御奉書幷御老中江之御連状御口上書長崎御奉行等江之御状其外御使者等江被仰渡候御書付御使者伺書等之類者何茂全文を書載候事

一 真文之書キ物ハ何茂全文を載ﾃ候得共短簡扣等紛失之類ハ其所ニ畾紙を残し置重而考出候人有之時書載セ可申事

一 此御記録編集之始末天竜院公御実録之次第を以相考候事

一 杉村采女大差被仰付候事者御帳面之趣不詳候故采女自分之覚書を以書載ﾃ候事

一 因州江朝鮮人罷越候次第御記録不相見候故、江戸表取扱之儀者

　　大浦忠左衛門自分之覚書を以記之、因州江之御使者一件者鈴木

　　権平覚書を以書載仕候事

　　右之例を以編集仕候得共御帳面等全備不仕候故、委細成事者難

　　考出事も在之、極而事実之脱漏も可在之候間、重而幾度も校合

　　被仰付増補被遊候様ニ与奉存候事

　　　　享保十一年甲午(丙午)年臘月　日

　　　　　　　　　編集　越　常右衛門

　　　　　　　　　執筆　大浦陸右衛門

(00－02)

죽도기사 편집의 범례

1. 죽도일건은 겐로쿠 6(1693)년, 즉 계유년에 시작하여 동 12(1699)년, 즉 기묘년에 끝났다. 그러나 그때에 기록된 것이나 편집된 것은 없다. 지금 이 쿄우호 11(1726)년, 즉 갑오년에 새로 기록을 남길 것을 명받았다. 그러나 참판사의 [겐로쿠 6년과 9년] 두 번의 기록도 탈간 등이 있고, 또 에도나 조선과 왕복한 서장도 [날자에 따라] 연속된 것이 아니다. 그 위에 [이미] 30년이나 경과한 일이다. 그렇기 때문에 [기록된] 장부도 벌레가 먹는 등 손상을 입어 모든 것이 갖추어진 것은 것은 아니다. 여러 가지 제 장부를 [대조하며] 생각을 맞추어 알 수 있는 것을 가지고 이 편집을 행했다.

1. 수백 매의 기록이 남아 있기 때문에 이것을 기록한 대로 늘어놓으면 그 요지가 [혼란하여] 구별하기 어렵게 된다. 그렇기 때

문에 한결 [명확한] 대강을 2, 3자 높게 하여 기재하기로 했다. 그 다음에 [이어지는 강목의 단을] 2, 3자 내려서, 조서로 해서 자세한 내용을 기재하기로 했다. [대강의] 단은 1단마다 단을 나누어 [연대순으로] 기재하였다.

부기 조서의 부분은 서장의 메모나 일기장 등의 문언을 대개 그대로 이용하여 기록하기로 했다

1. 사실의 전말을 구별하기 쉽게 편집했기 때문에 왕복서장의 내용을 보고 생각하여 서장의 문언을 약간 고쳐 기록으로서의 언어로 고쳐 써서 싣는 것으로 했다. 서장을 싣지 않으면 [흐름이 보이지 않는다.] 의미가 통하지 않는 곳은 그 서장의 개략을 기록하는 것으로 했다. 서장은 [번잡하기 때문에] 전문은 싣지 않았다.

1. 이 일건은 전후 7년 간에 [생긴 일로] 쓰시마노쿠니의 [한슈의 치세는] 3대까지 걸치는 일이다. 그렇기 때문에 [주군으로서의] 칭호만으로는 [어느 시대의 군주인가를] 혼동한다. 특히 수십 년 후에 편집을 명받았기 때문에 칭호를 기재할 경우 그 어떤 [주군의] 경우라 해도 [구별이 가능하도록 각각의] 원호를 사용하기로 했다.

1. 서간의 왕복으로 해서 실은 곳은 [이안테이] 린반에 있는 서고 안에서 [일부를] 간추린 것을 실었다. 다만 그 전편은 린반의 서고에 상세히 기재되어 있다. 이 때문에 별폭(증답품이 딸린 서간)으로 해서 남은 것은 [번잡하기 때문에] 여기서는 생략했다 부기 대차사가 재좌(다시 취임하는 것)하여 보낸 반서는 린번의 서고에 없기 때문에 [대차사를 지낸] 타다 요자에몬의 일기장에서 [다시] 간추려서 기록했다. 다만 별폭에 대해서는 이 일

기장에는 기록되어 있지 않다.

1. 어봉서 및 노중에게 보내는 연장, 구상서, 나가사키 고부교우 등에게 보내는 어장, 그 외에 사자 등에게 명령한 서부, 사자에게 보낸 사서 등은 모두 전문을 기재했다.

1. 마나(한문)의 서물은 모두 전문을 실었으나 간단한 메모 등 [전후의 사정이 불명하거나] 분실한 것 등은 그곳에 지편을 남겨두고 생각을 하다가 사람들이 모이면 [상의하여 이것을 복원하여] 기재했다.

1. 이 기록을 편집한 내용은 텐류우인 코우(쓰시마 후츄우 번주, 제3대 소우 요시자네)의 실록 내용에 따라 [그간의 사정을 비추어서] 이해해야 한다.

1. 스기무라 우네메가 대차사를 명받은 [겐로쿠 8년 4월의] 사정은 [남아 있는] 장부의 내용이 [반드시] 자세하지는 않다. 그렇기 때문에 우네메 자신의 메모를 참고하여 기재했다.

1. 인슈우에 조선인이 넘어온[겐로쿠 9년 6월의] 상황은 기록에는 기록되어 있지 않다. 그래서 에도에서 취급한 것은 [당시 에도 저택의 토시요리] 오오우라 타다자에몬이 스스로 기록한 메모를 가지고 이것을 기록했다. [겐로쿠 9년 7월에] 인슈우에 온 사자의 일건은 [사자가 되어 이나바에 갔던] 스즈키 곤페이가 기록한 각서에 근거하여 이것을 기재했다.

위의 예(기준)를 가지고 편집을 했으나 장부 등은 모두가 갖추어져 있지 않다. 그래서 상세함을 [다하는 편찬물로] 성립시키는 일 등은 생각하기도 어려운 일이었다. 아무래도 사실이 탈루되는 것도 여기에는 수없이 많이 있을 것이다. [금후] 되풀이해서 몇 번이고 [수많은 자료와 대조하여 다시] 교합하여 [충실한] 증보판이 나올 것을 원하고 있다.

쿄우호우 11년, 병오년, 섣달(음력 12월)의 날

편집 코시 쓰네에몬

집필 오오우라 리쿠에몬

(00-03)

此書の編を成セし後雨森東五郎等の事の始末を知れるによりて東五郎に仰せて訂補勢しめられしや。

(00-03)

이 책을 편집한 후에 아메노모리 토우고로우(호우슈우)가 이 일의 전말을 알고 있었기 때문에 다시 토우고로우에게 명을 내려 정보가 이루어졌다 한다.

【大綱一段(元禄六年五月)】

(01-00)

○癸酉元禄六年五月十三日於江戸、御老中土屋相模守様より此方御留守居江被仰渡候者去年朝鮮人竹嶋与申所江漁として罷越候を松平伯耆守方より見届、重而不罷越候様ニ与被申含候所、当年又々朝鮮人四拾人程罷越漁いたし候故其内弐人召捕置公儀江及御案内候ニ付則長崎奉行所江送届対州江被相届候様ニ被仰出候、委細長崎奉行所より可申参候間、向後不罷越候様ニ与対州江申遣候得之由被仰渡也

【대강 1단(겐로쿠 6년 5월)】

(01 - 00)

○미즈노토토리(계유년), 즉 겐로쿠 6(1963)년의 일이다. 이 5월
13일에 에도에서 노중(월번 노중) 쓰치야 사가미노카미가 우리
쪽의 오루스이역(쓰시마한의 에도 역인)에게 통지를 보냈다. 즉
거년(겐로쿠 5년, 1692)에 조선인이 죽도라고 하는 곳에 어렵하
기 위해 넘어왔다. 마쓰타이라 호우키노카미(톳토리 번주 이케
다 쓰나키요) 님의 사람 [즉 톳토리 번주의 지배 하에 있는 자]
가 이 [조선인의 도도]를 확인하고 두 번 다시[이 섬에] 건너와
서는 안 된다라고 [그렇게] 말해 두었다 한다. 그런데 금년에도
조선인 40인 정도가 섬에 와서 [변함없이] 어렵을 하고 있다.
그래서 그중의 두 사람을 붙잡아서 [일본으로 데리고 돌아왔
다.] 장군에게 [이 내용의] 보고가, [톳토리번에서] 올라와 [아울
러 선처를 요망]하게 되었다. 그 때문에 [조선과 절충하는 역할
을 맡은 쓰시마 후츄우에 급거 연락했다.] 즉시 나가사키 봉행
소에 [조선인 두 사람을] 보내[니 그곳에서 인수하여] 타이슈우
(쓰시마노쿠니)에서 조선으로 [두 사람을] 송환하도록 하라고,
그러한 통지였다. 자세한 것은 나가사키 봉행소에서 [차후에 연
락이] 가게 되겠으나 그 전에 [앞서 사정을 전하여 두는 것이었
다.] 금후로는 [그 조선국의 조정에 알려 다시는 조선인 어민을
죽도에] 건너오지 못하도록 [요구할 필요가 있다. 그러한 조선
과의 외교교섭을 행하도록] 타이슈우에 전하는 것이었다.

(01－01)

江戸表田嶋十郎兵衛方より到来書状之略左ニ記之

(01－01)

에도의(쓰시마한의 에도 저택)에 재근하는 타지마 쥬우로우베에가
[이때에 쓰시마에] 보낸 서장이 있다. 그 개략을 아래에 기록한다.

〃一昨十三日之暮方御月番土屋相模守様御家来衆より聞番共方江以
手紙御用之儀候間唯今一人罷出候様ニ与申来候付、鈴木半兵衛
参上仕候処御用人小畑元右衛門罷出被申聞候者竹嶋与申所江去
年朝鮮人罷越漁仕候、依之松平伯耆守様より御見届、重而不参
候様ニ与被仰含御返候処、又々当年人数四十人程罷越漁仕候故
右人数之内弐人御捕置公儀江御案内有之候付、長崎御奉行所江
被送届、長崎より対州江御届候様ニ与被仰渡候、委細長崎御奉
行所より可申参候間、向後弥不参候さまニ堅朝鮮表江被仰遣候
様ニ御国元江被申越候様ニ与相模守申候、今日右之段於殿中宮
城越前守様江被仰渡候得共其元より茂御届有之可然旨元右衛門
被申聞候、右竹嶋与申所ハ伯耆様御領内にても無之因幡より百
六十里程も有之所ニ而御座候、蚫之名物ニ而御代々伯耆守様よ
り竹嶋蚫公儀江御献上被成場所之由ニ御座候、即晩宮城越前守
様江半兵衛差出右之段申上候得者越前守様御逢被成、今日於殿
中御老中方御列座拙者江茂被仰渡候付長崎表江委細申越候、被
入念被申聞趣承届候、弥御国元江も急度被申越、重而不参候様
ニ堅朝鮮表江被仰遣候様ニ与之御事ニ御座候、右之段阿部豊後守

様江茂半兵衛差出御用人衆迄中上置候、尤今度被仰渡候御請相
模守様江御宛可被差越候、重而朝鮮江被送届返翰到来之節常之
通豊後守様江相伺御差図之御方江差出可申候

〃그저께 [즉 겐로쿠 6년 5월] 13일의 해질 무렵의 일이다. 월번
노중 쓰치야 사가미노카미 님의 케라이슈우가 [우리 쪽의] 키키
반들에게 편지로 볼일이 있다고, 그러한 연락을 보냈다. 지금
한 사람을 [사기미노카미의 곳에] 보내도록 하라는, 그러한 [지
급의] 연락이었다. 그래서 스즈키 한에몬을 올려보내 [서둘러]
용건을 물었더니 어용인 오바타 모토에몬이 나와서 [우리 쪽에
일의 대강을] 이야기해 주셨다. [그것은 이하와 같은 일이다.]
죽도라는 곳에 거년(겐로쿠 5년)에 조선인이 넘어와 어렵을 했
다 한다. 마쓰타이라 호우키노카미 님[의 지배 하에 있는 자들
이] 이것을 확인하고 두 번 다시 [이 섬에] 오지 말라고 이야기
하여 쫓아 보냈다. 그러나 [겐로쿠 6년의] 금년에도 또다시 넘어
왔는데 그 인수는 40인 정도나 되었다. 어렵을 하고 있었기 때
문에 그중의 둘을 붙잡아서 [오키를 경유하여 호우키로 끌고 돌
아왔다. 그 내용을 톳토리한이] 막부에 보고로 해서 올려보냈다.
[그들 조선인 두 사람은] 나가사키 봉행소에 보내지게 될 것이
다. 나가사키에서 다시 타이슈우로 배를 보내어 [다시 조선으로
송환되게] 된다. 그러한 [절차의] 지시가 있었다. 자세한 것은
[근간에] 나가사키 봉행소에서 [귀번 즉 쓰시마 후츄우에] 연락
이 갈 것으로 생각한다. [그러나 그 전에 앞서서 이러한 사정을
귀번에 전해둔다고 그렇게 우리 측에 이야기해 주었다. 그리고]

금후 [조선국의 어민이] 다시는 [죽도에] 오지 않도록, 강하게 조선에 요구하라고, 그러한 [대조선 외교의] 명령이 있었다. 이 일을 쿠니모토(국원)에도 이 일을 국원에도 알려 [이 명령대로] 실행하시도록, 사가마노카미가 말하고 있었다[라고, 이 어용인이 이야기하고 있었다. 그리고 또 계속해서] 그런데 오늘의 일인데, 위와 같은 사정의 전달이 궁전 안에서 있어 [집정하는 분이 나가사키 봉행으로 에도에 재근하는] 미야기 에치젠노카미 님에게 [역시 같은] 명령의 전달이 있었다. 그런 까닭에 [이것에 관한 쓰시마 후츄우한에도 결국 나가사키 봉행 미야기 에치젠노카미 님이 다시 연락할 것으로 생각한다. 그러한 사정을] 그 분 [오바타 모토에몬]이 [쓰시마한의 분들에게] 제출해 두어야 한다고 [사가미노카미 님이] 그렇게 해야 한다는 뜻을 이 모토에몬은 지시받았다. [그래서 귀전(스즈키 한베에)에게 이 일을 전하는 것이다.] 위의 죽도라고 하는 곳은 호우키노카미 님의 영내가 아니다. 그 이나바(나 호우키)에서는 [멀리 떨어진 바다의 저쪽에 해로] 160리 정도나 되는 곳이라 한다. 그곳은 전복이 명물[인 섬]으로 대대의 호우키노카미 님이 이 [명물의] 죽도전복을 장군에게 헌상하시고 계셨다 한다. 그러한 장소라고 한다. [이와 같은 일을 차례차례 모토에몬이 우리에게 이야기해 주었다. 그래서] 곧 그날 밤에 [나가사키 봉행으로 에도에 재근하는] 미야기 에치젠노카미 님에게 한베에를 보내어 위와 같은 연락이 [쓰치야 사가미노카미 님한테서] 있었다는 것을 [그 중개인에게] 전하도록 했다. 그러자 에치젠노카미 님이 [바로] 만나서 [말씀해 주시기를] 오늘 궁중에서 노중 분들이 열좌한 가운데, 졸자에게도 [그 건의] 명령이 있으셨다. 그런 연유로 나가사키에 [서둘러] 자세한 것을 전하게 되었다. 성실하게 명받은 취지라 [졸자는 잘] 들었습니다. [그분들도] 곧 쿠니모토에 분명하게 [이 일을] 전하여 두 번 다시 [조선국의 어민이 죽도에] 오는 일이 없도록 강하게 조선에 요구하는 사자를 보내도록 하라고, 이처럼 [친절한] 말씀을 덧붙이며 말씀하여 주셨다. 위와 같은 사정으로 [노중] 아베 분고노카미 님에게 또 한베에를 보내어 어용인들까지 [이번에 명령을 받은 일의 보고를] 말씀드려 두었다. 특히 [여기서 말씀을 덧붙여 두는데] 이번에 [장군이] 명령하신 [일의 보고에 대해서는 그] 받[게 되는 서부]는 [멸령이 있었던] 쓰치야 사가미노카미 님을 [그 반답을] 보내는 곳으로 해서 올려야 합니다. [그렇게 쿠니모토에서 처리하여 주었으면 좋겠다.] 다시 거듭하여 [말해 두는데 아베 분고노카미 님에게는 반드시 지도받은 것에 대한 확인서를 올려둘 것. 또] 조선에 [어민 둘을] 보내고 그 답장의 서한이 [저쪽 조정에서] 도래했을 때는 [이것 역시] 보통때처럼 분고노카미 님에게 먼저 보고하[고 그] 지시[하시는] 분에게 [조선에서 온 답장을] 제출하도록 할 것. [그러한 배려가 필요하다는 것을] 여기서 전해 둔다.

(01−02)

〃右江戸来状六月三日到来ニ付同五日之日附を以御請御状被差上候、尤右朝鮮人平生之漂流人与ハ違ひ、質人之様ニ相聞江候故彼者とも為請取、長崎江御使者被差越候朝鮮江被送届返翰到来之節御案内可被仰上候、平生之漂流人ニ者此方より請取之使者

不被遣候得共右之訳ニ付被差越候与之儀、江戸表田嶋十郎兵衛
方江御国杉村采女、樋口孫左衛門、多田與左衛門、平田直右衛
門方より連名書状ニ申遣之御請之御状二通左ニ記之

一筆致啓上候竹嶋与申所江朝鮮人四十人程罷越、猟仕候故右之内弐
人留置段松平伯耆守方被遂案内候付、長崎御奉行所江被送遣候間請
取之向後不罷渡候様ニ朝鮮国江可申遣之旨被仰付之趣承知仕奉得其
意候、此段為可申上如此御座候恐惶謹言
　　六月五日
　　　土屋相模守様

一筆致啓上候竹嶋与申所江朝鮮人四十人程罷越、猟仕候故右之内弐
人留置段松平伯耆守殿被遂案内候付、長崎御奉行所江被送遣候間請
取之向後不罷渡候様朝鮮国江可申遣之旨従土屋相模守殿私家来被召
寄被仰付候通申越奉得其意候、此段為可申上如此御座候恐惶謹言
　　六月五日
　　　阿部豊後守様

(01－02)

　〃 위의 에도에서 온 서장은 6월 3일에 [쓰시마에] 도래했다. 그래
　　서 [동 6월] 5일의 일부로 이 서장을 받았[다는 내용의 답장의]
　　서장을 바치는 것으로 했다. [그 에도 번저에 보내는 반서는 이
　　하와 같은 것이다. 즉] 위의 조선인은 평소의 표류인과는 다른
　　[위법의 도해를 한 산 증인이기 때문에 소중한] 인질이라고 말

할 수 있는 자일 것이다. [그렇기 때문에 그 취급은 엄중하게 하지 않으면 안 된다.] 그들을 인수하기 위해서는 [특별히] 나가사키에 사자를 보내는 것으로 한다. [그 후에] 조선에 [그자들을] 보내고 [저쪽에서 그 내용의] 서한이 도래했을 때는 [막부에] 보고를 올리는 것으로 한다. 평소의 표류인에 대해서는 이쪽 [쓰시마]에서 [나가사키로] 인수의 사자를 보내는 일과 같은 일은 없으나 위와 같은 까닭이므로 [일부러 번사에게 나가사키행을] 명하기로 한다. 이러한 일을 에도에 있는 타지마 쥬우베에에게 쿠니모토의 [토시요리슈우] 스기무라 우네메, 히구치 마고자에몬, 히라타 나오에몬이 연명한 서장을 보내기로 했다. [그리고 막부의 서장에 대해서는] 그 받았다는 서장을 2통 [같이 보내기로 했다. 그 2통, 쓰치야 사가미노카미 님과 아베 분고노카미 님에게 보낸 사본을] 아래에 기록해 둔다.

일필 계상합니다. 죽도라고 하는 곳에 조선인 40인 정도가 건너와 어렵을 하고 있었기 때문에 그중의 두 사람을 잡아두고 마쓰타이라 호우키노카미 님을 통해 그 내용의 보고를 [막부]에 하셨습니다. [그래서 조선인 두 사람이] 나가사키 봉행소로 보내지게 되었습니다. 그 두 사람을 인수하여 금후에는 [두 번 다시 죽도에] 건너오지 못하도록 조선국에 요구하라고, 그러한 취지의 [지시]가 있었습니다. 이것을 저희는 알았습니다. 그 뜻에 따르도록 할 생각입니다. 이 일을 알리기 위해 이러한 서장을 기록하였습니다. 삼가 말씀드립니다.

　　6월 5일

　　쓰치야 사가미노카미 님

일필 계상합니다. 죽도라고 하는 곳에 조선인 40인 정도가 건너와 어렵을 하고 있었습니다. 그 때문에 그중 두 사람을 잡아두고 마쓰타이라 호우키노카미 님을 통해 그 내용의 보고를 장군님에게 하셨습니다. [그 두 사람을] 나가사키 봉행소로 보내는 일로 되었습니다. 그 때문에 그 두 사람을 인수하여 금후에는 [두 번 다시 죽도에] 건너오지 않도록 조선국에 전하라고 하는 취지의 [지시]가 있었습니다. 쓰치야 사가미노카미 님께서 저(소우 쓰시마노카미 요시쓰구)의 부하를 불러들여 이 점에 대한 명령이 있었습니다. 이 일에 대해 알았습니다. 그대로의 연락을 받들어 어의에 따르도록 할 생각입니다. 이 일을 알리기 위해 이러한 서장을 기록하였습니다. 삼가 말씀드립니다.

　　6월 5일

　　　아베 분고노카미 님

(01 −03)

〃右御両所様^江被差上候御返事御奉書左ニ写之

貴札令拝見候竹嶋^江罷越猟仕候朝鮮人之内留置候二人長崎奉行所江
送遣候間被請取之向後不相渡候様ニ与先頃申達候趣被得其意候依之
御紙面之通令承知候恐惶謹言

　　　　　　　　土屋相模守

　　　　　　　　　政直在判

八月廿二日

　　宗対馬守様

　　　　御報

御状令披見候竹嶋江罷越候朝鮮人彼国江送返候様ニ与最前家来江申
渡候趣被得其意之旨承届候紙面之通各一覧之事候恐々謹言

阿部豊後守

正武在判

八月廿三日

　　宗対馬守殿

(01-03)

　〃 위의 두 곳의 분들에게 올린 [청서에 대해] 답장이 있어, 그 어
　봉서를 아래에 기록한다.

　귀전의 반찰(어청서)을 배견하였습니다. 죽도에 건너가 어렵을 하
고 있던 조선인 중, 잡아둔 두 사람을 나가사키 봉행소로 보내니 [그
두 사람을] 인수하여 [다시 조선으로 돌려 보내도록 할 것이라고, 그
러한 이쪽의 요망입니다.] 그리고 향후 [두 번 다시 조선어민이 죽도
에] 건너오지 않도록 [조선국에 요구하라고 말하는 것입니다.] 이러
한, 앞에서 말해 두었던 취지에 대해 [귀전의] 동의를 얻을 수 있었
습니다. 이것에 따라 지면(어청서)과 같이 [이후, 일을 진행하여 가
고 싶습니다. 이상을] 알아 두시기 바랍니다. 삼가 말씀드립니다.

　　8월 22일　　　　　　　　　　쓰치야 사가미노카미

　　　　　　　　　　　　　　　　　마사나오 재판

　소우 쓰시마노카미

　　　어보

어장(온우케쇼: 지시나 명령을 알았다고 답하는 문서)를 배견하였
습니다. 죽도에 넘어 온 조선인을 그 나라에 돌려 보내도록 하라고
앞서서 귀전의 부하에게 전한 취지에 대해 [귀전의] 동의를 얻었습
니다. 그 이해했다는 뜻을 [온우케쇼로 해서] 받았습니다. 그 지면
(온우케쇼) 대로 [일을 진행해 주었으면 합니다. 그 일을] 관계 각위
가 일람하도록 [통달]하여 주실 것을 바랍니다. 삼가 말씀드립니다.

  8월 23일   아베 분고노카미

                                    마사타케 재판

소우 쓰시마노카미 님

(01-04)

〃右御到来ニ付竹嶋之儀内々聞合のため六月五日杉村采女方より在
　館の通詞中山加兵衛方江左之通相尋遣ス

〃竹嶋之儀朝鮮ニ而ハブルンセミ与申候由被申越候、竹嶋与書候而朝
　鮮読ニブルンセミ与申候哉ブルンセミ与ハ如何様ニ書申候哉、欝陵
　嶋与申嶋有之候是を下々之詞ニブルンセミとハ不申候哉、日本ニ而
　者欝陵嶋の儀を磯竹と申候、欝陵嶋とブルンセミハ別之嶋ニ而有之
　候哉ブルンセミを日本人ハ竹嶋と申候与申儀者誰之咄ニ而被承候哉

〃竹嶋江ハ去々年より初而罷渡候哉、以前より渡候得共隠レ候而
　去々年より罷渡候与申候哉、朝鮮人共自分之持之為蜜々罷渡申
　事ニ候哉、又者公儀より之差図ニ而罷渡候哉、当年も又々罷渡
　りたる事ニ候哉

〃竹嶋江日本より十二三端之船弐三艘宛毎歳罷渡彼嶋江長小屋を三
　四軒茂掛置候、由被申越候ニ今其通ニ仕候哉日本人者何之国之
　者共ニ而有之候哉

〃竹嶋者朝鮮国より何方江当り何之所より何風ニ而乗候与之儀海路
　何程ニ而大キサ如何程有之候哉、尤御国より者何方江当り凡海
　路何程可有之候哉尤貴殿より之口上書ニ書載有之候得共又々得
　与可被承届候

〃右之段々委細ニ承度候様子ニより公儀江茂御案内被仰上事ニ候間何
　とそ懇志之朝鮮人江密ニ相尋書付早々可被差越候惣戊咄ニ而無之候
　共下々之咄ニ而茂被承候通委書付可被差越候、此段為可申入如此候

(01-04)

〃위[의 타지마 쥬우로우베에의 서간이 쿠니모토에] 도래했다.
[이것을 받고] 죽도에 대해 내밀하게 물어서 알아보는 일을 하
였다. 6월 5일에 [쿠니모토의 가로] 스기무라 우네메가 [조선에
있는 초량화관에] 재관하는 통사 나카야마 카베에에게 아래와
같[이 의문 몇 가지]를 묻기 위해 [서장을] 보냈다.

〃죽도의 일을 조선에서는 부룬세미라고 부른다고 한결같이 이야
기하는데 어쩌면 죽도라고 쓰고 조선음으로는 부룬세미라고 말
하는 것인가. [도대체] 부룬세미란 어떻게 쓰는 것인가. 울릉도
라는 섬이 있다 하는데 이것을 일반사람들의 말로 [어쩌다] 부

룬세미라고 말하는 것이 아닌가. 일본에서는 울릉도를 이소타케시마라고 하는데 울릉도와 부룬세미는 [같은 섬인가, 아니면] 다른 섬인가 [실제로는] 어떠한가. 부룬세미를 일본인은 죽도라고 말한다 한다. 그것은 누가 말하는 이야기라고 듣고 계시는가.

〃 죽도에는 재작년(겐로쿠 4년)부터 [조선인이] 처음으로 건너오기 시작했다고 말하는데 [실제로] 그러한가. 더 이전부터 건너오고 있었으나 은밀한 도도이기 때문에 재작년부터 건너오기 시작했다고 말하고 있는 것에 지나지 않은 것 아닌가. 조선인들의 도도는 자기들의 [생활비를] 벌기 위해 비밀리에 가고 있는 것인가. 아니면 [조선국의] 공적인 지시에 따라 행하고 있는 것인가. 금년에도 또 건너가기로 되어 있는가. [도대체 어떻게 된 것인가.]

〃 죽도에는 일본에서 12, 3단의 돛단배가 2 내지 3척씩 매년 도해한다고 한다. 그 섬에 나가고야(가건물)를 3, 4동 지어 놓고 [섬에서의 작업을] 행한다고 한다. 지금에 이르러서도 그렇게 하고 있는 것인가. [그렇게 해서 섬에 건너가는] 일본인은 어느 나라의 사람들인가.

〃 죽도는 조선국에서 어느 방각에 해당하는가. [조선국의] 어느 곳에서 어떤 바람을 타고 [배로] 타고 가는 것인가. 그 해로는 어느 정도의 크기이고 어느 정도의 거리에 있는가. 특히 나라(쓰시마노쿠니)에서는 어느 방각에 해당하고, 대개 해로로 어느 정도의 거리에 있는 섬인가. 원래 [이러한 일은] 귀전이 보낸 구

상서에 [이미] 기록되어 있으나 다시 자세히 듣고 싶다고 생각하고 이렇게 묻는 것이다.

〃 위[의 의문점에 대해] 그 하나하나를 자세히 듣고 싶다. 그 회답의 내용에 따라 [에도의] 장군에게 [다시] 보고를 올리려고 생각한다. [그러하니] 부디 [친하게 사귀고 있는] 믿을 만한 조선인에게 이 일을 은밀하게 물어 [회답이 되는] 서부를 서둘러 보내주었으면 한다. 확실한 이야기가 아니라도 상관없다. 일반사람들의 이야기라 해도 들은 대로 자세히 서부로 해서 보내주었으면 한다. 이러한 용건으로 [이번의] 신청을 한 것이다.

(01-05)

〃 通詞中山加兵衛方より六月十三日之書状を以右返答申越候付左記之

〃 当年も彼嶋江為拑釜山浦より商売船三艘罷越候由承届候付ハンビチヤグ与申釜山之唐人相加嶋之様子諸事具見届海路ニ至迄入念候様ニ申付態右之者共ニ相加差越候帰着次第具承追而可申上候先荒増承候通別紙書付差上候

乍恐口上之覚
〃 ブルンセミ之儀嶋違ニ而御座候具承届候処ウルチントウ与申嶋ニ而御座候ブルンセミ之儀者ウルチントウより北東ニ当かすかに相見申由承候事
〃 ウルチントウ嶋の大サ一日半廻り程有之由ニ御座候尤高山ニ而田

畑大木等有之候由承及候事

〃 ウルチントウ^江者江原道之内ヱグハイと申浦より南風ニ出帆仕候
由承及候事

〃 ウルチントウ^江通申候事去々年より罷渡候儀相違無御座候事

〃 ウルチントウ^江罷渡候儀公儀江相知不申自分之為持密々ニ罷渡候事

〃 右之外之儀ハンビチヤグ帰着次第具承届重而委細可申上候

(01 - 05)

〃 위의 [6월 5일의 스기무라 우네메의 서간에 대해] 통사 나카야
마 카베에가 6월 13일부의 서장으로 반답을 보내왔다. 이것을
아래에 기록한다.

〃 당년에도 [작년과 마찬가지로] 그 섬에 [생활비를] 벌기 위해
부산포에서 상매선 3척 건너갔다 합니다. 그렇게 듣고 있습니
다. 그 일에 대해서는 [믿을만한] 한비챠구라고 하는 부산의 카
라비토(조선인)을 [상담인으로] 해서 섬의 상황이나 여러 가지
일을, 자세하게 확인해보려고 생각하고 있습니다. 해로에 이르
기까지 성의껏 조사하라고 지시하기로 하겠습니다. 위의 사람
들[의 정보]만이 아니라 [필요하다면 다시 탐색하기 위해 몇 사
람인가를] 보내겠습니다. [그들이] 귀착하는 대로 또 자세하게
물어 바로 보고 올리겠습니다. 우선 [들은 것의] 대강을 그대로
별지에 적어 [다음과 같이] 보고하여 둡니다.

삼가 아뢰는 각서

〃 부룬세미라는 것은 다른 섬으로 [이것은 죽도가] 아닙니다. 자
세히 들은 바에 의하면 [죽도를 저쪽에서는] 우루친토우라고 하
는 섬입니다. 부룬세미라는 섬의 소재는 우루친토우라는 섬에
서 북동에 해당합니다. 희미하게 보인다고 말하는 것입니다.

〃 우루친토우라는 섬은 [배로] 1일 반에 돌 수 있는 크기라고 말
하는 것입니다. [섬의 상황을 말씀드리자면 이곳에는] 아주 높
은 산이 있고 논밭[이 될 수 있을 정도의 토지가 있고] 거목[이
아주 많이 우거져 있다]는 것입니다.

〃 우루친토우에는 강원도 안의 에구하이(영해)라고 말하는 포구
에서 남풍을 타고 출범한다고 말하는 것입니다.

〃 우루친토우에 다니기 시작한 것은 재작년(겐로쿠 4년)부터의
도해라고 말하는 것은 틀림없는 일 같습니다.

〃 우루친토우에 건너간 일은 [조선국의] 조정이 전혀 아는 일이
아니었습니다. [어민들이] 자신들의 [생활비를] 벌기 위해 몰래
건너갔다고 말하는 것입니다.

〃 위 이외의 사항[에 대한 의문 항목, 기타]는 한비챠구가 귀착하
는 대로 자세히 물어서 다시 자세한 것을 보고하겠습니다.

【大綱二段(元禄六年六月)】

(02－00)

○同六年六月竹嶋ʲ罷越被捕置候朝鮮人弐人迎護として御使者嶋雄菅
右衛門長崎江被差越御奉行所江被仰遣候ハ当年竹嶋与申所江朝鮮
人四十人罷越漁いたし候を松平伯耆守殿より被見届右之内弐人被

召捕 公儀江及御案内候付其元江被送遣候条各様より請取候様ニ委
細ハ各より可被仰渡之旨於江戸去ル五月十三日土屋相模守殿より
家来被召寄被仰渡候依之使者差越候間具ニ可被仰聞由被仰遣也

【대강 2단(겐로쿠 6년 6월)】

(02-00)

○겐로쿠 6년 6월의 일이다. 죽도에 건너, 그곳에서 붙잡힌 조선인 두 사람을 영호하는 사자로 시마오 스가에몬이 [쓰시마후츄우에서] 나가사키로 파견되었다. 그 나가사키 봉행소에서 [봉행소에서 시마오가] 말씀드린 것은, 금년에 죽도라는 곳에 조선인 40인이 건너왔다. 그곳에서 어렵을 하고 있는 곳에 마쓰타이라 호우키노카미 님이 지배 하에 있는 자가 그중 두 사람을 붙잡았다. 이 사건은 막부에 보고하는 일이 되어, 그곳 즉 쓰시마를 매개로 하여 조선에 이 두 사람을 돌려보내는 일로 되었다. [호송해 온 톳토리번의] 각 역할을 맡은 분들한테 이 두 사람을 인수하라는 명을 받았다. 자세한 것은 그 담당자분들이 직접 이야기할 것이라고, 그러한 봉행소의 지시가 있었다. 이러한 취지는 이미 에도에서 지난 5월 13일에 [월번 노중] 쓰치야 사가미노카미 님이 [쓰시마번 에도 저택의] 부하를 불러들여 지시한 일이다. 그러한 막부의 명령에 따라 [시마오 스가에몬]이 사자로 [이번에 쓰시마에서 나가사키로] 파견되었다. 그래서 이렇게 [나가사키 봉행한테 지금 다시 확인하기 위해 직접] 자세한 이야기를 했다.

(02-01)

〃右御使者^江相附被差越候長崎御奉行所江之御状左ニ記之

一筆令啓上候竹嶋与申所^江朝鮮人四十人程罷越致猟候付松平伯耆守
殿より右之内弐人被留置被遂案内候付其元江被送遣候間各より拙子
方江請取之彼国江可送返之旨御老中より被仰渡候依之差越使者候条
委曲口上申含候恐惶謹言
　　六月五日
　　川口摂津守様
　　　　　　　　一紙
　　山岡対馬守様

(02-01)

〃위의 사자 [시마오 스가에몬]이 지참한 [쓰시마의] 서장이 나가
사키 봉행소에 제출되었다. 그 서장을 아래에 기록한다.

일필 계상합니다. 죽도라는 곳에 조선인 40인 정도가 와서 어렵을
하고 있었습니다. 그래서 마쓰타이라 호우키노카미 님 쪽에서 위의
[조선인 40인] 중 2인을 붙잡아 두고 막부에 보고하였습니다. 그 2
인이 그곳(나가사키 봉행소)으로 보내지게 되었습니다. 그 후에 각
담당자 분들이 우리들에게 [연락을 주어] 이 2인을 인수하게 되었습
니다. [즉] 조선국에 돌려보내라는 노중의 명령을 받았습니다. 그 명
령에 따라 [이렇게] 쓰시마에서 나가사키에] 사자[로 시마오 스가에
몬]을 보내게 되었습니다. 자세한 것은 [이 사자의] 구상에 포함시켰

습니다. 삼가 말씀드립니다.

6월 5일

　　　카와구치 셋쓰노카미 님

　　　　　　일지(두 곳의 분에게 보내는 한 통의 어장)

　　　야마오카 쓰시마노카미 님

(02－02)

〃朝鮮人警固之為組之者四人菅右衛門^江相附差越之

(02－02)

〃조선인을 경호하기 위해 조직의 4인을 시마오 케이에몬에 딸려 [쓰시마에서 나가사키에] 파견했다.

(02－03)

〃朝鮮人弍人五月七日因幡発足六月晦日長崎^江到着因幡より護送之 御使者松平伯耆守様御家来山田兵右衛門平井甚右衛門惣人数九 拾余人相附尤朝鮮人駕籠にて被相送候

(02－03)

〃조선인 2인은 5월 7일에 이나바를 떠나 6월 그믐에 나가사키에 도착했다. 이나바의 호송 사자는 마쓰타이라 호우키노카미 님 의 부하로 야마다 효우에몬과 히라이 진에몬이라는 분들이다. 일행에 딸린 총인수는 대개 90여 인이었다. 원래 조선인은 가마 로 [엄중히 경비되어] 보내져 왔다.

(02－04)

〃七月朔日御奉行川口摂津守様^江此方御留守居浜田源兵衛通詞召連
罷出候所両御奉行御同座ニ而朝鮮人被召出様子御尋被成則朝鮮
人申分口上書相認差出候様ニ与被仰出則下書仕り入御覧候所因
幡ニ而之口上書与相違無之様ニ与之御事ニ而少々文句御改被成
請書いたし明日差上候様ニ与被仰渡

(02－04)

〃7월 초하루에 어봉행 카와구치 셋쓰노카미 님의 곳에 우리 [쓰
시마번의 나가사키] 루스이역인 하마다 겐베에가 통사를 거느
리고 참상했다. [봉행소에서는 카와구치 님만이 아니라 야마오
카 님까지도 나오시어] 어봉행이 동좌하여 조선인을 불러 심문
하셨다. 그리고 조선인이 진술하는 것을 구상서로 기록하여 그
것을 제출하도록 하라고 [겐베에에게] 명령하셨다. 그리고 [준
비된] 초벌 기록을 보시고는, 이나바에서 청취한 구상서와 [내
용에 틀림이 없으면 그 기재에도] 틀림이 없도록 하라는 [주의
가 있어 그 위에] 약간 문언을 고치셨다. 그곳에서 청서를 만들
어 내일 [청서한 구상서를 다시] 제출하라는 지시를 받았다

(02－05)

〃朝鮮人申分因幡^二而之口書ニ相違無之候故朝鮮人弐人ハ浜田源兵
衛江御預ケ被成候由被仰渡

(02 - 05)

〃 조선인이 진술하는 것은, 이나바에서의 구상서와 다름이 없기 때문에 이 조선인 둘을 하마다 겐베에에게 맡기기로 이렇게 [이때, 봉행소에서] 지시받았다.

(02 - 06)

〃 朝鮮人口上書并道具左ニ記之

朝鮮人弍人申口

一 朝鮮国慶尚道之内東莱之郡釜山浦之安ヨクホキ蔚山之朴トラヒ与申者ニ而御座候我々儀蔚山与申所より竹嶋与申所江蚫若布挕ニ三月十一日ニ出帆仕同廿五日ニ寧海与申所江参着仕其所を同廿七日辰之刻ニ出帆仕酉之刻竹嶋江参着仕右之蚫若布挕逗留仕居申候所ニ日本人四月十七日ニ我々罷在候所ニ罷出則着物杯入置申候ひら包をおさゑ我々両人彼方之船ニ乗せ即刻午之刻ニ出帆仕取鳥江五月朔日未刻罷着申候常ニ竹嶋之儀蚫若布大分御座候段承及申候ニ付船壱艘ニ十人乗組寧海与申所迄罷越候処右格人之内壱人ハ相煩申ニ付寧海江残置九人乗組右之竹嶋江罷越申候格人之内九人ハ蔚山之者同壱人ハ釜山浦之者ニ而御座候御事

(02 - 06)

〃 조선인의 구상서 및 도구[의 기록]을 아래에 기록한다.

조선인 두 사람의 진술

1. [우리 두 사람은] 조선국 경상도 안의 동래군 부산포의 안요쿠
   호키(안용복)와 울산의 박토라히(박어둔)라는 자입니다. 우리
   들은 울산이라는 곳에서 죽도라는 곳에 가서 전복이나 미역을
   [채취하여] 돈을 벌기 위해 3월 11일에 출범하였습니다. 동 25
   일에 영해라는 곳에 도착하여 그곳을 동 27일의 진시(오전 8시
   경)에 출범하여 유시(오후 6시경)에 죽도에 도착하였습니다.
   그리고 위의 전복이나 미역을 따기 위해 이 섬에 두류하고 있
   었습니다. 그러자 4월 17일에 일본인들이 우리들이 두류하고
   있는 곳에 [갑자기] 나타나 옷가지 등을 넣어둔 보따리를 압수
   하고 우리 둘을 일본의 배에 태워 곧바로 오시(오전 12시경)에
   출범하였습니다. 그리고 5월 초하루의 미시(오후 2시경)에 톳
   토리에 도착하였습니다. 죽도는 전복이나 미역이 많이 있다고
   항상 듣고 있었기 때문에 배 1척에 10인이 타고 [항해에 나서]
   영해라는 곳까지 왔는데 위의 10인 중 한 사람이 아프다고 말
   했기 때문에 그 영해에 남겨두고 나머지 9인이 타고 위의 죽도
   에 갔습니다. 10인 중 9인은 울산 사람이고 한 사람은 부산포
   사람입니다.

一 我々乗船類船共ニ三艘之内一艘ハ全羅道之船与承及申候則人数
   十七人乗同壱艘者十五人乗慶尚道之内加徳与申所之者与承及申
   候我々儀日本之様ニとらゑ被越候付彼者共儀即刻朝鮮江罷帰候
   共何方江参候共前後之儀不奉存候御事

1. 우리들이 타고 건넌 배와 같은 종류의 도선이 [따로 또] 있어 모두 합하면 3척이 섬에 건너갔습니다. 그중의 1척은 전라도의 배라고 들었습니다. 이 배에 탄 인수는 17인입니다. 또 1척의 배에는 15인이 탔는데 그들은 경상도 내의 가덕이라는 곳의 사람들이라고 들었습니다. 우리들 두 사람이 일본인에게 붙잡혀 바다를 건너 끌려간 일로 그들은 [무서움을 느끼고] 즉시 조선으로 돌아간 것인지, 아니면 다른 방향으로 간 것인지, 그 전후의 상황은 [우리 두 사람은] 알지 못합니다.

一 此度我々共蚫取ニ参候嶋之儀常ニ朝鮮国にてハムルグセム与申候日本之内竹嶋与申所之由ハ此度承申候御事

1. 이번에 우리들이 전복을 잡으러 건너간 섬의 일입니다만 보통 조선에서는 무루구세무라고 말하고 있습니다. 일본 안에 있는 섬이라고 말하는 것은 이번에 처음으로 알게 되었습니다.

一 今度爰許迄罷越候内警固之衆より御馳走ニ而罷越候布木綿衣類等も被下申請候委細因幡ニ而之口書ニ申上候通相違無之御座候御事

1. 이번에 이 [나가사키까지] 끌려 왔습니다만 [그 여행 기간] 경호하는 자들한테 대접을 잘 받았습니다. 베, 목면 의류 등을 내려주시어 그것을 [기쁘게] 받았습니다. 일의 자세한 것은 이나바에서의 구상서에 진술한 대로 그 일에 틀림이 없습니다.

一 我々共常ニ祝着を念し申候御事

1. 우리들[에게는 죄가 없고] 무사히 도착되는 [결과가 될 것을]
   항상 기원하고 있습니다.

一 朴トラヒ歳三拾四安ヨクホキ歳四拾ニ罷成候然所ニ因幡ニ而歳
　　四拾三与申上候由ニ御座候得共是又言葉陵与通シ不申候故聞違
　　茂可有御座哉与奉存候御事
　　右之通竹嶋ニ参候朝鮮人申上候付書付差上申候以上
　　　　元禄六年癸酉七月朔日　　　宿主末次七郎兵衛　　印
　　　　　　　　　　　　　　　　通詞大浦格兵衛　　　印
　　　　　　　　　　　　　　　　同　加勢藤五郎　　　印
　　　　　　　　　　　　　　宗對馬守内浜田源兵衛　　　印

1. 박토라히의 나이는 34세, 안요쿠호키의 나이는 40세입니다. 그
   러나 이나바에서의 [취조에서의 안요쿠호키]의 나이는 43세라
   고 진술했습니다. 이것은 언어가 잘 통하지 않았기 때문입니다.
   또는 잘못 알아들은 일이 있었다고 생각합니다.
   위와 같이 죽도에 건너온 조선인이 말한 것을 기록하였습니다.
   여기에 [구상서로 해서] 바칩니다. 이상과 같습니다.
   겐로쿠 6년 계유 7월 초하루 숙주 스에지 시치로우베에　　인
   　　　　　　　　　　　　　통사 오오우라 카쿠베에　　인
   　　　　　　　　　　　　　　동 카세 토우고로우　　인
   　　　　　　　　　　　소우 쓰시마노카미 내

하마다 겐베에　인

覚

一　布帷子　　　　　七

一　湯かた　　　　　壱

一　風呂敷　　　　　弐

一　鏡　　　　　　　壱面

一　唐笠　　　　　　壱本

一　布手拭　　　　　三ツ

一　煙器　　　　　　弐本

一　皮多葉粉入　　　弐

一　布帯　　　　　　壱筋

一　木綿布子　　　　壱

一　布足袋　　　　　弐足

一　かや　　　　　　壱張

右之段伯耆守様朝鮮人ニ被下之候分

一　木綿袷　　　　　五

一　布帷子　　　　　四

一　まんきん　　　　弐

一　木綿単物上斗　　壱

一　木綿綿入下斗　　壱

一　打帯　　　　　　弐筋

一　木綿帯　　　　　弐筋

一　笠　　　　　　　弐

一	木綿足袋	壱足
一	さすか	壱本
一	虎のきはか之指	壱
一	船手形	三枚
一	木札	弐枚

　　右者朝鮮人持渡候分何茂無違請取申候以上

　　　　　　　　　　　　　　宗対馬守内

　　　　　　　　　　　　　浜田源兵衛　印

각

베장막	7
홑옷	1
보자기	2
거울	1면
갓	2본
손수건	셋
담뱃대	2본
담배쌈지	2
허리띠	1줄
모자	1
버선	2족
띠방석	2장

위의 건은 호우키노카미 님이 조선인에게 내려주신 것입니다.

- 목면 겹옷　　　　　5

- 목면 홑옷　　　　4
- 소화제　　　　　2
- 목면 겉옷 상의만　1
- 목면 겉옷 하의만　1
- 실로 짠 허리띠　2줄
- 목면 허리띠　　2줄
- 갓　　　　　　2개
- 목면버선　　　1족
- 호신용 단도　　1본
- 虎のきはかの指　1
- 선박 통행증　　3매
- 목찰　　　　　2매

위는 조선인이 스스로 스스로 지참한 것입니다.

[내려준 것과 자기가 지참한 것을 제각각] 모두 틀림없이 이곳에 [기재하여] 받았습니다. 이상과 같습니다.

　　　　　　소우 쓰시마노카미 내

　　　　　　　하마다 겐베에 (인)

(02-07)

此書付源兵衛壱人之名ニ而差上申候是も江戸表ニ被差上候由源兵衛方より申越

(02-07)

이 [받았다는] 서부는 겐베에 한 사람의 이름으로 올렸다. 이것과 같은 것을 에도의 [쓰시마 번저]에 올렸다. 그 일을 겐베에 쪽에서 [쓰시마후츄우에] 알려왔다.

【大綱三段(元禄六年七月①)】

(03-00)

○同六年七月迎護之御使者嶋雄菅右衛門長崎より帰着在之竹嶋ニ而被捕候朝鮮人六月晦日長崎江致到着勿論朝鮮人申分取鳥ニ而之口書ニ相違無之候得共此段江戸表江御注進ニ被及候故江戸御下知次第朝鮮人御使者ヘ可被相渡候夫迄御使者逗留之儀如何ニ被思召候間帰国候様ニ与御奉行より被仰渡朝鮮人不相受取帰国在之也

【대강 3단(겐로쿠 6년 7월 ①)】

(03-00)

○동 6년 7월에 영호의 사자로 [파견된] 시마오 스가에몬이 나가사키에서 [쓰시마 후츄우로] 돌아왔다. [시마오의 보고에 의하면] 죽도에서 붙잡힌 조선인은 6월 그믐에 나가사키에 도착했다. 물론 조선인이 말하는 내용은 톳토리에서 [청취한] 구상서와 다름이 없었다. 그러나 이 [취조의] 결과는 에도에 보고하지 않으면 안 된다. [그 승인 후에] 에도에서 지시가 있고 그것이 도착하는 대로 조선인을 [쓰시마의] 사자에게 넘기게 된다. 그 때까지 [쓰시마한의] 사자가 계속해서 두류하는 것도 큰일이라고 [나가사키 봉행은 그렇게] 생각하고 [사자 시마오에게] 귀국

해도 상관없다고 말씀하셨다 한다. 그래서 조선인을 인수하지
않은 채 [시마오는 쓰시마로 일단] 귀국하게 되었다.

(03-01)
〃長崎御奉行川口摂津守様山岡対馬守様より之御返書左ニ記之

去月五日之覚書同廿日到来拝見仕候然者竹嶋与申所ニ朝鮮人四十人
程罷越致猟候付松平伯耆守殿より右之内弐人被留置其段御老中ニ被仰
上候処当地ニ被差送候之様ニ与被仰渡候間本国ニ可被差返旨従御老中被
仰渡候依之御使者被差遣委曲御口上之趣致承知候朝鮮人一昨晦日伯
耆守殿より送来請取之則召出遂穿鑿候処於江府従伯耆守殿御老中ニ被
仰上候趣相違無御座候右朝鮮人御使者之衆ニ可相渡候得共江戸ニ及注
進御下知到来次第相渡可申候夫迄ハ当地ニ被差置候御家来衆ニ預置申
候御使者之衆御下知到来仕迄被相待候儀如何ニ存候間被罷帰候共勝手
次第ニ被仕候様ニ与申達候恐惶謹言

$$山岡対馬守$$

七月二日   景助 御在判

$$川口摂津守$$

宗恒 御在判

宗対馬守様

尊報

(03-01)
〃나가사키 봉행인 카와구치 셋쓰노카미 님과 야마오카 쓰시마노

카미 님의 반서를 다음에 기록한다.

선월(6월) 5일부의 [귀하의] 각서가 동 20일에 내착하여 배견하였습니다. 그 건에 대해서 말합니다만 죽도라는 곳에 조선인 40인 정도가 건너와 어렵을 하였다고 말하기 때문에 마쓰타이라 호우키노카미 님이 위 사람 중에서 두 사람을 붙잡아 두고 그 일을 노중에게 보고하셨습니다. 그러자 두 사람을 당지[나가사키]로 보내도록 하라는 지시가 있고 [다시] 본국 조선으로 두 사람을 돌려보내도록 하라는 취지의 명령이 노중한테 있었습니다. 이 취지를 받고 그것에 따라 당지[나가사키]로 [쓰시마에서] 사자를 보내주셨습니다. 그 자세한 구상의 취지는 [충분히] 알았습니다. 조선인은 그저께(6월 말일)에 호우키노카미 님[의 톳토리]에서 [당지로] 보내어 왔습니다. 이것을 인수하여 바로 불러내어 [심문] 조사하였더니 에도에서 호우키노카미 님이 어노중에게 보고하신 내용과 다름이 없[다고 말하는 것이 분명하였습니다.] 위의 조선인[을 인수하기 위해 쓰시마에서 오신] 사자 일행에게 [이 두 사람을 즉시] 건네주고 싶다고 생각했습니다만 이미 에도에 보고를 하였기 때문에 그 지시가 도래하는 것을 기다린 후에 [그 지시가 당지에] 도착하는 대로 건네려고 생각하고 있습니다. 그때까지는 당지 [나가사키]에 설치된 [쓰시마한 루스이역인] 부하들에게 [이 조선인 둘을] 맡겨두는 것으로 합니다. [이번에 파견된] 사자의 사자들에게는 [에도에서의] 지시가 도래할 때까지 [잠시] 이곳에서 기다리게 하는 것도 좀 어려운 일이라고 생각하고 본국으로 돌아가시는 것도 좋고 돌아가시지 않는 것도 좋으니 알아서 편하신 대로 하셔도 좋습니다라고, 그렇게 말씀하셨습니다. 두렵게 삼가 말씀드립니다.

7월 2일 　　　 야마오카 쓰시마노카미 카게스케 　　 어재판

　　　　　　　 카와구치 셋쓰노카미 무네쓰네 　　 어재판

쓰시마노카미 님

　　　 존보

(03 - 02)

〃是より前七月朔日此方御使者菅右衛門長崎逗留之内川口摂津守
様より罷出候様ニ与之儀ニ付菅右衛門罷出候処両御奉行御対面被
成朝鮮人因幡ニ而之口書之趣爰元ニ而御尋被成候趣相違無之候然
とも江戸表江御案内被仰上候御返事到来次第朝鮮人御渡被成事候
御下知到来迄使者相待候とも又者国元江罷帰候而重而罷越候茂大
儀之事候兎角使者江ハ御暇被遣候間勝手次第帰国仕候様ニ朝鮮人
者浜田源兵衛ニ御預被成与之御事ニ而翌二日御返書御渡被成

(03 - 02)

〃이보다 이전의 7월 초하루에 우리의 사자 시마오 스가에몬이
나가사키에 두류하는 곳에 카와구치 셋쓰노카미 님이 [봉행소
에] 나오도록 하라는 지시가 있었다. [그때 말씀하신 것은] 조선
인의 이나바에서의 구상서의 취지와, 나가사키에서 심문받은
내용의 취지 사이에 전혀 다름이 없었다. 그러나 에도에 보고를
올려, 그 답이 도래하는 것을 기다리지 않으면 안 된다. 그것이
도래하는 대로 조선인을 [사자인 귀하에게] 건네줄 것입니다라

고 말하는 것이었다. 그 지시가 도래할 때까지, 사자[인 귀하]는 나가사키에서 기다리고 있어도 좋고, 국원으로 일단 귀국해도 좋다. 어느 쪽도 상관없다. 또 오는 것도 큰일이나, 어쨌든 사자에게는 시간을 주니, 편리한 대로 귀국해도 상관없다. [그 사이에] 이 조선인은 [나가사키 루스이] 하마다 겐베에에게 맡겨두기로 한다. 이러한 일을 말씀하시고, 다음 2일에 [위의 소우 쓰시마노카미 님에게 보내는] 반서를 [우리 쪽에] 건네주셨다.

【大綱四段(元禄六年七月②)】

(04-00)

○同六年七月再度迎護之為御使者一宮助左衛門長崎ﾆ被差越御奉行ﾆ被仰越候者竹嶋ﾆ罷渡候朝鮮人其地ﾆ相達御吟味之上相違之儀無之候ニ付江戸表ﾆ御注進被成候御下知到来迄朝鮮人之儀其元ﾆ差置候家来ﾆ御預ヶ置被成候由致承知候此度之朝鮮人者格別之訳ニ御座候故船中為警固又々使者被差越候与之儀被仰遣也

【대강 4단(겐로쿠 6년 7월 ②)】

(04-00)

○동 6년 7월에 [시마오 스가에몬이 쓰시마에 귀착했기 때문에] 다시 영호를 위한 사자로 이치노미야 스케자에몬이 나가사키로 파견되었다. 나가사키 봉행에 대한 부임인사는 다음과 같은 것이었다. 즉 죽도에 건너온 조선인은 [이나바의 톳토리에서] 이곳 나가사키로 보내졌습니다. 이곳에서 심문한 결과 그 구상이 [인하쿠에서 취조한 것과] 다름이 없어, 에도에 보고를 하였습

니다. 에도에서 지시가 도래할 때까지 조선인은 쓰시마번에 두고, 쓰시마번의 부하에게 맡겨두는 것으로 했습니다. 이 일을 알고 있습니다. 이번의 조선인의 송환에는 또 각별한 이유가 있습니다. 그렇기 때문에 이동하는 선중에도 경고가 필요합니다. 그래서 두 번째의 사자로 [졸자를] 파견한 것입니다.

(04-01)

〃右御使者助左衛門江相附被差越候長崎御奉行江之御状左ニ記之

乍御報去二日之御廻札令拝見候竹嶋ᵈ罷越候朝鮮人去月晦日従松平伯耆守殿被送越則被遂御吟味候処於江府御老中ᵈ伯耆守殿より被申上候趣相違無之候付江戸表ᵈ御注進被成候御下知到来迄者其元ᵈ差置候家来ᵈ御預置候之間使者之儀者勝手次第罷帰候様ニ与被仰渡候由御紙面之通具ニ与承知候定而今程江戸より御左右御到来可有御座与察存候此度之朝鮮人者格別之儀ニ御座候船中為警固又々使者差越候委曲口上申含候恐惶謹言

七月十八日

　　　川口摂津守様

　　　山岡対馬守様

(04-01)

〃위의 사자 스케자에몬에 주어서 나가사키 봉행에 보내는 서장을 아래에 기록한다.

보고를 합니다. 지난 7월 2일부의 [카와구치, 야마오카 두 분이 보낸] 회찰을 배견하였습니다. 죽도에 건너온 조선인은 지난달 그믐(6월 말일)에 마쓰타이라 호우키노카미 님이 [나가사키로] 보내어 [두 곳의 분들이] 심문을 수행하셨다는 것, 또 에도의 노중에게 호우키노카미 님이 보고했다는 것의 취지를 들었습니다. [그 톳토리에서의 심문과 나가사키의 심문에] 다름이 없다고, 에도에 보고하셨다는 것을 들었습니다. [막부의] 지시가 [나가사키에] 전달되어 [두 곳의 봉행님이] 심문을 수행하셨다는 것, 또 에도의 노중에게 호우키노카미 님이 보고했다는 내용을 들었습니다. [그 톳토리에서의 심문과 나가사키에서의 심문 사이에] 차이가 없다고, 에도에 보고하셨다는 것을 다시 들었습니다. [막부의] 지시가 도래할 때까지는 [조선인 둘을] 그쪽의 나가사키에 둔다는 것, [우리들의] 부하에게 맡겨두신 것 [이쪽이 파견했던 영호의] 사자에 대해서도 돌아가는 것도 편리하도록 말씀해주신 것, 그 모든 것을 [돌아온 사자한테 들었습니다. 그리고 사자가 가지고 돌아온] 지면을 통하여 [그동안의 사정을] 자세히 알 수 있었습니다. 이러한 일을 이쪽은 이해하였습니다. 아마도 지금쯤은 에도의 연락이 도래하지 않았을까라고 추찰됩니다. 이번의 조선인[의 송환]은 각별한 사정이 있기 때문에 선중(배 여행의 기간)의 경호를 위해 또 사자를 파견하는 일을 합니다. 자세한 것은 [이 사자의] 구상으로 말씀드리기로 합니다. 삼가 말씀드립니다.

7월 18일

　　카와구치 셋쓰노카미 님

　　야마오카 쓰시마노카미 님

(04-02)

〃竹嶋[江]罷越候朝鮮人之儀者平生之漂流人与違ひ長崎御奉行所より
此方[江]御受取被成重而竹嶋[江]不罷越様[ニ]朝鮮[江]被仰遣候様[ニ]被蒙仰
質人之心持[ニ]候故格別[ニ]迎使被差越候処長崎御留守居御使者共[ニ]
其心付無之御奉行所より江戸御到来在之候迄御使者逗留之儀太
儀[ニ]思召相待候も又者令帰国又々罷越候も御使者勝手次第与在之
候を船中朝鮮人警固無之候而も不苦事与了簡違[而]菅右衛門令帰
国候故又々一宮助左衛門被差越迎護被仰付也

　右浜田源兵衛方[江]遣候書状之略

(04-02)

〃죽도에 넘어 온 조선인 건은 평소의 표류인과 달리 [각별한 사
정 하에 있다.] 나가사키 봉행소에서 [두 사람을] 인수하여 이쪽
[쓰시마]로 이송하여 [다시 조선국에 보낼 필요가 있다. 그때]
다시는 죽도에 [어민이] 건너오지 않도록, 조선[의 조정]에 요구
하도록 하라는 [막부의] 명령이 있었다. [조선인 둘은, 그때의
증거가 되는] 인질이므로 이것을 명심하고 [다이슈우에서] 각별
히 영접하는 사자를 파견했다. 그러나 나가사키 루스이[인 하마
다 겐베에]와 사재[인 시마오 스가베에]는 모두, 이러한 배려,
마음이 없었다. 봉행소에서 에도의 지시가 도래할 때까지 사자
가 두류하는 것도 큰일로 계속해서 기다려도, 귀국했다 다시 와
도, 그것은 사자의 마음대로라는 지시를 받았다. 그러나 이것을
선중의 조선인을 경고하지 않아도 괜찮다라고 [멋대로] 착각하
고 말았다. [영호의 사자라는 역할에 만전을 기하지 않고] 시마

오 스가에몬을 귀국시키고 말았다. 그래서 다시 이치노미야 스케자에몬을 차견하여 영호의 사자로 명한 것이다.

위는 [나가사키 루스이역의] 하마다 겐베에에게 [쓰시마에서] 보낸 서장을 요약한 것이다.

【大綱五段(元禄六年八月)】

(05-00)

○同六年八月十四日長崎御奉行所㐫朝鮮人迎使一宮助左衛門幷此方御留守居浜田源兵衛被召寄御奉行川口摂津守様山岡対馬守様御同座二被仰渡候ハ今日江戸表より御到来在之竹嶋㐫罷越候朝鮮人対馬守殿㐫相渡候様被仰付候間源兵衛㐫御預ケ置被成候朝鮮人弐人迎使相受取令帰国候様二与被仰渡則助左衛門請取候也

【대강 5단(겐로쿠 6년 8월)】

(05-00)

○동 6년 8월 14일, 나가사키 봉행소에 조선인을 맞이하기 위한 영사 이치노미야 스케자에몬 및 이쪽(나가사키)에 주재하는 루스이역 하마다 겐베에가 불려갔다. 봉행인 카와구치 셋쓰노카미 님, 야마오카 쓰시마노카미 님이 동석하여 [우리 쪽에] 지시하시기를, 오늘 에도에서 장군의 지시가 도래했다. 죽도에 건너온 조선인을 소우 쓰시마노카미 님에게 건네주도록 하라는 것이다. 이미 하라다 겐베에에게 맡겨두었던 조선인 둘을 [쓰시마에서 온] 영사가 인수하여 [쓰시마로 데리고 돌아가 다시 조선에] 귀국시키도록 하라는 명령이었다. 그래서 이치노미야 스케

자에몬이 [그 명령을] 받았다.

(05-01)

〃右同日浜田源兵衛^江御奉行所より被仰渡候者平生之朝鮮漂人^江者
長崎逗留中公儀より御賄被仰付候得とも今度竹嶋^江罷越候朝鮮人
者御賄不被仰付候との儀被仰渡候

(05-01)

〃위의 동일(8월 14일)에 하마다 겐베에에게 봉행소에서 연락이
있었다. 보통때의 조선 표류인에게는 나가사키에 두류하는 동
안, 막부가 [불쌍하기 때문에 위로의] 물품을 하사한다. 그러나
이번에 죽도에 건너온 조선인은 [돈을 벌기 위해 월경했다 하므
로] 이 [위로의] 물품은 하사하지 않는다. 그러한 [내용의] 전달
이었다.

(05-02)

〃同日源兵衛御奉行所^江申上候ハ朝鮮人対州迄之之船中若難風^ニ逢候
事茂可在之哉左様之節難義不仕様^ニ御証文御渡被下候様^ニ申上候
所添御証文可被仰付旨被仰渡

(05-02)

〃동일(8월 14일)에 겐베에가 봉행소에 보고한 것은, 조선인을 다
이슈우까지 [이송할 때] 그 선중(배여행의 기간)에 혹시 난풍
등을 만나 [어쩌면 표류, 혹은 조난 등의 곤란한 사태가 되고

맙니다.] 그러할 때, 어려움을 당하지 않도록 [각 포구에] 증문을 보내주실 것을 요구했다. 그러자 [들으시고] 소지하는 증문을 내려둔다고 말씀하셨다.

【大綱六段(元禄六年九月①)】

(06－00)

○同六年九月三日竹嶋^江罷越候朝鮮人弐人迎護使一宮助左衛門相附
御国着船也

【대강 6단(겐로쿠 6년 9월 ①)】

(06－00)

○동 6년 9월 3일(실은 9월 2일)의 일입니다. 죽도에 건너온 조선인 두 사람에 대한 영호사로 이치노미야 스케자에몬을 [나가사키에 파견하여 그 항해 중의 경호역으로] 붙여 두었다. [그 일행이 이날 무사히] 오쿠니(쓰시마노쿠니)에 착선했다.

(06－01)

〃長崎御奉行より之御添状浦触御証文左^二記之

先月十八日午御再報尊書拝見仕候然者竹嶋^江罷越候朝鮮人従松平伯
耆守殿先頃当地^江送来候付委細其節御使者^江申進候通被聞召右朝鮮人
船中為警固一宮助左衛門方被差越御紙面致承知候今日従江戸御継飛
脚到来朝鮮人其許^江差遣向後竹嶋^江渡海不仕候様可被仰付之由従拙者
共可相達旨従御老中被仰下候委曲助左衛門方^江申含則朝鮮人両人相渡

之候恐惶謹言

山岡対馬守

八月十三日　　　　　景助　御在判

川口摂津守

宗恒　御在判

宗対馬守様

　　尊報

(06-01)

〃 나가사키 봉행소에서 [소우 쓰시마노카미에게 보낸] 첨서 및 우
라부레의 증문을 아래에 기록한다.

지난달 18일(7월 18일)부로 다시 보내주신 존서를 배견하였습니
다. 죽도에 건너온 조선인을, 마쓰타이라 호우키노카미 님[의 톳토
리]에서 앞서 당지[나가사키]로 보내었습니다. 그때 자세한 것은 사
자 [시마오 스가에몬]에게 이야기하였습니다. 그대로 들으신 것 같
아, 위의 조선인에 대한 선중 경고를 위해 [다시] 이치노미야 스케자
에몬을 차견하셨습니다. 그것을 기록한 지면[을 배견하고] 알았습니
다. 오늘 에도에서 비각이 도래했습니다. 이 조선인을 귀하에게 보
내어 향후에 [조선인 어민이] 죽도에 도해하지 않도록 [조선 조정에]
요구하여 주실 것을, 그것을 졸자들이 [귀하에게] 전달하라는 노중
의 명령이 있었습니다. 자세한 것은 스케자에몬에게 말하여 두도록
하겠습니다. 이상과 같이 조선인 두 사람을 [사자 이치노미야 스케
자에몬에게] 인도합니다. 삼가 말씀드립니다.

8월 13일　　　　　　　　야마오카 쓰시마노카미

　　　　　　　　　　　　카게스케 어재판

　　　　　　　　　　　카와구치 셋쓰노카미

　　　　　　　　　　　　무네쓰네 어재판

소우 쓰시마노카미 님

　　　존보

朝鮮国慶尚道之内東莱之郡釜山浦之者壱人蔚山之者壱人当三月竹嶋与申所江罷渡候付右弐人之朝鮮人宗対馬守方家来江相渡之警固船ニ為乗対州江差越朝鮮国江送戻候間浦々相違有之間敷候自然水薪無之風波烈悪敷所繋候節者無滞様に可被相通候以上

　　　元禄六年酉八月十六日　　　山岡対馬守　印

　　　　　　　　　　　　　　　　川口摂津守　印

　　　　所々浦

　　　　番衆中

조선국 경상도 내의 동래군 부산포의 사람 1인, 또 울산 사람 1인이 당 3월(겐로쿠 6년 3월)에 죽도라는 곳에 건너왔다. 위 2인의 조선인을 소우 쓰시마노카미 측의 부하에게 인도한다. 경고의 배에 태워 쓰시마로 건너가, 다시 조선국에 송환할 예정이다. 각 포구[의 사람들은 이 방침을] 어기는 일 없이 [송치선의 운행에 협력아여] 자연의 물이나 땔감이 결핍하면 [이것을 제공하고] 풍파가 심하여 [배를 움직이는데] 나쁜 장소에 [배를] 계류했을 경우에는 지체하지 않도록 [유도 조력하고, 항해에 임해서는] 적절히 대처할 것을 명한다.

이상이다.

겐로쿠 6년 계유 8월 16일　　　　야마오카 쓰시마노카미 인

　　　　　　　　　　　　　　　카와구치 셋쓰노카미　　인

곳곳의 포구의

　　　　번중들에게

(06 - 02)

〃 朝鮮人宿御使者屋^江被仰付宿番御徒士四人組之者四人被仰付朝鮮
人門外^江出入不仕様申渡

(06 - 02)

〃 조선인의 [쓰시마에서의] 숙소는 사자옥(조선에서 오는 사자용
의 숙사)로 하라는 지시가 있었다. 숙번을 하는 보초 4인조 중
에서 총 4인에게 [이 경고를] 명했다. 2인의 조선인에 대해서는
문외의 출입은 안 된다고, 이곳에서 지시했다.

(06 - 03)

〃 長崎より彼地在役之通詞壱人加勢伝五郎朝鮮人^江相附来候

(06 - 03)

〃 나가사키에서는 그곳(나가사키)에 재주하는 담당자 통사 1인,
즉 가세 토우고로우가, 이 조선인을 따라 [승선하여 쓰시마에]
왔다.

(06-04)

〃朝鮮人御国着船ニ付長崎御奉行所より被相附候浦触御証文被差返
候ニ付御奉行所ヘ御状被差越候

(06-04)

〃조선인이 국원(쓰시마노쿠니)에 [무사히] 착선했기 때문에 나가
사키 봉행소에서 [편리를 도모하기 위해] 붙여준 우라후레(공
고)의 증문을 반납하게 되었다. 그 때문에 나가사키 봉행소에
서장을 보낸다.

(06-05)

〃右往復之御状左ニ記之

貴札令拝見候竹嶋ヘ罷越候朝鮮人之儀江戸表より就御差図拙者家来
ヘ御渡去二日無異儀対府ヘ令着岸向後竹嶋ニ渡海不仕候様ニ可申付之
旨従御老中被仰越之由奉得其意則其旨彼国ヘ可申遣候且又右之朝鮮人
ヘ被差添候海路之御証文壱通今度令返進候恐惶謹言
　九月五日
　　川口摂津守様
　　山岡対馬守様

去五日ヶ尊報御飛札今日相達拝見仕候竹嶋ヘ罷越候朝鮮人先比頃御家
来衆ニ相渡差遣候処今月二日無異儀対府致着岸候之由向後竹嶋ヘ渡海
不仕様可被仰付旨従御老中御差図付其段申上候処其旨彼国ヘ可被仰遣

由致承知候且又右之朝鮮人^江差添遣候海路之証文壱通被差返請取申候
恐惶謹言

山岡対馬守

九月廿四日　　　　　　　景助　御在判

川口摂津守

宗恒　御在判

宗対馬守様

(06－05)

    〃 위의 [나가사키 봉행소에 보내는 서장과 그 반답서의] 왕복서장
    사본을 아래에 기록해 둔다.

    귀직[두 곳의] 봉행의 서간을 배견하였습니다. 죽도에 넘어온 조
선인에 관한 일입니다만 에도의 지시에 의거하여 [두 사람을] 졸자
의 부하에게 양도하여 주셨습니다. 지난 2일(9월 2일)에 무사히 타
이후(쓰시마의 후츄우)에 착안했습니다. 향후 [조선 어민이] 죽도에
도해하지 않도록 해줄 것을 [조선의 조정에] 전달하도록 하겠습니다.
그것은 노중의 명령으로 그 명령을 받아, 그 취지를 그 나라에 전달
하도록 하겠습니다. 또 위의 조선인을 [송치할 때, 우리 측의 호위자
들에게] 첨부시켰던 해로의 증문 1통을 이번에 [그쪽에] 반납합니다.
삼가 말씀드립니다.

  9월 5일

    카와구치 셋쓰노카미 님

    야마오카 쓰시마노카미 님

지난 5일(9월 5일)부의 귀하께서 보낸 서간이, 어비찰(비각편)로 오늘 도착하여 배견하였습니다. 죽도에 건너온 조선인 2인을 지난번에 귀하의 부하들에게 양도하였습니다. 그리고 [쓰시마 후츄우에]송환하라고 지시를 하였습니다. 그러자 금월 2일에 쓰시마 후츄우에 무사히 도착했다는 내용[의 연락을 받았습니다.] 무엇보다 잘 된 일입니다. 향후 조선인 어민이 죽도에 도해하지 않도록, 그 나라에 요구하시라는, 노중의 지시가 있습니다. 그 일에 붙여, 그렇게 귀하 님에게 말씀드렸더니 그 뜻을 아시고 그 나라에 말하여 보낸다는 것이었습니다. 이상에 대하여 우리 측은 잘 알고 있습니다. 또 위의 조선인을 이송할 때, 첨부해준 해로의 증문 1통을 반납하여 주셨습니다. [분명히 이곳에] 받아 두었습니다. 삼가 말씀드립니다.

　9월 24일　　　　　　　야마오카 쓰시마노 카미

　　　　　　　　　　　　카게스케 어재판

　　　　　　　　　　　키와구치 셋쓰노카미

　　　　　　　　　　　　무네쓰네 어재판

쓰시마노카미 님

【大綱七段(元禄六年九月②)】

(07-00)

○同六年九月四日大目付内野九郎左衛門を以朝鮮人問情被仰付也

【대강 7단(겐로쿠 6년 9월 ②)】

(07-00)

○동 6년 9월 4일에 [쓰시마번의] 오오메쓰케(대감찰) 우치노 큐

우로우자에몬이 조선인의 문정(취조)의 역을 명받았다.

(07-01)

朝鮮人口書

一 我々両人之内壱人者釜山浦之者アンヨグト申候壱人ハウルサン
　之者バクトラビト申者ニ而御座候我々一艘ニ十人乗組候処内壱
　人相煩申ニ付与申所ニ残置九人乗竹嶋ニ罷渡候

船頭	キムヨチヤキ
	キンバタイ
	キンデントイ
ウルサン之者	セコチ
	イハニ
	キムトグソイ
	チャグチヤチユン

(07-01)

[그 취조의 결과는 다음과 같다.]

조선인의 구상서

1. 우리 두 사람 중 한 사람은 부산포의 안요구라고 합니다. 또 한
  사람은 울산 사람으로 바쿠토라비라고 합니다. 우리들[의 항해
  는] 1척에 10인이 타고 있었습니다만 그중의 1인이 [병을] 앓
  게 되어 영해라는 곳에 남겨두고 나머지 9인이 타고 죽도로 건
  너갔습니다. [그때의 승조원의 이름은 다음과 같습니다.]

선두	키무요치야키

	킨바타이
	킨덴토이
울산 사람	세코치
	이하니
	키무토구소이
	치야구치야치윤

右壱艘ニ乗組ウルサンより仕出候三月十一日乗組仕同十五日ニウル
サン出船仕同日ウルサン之内ブイカイ与申所ニ罷着同廿五日ブイカイ
出帆仕慶尚道之内エンハイ与申所ニ罷着同廿七日辰之刻エンハイ出帆
仕同日酉刻竹嶋江罷着申候エンハイ与竹嶋之間五十里程も可有之歟与
覚申候朝鮮江原道より東ニ当り申候嶋之程朝鮮牧之嶋より少大ニ見へ
申候山之様子険阻ニして高く御座候

위 1소의 배에 타기 위해 울산에서 준비를 시작하여 3월 11일에
는 승조원을 갖추어, 동 15일에 울산 항을 출선하였습니다. 동일 중
에 울산 내의 부이가이(흥해)라는 곳에 도착하고, 동 25일에 부이가
이를 출범하여 경상도 내의 엔하이(영해)라는 곳에 도착했습니다.
동 27일의 진시(오전 8시경)에 엔하이를 출범하여 동일 유시(오후 6
시경)에 죽도에 도착했습니다. 엔하이와 죽도의 거리는 대개 50리
정도가 될 것입니다. [그 위치는] 조선의 강원도의 동에 해당하고,
섬의 정도는 조선의 마키노시마(절영도)보다 조금 크다고 생각합니
다. 산의 상황은 험하여 오르기에는 너무 높습니다.

一 彼嶋＝鳥類獣類魚類＝至迄別而ゐなもの無御座候祢こ大分居申候

一 彼嶋＝古キ小屋をこほち候道具御座候如何様日本人之住跡之様＝
　被存候

一 彼嶋之名を朝鮮＝而ムルグセム与申候

一 彼嶋之儀日本の地＝而御座候も朝鮮之地＝而御座候も一円存不申
　候日本＝罷渡候而日本之地＝而御座候由初而承申候

一 類船之儀壱艘者全羅道之内シュンデン与申所之船＝而人数十七人
　乗組同壱艘ハ慶尚道之内カトク与申所之船人数十五人乗組弐艘
　共＝四月五日彼嶋＝参候弐艘之人数船頭を初為存者壱人も無御座候

一 我々船＝食飯之用＝米拾俵塩三俵乗せ参候其外荷物無御座候尤類
　船之様子も我々乗船同前＝而御座候

一 我々彼嶋＝罷渡候儀蚫若布大分有之由承及抔＝罷越候類船とても
　其通御座候別而商売之心懸＝而曾而無御座候

一 彼嶋＝而日本人与商売曾而不仕候類船之儀者如何様＝御座候も不
　存候

一 我々儀今度初而彼嶋＝罷渡候乗組之内キンバタイ与申者去年彼嶋
　江一度抔＝罷渡様子為存者＝御座候故我々茂罷渡候

一 カトク之船＝両人彼嶋江前以壱度渡り候者有之由承及候

一 我々彼嶋＝罷渡候儀別而忍ひ申儀曾而無御座候去年もウルサン之
　者廿人程罷渡候尤公儀より之差図与申儀も無之候自分之抔＝罷渡候

一 彼嶋＝朝鮮国より渡り候儀古より渡来候哉近年より渡候哉左様之
　様子者曾而存不申候

一 我々彼嶋＝罷在候内小屋を掛小屋之番＝ハクトラヒ与申者残置候
　処＝四月十七日＝日本船一艘参り天間＝七八人乗候而右之小屋＝

参ハクトラヒを捕天間二乗せ尤小屋二置候平包壱取乗せ罷出候付
アンヨグ其所二参断申ハクトラヒを陸江揚可申与存天間二乗候ヘ
ハ早速船を出し両人共二本船二乗せ早速出船仕隠岐国二同廿二日
二罷着申候其間者洋中二罷在候

一 同廿八日二隠岐国出船仕五月朔日二取鳥二罷着三十四日逗留仕六月
　四日取鳥発足仕同晦日長崎表二着仕候

一 取鳥発足仕長崎表江廿六日振二罷着申候其間所々而御馳走被仰付
　候膳部一汁七八菜程宛而御座候両人共二乗物二而長崎迄罷通候
　以上

　　　九月四日

1. 그 섬에 서식하는 조류나 수류나 어류 등에 특별히 이상한 것
   은 없습니다. 고양이는 섬에 많이 있습니다.

1. 그 섬에는 오래된 소옥이 무너진 흔적이 있고, 살기 위한 도구
   도 남아 있습니다. 어쩐지 일본인이 산 흔적처럼 생각됩니다.

1. 이 섬의 이름을 조선에서는 무루구세무라고 말합니다.

1. 이 섬에 대해서는 그것이 일본의 영지인지, 조선의 영지인지,
   그러한 것은 일체 모릅니다. 일본에 건너와서, 일본의 영지라
   는 것을, 그곳에서 처음으로 들었습니다.

1. 같이 섬에 건넌 배 중에 1소는 전라도 안의 슌덴(순천)이라는
   곳의 배로 인수 17인이 타고 있습니다. 또 같은 1소는 경상도
   내의 카토쿠(가덕도)라고 하는 곳의 배로 인수 15인이 타고 있
   습니다. 그 2척 모두 4월 5일에 그 섬에 착안하였습니다. 2척
   에 탄 사람에 대해서는 그 선두를 비롯하여 알고 있는 자는 한

사람도 없었습니다.

1. 우리들의 배에는 식반의 준비로 해서 쌀 10표를 싣고 섬에 왔습니다. 그 외의 하물은 없습니다. 물론 다른 동류의 2척도 그 하물의 상황은, 우리들이 탄 배와 같은 것이었습니다.

1. 우리들이 그 섬에 건너가려고 한 것은 전복이나 미역이 섬에 풍부하다고 들었기 때문입니다. [생활비를] 벌기 위해 건너간 것입니다. 동류의 2척의 배도 마찬가지입니다. 특별히 상매(잠상, 즉 밀수)를 하려는 심산으로 [이번에] 건너온 것은 전혀 아닙니다.

1. 그 섬에서 일본인과 상매(잠상, 즉 밀수) 등은 결코 하지 않았습니다. 동류의 2척의 배에 대해서는 어떠한 상태인지 [우리들은] 전혀 알지 못합니다.

1. 우리들은 이번에 처음으로 그 섬에 건너갔습니다. 승조원의 1인 킨바타이라는 사람이 있습니다만 이자는 거년에 그 섬에 한 번 돈벌러 건너간 것 같습니다. 섬의 상황을 알고 있었습니다. 그렇기 때문에 우리들도 [그의 안내를 따라] 건너갔습니다.

1. 카토쿠(가덕도)에서 온 배의 2인 정도가, 전에 한 번 그 섬에 건너간 일이 있는 인물이 있었습니다.

1. 우리들이 그 섬에 건너는 일은 특별히 남모르게 비밀리 간 것은 아닙니다. 거년에도 울산 사람 20인 정도가 이 섬에 건너갔습니다. 원래 [조선의] 관리의 지시를 받은 것이 아니라 모두 자신들의 생활을 위해 그 돈벌이를 위해 건너갔던 것입니다.

1. 이 섬에 조선국에서 건너가는 것은 옛날부터 건너간 것인지 혹은 근년부터 건너가게 되었는지 그것은 전혀 알지 못합니다.

1. 우리들이 그 섬에 체재하고 있는 동안 [주거를 위해] 소옥을 짓고 그 소옥의 당번으로 바쿠토라히라는 자를 남겨 두었습니다. 그러한 곳에 4월 17일에 일본선 1척이 와서 전마선을 내어 그곳에 7, 8인을 태우고 [상륙하였습니다. 그리고] 위의 소옥까지 와서 바쿠토라히를 붙잡아 전마선에 태워버렸습니다. 그때 소옥에 놓아 두었던 보따리 하나를 가지고 배에 싣고 나가려고 하였습니다. 그러한 곳에 안요구가 가서 말리는 말을 하였습니다. 바쿠도라히를 육지로 상륙시켜 달라고 말하고, 전마선에 탔는데 이미 서둘러 배를 내었습니다. 이렇게 하여 두 사람이 같이 본선에 태워져, 그곳을 서둘러 출범하는 일이 되었습니다. 그리고 오키노쿠니에 동월 22일에 착안하였습니다. 그동안에는 [다른 섬에 들리는 일 없이] 바다 가운데를 항해했습니다.

1. 동월 28일에 오키노쿠니를 출선하여 5월 초하루에 톳토리에 도착했습니다. 그리고 34일[간] 두류하고 [그 후] 6월 4일에 톳토리를 출발하였습니다. 동 그믐에 나가사키에 도착한 것입니다.

1. 톳토리를 출발한 이래 [여행을 계속하여] 나가사키에 26일이나 걸려 겨우 도착하였습니다. 그동안 곳곳에서 대접을 받았습니다. 그 음식[의 내용을 말하자면] 1즙 7, 8채 정도나 되었습니다. 우리들 두 사람 모두 탈것을 타고 나가사키까지 왔습니다. 이상입니다.

　　9월 4일

(07-02)

〃此時天竜院公御近所役加納幸之助を以被仰出候ハ竹嶋之儀磯竹嶋とも申先年大猷人君御代彼嶋江磯竹弥左衛門仁左衛門与申者居住いたし居候を召捕被差出候様ニ与光雲院公江被仰付則此方より被召捕被差出たる事在之候然者竹嶋之儀日本伯耆之内之嶋与公儀ニ被思召候ハ、伯耆之太守より弥左衛門仁左衛門召捕被差出候様ニ可被仰付之所御国江被仰渡候ハ朝鮮之竹嶋与被思召上たる事与相見へ候間右之次第一応公儀江御伺被成思召之程得与御聞被成候上朝鮮江可被仰懸哉与之御事ニ候所此時之衆儀公命を以朝鮮江被仰達候ハ、違難ニ及申間敷との事ニ而押而参判使を以被仰遣候由也

(07-02)

〃이리하여 조선인이 [타이슈우에] 보내져 취조가 진행되고 있을 무렵, 텐류우인 공(번주 요시쓰구의 부 소우 요시자네)는 그 [스스로의] 생각을 킨슈우(측근)역인 카노우 코우노스케를 매개로 하여 [번노들에게] 알려 주셨다. 죽도라는 섬은 의죽도(이소타케시마)라고도 부르는 섬이다. 선년에 타이유우 대군(토쿠가와 이에미쓰)의 시대에 이 섬에 이소타케 야자에몬과 닌자에몬이라는 자가 거주하고 있었다. [라는 정보가 있어] 이자들을 붙잡아 바치도록 하라는 [막부에서] 코우운인 공(소우 요시자네의 부 소우 요시나리)에게 명령이 내렸었다. 그래서 붙잡아 바친 일이 있다. [죽도에 관해서는 이리하여 우리 측에 막부의 명령이 내렸다.] 그렇다고 한다면 죽도라는 곳은 [어쩌면 톳토리

번의 관할 하에 있는 것이 아닐지도 모른다.] 만일 막부가 [이
섬을] 일본 호우키 내에 있는 섬이라고 생각하셨다면 호우키의
태수에게 야자에몬과 닌자에몬을 붙잡아 막부에 바치라는 명령
이 내려졌기 마련이다. 그러나 그렇지 않았다. 이 [조선과 교섭
을 하는] 나라(쓰시마노쿠니)에 일부러 명령을 내린 것은 어쩌
면 조선[령으로 하는] 죽도라고 말하는 것처럼 [그때, 막부는]
생각하고 있었기 때문이 아니었겠는가. 그러한 일이 상정되므
로 위의 사정을 확인하기 위해, 일단 막부에 [다시 한 번] 그
생각을 물어보는 것은 어떻겠는가. 그런 후에 조선에 [이쪽이
요구해야 할 것을] 전달하면 어떻겠는가. 이렇게 [은거하신 분
의 뜻을, 카노우 코우노스케가] 이야기했더니, 이때의 [노직들
의] 중의는 공적인 명으로 조선에 [막부의 의향을] 전달하는 일
이므로 [그저 그대로 따르는 것이 좋다. 일부러 물어보는 일 등
은] 잘못이다. [그러한 말을 올려 일부러 막부의 뜻에 거슬리는
것은, 오히려] 이쪽에 어려운 일이 된다. 그러한 일이 있어서는
안 된다. [이것은] 오히려 적극적으로 참판사를 파견하여 [그저
한결같이 명령대로 그 취지를 조선 조정에] 전달해야 한다. 그
러한 [노직들의] 결론이었다. [그리고 참판사를 결정하고 파견
을 준비했다.]

【大綱八段(元禄六年十月)】

(08-00)

○同六年十月竹嶋一件之儀被仰遣候大差使之正官多田與左衛門都
　船主内山郷左衛門封進寺崎与四右衛門渡海被仰付礼曹参判江以御

書簡近年貴国之船日本之内竹嶋江罷越候付重而不参様ニ申付追返
し候所当春又々貴国之漁民四拾人程竹嶋江罷越漁仕候故為後証其
内弐人召捕始終之様子具ニ領主より公儀江案内有之候へハ今度之
儀者被差返候重而彼地江不罷越候様ニ堅く可申渡旨従公儀蒙仰候
如斯之仕形至而大切成事候条急度可被仰付候則両人之者今度送
返右之趣使者委曲口上ニ申含候与之儀被仰遣也

【대강 8단(겐로쿠 6년 10월)】

(08-00)

○겐로쿠 6년 10월에 이 죽도일건에 대하여 [조선국에 사자의] 파견이 결정되었다. 대차사의 정관으로 타다 요자에몬이, 도선주에 우치야마 코우자에몬이, 그리고 봉진으로 테라사키 요시에몬이 결정되어 도해를 명받았다. 그리고 조선국의 예조참판에게 서간을 가지고 [정식으로] 통고하기로 했다. [그 내용이란 다음과 같은 것이다.] 근년에 귀국의 배가 일본 내의 죽도에 건너오게 되었다. 거듭해서 도래하지 말 것을 [그들에게] 말하여 쫓아보냈다. 그러나 이번 봄에도 다시 귀국의 어민 40인 정도가 이 죽도에 건너와 어렵을 행하는 일이 있었다. 그래서 후의 증거로 삼기 위해 그중 두 사람을 붙잡아 두었다. 그리고 사건의 과정을 자세하게 영주가 장군에게 보고하여 올렸다. 이번의 일는 [붙잡아 두었던 두 사람을 귀국에] 돌려보내는데, 두 번 다시 그 땅 [즉 죽도]에 건너지 못하도록 강하게 [도해 엄금을 해변의 인민에게] 명하여 주시기를 바랍니다. 그러한 취지를 [조선국에 말하여 전할 것을, 에도의] 장군한테 명받았다. 그렇기 때

문에 이러한 사자를 파견하는 형국이 되었다. [이 요구는] 아주 중요한 것이다. 이후에는 [다시 어민이 이 섬에 도해하는 일이 없도록] 잘 통지하여 주었으면 하고 바랍니다. 두 사람의 어민을 이번에는 돌려보내니, 위의 취지를 잘 이해하여 [이후에 대처하여 주었으면 합니다.] 자세한 것은 사자에게 말해 두었다. [이러한 내용을 전하기 위해 이번에] 사자를 파견했다.

(08-01)

〃多田与左衛門持渡礼曹参判参議東莱金山^江之御書簡之写左^二記之

(08-01)

〃타다 요자에몬이 조선에 가지고 건너간 예조참판 앞의 서간, 또 예조참의 앞의 서간, 그리고 동래부사 및 부산첨사 앞의 서간, 그 각각의 사본을 아래에 기록해 둔다.

礼曹参判への書簡

[真文]

日本国対馬州太守拾遺平義倫奉書朝鮮国礼曹叅判大人閣下金飆秋暮恭惟貴国安寧本邦一揆茲告貴域瀕海漁氓比年行舟於本国竹島窃為漁採極是不可到之地也以故土官詳論国禁固告不可再而乃使渠輩尽退還矣然今春亦復不顧国禁漁氓四拾余口徃入竹島沓然漁採由是土官拘留其漁民弐人而為質於州司以為一時乃証故我国因幡州牧速以前後事状馳啓東都蒙令彼漁氓附与弊邑以還本土自今而後決莫容漁舡於彼島弥可存制禁不俟今奉東都之命以報知貴国想夫我殿下汎愛黎庶無問遠

近既徃不咎唯緣鴻庇而弍人漁氓今還故土也此事雖出于小民之私而其
實所係非小両国交誼不生釁郤豈可不思無妄之禍耶速加政令於邊浦堅
制禁条於漁民則隣睦悠久之一好事也仍差遣正官橘真重都船主平友貞
今爰回還漁氓弍人悉附使价口申菲儀別録聊表遐悃笉納幸甚統希炳亮
肅此不宣

元禄六年癸酉九月日

　　　対馬州太守拾遺平義倫

　일본국 쓰시마번주로 슈우이라는 칭호를 가진 타이라 요시쓰구
(소우 요시쓰구)가, 조선국 예조참판(외교전례부의 제3관)의 대인 합
하에게 서간을 보낸다. 추풍이 부는 늦가을에 정중하게 생각건데,
귀국은 안청하고 본방도 마찬가지입니다. 그런데 여기에 알리려고
생각하는 일이 있습니다. 귀국의 변해 어민이, 빈년(매년) 배를 본국
의 죽도에 와서 남몰래 어로를 탐색하는 일이 있었습니다. 그자들이
이곳에 건너와서는 안 되는 토지이기 때문에 토관(지방관)을 통해,
자세히 국금이라는 것을 알려주어 깨닫게 했습니다. 두 번 다시 내
도하지 말 것을 엄중히 알려주고, 그자들을 모두 귀환시켰습니다.
그런데 이번 봄에 또 사십 여인이 죽도에 건너왔습니다.

　(죽도에 와서) 뒤섞여서 어로탐색을 하기 시작했다. 이러한 일이
기 때문에 토관(지방관)이 그 어민 중 두 사람을 구류하고, 주사(번
의 관리)에게 인도했다. 일단 증거의 인질로 한 것이다. 그래서 우리
나라의 이나바를 지배하는 목사(번주)가 이 일의 전후사정을 신속하
게 동도(에도의 장군)에 알려 왔다. 그러한 어민들을 폐읍(쓰시마)에
부여하여 이곳에서 귀국 본토에 귀환시키기로 했다. 지금부터 이후

로는 결코 그 섬에 귀국의 어민이나 어선이 들어가는 일이 없도록, 금지의 통달을 해주지 않으면 안 된다. 그렇게 요구할 것을, 나는 동도의 명령으로 해서 이번에 명받았다. 그래서 귀국에 통지하는 것이다. 내가 생각하건데, 우리들의 전하(대군, 즉 토쿠가와 장군)는 거친 인민도 포용하는 도량이 넓은 인덕이 있는 분이다. 섬에 불법으로 왕래해도 책망하지 않는다. 다만 큰 새가 커다란 날개를 펴서 보호해주듯이, 두 사람의 어민을 인연이 있는 것으로 보고 보호하여 지금 그들의 고향으로 송환한다. 이 어민이 도해한 사건은 단순히 소민의 사욕에서 생긴 것 정도로만 보이나, 그렇지 않다. 그것은, 이것에 관계되는 문제는 적지 않고, 또 단순하지도 않다. 양국의 우의교류에 이것은 틈이나 상처가 생기는 일이다. 그렇기 때문에 무용의 화를 부르는 일이 없도록 하지 않으면 안 된다. 그러하니 신속하게 정령을 발하고, 포변에 통달하여 어민에게 이 금조를 반드시 지키도록 통제하여 주었으면 한다. 그렇게 되면 인국 간에는 더욱 친밀하게, 유구한 평화에 이른다는 바람직한 관계가 될 것이다. 여기에 정관으로 타치바나 마사시게(타다 요자에몬)을, 그리고 도선주로 타이라 토모사타(우치야마 코우자에몬)을 귀국에 차견하여 지금 여기에 어민 두 사람을 회송시켜 귀환시킨다. 자세한 이야기는 사자가 설명하는 것으로 한다. 박의하지만 별록과 같이, 작은 우원의 성심을 나타낸다. 원활하게 수용해주시면 큰 행복이다. 원하건데, 문의 전부가 명료하게 전해졌으면 한다. 그러나 숙연하게 기록하였기 때문에 모든 것을 말씀드리지 못하고 끝났다. 양해하여 주었으면 한다.

겐로쿠 6년 계유 9월 일

　　　쓰시마 번주로 슈우이라는 칭호를 가진 타이라 요시쓰구

礼曹参議への書簡

[真文]

日本国対馬州太守拾遺平義倫奉書朝鮮国礼曹参議大人閣下寒威在
近遅惟貴国晏清本邦同軌茲告貴国邊海漁氓頻年行舟於本国竹島窃有
漁探者極是不可到之地也以故土官詳論国禁固告不再乃使渠輩逐還矣
然今春亦復四拾余口来于竹島沓然漁探由是土官拘留其漁民弐人而為
質於州司以為一時乃証故本国因幡州牧速以前後事状馳啓東都蒙令彼
漁民附与弊邑以還本土自今以往決莫容漁舡於彼島弥可存制禁不佞今
奉東都之命以告報貴国仍想我殿下包荒仁徳既徃不咎唯縁恩庇而弐人
漁氓今還故土也此事雖出于小民之私而其実所係非小最不容易莫敢忽
之荐加厳禁使海角漁民慎守法制則徳隣之誼益惟永好茲差遣正官橘真
重都船主平友貞今方回還漁民弐人曲折附在使舌薄儀侑械庸申遅忱莞
留為幸更希氷照粛此不宣

元禄六年癸酉九月　　日

　　　　対馬州太守拾遺　平　義倫

예조참의에게 보내는 서한

일본국 쓰시마 번주로 슈우이의 칭호를 가진 타이라 요시쓰구(소우
요시쓰구)가 조선국 예조참판(외교전례부의 제3관)의 대인 합하에게
서간을 보낸다. 찬바람도 가까워집니다. 멀리서 생각해보면 귀국은 안
청하고 본방도 같습니다. 그런데 이곳에 알려드리려고 생각하는 일이
있다. 귀국 변해의 어민이 빈년(매년) 배를 우리나라의 죽도에 대고,
몰래 어로탐색하는 일이 있었다. 그들에게 이곳은 건너와서는 안 되는
토지이다. 그래서 토관(지방관)을 시켜 자세하게 국금이라는 것을 알

려 깨우쳐주었다. 다시 내도하지 않도록 엄중하게 일러, 그러한 자들을 모두 쫓아서 돌려보냈다. 그런데도 올봄에 또, 이러한 국금이 있다는 것을 되돌아보지 않고, 어민 40여 인이 건너왔다. 그리고 뒤섞여서 어로채집을 하기 시작했다. 이러한 일이어서 지방관이 그 어민 중 두 사람을 구류하여 주사(번의 역인)에게 인도했다. 일단 증거의 인질로 한 것이다. 그래서 우리나라의 이나바를 지배하는 목(번주)이, 이 일의 전후 사정을 신속하게 동도(에도의 장군)에게 알려왔다. 그러한 어민 을 폐읍(쓰시마)에 부여하여 이곳에서 귀국 본토로 귀환시키는 일이 되었다. 지금부터 이후에는 결코 그 섬에 귀국의 어민이나 어선을 등여 보낸 일이 없도록 다시 금지의 통달을 해주지 않으면 안 된다. 그렇게 전달할 것을, 나는 동도의 명령으로 해서 이번에 받았다. 그렇기 때문 에 귀국에 통지하는 것이다. 우리 전하(대군 즉, 토쿠가와 장군)는 거칠 은 인민도 포용하는 도량이 넓은 인덕이 있는 분이다. 섬에 불법으로 왕래해도 책망하지 않고, 그저 은애로 비호하여 주신다. 그렇기 때문에 이번에 두 사람의 어민을 그들의 고향으로 송환하는 것이다. 이 어민이 도해한 사건은 단순한 소민의 욕심에서 생긴 것처럼 보이나 그렇지 않다. 그 사실. 이것에 관계하여 생기는 일은 적지 않고, 또 단순한 것이 아니다. 이것은 소홀히 할 수 없는 일이다. 해변의 어민에게 재삼 엄금을 전하여 삼가 법제를 지키도록 통제하여 주어야 한다. 그러면 덕린의 친밀함은 더욱 길고 양호하게 계속될 것이다. 이에 정관으로 타치바나 사타시게(타다 요자에몬)을, 그리고 도선주로 타이라 토모사 타(우치야마 코우자에몬)을 귀국에 차견하며, 이에 어민 두 사람을 회 송하여 귀환시킨다. 곡절의 이야기는 사자의 구상에 붙이기로 한다. 박의의 서간내용을 보충하는 작은 진심을 준비하여 말씀드린다. 원만히 수용해주시면 큰 행복이다. 다시 원하건데 문의가 풀려 명료하게 알아주었으면 한다. 그러나 숙연히 기록했기 때문에 생각하는 것을 말씀드리지 못하고 끝나고 말았다. 양해하여 주었으면 한다.

겐로쿠 6년 계유 9월 일

쓰시마노쿠니 태수 슈우이 타이라 요시쓰구

東来府使および釜山僉使への書簡

[真文]

日本国対馬州太守拾遺平義倫啓達朝鮮国東莱釜山両令公閣下秋晩遲想動静珍勝方切翹企連年貴国瀕海漁舡雑然来徃本国竹島窃為漁探以恣私意況又今春漁採彼地者四拾余口我国因幡州牧拘留其漁氓弐人輙馳啓事状於東都由是不侫告報制勤於貴国今還漁氓詳書南宮勾煩転達茲不儞縷悉附正官橘真重都船主平友貞口申輶儀別録庸表遠誠笑留為幸草此不宣

元禄六年癸酉九月　日

　　　　対馬州太守拾遺　平　義倫

동래부사 및 부산첨사에게 보내는 서간

일본국의 쓰시마 도주로 슈우이의 칭호를 가진 타이라 요시쓰구(소우 요시쓰구)가 조선국의 동래부사 및 부산첨사 두 분 합하에게 서간을 보낸다. 이 가을밤에 멀리 떨어진 타이슈우에 있으며 약간 생각하는 일이 있다. 양국의 동정은 진승하여 그야말로 교기(상승의 기운)에 접하고 있는 시기이다. 그런데 연년 귀국의 변해어민 및 어선이 무질서하게 떼를 지어 우리나라의 죽도에 왕래하는 있이 있었다. 몰래 그 사욕에 사로잡혀 마음껏 어로채집을 행하고 있다. 말할 것도 없이 또 금년 봄에도 그 죽도라는 곳에 건너와 어로채집하는 자가 40여 인에 이르고 있다. 우리 나라의 이나바노쿠니를 지배하는 목사(태수, 즉 번주)가 그러한 어민 두 사람을 구류하고 일의 사정을 동도(에도의 장군)에게 있는 그대로를 보고했다. 그런 연유로 이 일을 귀국에 알려주도록 나에게 명령을 내렸다. 지금 이 두 사람의 어민을 송환하며 서간을 남궁(예조) 앞으로 보내니 일의 전말을 자세하게 전달하여 주었으면 한다. 번거롭게 하는 일이 되었으나 이해하여 주었으면 한다. 잡다한 일들은 모두 정관 타치바나 마시사게(타다 요자에몬)에게 그리고 도선주 타이라 토모사타(우치야마 코우자에몬)에게 일임하여 그가 구상으로 설명할 것이다. 또 가벼운 의례로 별록을 준비하여 작은 성의를 표한다. 웃으며 받아주면 큰 행복이다. 이것저것을 이야기했으나 아직 충분히 뜻을 말하는 데는 이르지 않았다. 그러나 꼭 양해하여 주었으면 한다.

　겐로쿠 6년 계유 9월 일

　　　쓰시마 번주 슈우이의 칭호를 가진 타이라 요시쓰구

　右之書簡三通天竜寺南芳院東谷洵長老之書稿ニ書載有之候故別幅者略之

　위의 서간 3통은 텐류우지 난방원의 토우코쿠쥰 장로의 서고에 기재되어 있는 것이다. 별폭의 기재에 대해서는 생략한다.

(08－02)

〃是より前先向使永瀬伝兵衛被差渡竹嶋之一件ニ付御使者渡海之趣
裁判高勢八右衛門より東莱ニ申達候所則都表ニ及啓聞十月十日都
表より返事到来之由ニ而東莱より両訳を以裁判方ニ被申聞候趣并
裁判返答左ニ記之

(08－02)

〃 정사 파견보다 앞서 선향사로 나가세 덴베에가 조선에 차견되
었다. 그리고 죽도일건에 대해 사자가 도해한다는 취지를 재판
타카세 하치에몬을 통해 동래부사에 전달했다. 그 전달은 바로
도성에 보고되어 국왕(숙종)의 귀에 들어갔다. 그리고 10월 10
일에는 도성에서 반답이 도래했다. 동래부에서 양역(훈도와 별
차)을 통해 이쪽의 재판 쪽에 그 답이 전해져 왔다. 그 취지와
그것에 대한 재판의 반답을 아래에 기록한다.

東莱より之口上

一 都より昨十日先向之返事申来候意趣者竹嶋与申所ニ朝鮮人参候
内両人人質ニ御捕被成東武ニ被遂御案内長崎ニ被送渡対馬守様よ
り朝鮮ニ参判を以御使者被送渡候由ニ付而先向被差渡候段承届候
竹嶋之儀別而有之嶋ニ候得ハ別条無御座候若当地ニ而蔚陵嶋与申
所ニ候得ハ古より朝鮮之内ニ而毎度往来仕来候然処朝鮮人を御捕
被成参判之御使者を以被送渡候段不及覚悟事候其上当年者毎度
参判之御使者を被差渡朝鮮国ニも迷惑存候依之此度之御使者之
儀御理中度之由申来候

동래에서 온 구상

1. 도성에서 어제 10일(10월 10일)에 선향사의 신청에 대한 답이
   돌아왔다. 그것이 의미하는 취지는 이하와 같다. 즉 죽도라는
   곳에 조선인이 가서 두 사람이 인질로 붙잡혀 동무(에도의 장
   군)에게 보고가 올라가 나가사키로 보내어 건네주는 것으로 되
   었다. 그 때문에 쓰시마노카미 님이 조선의 참판 앞으로 사자
   를 보내는 일이 되어 선향사를 차견한 것이다. 이 일을 우리 쪽
   이 듣고 도성에 보고했다. 죽도의 일은 특별한 사정이 있는 섬
   이라 특별히 문제 삼는 것이 아니다. 그러나 혹시[죽도가] 우리
   측이 말하는 울릉도라는 섬이라면 이것은 고래로 조선 안의 섬
   으로 매번, 이쪽이 왕래해 온 섬이다. 그러한 사정이 있는 섬
   안에서 조선인을 붙잡아 [이것을 인질로 해서 잡아 두는 일이]
   되었다. 그것도 참판의 어사자까지 딸려서 일부러 돌려보내는
   일이 되는 것은, 생각할 수도 없는 [곤란한] 이야기이다. 그렇
   지 않아도 금년에는 여러번에 걸쳐 참판의 어사자가 차견되어
   조선국으로서는 [많은 비용부담이 거듭되어 참으로] 번거로운
   일이었다. 이러한 일이므로 이번에 사자를 파견하는 건은 거절
   하고 싶습니다. 이러한 일을 전하여 왔다.

一 都より先向之返事参候由ニ而段々被仰聞承届候日本之内竹嶋之
   儀古来より日本之内ニ其紛無御座候日本従公儀許を請毎歳罷越
   拵仕候付家居抔も建置候ヶ様ニ日本より支配仕来候所を朝鮮之
   内ニ而可有之由被仰聞段曾而難落着事候軽被思召日本之嶋を朝
   鮮之内与被仰候而者日本公儀江相聞如何様ニ可有御座候哉至而

大切存候此段敏与御了簡被成今一応都江も御注進候而障無之御
返答被成候樣ニ可被仰越候哉今度之使者之儀理被仰度与之儀是
以難心得事候対馬守家来を差越候と乍申東武より上意を請差渡
ス使者ニ候得者公儀之使者同前之事候弥使者之儀早速差渡候樣ニ
申遣候間委細者使者渡海之節書簡ニ可被仰達候

(이것에 대한 재판의 반답)

1. 도성에서 선향사의 [제안에 대한] 답이 왔다 한다. 그것을 여러
   가지로 들어, 취지는 알았다. 일본 [해역] 내에 있는 죽도의 일
   이나 이것은 고래로 일본 내에 있는 것으로 그것은 틀림없는
   사실이다. 일본[의 인민이] 장군한테 허가를 받아 매년 섬에 건
   너가 돈벌이를 하고 있었다. [섬에는] 거처 등도 세워 두었다.
   이처럼 일본의 지배가 미치고 있는 장소를 조선 안이라고 듣고
   서는, 도저히 [못들은 체할 수 없다. 그렇게 해서는 금후의 상
   의에서] 낙착하는 일은 곤란하다. 그처럼 [중대한 일을] 가볍게
   생각하고, 일본의 섬을 조선 내라고 말해서는 [이미 이야기가
   맞지 않는다.] 일본의 장군이 이 일을 들었을 경우, 과연 어떤
   사태로 발전할 것인지. [참으로 예측하기 어려운 점이 있다.]
   이것은 참으로 중요한 일이므로 특히 사려하시어, 지금 다시
   한 번 도성에 보고하는 것이 좋다. [이번에는] 장애가 없는 반
   답을 하실 수 있도록 말씀드리면 어떠할까요. 또 이번 사자의
   건입니다만 [그 파견을] 거절하고 싶다는 의견이 있다. 그러나
   그러한 일은, 이것 또 잘못 생각이라는 것이다. 쓰시마노카미
   가 부하를 차견한다고 말했으나 이것은 사실을 말하자면 동무

의 뜻을 받들어 그 뜻에 따라 파견한다는 사자이다. 즉 장군이
보내는 사자와 같다. 그러한 사자이므로 [거절할 수 없다.] 이
미 서둘러서 차견하게 된다. 자세한 것은 이 사자가 도해할 때,
서간으로 전한다.

両訳再答

一 竹嶋之儀朝鮮より蔚陵嶋与申所ニ候得ハ何共笑止存候乍然日本
　　より竹嶋与被仰候ハ蔚陵島より別之嶋ニ而御座候哉哀^{ママ若カ}左様
　　ニ御座候ハ、御使者御渡海被成候而も無別条相済可申候兎角両
　　国出入無之様ニ仕度候東莱^江罷越冝敷致相談今一応被致注進候様
　　可申入候其上ニ茂東莱不被致合点候ハ、可仕様も無御座候早々
　　東莱^江参具申談何とそ東莱被致合点候様ニ可申談候間先向被差戻
　　候儀一両日者御待被下候様ニ与申罷帰

양역(훈도와 별차)의 재답

1. 죽도의 일에 대해 [다시 말씀드리자면] 이것은 조선에서 울릉
　 도라고 말하는 섬이다. [서로 호칭이 다르기 때문에] 아무래도
　 이상한 이야기가 되었다. 그러나 일본에서 말하는 죽도라는 섬
　 이 조선에서 말하는 울릉도라는 섬과, 어쩌면 다른 섬일지도
　 모른다. 만일 그러하다면 사자가 도해하여 [회답이 이루어져도]
　 특별히 문제가 될 것 같은 일은 없다. 무사히 회담이 끝날 것으
　 로 생각된다. 어쨌든 양국 간에 분쟁 등이 일어나는 일이 없도
　 록 하고 싶다. [우리들은 이번 사건을] 동래부에 가서, 어떻게
　 든 선처할 수 있도록 다시한번 상담하고, 그 위에 도성에도 보

고하려고 생각하고 있다. 그러나 그 위에 동래부[의 관인]이 이 취지에 대해 양해하지 않으면 [우리들로서는] 어떻게 할 수가 없다. 서둘러 동래부에 가서 [이 건에 대하여] 충분히 상담하여 어떻게든 동래부[의 관인들]이 납득하도록 말씀드릴 예정이다. [원활한 교섭이 되도록 배려하여 선향사에게 반서를 보낼 것이니] 선향사를 쓰시마로 돌려보내는 것과 같은 일은 하지 않고 일단은 하루 이틀 정도 기다려 주었으면 한다. 그렇게 이야기하고 [양역은] 돌아갔다.

一 同十三日東莱より裁判^江申来候ハ此度之参判使各別之儀^ニ候故御使者渡海之上御書簡之趣都^江及啓聞其節否之御返答可申入候間御使者被差渡候様^ニ与之儀也

[다시 양역의 속답]

1. 동월(10월) 13일에 [양역에 의해] 동래부사한테서 재판[의 타카세 하치에몬]에게 보내는 [반서가] 왔다. 그것에 의하면 이번의 참판사는 각별한 일이기 때문에 그 사자의 도해를 [수용한다.] 그리고 [지참하시는] 서간의 취지를 도성에 보고하여 상문하도록 [이쪽에서 처리할 계획이다. 단] 그때의 일입니다만 [미리 선향사가 전해온 것과 같은, 섬에 대한 도해금지의 요구에 대해서는 이것이 조선의 울릉도의 일이기 때문에 당연히] 부의 반답을 신청할 것이다. [그 일을 아신 위에] 사자를 차견하도록 하라고, 그러한 것을 전해왔다.

(08-03)

〃同月廿二日 多田与左衛門一行府内浦出船在之

(08-03)

〃동월(10월) 22일에 타다 요자에몬 일행은 쓰시마 후츄우의 우치우라를 출범하여 조선으로 향했다.

(08-04)

〃阿比留惣兵衛幷附人仁位弥右衛門御弓之者弐人足軽三人与左衛門江相附被差渡也

(08-04)

〃아비루 소우베에 및 부속인 니이 야에몬 그리고 오유미 담당 2인과 보졸 3인을 요자에몬에 딸려서 조선에 피견했다.

(08-05)

〃与左衛門乗り船五拾挺早船壱艘引船十八挺小早壱艘水木船御原船壱艘朝鮮人質人弐人乗り船として飛船小早壱艘被差渡也

(08-05)

〃요자에몬이 탄 배는 50정노의 대선이다. 이것에 하야부네(세키부네, 즉 군선)을 1소, 히키후네로 18정노의 배를 1소, 코하야(소형의 예인선)을 1소, 수목선(물과 땔감을 싣는다는 명목의 하선)을 1소, 어원선(선복이 넓은 하선)을 1소 그리고 조선인의

인질 두 사람을 태운 배로 해서 비선의 코하야(소형의 군선)를 1소 [준비했다. 이상으로 선대를 짜서 조선에] 파견했다.

【大綱九段(元禄六年十一月)】

(09－00)

○同六年十一月朔日多田与左衛門一行渡海即夜絶影嶋^江繋船翌二日館着也

【대강 9단(겐로쿠 6년 11월)】

(09－00)

○동 6년 11월 초하루에 타다 요자에몬 일행은 [쓰시마의 북단에서] 도해하여 그날 밤에 [조선의] 절영도에 도착했다. 이곳에 배를 계류하고, 다음 2일에 부산의 초량화관에 도착했다.

(09－01)

〃此日両訳入館於裁判方與左衛門持渡之御書簡写取之

(09－01)

〃이날(11월 2일)에 양역(훈도와 별차)은 초량화관에 들어가 재판 측에서 요자에몬이 지참하고 온 서간을 [동래부에 보고하기 위해] 필사했다.

(09－02)

〃裁判高勢八衛門此節与左衛門江申聞候ハ当年参判使度々渡海在

之朝鮮国之費も多候故此度之御使者之儀も馳走之儀を第一苦労ニ被存候様子ニ候間此度者馳走を不被請候方可然与之趣申出与左衛門も此段同意ニ付即日裁判より両訳江申達候ハ当年者参判使打続候故対州より茂此度又々参判使被差渡候段遠慮ニ被存候得共此一件公儀より被仰出候儀故無拠被差渡候依之例之通御馳走在之段却而致迷惑候間此度之儀者御馳走請ケ申間敷候条必御無用ニ候公用之訳ニ候ヘハ御返答及延引候而ハ不首尾ニ候故接慰官早々被差下御返簡之埒さへ明候ヘハ早々致帰国事ニ候此段都表江注進在之候様ニ与使者申候旨申達候所両訳返答ニ御使者快ク請候而接慰官さへ罷下り候ハヽ御馳走不申候与申儀無御座候被入御念候段ハ都江可及注進旨返答申聞候

(09－02)

〃재판 타카세 하치에몬이 [도해한] 타다 요자에몬에게 이때 한 말이 있다. 그것은, 금년은 참판사가 자주 도해하였기 때문에 조선국의 출비가 많다. 이번의 사자에 대해서도 접대하기 위해 어치주를 하는 일이 가장 어려운 일이라 합니다. 그렇게 듣고 있다고 [조선 측의 사정을] 이야기해주었다. 그렇기 때문에 이번의 일행은 어쩌면 어치주를 열지 못하는 경우도 있다고, 그러한 취지를 알려, 양해하여 두시라는 전달이 있었다. 그 이야기를 듣고 요자에몬도 이 일에 대해서는 동의하고 당일에 재판을 매개로 하여 양역(훈도와 별차)에게 이 [어치주의 사퇴]를 이야기했다. 금년은 참판의 사자가 계속해서 왔다. 그런데 이번에 타이슈우에서 또 참판사를 차견했다. 이 일은 매우 곤란하게 생

각할(마음이 쓰이는) 일이라고 생각하고 있다. 그러나 이번의 일건은 장군의 명령으로 어쩔 수 없이 차견된 것이다. 그렇게 된 일이므로 통상대로 어치주를 받는 일은 [우리들에게도] 오히려 번거롭다고 생각하는 바이다. 그렇기 때문에 이번의 의례 및 회견에서는 어치주를 받지 않고 진행하고 싶다. 그렇게 생각하고 있으니, 그 [어치주의] 준비는 없는 것으로 하고 싶다. 장군의 용무이기 때문에 반답을 받는 일이 [중요하여 어치주의 준비 때문에 회담이] 늦어지게 되면 [의미가 없다. 늦으면 늦을수록] 그 교섭이 부진하다고 [장군이] 판단하고 만다. 그렇기 때문에 서둘러 접위관을 도성에서 내려보내 반한을 잘 정리하여 그 내용을 분명히 하여 우리 쪽에 건네주셨으면 한다. 그렇게 되면 [쓰시마에서 온 사자는] 서둘러 귀국하겠다. 이 일을 도성에 보고하도록 사자가 요구하고 있다고, 이러한 취지를 양 역관에게 전했다. 양 역관의 반답은 사자가 [도성에서의 오는 반서를] 쾌히 받아주신다면 접위관은 [금방이라도 내려오겠지요.] 그러한 [원활한 교섭]이라면 어치주를 하지 않는 일은 없습니다. [이것저것을 요구하기 때문에] 신경 써서 [질질 끄는] 교섭이 되면 도성에 [그때마다] 보고하게 되고 [도성에서는 다시 논의하게 되므로] 그 이후에 반답하는 일이 되어 [오래 끄는 것입니다.] 그렇게 답해왔습니다.

(09-03)

〃訳官迎裁判高勢八右衛門帰国ニ付与左衛門方より十一月十九日之日付を以御国ㇰ申上候書状之略左ニ記之

〃 역관과 맞이하여 응접하는 재판 타카세 하치에몬이 [이때] 귀국

하게 되었다. [남아 있는] 요자에몬이 국원(쓰시마) 앞으로 11월

19일부의 서장을 [하치에몬에게 주어서] 보냈다. 그 나라에 보

고하는 서장의 개략을 아래에 기록한다.

〃 接慰官之儀弥相済首訳よりハ朴同知罷下筈被申付候由脇より申

来候付内証為知候由頃日安同知方より裁判方江手紙を以申越殊今

朝高勢八右衛門宅江訓導卜同知参右之段内意申聞候兎角御使者之

儀者請不申候而不叶事御座候得共請兼申首尾二候得ハ何角与差延

シ候所二而候得共早速相済候儀者先一段之事二存候乍然竹嶋之儀

者元朝鮮之内欝陵嶋二無其粉候処今度被仰越候趣相心得候与日

本二加たつけ候茂難仕又是非朝鮮之内与申儀も難成依之嶋二ツ有

之候故一ツハ欝陵嶋壱ツハ竹嶋二極可申与申様成判事共之口振に

て御座候間接慰官之申分必定其通二而可有御座候捨置候嶋之事二

候得共欝陵嶋之儀者必可申出様成勢二而御座候左様之出入二成候

者殊外隙取可申哉与致了簡候就夫裁判爰元江居合不被申段如何存

候兎角判事共能合点不仕候得者接慰官東莱二も難通事候判事共江

得与申聞候に者裁判方二而者心易被申談候故恰合冝御座候其元二

而存候より当地之様子見聞仕候而者御用之節裁判不被差渡候而

者不首尾存候間平田所左衛門儀被差渡候様二与存候接慰官之儀来

月十五六日廿日頃二茂可罷下哉与卜同知別而為申由二御座候間年

内押詰下り可被申哉寒気之節候間年内下釜無心元存候早々所左

衛門可被差渡候委細者八右衛門二申含候

〃[동래에 내려보내는] 접위관의 [임명]건이 드디어 [도성에서] 끝
난 것 같다. 수역(역관의 우두머리)이 되는 것은 박동지로 [드디
어 도성에서] 내려올 것이다. 그처럼 [임무를] 명받았다고 전해
왔습니다. 이것은 [정식 루트로 전해온 것이 아니라] 옆에 있는
사람한테 전해들은 정보로 말하자면 비밀의 일을 [이쪽에] 알려
준 것이다. 최근 [별차인] 안동지 쪽에서 재판 쪽에 편지로 [여
러 가지를] 전해주고 있다. 특히 오늘 아침에도 타카세 하치에
몬 댁에 훈도 변동지가 찾아와서, 위의 건에 대한 비밀스러운
이야기를 전해주었다. 어쨌든 [쓰시마에서] 사자의 파견이 있으
면 [조선 측에서는] 그 대담요청을 받아들이지 않을 수는 없습
니다. 그러나 [문제가 복잡하여] 받아들이기 어려운 경우에는
어떻게든 [뒤로 미루어 대담의] 연기를 꾀한다. 그러나 이번은
[대응하는 접위관의 임명이] 서둘러 끝나, 우선은 일단의 진전
이다. 그러나 죽도라는 것은, 원래 조선 내의 울릉도의 일로 그
것은 틀림없는 사실이다. 그러한 섬을 이번에 [장군한테] 지시
받은 취지를 받아 [그 뜻을] 이해하고, 일본 내에 합쳐버리려고
하는 것은 [약간 무리가 있어] 이루기 어려운 일이다. 또 [저쪽
의 조선국이 이 섬을] 어떻게 해도 조선 안이라고 주장하건 간
에 [장군의 명령이 있어, 그것을 인정할 수도 없어] 이루기 어려
운 일입니다. 이러한 일이기 때문에 2개의 섬이 [이 해역에] 있
다고 하기 때문에 하나는 [울릉도, 또 하나를 죽도로 정하여 이
건을 처리하면 어떨까라고 판사(역관)들은 말한다. [곧 내려올]
접위관이 말하는 것도 아마 이러한 내용이 아닐까라고 생각한
다. 지금까지 버려두었던 섬이지만 울릉도라는 것은 [조선국의

것이라고] 반드시 말할 것이 틀림없다. 그러한 흐름 속에서의 이야기로 이렇게 하여 [섬을 둘러싼] 쟁론이 된 이상에는 [이쪽은] 조금이라도 틈을 보여서는 안 된다고 알고 있습니다. 그렇기 때문에 [이쪽에서 외교교섭의 최전선에 선] 재판역의 인물이 이 교섭현장에 참가하지 않는다고 하면 어떠한 일일까. 어쨌든 [저쪽의] 판사들은 [당연히 이쪽에] 상황이 좋을 것 같은 응접을 해주지는 않습니다. 그 위에 [이쪽의 사정을 자세히 설명할 수 있는 재판이 참가하지 않는다는 일이 되면 상대가 되는] 접위관 및 동래부사에게 교섭이 통하기 어렵습니다. [저쪽의] 판사들에게 잘 요구를 전하여 그쪽이 말하는 것을 듣기 위해서는, 이쪽의 재판이 [수행하는 역할은 중요합니다. 재판은 그들에게] 마음 편하게 이야기를 걸 수 있으므로 [교섭현장에는] 딱 맞는 것입니다. 그곳(쓰시마)에 있으며 상정하는 교섭과 당지(부산포의 초량화관)에서 상황을 견문하고 [그 현장에 임해서 하는] 교섭과는 [교섭의 방법에 큰 차이가 있습니다.] 즉 필요한 시기에 재판역이 파견되어, 그 현장에 입회하지 않으면 이미 교섭은 불리하게 되고 마는 것입니다. [재판역의 타카세 하치에몬이 지금 귀국하게 되었기 때문에 필히 새로운 재판역으로 해서] 히라타 쇼자에몬의 파견을 요망합니다. [저쪽의] 접위관에 대해서는 내월 15, 6일에 혹은 20일경까지는 내려온다고 [훈도] 변동지가 전해왔습니다. 연내에 박두해서 내려온다는 것입니다. 한기가 심한 때이므로 [천천히 내려오는 일이 되어] 연내에 부산에 도착할 것인가 [아니면 해가 바뀌게 될 것인가, 참으로] 불안하기 그지없다. [어쨌든 이쪽도 준비가 있으므로] 서둘러서 쇼자에몬을 보내

주셨으면 한다. 자세한 것은 하치에몬에게 말하여 두겠다.

(09－04)

〃右十二月五日之御返書之略左ニ記

(09－04)

〃위의 서간에 대한 12월 5일부의 반서가 있다. 그 개략을 아래에
기록한다.

〃今度高瀬八右衛門帰国仕其元之様子在増承申候八右衛門佐次乗
着船之刻佐次乗ニ而朴同知申候ハ竹嶋之出入之儀大切存候先頃朝
廷方江首訳共被召寄被申聞候ハ日本ニ而竹嶋与申嶋ハいつれの方
角ニ有之候哉朝鮮国ニも欝陵嶋与申嶋有之故若此嶋之事候得者慥ニ
朝鮮之内ニ而世輿地勝覧ニも載有之候輿地勝覧者日本江渡りたる
書ニ候哉与被尋候故如何ニ茂日本江渡りたる由申候へハ左候ハ
弥日本茂能御存知之事候故今度之御使者ハ難請事ニ候乍然日本
而竹嶋与申候ハ別之嶋候哉別之嶋ニ候へハ無別条事候間御返答も
相替事無之由被申候故首訳中申談候ハ日本ニ而竹嶋と申候ハ必定
欝陵嶋之儀ニ候へとも左様朝廷方江申候而者至而大切成事ニ存候
故彼方角ニ嶋三有之候一者欝陵嶋一者于山嶋と申候一者嶋之名不
申候此内いつれニ而も日本ニ而竹嶋与被仰候を竹嶋ニ相極候而外
之嶋を朝鮮国之欝陵嶋ニ用申候得ハ朝廷方之存分茂立日本向も御
首尾能相済申事候故右之通我々内談仕候而返答仕候朴同知事も
今度之儀ニ付致帰参馳走役ニ罷下候故若朝廷方ニ而右之嶋も候ハ

ゝ右之趣を以了簡仕返答いたし候様ニ委細書状認候而遣申候間定
而首尾能相済可申候間心易被存候様ニ与咄申候就夫朴同知儀接慰
官より先達而下釜仕筈ニ候間下釜いたし候ハ、被捕置候朝鮮人早
速朴同知江御渡被下候へ者右之首尾両人之者江能申含置重而朝廷
方より被尋候刻口違不申候様ニ仕度候若茶礼之節抔御渡し被成候
而即座ニ而接慰官様子被尋候刻欝陵嶋江罷越候抔与申候而者右之
首尾も違至而大切存候通申候由申聞候此段佐次乗ニ而申聞候故其
元ニ而貴殿江不申達候由八右衛門申候依之爰元ニ而何茂了簡仕候
者右之通申掠候而首尾能相済申事ニ候へハ朝鮮国之首尾も能候日
本向も能候故日本向さへ無別事候へハ朝鮮国之為にも能様ニ被成
被遣度事候得共左様ニ内証ニ而嶋之名を振替候而茂欝陵嶋ハ朝鮮
国之内与相極居候ハ、欝陵嶋江参候分者不苦与存又々朝鮮人彼嶋
江参候而者至而大切成事候故朝鮮之為ニも必定罷成間敷候又于山
嶋を欝陵嶋と申成置候而も于山嶋与申嶋朝鮮国ニ不足仕候へハ欝
陵嶋を日本へ被取候も于山嶋を被取候も我国之嶋を他国江被取候
段ハいつれにても外聞ハ可為同前事ニ候故此申分も難落着事候又
者日本ニ而三ツ有之嶋を都而竹嶋と申候哉日本の様子委不相知候
故三ツ之嶋を都而竹嶋と申候へハいつれの嶋之内江参候而も日本
より御障被成事候故猶以右之首尾ニいたし成候而者相違ニ罷成候
故旁難落着事候ヶ様ニ首訳共内談を以朝廷方江申掠候様ニ其身共
者申成候得とも畢竟者朝廷方も首訳与同意ニ而首訳共存寄ニ而朝
廷方之前を申掠候分ニいたし欝陵嶋を日本之竹嶋ニ相極候者下ニ
而之才覚之様ニいたし成候与察存候乍然ヶ様之儀申掠候様ニ仕置
候而者已来迄大切成事候故欝陵嶋を日本ニ而竹嶋と申ニいたし候

而も壬申之乱已後朝鮮より只今迄捨置日本より年久敷支配被成
来候故欝陵嶋ニいたし候而も朝鮮国より申分有之間敷事候土地之
変者日本朝鮮斗ニも限り申間敷候已前他国之地ニ而も年久敷此方江
属し候而ハ此方之地ニ候委不及申事候万一欝陵嶋を日本ニ而竹嶋
と申候ニいたし候而も不差間候様ニ御心得候而接待之節御挨拶又
者御返答之文言扗御吟味可被成候

" 이번에 타카세 하치에몬이 귀국했다. 귀하가 전해준 상황의 대
략을 이곳에서 들었다. 하치에몬이 사지노리(좌차관 즉 부관이
승선하는 제2선)로 [쓰시마로] 귀국할 때, [와니우라에] 착선했
을 때, 사지노리 안에서 박동지가 말한 것이 있다. [박동지는 도
성에서 서둘러 내려와, 이 배에 동승하고 있었다.] 죽도 논쟁의
건은 [조선에 있어 매우] 중요한 일로 [어떻게 대응하면 좋을까
를] 생각하고 있다는 것이었다. 앞서 [조선] 조정에 이 수역(수
석역관)들이 불려가, 그곳에서 의견을 묻는 일이 있었다 한다.
서로 이야기된 것은, 일본이 말하는 죽도라는 섬은 어느 방각에
있는 섬인가, 라는 것이었다. 조선국에도 울릉도라는 섬이 있는
데, 혹시 이 섬의 일이라면 이것은 분명히 조선 내에 있는 섬으
로 여지승람에도 기재된 섬이다. 이 여지승람은 일본에도 건너
가 전해진 서물인가라고 물었기 때문에 분명히 일본에 전해져
있는 서물이라고 [수역들이] 말했다 한다. 그러하기 때문에 결
국 일본도 [이 울릉도에 대해서는] 잘 알고 있는 일일 것이다.
그러한 [조선령 울릉도에서] 생긴 일이라면 이번의 사자가 요구
하는 것은 [아무래도 이치에 맞지 않는 요구라는 것이 된다. 이

것은 도저히] 받아들이기 어려운 일이다. 그런데도 일본에서 죽도라고 말하는 섬은, 어쩌면 [울릉도와는] 다른 섬이 아닐까. 만일 다른 섬이라면 특별히 지장이 있는 일은 아니다. 반답도 [이의를 제기하는 일 없이 그대로] 바꾸는 일 없이 [응하면 된다라고] 그렇게 말씀하셨다고 말하는 것이었다. 그러나 수역[이나 기타 사람]들이, 은밀히 상의한 것은, 일본에서 죽도라고 말하는 섬은, 반드시 울릉도일 것이라고 합니다. 그러나 그렇게 조정에 말씀드리면 또 아주 큰일이 되고 만다. [그러므로 어떻게 하지 않으면 안 되는 일이 되었다.] 그쪽 방향[의 해역]에는 섬이 셋 있다. 하나는 울릉도이고 하나는 우산도라는 섬이다. 그리고 또 하나의 섬의 이름은 [불명이기 때문에] 이름을 댈 수가 없다. 그러나 [어쨌든 세 개의 섬이 있다.] 이 세 개의 섬 중에 어느 섬이라도 좋으니 일본에서 죽도라고 칭하는 섬을 [일단] 죽도로 정하고 그 외의 섬을 조선국의 울릉도 [그리고 우산도]로 지정하면 조정 쪽의 명분도 서고, 일본에 대해서도 보기 좋게 해결하는 것이 아닌가. 이렇게 우리 수역들은 미리 정하여 [조정에] 답했다. 이 박동지도 이번의 교섭의 일로 [관의 복귀를 허가받아, 도성으로] 돌아가 [일본의 참판사에 대한] 접대역을 명받았다. 그리고 [다시 부산으로] 내려왔다. [이러한 인연이 있어 배에 타게 된 것이다.] 만일 조정 측에서 위의 섬에 대해 [이렇게 죽도나 울릉도로 정하여] 지장이 없으면 위의 취지로 [쓰시마 측의] 양해를 얻고, [그 위에 다시 조정에 보고를 올려] 답하는 것으로 한다. 그 자세한 것은 서장으로 기록하여 [조정에서 온] 반한으로 해서 올립니다. 틀림없이 말끔하게 될 것으로 생각하니, 아무튼 마음 편하게 기다려 주십시오라고, 이렇게 말하여 왔다. 그것에 대해서 [더 부언하여 말한 것은] 이 박동지는, 접위관이 내려오기 전에 앞서 부산에 내려와 [그 준비를 하]기로 되어 있다. [그러한 선도역으로] 부산에 내려왔으니, 붙잡아 둔 조선인 어민 두 사람을 서둘러, 이 박동지에게 건네주세요. 위의 준비를 두 사람의 어민에게 잘 말하여 [그들이 울릉도가 아니라 죽도에 건너간 것이라고 인식시켜 두고 싶다. 그 위에] 조정[의 접위관]한테 심문을 받을 때, 틀리지 않게 [답변할 수 있도록 준비]하여 두고 싶다. 만일 [최초에 두 사람을 인도하지 않고, 그 후의] 차례 등을 실시할 때에 두 사람을 인도하게 되면 [이 일은 잘 되지 않는다. 두 사람과 타협이 되어 있지 않기 때문에] 그 [심문하는] 장소에서 즉석에서 접위관에게 상황을 질문당하면 그때 [죽도가 아니라] 울릉도에 건너갔다는 등으로 [두 사람이] 말해버릴 [걱정이 있습니다.] 그렇게 되면 위의 처리는 [계획대로 되지 않고, 목적과] 다르게 [전개]되고 맙니다. 그렇게 되지 않도록 조심해서 [이야기를 맞추어] 계획한 대로 [일이 진행되도록 잘 준비해 두지 않으면 안 됩니다.] 그렇게 [박동지가] 이야기하는 것을 [타카세 하치에몬이] 들었다. 이 일은 [귀국할 때] 사지노리 배 안에서 들은 일로 그곳(부산의 초량화관)에 계시는 귀하에게는 [이런 류의 이야기는] 전달되는 일이 없었을 것이다. 타카세 하치에몬은 이러[한 박동지의 말을] 이야기하고 있었다. 이러한 이야기에 의거해서 그곳(부산의 초량화관)에서 교섭하는 일에 있어 [일본도 조선도] 어느 쪽이나 양해하여 위와 같이 속이면 [이번의 건은] 깔끔하게 처리되고 말 것이다. 그렇게 되면 조선국의 입장도 좋고, 또 일본에 대해서도 상황이 좋습니다. 일본에 대해서 별일이 없다면 그것은 조선국을 위해서도 좋은 일이다[라고, 그렇게 박동지는 말한다. 분쟁을 처리하기 위해] 차견된 목적을, 이것으로 달성할 수 있는 것이라고 말한다. 그러나 그렇게 비밀로 섬의 이름을 바꾸어 보아도, 울릉도는 조선국 내라고 정해져 있기 때문에 그 울릉도에 건너가도 나쁘지 않다며, 또다시 그 섬에 다수의 조선인이 건너가고 만다. [그러한 일도 흔히 있을 수 있는 이야기이다.] 그렇게 되면 다시 큰일이 되고 만다. 그렇기 때문에 조선 측에서도 반드시 그러한 이야기로는 납득하지 않을 것이다. 또 우산도를 울릉도라고 말하여 바꿔치기 해보아도, 우산도라고 하는 섬이 이번에는 조선국에서 부족하게 되고 만다. 그렇게 되면 울릉도를 일본에 빼앗겨도, 우산도를 일본에 빼앗겨도 [어느 쪽이라 해도 같은 일로] 역시 우리나라의 섬을 타국에 빼앗겼다고 해서 세상의 소문이 나쁘게 될 것이다. 그러므로 이러한 제안도, 결국 분쟁을 낙착시키기는 어려운 일이 아니겠는가. 또 이곳에 있는 세 개의 섬을, 일본에서는 그 셋 전부를 죽도라고 말하고 있는 것 아닌가라고 [저쪽은 생각하고 있다.] 일본의 상황을 자세히 알지 못하기 때문에 그렇게 생각하는 것 아닌가. 세 개의 섬의, 어느 섬 안에 조선인이 건너가도, 결국 일본에서 말하자면 [죽도에 건넌 것이 되어] 문제가 되고 만다. 이것은 그러한 이야기로 [그렇기 때문에 어려움을 다시 조선 측에 말하게 되는 것 아니겠는가라고] 그렇게, 저쪽은 생각하고 있다. 그렇기 때문에 더욱더 위와 같은 분쟁처리를 하면 잘못이 생기는 것이 틀림없다. [이 건에 관해서는 어떠한 처리방법이라 해도] 어느 쪽으로도 낙착되기 어려운 일이다. 이렇게 수역들이 은밀한 이야기를 조정에 아뢰어, 그 앞에서 어떻게 해서라도 속여서 처리하고 있는 것처럼, 이 자들은 행동하고 있습니다. 그러나 실제로는, 조정 측도 이 수역들과 은밀이 동의한 처리일 것이다. 그것을 양해한 상태에서 행하고 있습니다. 조정 쪽을 속이는 것처럼 하여 [일본에 이익이 되는 것처럼 보이고 있습니다. 즉] 울릉도 [주변의 섬 일부]를 일본의 죽도로 정해두고 [어중간하게] 처리하려고 합니다. 이것은 하중의 하의 재각으로 행하는 [어설픈 책략이라고 말할 수 있는] 것으로 [어차피 고식적이다.] 이처럼 속여서 하는 처리로는 [본질적인 해결이 되지 않는다. 이 문제는] 미래까지 이르는 중요한 일로 [여기서 확실하게 처리해여 두지 않으면 안 된다.] 울릉도를 일본에서 죽도라고 칭하며 [일본인이 도해하여 어로]하게 된 것은, 임진(정유)왜란(분로쿠·케이쵸우의 에키) 이후의 일이다. [전란 중에 조선인은 철퇴하여] 조선에서 [다시 도해하여 어로하는 것과 같은 일이 없어졌다.] 바로 지금까지 버려두고 온 것이다. 그리고 일본에서는 오랫동안 섬을 지배해 오고 있었다. 그러한 섬이므로 [이 섬이]ʼ 울릉도라고 해도 조선국에서 말할 명분 등은 이미 없는 것과 같다. 토지의 [소유가 이동하여] 변화하는 것은, 일본이나 조선만이 아니라 한없이 넓은 세계에 있는 이야기입니다. 이전에는 타국의 토지였다 해도 오랫동안 이쪽에 속해 있으면 이쪽의 토지가 되고 만다. [그것은 하나하나] 자세히 이야기할 것도 없는 일이다. 만일에라도 이 울릉도가 일본에서 말하는 죽도라 해도 그것으로 조금의 불리할 것도 없다. 그렇게 알고 [교섭을 진행하면 된다.] 접대 의례를 할 때, 인사 또는 답례의 문언 등에 대해서는 잘 생각하여 [똑바로] 대응해야 한다.

(09-05)

〃質人爰許逗留之内相尋候節中候ハ今度参候嶋之名者不存候今度参候嶋より北東ニ当り大き成嶋有之候彼地逗留之内漸二度見江中候彼嶋を存したるもの申候ハ于山嶋与申候通申聞候終ニ参りたる事ハ無之候大方路法一日路余も可有之哉与相見江申候由申候欝陵嶋与申嶋之儀者曾而不存候由申候乍然質人之申分虛実難斗候得共為御心得申進候其元ニ而能御聞可被成候

(09-05)

〃인질[이 된 조선인 두 사람이] 이쪽(쓰시마)에 두류하고 있을 때 [그 도해한 섬에 대해] 물은 일이 있었다. 그때 [그자가 이야기한 것은] 이번에 간 섬의 이름은 알지 못한다는 것이었다. 그리고 이번에 간 섬의 북동에 해당하는 곳에 또 큰 섬이 있다고 말했습니다. 그 섬에 두류하는 사이에 겨우 두 번 정도 [그 섬의 모습을] 보았다 한다. 그 [또 하나의] 섬을 알고 있는 자가 이야기한 것에 의하면 그 섬은 우산도라고 말한다 한다. 그 섬에 대해서는 결국 건너간 일은 없었으나 대개의 [도해의] 노법으로는 1일여의 항로에 해당한다 한다. 울릉도라고 말하는 섬에 대해서 그는 전혀 알지 못한다고 한다. 그러나 인질이 말하는 것이므로 그 이야기의 허실은 헤아리기 어려운 것이 있다. 그러

나 [그렇게 말은 해도 그러한 이야기를, 이 교섭의 시기이므로] 알아두는 것으로 [지식 안에 넣어 두도록] 전하여 둔다. 그쪽에서도, 이건에 대해 잘 들어서 [정보를 모아] 두어야 한다.

(09 - 06)

〃興地勝覧考申候処于山嶋欝陵嶋ハ別之嶋之様ニ見江申候乍然一説ニハ本一嶋与御座候故二嶋ニ候哉一嶋候哉不分明候芝峰類説抔ニハ世ニ依而名替り必竟ハ于山嶋欝陵嶋者一嶋之様ニ相見へ申候朝鮮絵図ニハ二嶋ニ図有之候則写候而進之申候芝峰類説之文ハ御写被成候様ニ覚候故興地勝覧之文今度写遣不申候

(09 - 06)

〃여지승람이라는 [서물]이 정시하는 바로는, 우산도와 울릉도는 다른 섬인 것처럼 보인다. 그러나 그 일설로 해서 나타내는 것은, 원래 1도라고 한다. 그러므로 2도일지도 모르고, 1도일지도 모른다. 그 어느 쪽인지 불분명하다. 지봉유설 등의 기재에는 세대에 따라 [그때마다] 섬의 이름은 바뀌고 있으나 결국 우산도와 울릉도는 1도처럼 보이고 있다. 조선의 회도에는 2도로 한 지도가 있어, 이 사본을 [귀전에 송부하여] 진정한다. 지봉유설의 문은 [이미 귀전이] 필사하신 것으로 기억하고 있어 [이것은 복사해서 보내는 일은 하지 않는다.] 또 여지승람의 문도 [이미 귀전은 알고 계시므로] 이번에 [일부러] 사본을 송부하는 것과 같은 일은 하지 않는다.

【大綱一〇段(元禄六年十二月①)】

(10-00)

〇同六年十二月十日与左衛門一行茶礼設行接慰官并東莱府使被罷出
　於太廳対面御書簡渡之勿論竹嶋江罷越候漁民弐人太廳之庭上ニ而
　渡之相済而従東武被仰出候御用之趣論談往復在之也

【대강 10단(겐로쿠 6년 12월 ①)】

(10-00)

〇원록 6년 12월 10일에 요자에몬 일행에 대한 차례가 준비되어
　이루어졌다. 접위관 및 동래부사가 나와 연향대청에서 일본 측
　과 대면했다. [이쪽에서] 서간을 건너는 것은 물론이고 죽도에
　건너왔던 어민 두 사람을 이 대청의 마당에서 인도했다. 이러한
　일이 끝난 후에 동무(에도의 장군)에서 명령이 있었던 용건의
　취지를 논담하고 그 응답이 있었다.

(10-01)

〃是より前十二月七日接慰官并馳走訳罷下東莱府着之由両訳方より
　通詞を以申聞候

(10-01)

〃지금보다 전의 12월 7일에 접위관 및 치주역이 도성에서 내려
　와 동래부에 도착했다고 [변동지와 안동지] 양역이 통사를 통해
　알려 왔다.

(10-02)

〃接慰官弘文館校理洪重夏馳走訳朴同知[并]重叔金判事也

(10-02)

〃이번의 접위관은 홍문관 교리인 홍중하라는 인물이다. 그리고 치주역은 박동지 및 거듭해서 숙역(시중드는 역)을 맡은 김판사였다.

(10-03)

〃同月八日馳走訳朴同知金判事両人訓導別差同道[二]而正官方ヘ入来則朴同知金判事[江]此度御用之儀申達茶礼之日限等申談[シ]且又茶礼之節接慰官東莱[江]御用之儀申談候[二]付礼式相済候後平座いたし得与可申談候条此段接慰官[江]兼而申達置候様朴同知[江]申渡シ其上此度馳走断り可申入候此旨兼而両訳[江]正官より申達置候条朴同知[二]も其通可相心得旨申渡候所朴同知返答[ハ]其段都[而]も承之候[乍]然常々参判使[而]茂馳走不仕候而不叶事[二]候況此度者東武より御越被成候同然之御事[二]候故弥御馳走不申候而不叶儀[二]御座候付別而御馳走申候様[二]接慰官[江]茂被申付候与之儀[二]付此度者幾重[も]馳走之断可申達旨正官再答申達候

(10-03)

〃12월 8일에 치주역 박동지와 김판사 양인이 훈도[인 변동지]와 별차[인 안동지]와 동도하여 정관 측을 방문했다. 그곳에서 박동지와 김판사에게 이번의 용건을 전달하고 차례의 날짜 등을

상의했다. 그리고 또 차례를 지낼 때, 접위관 및 동래부사에게 용건을 전달하는 것에 대해 상의했다. 의례의 식전이 끝난 후, 서로 평좌하여 [편히 쉬는 가운데] 차분하게 이야기하고 싶다고, 그러한 요망을 접위관에게 미리 전달하여 둘 것을, 박동지에게 전했다. 그런 후에 이번의 어치주는 사양하고 싶다고 요구했다. 이 뜻은 이전부터 양 역관(훈도와 별차)에게 정관 쪽에서 전달했으나 박동지에게도 그대로의 취지를 배려할 수 있도록, 전했다. 이것에 대해 박동지의 반답은 그 일은 도성에도 전하여 취지는 듣고 있다. 그러나 항상 참판사의 경우에는 어치주를 하지 않은 예가 없어 [이번에 한해 그렇게 예외적인 일은] 할 수 없다는 것이다. 특히 이번에는 동무의 명령과 같은 [사자파견]이 되었기 때문에 그렇다면 결국 어치주를 하지 않으면 안 된다. 그렇기 때문에 각별히 어치주를 하도록 하라고 접위관도 명령하고 있다고, 이렇게 박동지가 이야기했다. 그러나 정관은 이번은 몇 번이고 되풀이해서 어치주를 거절한다며 그와 같은 내용을 다시 답하여 박동지에게 전했다.

(10 - 04)
〃同九日朴同知金判事正官方^江入来茶礼之節平座之上御用論談之儀例外之事ニ候ヘとも正官申分尤ニ候故弥平座可致旨接慰官被申候由申聞候

(10 - 04)
〃12월 9일에 박동지와 김판사가 정관 측에 들어 왔다. 차례를 지

낼 때 평좌로 앉아 용건을 논담한다고 하는 것은 [외교의례 상
으로는] 예외이지만 이러한 정관의 요구도 당연하다고 생각되
기 때문에 [금회는 요구대로] 평좌로 행하고 싶다. 그러한 뜻의
답을 접위관이 말하셨다고, 그들이 전해왔다.

(10-05)

〃同十日茶礼之節正官布衣風折着用都船主封進侍奉ハ素襖着伴人
十六人召連罷出礼式常之通相済

(10-05)

〃12월 10일에 이렇게 하여 차례가 행해졌다. 그때 정관은 포의
(무문의 카리기누) 장식에 카자오리 에보시를 착용하고, 정식
의례로 해서 임했다. 그리고 도선주와 봉진은 스오우(히타타레
로 배신의 예복)를 착용하고 옆에 배열했다. 동반하는 자들 16
인을 거느리고 나온 의례의 의식은 상례대로 진행하여 [모든 것
이 문제 없이] 끝났다.

(10-06)

〃竹嶋^江罷越候漁民二人召連候警固として横目改浜田源左衛門也代
官樋口太郎兵衛相附罷出候処馳走訳朴同知金判事両人此方警固
二人^江致挨拶彼方之者大勢召出し右漁民二人為請取之則縄掛候体
^二相見候

(10-06)

〃죽도에 온 어민 둘의 [인계인수가 있었다. 그들]을 끌고, 경고역
으로 해서 [이 차례의 장소에] 나온 것은 요코메아라타메 하마
다 겐자에몬이다. 대관 히구치 타로우베에도 여기에 따라서 나
왔다. 그러자 어치주역의 박동지와 김판사 양인이 나와서 이쪽
의 경고역(하마다, 히구치) 양인에게 인사하고, 저쪽 사람들을
많이 불러, 위의 어민 두 사람을 받았다. 바로 새끼줄로 묶어
[두 사람을 구속한] 것처럼 보였다.

(10-07)

〃例之通献酌的相済平座之節御用之儀正官より申談候次第左ニ記之尤
接慰官ﾆ往復之論弁得与聞届候ため此方之通詞役中山加兵衛諸岡
助左衛門幷朝鮮詞勤能之町人富井源八中座為致置也

(10-07)

〃상례에 따라 헌주를 마치고 평좌하여 용건의 내용을 정관이 [접
위관에게 정식으로] 전달했다. 그 회담의 내용을 아래에 기록한
다. 다만 [정관과] 접위관이 주고받은 논변을 완전하게 행하기
위하여 이쪽의 통사역으로 해서 나카야마 카베에와 모로오카
스케자에몬을 동좌시켰다. 그리고 조선의 말을 잘 사용하는 정
인 토미이 겐하치를, 역시 여기에 동좌시켰다.

正官より朴同知を以接慰官ﾆ申達候口上
〃日本之内竹嶋ﾆ近年朝鮮人罷越漁仕候得共用捨を以重而不参候様

ニ与堅申含差返候然処当春又四十人程参漁仕候故為証拠人質両人
召捕始終之次第領主より公儀ニ案内有之候処対馬守殿方被請取
朝鮮国ニ差返シ重而不参候様急度可申渡旨従公儀被蒙仰候付而則
両人之者今度被差返候就夫対馬守殿被申候者日本之内ニ貴国之者
無故参候儀決而有之間敷儀ニ候処ヶ様之働仕候段卒爾乍兎角不被
申事ニ候日本之者貴国之内ニ参漁仕候ハ丶御快可有之哉偏御行規
緩キ故与被存候今度之儀竹嶋之者共日本之掟能守候故別条無之候
能御了簡被成候へ下々之儀ニ御座候得ハ万一日本人組合密ニ商売
等仕候族も有之ハ至而大切千万成事ニ候初年参候ハ不存候而之儀
も可有之候今度又致抜船候儀賊船同前ニ候へハ急度御とかめも有
之者朝鮮之御為御難儀成事ニ而可有之候得共今度之儀従公儀御有
免を以無何事被差返候御儀御誠信之御事重く思召弥行規厳敷可
被仰付候勿論両国法度為背者共之事ニ候へハ急度曲事ニ可被仰付
与存候一々東武ニ被遂案内候間被仰付様御返答之様子不宜候ハ丶
御首尾宜しケル間敷候条御思案可被成候竹嶋ニ参候者棟梁も可有
之候夫々科ニ被仰付候様子迄委細可被仰聞由申達ス

정관이 박동지를 통해 접위관에게 전달한 구상

〃일본 안에 있는 죽도에 근년에 조선인이 건너와 어렵을 행하고
있다. 그러나 일의 선악을 그들에게 알리고 두 번 다시 도도하
지 말도록 엄하게 이야기하여 쫓아 보냈다. 그러한데도 금년 봄
에 또 40인 정도가 건너와 어렵을 하고 있었다. 그것의 증거로
두 사람을 인질로 붙잡아 사건의 내용을 영주가 장군에게 보고
를 하여 올렸다. 그 때문에 [이 조선인 두 사람이 조선외교를

담당하는] 쓰시마노카미 님 측으로 [보내었다. 그리고 교섭을 위해 두 사람을] 인수하게 되었다. [이자들을] 조선국에 돌려보내며, 다시는 [조선인 어민이] 섬에 건너오지 않도록 단단히 요구하라고, 장군의 명령을 받은 것이다. 즉 두 사람을 이번에 [귀국에] 돌려보내는데, 그것에 대해 쓰시마노카미 님이 [조선국에] 전달하는 것이 있다. [그것을 지금 여기서 전한다.] 일본 안에 귀국 사람이 이유 없이 오는 일은 결코 있어서는 안 되는 일이다. 이러한 [무법을] 저지르게 된 것에는 말하는 것도 실례가 되는 일이나 변명할 수 없는 일이다. [가령] 일본 사람이 귀국 안에 가서 그곳에서 어렵을 하면 역시 [귀국은] 불쾌한 일일 것이다. 이러한 [불법이 통하는 것은] 오로지 [귀국의] 법률이 엄하지 않기 때문이라고 생각된다. 이번의 일은 죽도의 사람들이 일본의 규칙을 잘 지켰기 때문에 각별한 일이 생기지 않고 무사히 끝난 것이다. 이후에는 꼭 [조선 측에서] 대책을 취해 주기 바랍니다. 신분이 낮은 자들이라 일본인과 짜고, 몰래 상매(밀무역) 등을 하는 무리들이 나오지 않는다고는 한정할 수 없다. 그렇게 되어서는 큰일이 된다. 초년의 일로 그저 건너왔을 뿐 [전후의 사정은] 알지 못했다고 말하는 것으로 끝낼 일이 아니다. 이번에 두 번째로 발선(밀어)한 소행은 이미 해적선과 같은 소행입니다. 엄한 처벌을 내리는 일은 조선의 [무육민정]에서는 [어쩌면] 어려운 일일지도 모른다. 그러나 이번의 건은 [일본의] 장군이 관대하게 용서하는 일로 아무일 없이 돌려보낸 것으로 이것은 양국의 성신을 [바탕으로 해서 이루어진] 일로 중하게 생각해주어야 한다. 좀더 규율을 엄하게 하여 [인민을 선도하고 교도하]여 주었으면 한다. 물론 양국의 법도에 벗어난 자들의 일이므로 엄하게 그 부정을 [밝혀 처벌의 대상으로 하여] 명령을 내려야 한다고 생각한다. 이 하나하나를 동무에서 지시하고 있기 때문에 [귀국의, 그 인민에 대한] 대응하는 상황을 [우리들은 동무에 보고하지 않으면 안 된다.] 만일 귀국의 반답의 상황이 좋지 않으면 금후의 [양국 관계는 또] 좋지 않게 전개될 것이다. 그러한 일이 위구되는 것이다. 죽도에 건넌 어민들은 [이것을 지시한] 진량(주모자)도 있기 마련이다. 그것들이 죄가 있는 것으로 [처벌이] 명해야 할 것이다. 그러한 상황의 내용을 자세히 다시 알려주었으면 한다, 이렇게 말하여 전했다.

接慰官東莱返答

〃被仰聞候趣具ニ承届御尤存候彼両人者被差返慥請取申候朝鮮人境を越日本之竹嶋ㇸ参候儀にて此者とも夫々之科ニ不被申付候而不叶事ニ候竹嶋ニ罷越候も定而別儀有之而之事ニ魚取ニ為参物与存候朝鮮ニ欝陵嶋与申所御座候是ニ参候とて竹嶋ニ為参ニ而可有御座候遠所ニ而候ヘハ欝陵嶋ニも不参候様兼而申付置候向後竹嶋ㇸ不参候様堅被申付ニ而可有御座与返事被申聞

접위관 및 동래부사의 반답

〃이야기해 주신 취지에 대해 여기서 자세히 들었습니다. 당연한 일이라고 생각하는 바입니다. 그 어민 둘을 돌려주어 분명히 인수하였습니다. 조선인이 경계를 넘어 일본의 죽도에 건너갔다고 하는 일에 대해서는 이자들이 범한 각각의 범죄에 따라 [처

벌을 받게 된다. 그러하니 처벌] 받지 않는 일은 없다. 죽도에 건너간 일도, 반드시 이유가 있었던 것이 아니라 단지 고기를 잡으려고 건넌 자일 것이다. 조선에는 울릉도라는 곳이 있는데 이곳에 건너려고 하다가 죽도에 건너간 것이라고 생각한다. 육지에서 원방에 있는 곳이므로 그러한 울릉도에는 건너가지 못하도록 전부터 명령해 두었던 곳이다. 향후에도 죽도에는 건너가지 않도록 엄하게 명하여 두기로 한다. 그러한 답장이 있었다.

正官口上

〃唯今申達候趣御合点被成尤ニ思召候由被仰聞珎重存候然共竹嶋へハ魚取ニ為参ニ而可有之抔与被仰聞候段御挨拶之趣相聞候今度之儀ハ下ニ而繕置申事ニ而無之日本与朝鮮之御挨拶ニ候へハ至而大切成儀能御了簡可被成候最前申入候通魚取ニ而無之外之儀ニ而致抜船候ハヽ必定御難題可有之事候又欝陵嶋江罷越候とて竹嶋ニ越たるものと思召候由被仰聞候憶成儀者不存候へ共欝陵嶋之儀其以前者朝鮮より之御支配ニ候得共壬辰之変後より日本ニ属し竹嶋ハ則欝陵嶋之由承及候嶋壱ツを二ツニ立壱ツハ竹嶋壱ツは欝陵嶋ニ被成置若又此上朝鮮人参候儀も有之候ハヽ至而大切千万成事ニ候欝陵嶋江不参候様ニ与兼而之御制法ニ候ハヽ日本之竹嶋江重而不参候様堅可被仰付与之御返答ニ而可相済事ニ候自然御返翰なとに無益之欝陵嶋之儀御載被成儀も有之者御不審有之而後日朝鮮之御為やかましき御事候接慰官ニ能御了簡被成御注進被成候へと申達

정관의 구상

〃방금 말씀드린 우리 측의 취지에 대해 납득하시어 당연하다고
생각해 주셨다. 그러한 답을 듣고 [이쪽은] 감사하다고 생각하
는 바이다. 그러나 죽도에는 고기를 잡으러 건너간 것이라고
[태연히] 말씀하시는 것은, 비례의 인사처럼 들린다. 이번의 일
은 [어민과 같은] 아랫사람들의 단계에서 봉합하여 마무리 지을
일이 아니다. 이것은 일본과 조선 간의 인사 [즉 외교관계에 관
계되는 일]이다. 그렇기 때문에 더욱 중요한 일이다. [즉 금후의
일에 대한] 충분한 대책이 필요한 사안이다. 직전에 말씀드린
대로 이것은 단순한 어렵이 아니다. 만일 다른 일로 발선(은밀
한 도항)을 하거나 [어쩌면 밀무역으로 발전하면] 반드시 어려
운 사태가 생겨날 것이다. 그리고 또 울릉도에 건너려다 죽도에
건넌 것이라고 생각하고 있다는 것을, 여기서 들었으나 이것도
이상하다. 확실한 것은 알지 못하나 울릉도의 일에 대해 말하자
면 [이 섬을] 이전에는 조선이 지배하고 있었다. 그러나 임진의
변 이후에는 일본에 속한 것이다. 그러므로 지금 여기서 말하는
죽도란, 즉 울릉도이다. 이처럼 [우리들은] 알고 있다. 섬 하나
를 둘로 만들어, 하나는 죽도, 또 하나는 울릉도라고 [2도처럼
해서 그쪽은] 설명하고 있다. 그러나 만일 이러한 이해를 바탕
으로 다시 조선인이 건너오면 그야말로 큰일이 되고 만다. 울릉
도에 건너지 못하도록 [인민에게 명하여 두었다고 말하나] 그것
이 이전부터의 제금이라면 그 법에 따라 일본의 죽도에 다시 건
너가지 못하도록 엄하게 명령을 내리셔야 한다. 그러한 반답으
로 [이번 건은] 끝나는 일이었다. 그러나 [동래부사의] 반답 중

에는 무익한 울릉도라는 문자가 실려 있다. 이것은 이상한 [이야기]가 된다. 후일에 조선을 위해서는 번거로운 사태를 야기하는 일이 될 것이다. 이 일을 접위관은 잘 이해하고 [조정에] 보고해야 한다. 이렇게 말하여 전했다.

接慰官東莱返答

〃惣而遠土遠嶋﹃者渡海仕候儀堅ﾃ国之制禁ﾆ而候ヘ丶増而貴国之
竹嶋ヘ罷越候儀重罪者ﾆ御座候此段都﹃注進仕候ハ、彼者共定而
科ﾆ被申付此後竹嶋者不及申欝陵嶋﹃茂渡海不仕候様堅被申付ﾆ
而可有之与之返答ﾆ而相止候

접위관 및 동래부사의 반답

〃일반적으로 말하자면 먼 토지에 가는, 먼 섬에 도해한다는 것은 우리나라에서는 엄한 제금으로 되어 있다. 하물며 귀국의 죽도에 건넌다는 것 등은, 중죄에 해당하는 일로 이 일이 도성에 보고되면 그들은 틀림없이 처벌을 명받을 것이다. 이후에 죽도는 말할 것 없고, 울릉도에도 도해하지 않도록 엄하게 명하시는 일이 될 것이다. [역시] 이러한 반답이 있고, [그것에 이어지는 발언이 없는 채로 접위관과의 응답은] 끝났다.

正官より両訳幷馳走訳﹃申達候口上

〃訓導別差朴同知﹃も兼而申達置候今度之儀存寄御座候付而御馳走
之儀御断申候茶礼相済翌日より御馳走之御作法有之由承候手前ﾆ
持来候を差返シ候なとゝ有之而ハ見掛も如何敷候間必御無用被

仰付被下候様ニ与同人を以申達ス

정관이 양 역관 및 치주역에게 전한 구상

〃 훈도[인 변동지]와 별차[인 안동지], 그리고 [치주역이며 역관
인] 박동지에게도, 미리 이야기해 두었던 것처럼, 이번 건에 대
해 아시는 바와 같이 어치주를 사양합니다. 차례가 끝난 다음
날부터 이 어치주의 작법이 시작된다고 듣고 있지만, 나에게 어
치주를 가져와도 그것을 돌려보내는 형국이 됩니다. 그렇게 되
면 보기에도 나쁘고 이상하게 생각되므로 반드시 가져오지 않
도록 해주었으면 한다. 어치주는 필요없다고 [제역에게] 전달하
여 그렇게 하명해주실 것을, 동인(양역 및 향응연역)에게 말하
여 전했다.

訳官返答

〃 被仰聞候趣承届候唯今従是可申入与存居候之処御返答ニ罷成候御
着船之刻両判事を以被仰聞其旨則東莱より注進有之都ニ而承候然
共左様被仰聞候とて御客ニ馳走不仕候与申儀無御座事ニ候常々御
使者ニ而さへ御馳走不申候而不叶事ニ候殊今度者東武より之御使
者御同前ニ候へハ猶以御馳走之儀手前より仕儀ニ而も無之公儀よ
り之事ニ御座候へハ私として難差置候弥明日より之初飯も御請被
下候へ都発足之節随分御馳走申様ニ与被申付為其斗ニ罷下候へハ
御断与有之而ハ接慰官殊外致迷惑由被申聞

역관(박동지)의 반답

〃 말씀하신 취지는 분명히 알아들었습니다. 다만 이쪽에서 이야기해야 한다고 생각하고 있던 것을, 이처럼 반답을 받았습니다. [정관이 부산포의 초량화관에] 착선하였을 때, 양 판사(변동지와 안동지)한테 [이 일에 대해] 연락을 받았습니다. 그 사양하시는 취지가 동래에서 도성으로 올라가 [저는] 도성에서 이 일을 들었습니다. 그러나 그렇게 말씀을 하셔도 손님에게 어치주를 내지 않는다는 예가 없는 것입니다. 보통 때의 사자에게도 어치주를 하지 않으면 안 되는 일인데, 특히 이번에는 동무에서 온 사자와 같기 때문에 더욱 어치주를 내지 않아서는 안 됩니다. 우리들끼리 행하는 일이 아니라 [조선국의] 조정의 지시에 따라 행하는 일입니다. 그러므로 저 개인이 어떻게 할 수 있는 일이 아닙니다. 드디어 내일부터 초반(처음 사자에게 증답)도 열립니다. 부디 그것을 받아주십시오. [제가] 도성을 출발할 때 [사자에게는] 충분히 어치주를 내리도록 하라는 [조정의] 명을 받았습니다. 그것을 위한 [어치주역으로 저는] 내려와 있습니다. 사양한다고 하는 일이 있어서는 [사자의 역할을 맡아 대담할 상대] 접위관은 참으로 곤란할 것입니다라고 [역관은] 그렇게 [이쪽에] 전해 왔습니다.

正官口上

〃 被仰聞候趣承屆忝存候使者ニ被申付罷渡候其上ハ成程預御馳走度事候得共最前も申入候通心入御座候而御断申候為御馳走御下り被成候由被仰聞候へとも接慰官御下り不被成候而者使者之趣埒

明不申候ヘ〵兎角御下り不被成候而不叶御事為御馳走斗と〵不
被申候公儀より之御事与被仰聞候上御断之儀慮外ﾆ而者御座候得
共時に依りて御馳走請不申儀日本ﾆ而茂毎度有之事ﾆ而別而接慰
官御迷惑ﾆ罷成間敷事与存候何分ﾆも宜様被仰登被下候ヘ明日者
早飯弥御断申候之間必持参不申候様被仰付可被下候

정관의 구상

〃말씀하신 취지는 알았습니다. 참으로 황송하게 생각하는 바이
다. 사자의 명을 받아 이렇게 도해하여 온 이상 그 일상대로 어
치주를 하고 싶다고 생각합니다. 그러나 직전에도 말씀드린 대
로 마음으로 생각하는 일이 있어, 이 일을 사양한 것입니다. 어
치주를 하기 위해 [귀관이 부산에] 내려 오셨습니다. 그 연유를
이렇게 들었습니다만 아직 접위관한테 [반답의 서간이] 내려오
지 않았습니다. [그래서 저는] 사자로서의 역할을 수행하지 못
하고 있습니다. 어쨌든 [반답의 서간이] 내려오지 않으면 아무
것도 할 수 없습니다. [조선에 도해하는 사자의 목적은] 어치주
[라고 칭하는 경제적 이득]만을 위한 것이 아닙니다. [더 중요한
일이 있기] 마련입니다. [사자에게 치주하는 일이 양국의 우의
에 이바지하는 일이라고, 이것을] 조정의 명령이라고 말씀하신
이상, 사양하는 일은 생각 밖의 일이겠지요. 그러나 때에 따라
서는 어치주를 받지 않는 일은 일본에도 자주 있는 일입니다.
특별히 접위관에게 폐를 끼치는 일은 아닐 것입니다. 그러한 일
을 제발 좋은 [말을 보태서 접위관에게] 전해주었으면 좋겠습니
다. 내일은 조반(초반의 일로 사자에게 조기에 보내는 증답)이

지만 여전히 사양하겠습니다. 그러니 필히 지참하지 않도록 [제
역의 분들에게] 명령을 내려주었으면 합니다.

訳官返答

〃達而御断与之儀何共致迷惑之由ニ而重而又右之趣段々被申是非明
日之早飯も入候様ニ可申付候

역관(박동지)의 반답

〃강하게 사양한다는 말씀입니다만 그렇지만 어쨌든 [우리 쪽으
로서는] 곤란한 일입니다. 그 사양하신다는 것에 대해 또 되풀
이하는 말이기는 합니다만 위의 [어치주의] 취지를 여기서 [다
시 한 번] 여러 가지로 말씀드립니다. 그리고 꼭 내일의 조반에
도 [그 증답 의례에] 참가하여 주실 것을 [다시 부탁하는 말을]
드립니다.

(10-08)

〃同月十一日両訳入館都船主方ゟ罷出早飯持参致候間御受用被下候
様ニ与之事ニ候得共請不申旨正官より申切候故早飯持帰ル也

(10-08)

〃12월 11일에 양 역관이 [부산포의 초량화관에] 입관했다. 그리
고 도선주 측에 나가 조반을 지참했기 때문에 받아주시도록 요
구를 해왔다. 그러나 [초량화관 측은 이것을] 받지 않도록 정관
이 엄하게 금하고 있어 [어쩔 수 없이 양 역관은 이] 조반을 가

지고 돌아갔다.

【大綱一一段(元禄六年十二月②)】

(11－00)

○同六年十二月廿二日与左衛門一行封進宴席設行有之

【대강 11단(겐로쿠 6년 12월 ②)】

(11－00)

○동 6년 12월 22일 요자에몬 일행에 대해 봉진연석의 설행이 있었다.

(11－01)

〃是より前十二月十六日朴同知金判事入来ニ付封進宴席来ル十八日可相調旨申懸候所接慰官東莱差支在之則廿二日ニ相極候

(11－01)

〃지금보다 이전인 12월 6일에 박동지와 김판사가 [초량화관에] 입래하여 봉진연석의 의례를 오는 18일로 예정하고 싶다는 뜻을 이쪽에] 알려 왔다. 접위관 및 동래부사가 [이 제안을 듣고] 지장이 있다는 것이었다. [그러나 타협한 결과, 날짜는] 22일로 결정됐다.

(11－02)

〃同月廿日朴同知金判事入来宴席案内ノ儀楽生者前日ニ罷出申入候

得共此度者馳走御断ニ付早飯も被差返候何とも迷惑ニ存候間何と
そ御受納在之様ニ申入候様ニ与接慰官被申候由申聞候故兼而申達
候通ニ粛拝所江罷出間敷ことハ無礼ニ候故粛拝者可仕候太廳ニ而之
御馳走躍等ハ受ケ申間敷候旨段々御使者より申達候得とも両訳
色々申候ニ付太廳ニ而之馳走受用可致旨使者より返答申達

(11-02)

〃12월 20일에 박동지와 김판사가 입래했다. 봉진연석을 안내하
는 것이었다. [가무를 맡은] 악생들은 전일부터 나와 [준비를 해
두고 싶다]라고 [이쪽에] 말하여 왔다. 이번은 어치주의 사전연
락이 있어, 조반(숙공조반식에서의 증답하는 물품)도 반납했다.
정말로 폐라고 생각하는 바이다. [오는 22일의 봉진연석에서는]
부디 [그 어치주를] 받아주실 것을 [부탁한다.] 그렇게 [수용을]
요구하라고, 접위관이 이야기하고 있었다는 것이다. 전부터 알
고 있는 대로 [숙배소에서는 조선국왕의 패를 향해 요배하는 의
식이 있다.] 숙배소에 가지 않는 것은 [외교의례 상] 무례에 해
당하기 때문에 나가서 숙배를 행하기로 한다. 그러나 연향대청
에서의 어치주나 악(가무) 등은 역시 받을 수 없다. 이러한 취지
를 여러 가지로 사자가 [저쪽에] 전달했다. 그러나 양역은 여러
가지 [이유를 붙여서] 답변하여 [받도록 제촉해 왔다.] 결국, 대
청에서의 어치주는 받는 것으로 되어 그 승낙의 뜻을 사자가 반
답으로 해서 전했다.

(11-03)

〃同月廿二日封進宴席之節封進物之儀釜山浦太廳^江被罷出此方より
都船主出迎相渡候先例候処参判之封進物釜山浦被請取候例無之
由訓導別差入館候而申^二付慥成証拠ハ無之候得共釜山浦被請取候
^二無其粉候平田隼人封進物相渡候節釜山浦病気之由^二而訓導別差
請取之候不被出筈^二候者断り有間敷事^二候を断被申候段者慥成事^二
候断与之ハ各別例無之与申儀如何様之事^二候哉小送使之封進物
^二而さへ釜山浦被罷出事^二候へハ参判使にハ猶以不被出筈無之候
坂之下^江訓導別差罷帰得与吟味仕候へ無左者今日之宴席可差延旨
中山加兵衛諸岡助左衛門を以申遣候処両判事返答申越候ハ唯今
罷帰候而者日もたけ其上ケ様之儀前以可相済儀^二候を無調法之仕
方与両人共^二科^二逢可申候釜山浦被罷出候儀曾而不存儀^二御座候先
今日之儀ハ常之通^二被成宴席被相済被下候様^二与両人達而断申^二
付左候ハヽ任断封進物両人^二渡シ宴席可相調候間急度遂吟味重而
参判渡海之節者釜山浦罷出可被請取与手形仕一両日中^二持参候様
^二与申渡^ス

(11-03)

〃동월 22일에 봉진연석 때의 일이다. 봉진물의 [수수]의식을 위
해 [조선 측에는] 부산포의 대청까지 오게 하여 이쪽에서는 도
선주가 마중하여 그곳에서 받고 건네는 의식을 선례대로 행하
려고 했다. 그러자 참판사의 봉진물이 지금까지 부산포[의 대
청]에서 수취된 예가 없다라며 [수취의 거부를] 훈도와 별차가
대청에 입관하여 말하여 왔다. [봉진물은 숙배소에서 건네받는

것으로 부산포의 대청에서 건네받는다는 일은, 지금까지 들은 일도 없다. 대청은 그 후의 연석의 장소라 한다.] 그러나 분명한 증거는 없으나 부산포에서 건네받는 일이 있었던 것은 틀림없는 사실이다. 과거에 히라타 하야토가 봉진물을 건넨 것은, 이 부산포에서의 일이었다. 그때는 병[으로 히라타가 지참할 수 없었다]는 것으로 훈도나 별차가 [부산포까지 나와서] 이것을 수취했다. [이번의 봉진물 의식에 부산포의 대청까지] 나올 수 없다고 말하고 있으나 그러한 거절 방법이 있을 리 없다. 그렇게 거절하는 것에는 확실한 이유가 있을 것이다. 그것은 어떤 일일까라고 [그렇게 묻자] 이것에 각별한 사정이 있는 것이 아니라고 답한다. 그러나 [반드시 무엇인가 이유가 있을 것이다.] 소송사의 봉진물조차도 부산까지 나와서 수납하는 일인데, 하물며 참판사[의 봉진물]이라면 더욱 나오지 못할 리가 없다. 언덕 아래에 훈도와 별치는 돌아가, 똑똑히 [이 일에 대해 다시 한 번] 상담해주었으면 좋겠다. 그렇지 않으면 오늘의 연은 중지하고 날을 연기한다. 그러한 취지의 말을 통사 나카야마 카베에와 모로오카 스케자에몬을 통해 전해왔다. 그러자 양 판사가 반답한 것은, 지금부터 [언덕아래까지] 돌아가도 시간만 걸릴 뿐이지 [이 어긋남을 처리할 수 있는 것은 아니다.] 그 위에 이러한 일은 미리 상담하여 정해두어야 할 일로 [지금 중지되면] 허술한 준비라고 우리들 양인은 [질책받는다. 그 결과 양인] 모두에게 벌을 받게 된다. 이러한 일을 [걱정하면서] 이야기를 시작했다. 부산포에 나와서 [이곳에서 봉진물을 수취하는 일 등] 전혀 알지 못하는 일이었다고 [그들은] 말한다. 우선 오늘의 의식은 통상대로 행하고 연석을 마쳐주었으면 한다라고, 그렇게 양인이 강하고 간절하게 원했다. 그렇게 말하는 것을 보니 [불쌍하다고 생각되어] 그들의 결정에 따라 봉진물을 양인에게 건네 [그들의 손으로 언덕아래의 숙배소까지 운반시켰]다. 연석의 준비를 하는 사이에 엄하게 이 일에 대해 조사했다. 다시 참판이 도해할 때에는 이 부산포에 [조선 측이] 나와서 [이곳에서 봉진물을] 수취해야 할 것이라고, 그러한 문서를 준비하여 하루이틀 사이에 [이쪽에] 지참하도록 하라고 이야기했다.

(11-04)

〃午上刻坂之下^江相越四度半之拝礼相済接慰官より粛拝相済候説辞申来候

(11-04)

〃오시의 상각(정오 직전의 시각)에 언덕아래에 가서, 4회 반의 예례를 하고 [숙배의식을] 끝마쳤다. 접위관도 [분명히] 숙배가 무사히 끝났다고, 그러한 설명의 말씀이 [이쪽에] 전해졌다.

(11-05)

〃訓導別差より唯今接慰官太廳^江被参候由案内使来^ハ追付又別差入来時分能与之儀申聞候

(11-05)

〃훈도별차의 [연락이 있었는데] 바로 지금부터 접위관이 [숙배소

를 나와] 대청으로 온다고, 그러한 안내의 사자가 왔다. 얼마 안

있어, 또 별차한테서 [접위관이 대청에] 입래하는 시간으로 상

황도 좋다고 의례 진행을 [이쪽에] 전해왔다.

(11-06)

〃太廳江相越礼之次第茶礼之時同前相済而曲録ニ掛り膳部出ル酒七

返初献より舞楽始ル相済而楽座看物之膳出ル接慰官東莱江正官人

都船主段々ニ盃事有之相済而封進侍奉ニ者一列盃出呑之盃之取替

無之

(11-06)

〃대청에 [접위관이] 오자 [이쪽도 참가하여] 일련의 의례 진행이

있었다. 차례를 진행할 때와 마찬가지로 진행하여 그것을 마치

고 곡록(곡연)이 시작되려 할 때 식사가 나왔다. 술의 7반이 있

자, 초헌부터 무악이 시작되었다. 음악이 끝나고 악좌에게도 안

주상이 나왔다. 접위관 및 동래부사에게 또 정관인이나 도선주

에게 여러 가지의 사카즈키고도(건배, 술잔을 교환하며 하는 맹

세)가 있었다. 그것들이 진행되고 봉진역이 옆에 시립하여 바친

것은 일열로 늘어선 술잔의 차례였다. 일동이 이것을 마셔 비웠

다. 더 이상 술잔의 교환은 없다. [자유로운 논담의 연석으로 옮

겨간다.]

(11-07)

〃曲録ニ掛り候節早速接慰官東莱より朴同知を以今日者封進宴席相

調致大悦候此宴席より御馳走之品茂有之候得共初飯をも御請不
被成其上一昨日朴同知^江被仰含候段々具承届候故差控申候都^江委
細可致注進候之間追而都より之差図可有御座候旨被申聞即答申遣^ス

(11-07)

〃 곡연이 시작되었을 무렵에 재빨리, 접위관 및 동래부사가 박동
지를 통해, 오늘 봉진연석이 성립하게 된 것은 커다란 기쁨이라
는 발언이 있었다. 이 연석에는 어치주의 물품도 많이 있으나
[그 전 단계에 해당하는] 초반의 의례를 받지 않고 [오늘 이렇
게 된 것은 유감스러운 일이었다.] 그리고 그저께 박동지에게
말로 전한 취지(봉진물을 수수하는 장소를 어떻게 할 것인가)의
건이 [아직 현안으로 남아 있다.] 이 취지에 대한 여러 가지를,
자세히 [우리 쪽에] 알려주었다. 그러나 [회답에 대해서는] 신중
히 하고 싶다. 도성에 주진할 것이니, 잠시 그 판단을 기다리지
않으면 안 된다. 곧 도성에서 지시가 있을 것으로 생각한다. 이
러한 발언이었다. 그래서 이 발언에 대해 [정관이 이해하고, 도
성의 반답을 기다리겠다고] 즉답했다.

(11-08)

〃 平座候節朴同知を以両人^江申達候者茶礼之節申談候趣具^ニ都^江御
注進被成候由尔存候乍其上宜御返答早々参候様度々御注進頼存
候由申達候処茶礼之節被仰聞候趣委細致注進候定而押付返事可
参候乍御退屈御待被成候様^ニ与被申聞候

(11-08)

〃[차례 시] 평좌하여 회담할 때, 박동지를 통해 양인(접위관과 동래부사)에게 전한 말이 있다. 그 차례를 행할 때 이야기한 취지를 자세히 도성에 주진하신 일은 고맙게 생각하는 바이다. 그 위에 좋은 반답이 빨리 내려오도록 [봉진물에 대해 보고할 때 등은 당연히] 앞으로도 자주 [도성에] 주진해줄 것을 부탁한다. 이렇게 말하여 전하였더니, 차례 시에 말씀하신 취지는 이미 자세히 [도성에] 주진하였다. 아마도 곧 답이 도래할 것이다. 잠시 갑갑하시겠지만 기다려 주시도록, 그러한 발언을 이곳에서 들려 주셨다.

【大綱一二段(元禄七年正月①)】

(12-00)

〃甲戌元禄七年正月十五日接慰官より為使差備官朴同知金判事訓導卜同知入来御返簡之儀昨日大材金判事持下リ候付写致持参候且又御使者より馳走之儀及御辞退候故都表より他国之使者江馳走不仕筈無之候条是非馳走を被請候様ニ可仕旨申来候与之儀ニ付委細之儀朴同知江及論談也

【대강 12단(겐로쿠 7년 정월 ①)】

(12-00)

〃겐로쿠 7년, 갑술년 정월 15일에 접위관의 사자로 차비관 박동지와 김판서 그리고 훈도 변동지가 [초량화관에] 들어왔다. [조정의] 반한에 대해서는 어제 대재 김판서가 소지하고 내려왔기

때문에 사본을 받아 지참했다 한다. 그리고 또 사자(정관사)가
어치주 의례를 사양했기 때문에 타국의 사자에게 어치주를 행
하지 않는 일은 없으니 필히 어치주를 받으라는 도성의 뜻이 있
었다는 것을 [여기서] 전해왔다. 이러한 일에 대해 그 자세한 것
을 박동지와 논담했다.

(12 - 01)

〃返翰写奥ﾆ記之

(12 - 01)

〃반한의 사본은 [이하에 기록하는 박동지와의 왕복논담의] 뒤에
기록해 둔다.

(12 - 02)

〃是より先旧臘朴同知阿比留惣兵衛方ﾆ江罷出密々ﾆ咄仕正官ﾆ江申聞
候様ﾆ与申候口上左ﾆ記之

(12 - 02)

〃지금보다 이전인, 작년 섣달(원록 6년 12월)에 박동지는 아비루
소우베에의 곳에 찾아가 은밀히 이야기했다. 정관에게 전해 달
라는 말을 하고 그 구상을 진술했다. 그 [구상의] 내용[과 그것
에 대한 아비루 소우베에의 반답]을 아래에 기록한다.

[朴同知の口上]

〃今度与左衛門様就御渡海某儀流罪被差免御馳走ニ罷下候此程一両
度与左衛門様ニ御見廻申上候得共判事同心仕候ニハ遠慮仕某存寄
之儀御咄不申上候此度とても私壱人罷出候儀遠慮存候故兎角某
心中難申上候就夫貴殿ニ某心底申含候能々与左衛門様ニ被仰談候
様ニ与存見廻申候

박동지의 구상

〃이번의 요자에몬의 도해에 대한 일입니다. 저에게는 귀양[갈 만
한 실수가 있었습니다만 다행히도] 용서받아, 다시 [요자에몬
의] 어치주역을 맡아 [부산에] 내려오게 되었습니다. 이번에 한
두 번 요자에몬 님을 뵈는 일이 있었습니다만 판사나 동심들이
옆에서 모시고 있었기 때문에 발언을 삼가하고 있었습니다. 내
가 알고 있는 것을 [그 장소에서] 말씀드리지 않고, 결국 [그 기
회가 지나가고 말았습니다.] 이번에는 나 혼자 와 있습니다만
역시 삼가하게 되어 [말씀드리는 것을 주저하게 되고 맙니다.]
어쨌든 나의 심중에는 [쉽게] 말씀드리기 어려운 일이 있어, 그
것에 대해 귀전에게 나의 속마음을 [이 기회에] 말하여 두려고
생각합니다. 잘 생각하셔서 그것을 요자에몬 님에게 [귀전이]
이야기해주시면 좋겠다고 생각하고, 이렇게 들린 것입니다.

〃私儀朝鮮国ニ生候得共唯今着仕候衣類妻子養候事茂殿様御頼ニ候
得者何事ニ而も御用之節者心を尽御奉公可仕与存候殊今度之御使
者之儀大切ニ候得者某一命捨候共首尾相調候様ニ与奉存候御使者

御内意御遠慮不被成可被仰聞候朝鮮^ㅛ者恰合悪敷候共御国之儀者
別而冝様^ニ仕度存候ヶ様^ニ申候儀今度御使者^ニ対し申すにてハ無
御座候日本人^ニ而御座候得者下々迄茂朝鮮人より冝様仕度与存事
御座候

〃저는 조선국에 태어났습니다만 지금 입고 있는 의류는 물론 처
자를 부양하는 매일매일의 비용은 모두 [쓰시마의] 토노사마(소
우 쓰시마노카미)가 주는 것에 의지하고 있습니다. 그렇기 때문
에 무엇이든 [토노사마의] 일이 있을 때는 마음을 다하여 봉공
해야 한다고 생각하고 있습니다. 특히 이번 사자의 건은 중요하
기 때문에 저의 한 목숨을 버릴 정도의 각오로 이것을 잘 정리
하지 않으면 안 된다고 생각하고 있습니다. 사자[이신 요자에몬
님]의 마음을 삼가하는 없이 [솔직하게 저에게] 들려주십시오.
조선에 전적으로 나쁜 일이라 해도 오쿠니(쓰시마노쿠미)의 일
에 대해서는 특별히 좋도록 도모하고 싶다고 생각하고 있습니
다. 이처럼 말씀드리는 것은, 이번의 사자만을 위해 말하는 것
이 아닙니다. [나의 마음은 이미] 일본인처럼 되어 있어, 아랫사
람들의 일까지도, 조선인보다 [일본인에게] 좋도록 도모하고 싶
다고 생각하고 있기 때문입니다.

〃今度接慰官吏曹佐郎弘文館校理人物冝御座候付常^ニ王之左右^ニ被
居諸大名より馳走被仕人^ニ而御座候今度都発足之節も諸大名城之
外迄被参にきやか成送り^ニ而御座候接慰官之儀朝鮮之名士与申候
道理能被致承知両国誠信之儀被思候付我々申談候事能合点被仕

候故今度之注進之儀結構二被申登候其節我等接慰官ニ申入候ハ今
度朝鮮人日本竹嶋ニ罷越無調法仕候上ハ朝鮮人科被仰付重而竹嶋
ニ不罷越様海辺ニ厳敷被仰付候与御返簡被成候様被仰登御尤存候
其外無用之儀御書面相見ニ候儀不入事之由申候得者接慰官尤ニ被
存注進結構二御座候乍然都表之首尾如何可有御座候哉返事不参間
者無心元存候接慰官私都発足之節朝廷被存候茂御書翰二応し御返
答被申筈ニ承候大名衆之内竹嶋与被仰渡候ハ朝鮮国欝陵嶋ニ而候
得者朝鮮国より捨置候共朝鮮人重而不罷渡候様ニ被仰付候与御返
答被成候儀不及覚悟与申衆多御座候乍然都之儀接慰官注進次第二
而可有御座与存候

〃이번의 접위관은 이조좌랑으로 홍문관 교리라는 경력의 인물입
니다. 이 사람은 인품이 좋기 때문에 항상 왕을 좌우에서 모시
고 계셔 여러 다이묘우(조선의 대관들)가 여러 가지 요리를 보
낸다고 하는 사람입니다. 이번에 도성을 출발할 때도, 여러 대
관들이 성밖까지 참열하는 성대한 배웅이 있었습니다. 접위관
이라는 것은, 조선에 있어서는 명사로 평가받는 역직으로 그 평
가의 도리는 잘 알려져 있습니다. 즉 양국성신의 의를 집행하는
[중요한 역직이라고] 생각하고 있습니다. 우리들이 말씀드린 것
도 잘 이해하여 주시기 때문에 이번 주진의 건도 부족한 것 없
이 [도성] 보고를 올리실 것이 틀림없습니다. 그때에는 우리
들이 접위관에 요구한 것이 [그 보고 속에 포함되게 될 것입니
다.] 즉 이번에 조선인이 일본의 죽도에 건너가, 위법을 저질렀
기 때문에 이 조선인은 죄과를 처벌받아야 한다는 것, 그리고

다시는 죽도에 건너가지 않도록, 변해의 인민들에게 엄금을 명령하실 것, 이 일을 반한 속에 기록하여 두게 하실 것, [이상의 일입니다.] 이러한 일을 [도성에] 보고하는 것은 당연한 일이라고 [이 접위관은 잘] 알고 계십니다. 그 외에 무용의 문언이 서면 중에 보이는 것에 대해 이것은 넣을 필요가 없는 것 아닌가라고, 그렇게 밀씀드리면 접위관도 당연하다고 생각하시고 [도성에 보내는] 주진을, 적당히 [고쳐서 보고]하고 계셨습니다. 그러나 도성[이 어떻게 판단하시어, 그 반답]의 결과는, 과연 어떻게 될 것인가. 답장이 돌아오지 않는 동안은, 참으로 불안하게 생각합니다. 접위관과 제가 도성을 출발할 때, 조정의 모든 사람은 [이 일본의 요망을] 알고 계셔서 [일본에서 온] 서간[의 취지]에 응하여 [그것에 어울리는] 답을 해야 한다고 들었습니다. 그러나 다이묘우(조정의 고관)들 중에는 죽도라고 하며 건넌 섬이란 [실은] 조선국의 울릉도이다. 조선국이 버려두었던 섬이기는 하지만 [원래 조선국의 것이므로] 조선인이 다시 건너가지 못하도록 명하는 등 [도저히 할 수 없는 일이다.] 그렇게 반답을 하는 등, 도저히 할 수 없는 일이라고, 그렇게 이야기하는 사람이 많이 있었습니다. 그러나 도성의 일은, 접위관이 보고하는 것에 따라 변하는 것입니다.

〃私今度東莱江着仕外之様子承候へハ竹嶋之儀欝陵嶋ニ相極候与申人多御座候而何共気毒存候右竹嶋江渡り候七人之者籠舎被申付被致斂議候得ハ朝鮮国欝陵嶋江参候与申候

〃나는 이번에 동래에 착임하여 [본토의] 밖 [즉 해도]의 상황을 들었는데, 죽도란 울릉도임에 틀림없다고 말하는 사람이 많이 있었습니다. [그러므로 일본에 잡혀간 조선인 둘은] 참으로 불쌍하다고 생각하는 바입니다. 위의 죽도에 건너갔던 [나머지] 7 인의 사람들은 농사(뇌옥)에 갇혀서 조사를 받았습니다만 그들은 조선국의 울릉도에 건너갔을 뿐이라고 주장하고 있습니다.

〃今度両人之者茶礼之節御渡被成候を籠舎被申付接慰官了簡ニ此者とも日本竹嶋江罷越候旨従対馬被仰渡候上ハ彼者共吟味仕ニ不及候とて其通ニ而被召置候ヶ様之事も接慰官心入能御座候付如斯御座候

〃이번에 [붙잡힌] 두 사람은 차례를 할 때 [조선 측에] 인도되었습니다. 그래서 농사(뇌옥)에 넣으라는 명령이 있었습니다. 접위관이 양해하는 것은, 이자들이 일본의 죽도에 건넜다는 취지가, 쓰시마 측에서 이야기된 이상, 그자들의 죄상을 [일본이 말하는 대로 인정하고] 다시 조사할 필요가 없다. 그대로 [농사에] 넣어 두어야 한다라고 [그렇게 판단을 내리셨습니다.] 이와 같은 일도 접위관의 배려가 좋기 때문에 [양국성신의 교류에 입각하여 일본 측의 의향을 살려] 이렇게 처리한 것입니다.

〃御返翰之節日本江者竹嶋朝鮮ニ者欝陵嶋与立置候へハ重而朝鮮新規厳敷申付候上自然漁民参り候共御理(御理之字其訳不分明ニ候へとも姑く本書之通書載也)にも可罷成与存候ヶ様ニ申候とても欝

陵嶋゠ハ別而心有之儀無御座候得共輿地勝覧゠相見へ候得者捨置
候とても名目残有之様゠与朝鮮国之主意゠而御座候

〃반한에 대해서는 일본에는 죽도, 조선에는 울릉도라고 [각각]
처리할 수 있게 [문자를] 사용하면 [어떨가요.] 거듭해서 [말씀
드립니다만] 조선 측은 [이번의 일로] 새로 엄하게 [도해의 제
금을 해변의 인민에게] 명할 것이므로 이 이상은 어민이 섬에
건너가려고 해도 [이 새로운 도해제금으로] 자연히 단념하고 말
것입니다(御理라는 자의 해독이 불분명하여 잠시 본서에 있는
그대로 기재한다). 이렇게 말씀드렸다 해서 [우리에게] 울릉도
에 대한 특별한 마음이 있는 것은 아닙니다. 다만 여지승람이라
고 하는 서물에 [섬의 일이] 기재되어 있기 때문에 가령 버려둔
섬이라 해도 명목을 남겨 조선국 내에 있는 섬이라고 하는 것
이, 조선 측의 [국가로서의 긍지로 그것이] 중요한 마음입니다.

惣兵衛返答
〃貴様御心入之儀感入申候則正官へも委曲可申談候然者被仰聞候
欝陵嶋之儀難心得存候本より竹嶋欝陵嶋゠而御座候儀碇とハ対馬
゠茂不被存候得共如何様竹嶋之儀欝陵嶋゠而御座候儀略被承候左
候へハ欝陵嶋朝鮮之内与被思召候者重而又下々罷越候儀も可有
之哉与大切゠被存候唯今使者御渡海之刻嶋之争論不入事゠候欝陵
嶋御捨置殊漁民迄不参候様被仰付候上ハ欝陵嶋之噂不被成候而
御書面゠御書可被成ハ朝鮮之漁民日本竹嶋江参候由被仰聞驚入候
常々辺海之者゠ハ乍我国遠方゠ハ不参様゠与堅申付置候へ共下々

之儀ニ候得者不調法仕迷惑存候今度無調法仕候者共を一々罪可申
付与御返答被成候者可然存候少も欝陵嶋之噂被成候者御使者請
被申間敷与存候今度御手前御下り之事ニ候ヘハ我々不及申諸事御
心懸可有御座与存候都表并接慰官御心入能御座候者外之沙汰様々
有之候とも其段ハ御手前御了簡可有御座与存第一嶋之噂被成
候ハヽ両国御大事ニ罷成事ニ候随分御思案可被成候

아비루 소우베에의 반답

〃귀하의 배려에 대해서는 참으로 감복하였습니다. 그런 연유를
정관에게 자세히 알리고 [나도] 말씀드리겠습니다. 그러나 이야
기해주신 울릉도의 일은, 승복하기 어려운 곳이 있습니다. 원래
부터 죽도가 울릉도라고 하는 것은, 완전히는 쓰시마 측도 이해
하지 못하고 있습니다. 그러나 어찌된 일인지 죽도가 울릉도라
는 것은 [이쪽에서도] 거의 이해되기 시작하고 있는 바입니다.
그러하기 때문에 울릉도가 조선 내에 있다고 생각해서는, 또다
시 아랫사람들이 이 죽도에 건너오는 일이 벌어질 수도 있습니
다. 그 [혼란은] 큰 사태에 이를 것입니다. 다만 지금 사자가 조
선에 도해하여 있을 때이므로 이러할 때에는 [구체적인] 섬의
논쟁에 들어가지 않는 것이 좋을 것입니다. 울릉도[의 영유에
대한 의제]는 놓아 두시고, 다만 어민이 도도하지 않도록, 그 일
만을 특별히 명령하시면 [그것만으로 충분합니다.] 그 위에 새
삼스럽게 울릉도의 이야기 등[을 일부러 꺼내는 일]은 [이때에]
하시지 않는 것이 좋겠지요. 서면에 쓰셔야 할 일은 [이하와 같
은 일입니다.] 조선의 어민이 일본의 죽도에 간 것을 [이번에]

듣고 놀랐다. 항상 변해의 사람에게는 우리나라 법으로 원방에는 가지 못하도록 엄하게 명령해 두었다. 그러나 아랫사람들의 일이라 불법을 저질러, 폐[를 귀국에 끼쳤다]라고 생각하고 있다. 이번에 불법을 저지른 자들이 있으면 그 한 사람 한 사람에게 죄를 벌주려고 생각한다.] 이렇게 답을 주시면, 이쪽도 동의할 수 있을 것입니다. 조금이라도 울릉도를 화제로 삼으면 사자인 정관은 그 반답을 받기 어려운 것입니다. 이번에 귀하가 도성에서 내려오셨기 때문에 우리들은 물론이고, 모든 일에 걸친 배려가 [이 건에 관하여] 있을 것으로 생각하고 있습니다. 도성 및 접위관의 배려도 좋으시므로 그 외의 일도 여러 가지가 있겠습니다만 이 건에 관해서는, 귀하의 조치에 따라 [일이 해결될 것]으로 생각하고 있습니다. [이때] 가장 먼저 생각해 두지 않으면 안 되는 것은 섬[의 논쟁]이 의제로 올라서는 [해결되지 않고, 오히려] 그것은 양국의 대사로 발전하게 될 것입니다. 그렇기 때문에 이것은 잘 생각하셔야 하는 일입니다.

朴同知口上
〃尤千万〓存候今度接慰官注進宜候故被仰聞候様御返翰可参哉与存候得者都之儀難斗存候殊〓外之沙汰之様〓御座候得者無心元存候今度某罷下候上者外様之説御座候共御用首尾能相調候様〓与存候少も私〓至而諫意無御座候間朝鮮方之御心遣御無用可被成与御使者〓委細可被申談候大方者思召之通〓可被成哉与奉存候ぺ然朝鮮国之儀者ぺ我国難斗御座候扨又今日同道仕候金判事私兄弟同前〓得御意申者〓而御座候此人心立能候故東莱〓而も一所〓罷在両人

都之返事如何可有之哉与申事「御座候誠「金判事儀者私同前「被
思召可被下候

박동지의 구상

〃[말씀하여 주신 것은] 당연하기 그지없다고 생각합니다. 이번의
접위관은 조정에 올리는 주진을 잘 처리하실 분이므로 말씀하
셨던 [취지에 따른] 것 같은 [좋은] 반한이 내려올 것으로 생각
합니다. 그러나 도성의 일은 예상할 수 없어 [어떠한 전개가 이
루어질지 실제의 일은] 모릅니다. 특히 그 외의 문제처럼 [이 건
도 문답하는 일 없이] 제정되어 버릴지도 모릅니다. 그렇기 때
문에 약간 불안하게 생각하는 바입니다. 이번에 내가 내려왔으
니 그외의 일처럼 [문답하는 일이 필요없다]라고 하는 일이 되
었다 해도 [어떻게든] 이 용건의 정리만은, 잘되게 정리하여 갈
생각입니다. [언덕 아래에서 용건에 관계하는 역관들 중에서]
나를 향해 경계하는 마음을 가진 자는 조금도 없습니다. 그렇기
때문에 조선 쪽을 걱정하지 마실 것을, 사자에게 자세한 것을
전하여 주십시오. 대개는 희망하시는 대로 진행되는 것 아닌가
생각하고 있습니다만 [그렇지 않은 일도 일어날 수 있습니다.]
어쨌든 조선국에서는 [조정의 방침이 크게 바뀌는 일이 있어]
우리나라 일이지만 예측하기 어려운 면이 있습니다. 그런데 또,
오늘 동도했던 김판사는 나의 형제와 같은 사람으로 같이 어용
을 명받은 자입니다. 그 사람은 성품이 좋은 사람이므로 동래부
에서도 나와 같이 일을 하고 있습니다. 둘이서 도성의 답이 도
대체 어떻게 되어 있는 것인가 [걱정하고 있습니다.] 참으로 김

판사의 일은 나와 마찬가지로 생각하여 주시도록 부탁합니다.

〃 訓導別差江御逢被成候節ハ何事茂不被仰入御返翰早々罷下候へ者
御帰国可被成与被思召候間弥接慰官東莱江も可被申談候乍然返翰
不冝候而者幾度も可被仰談候間左様心得内々接慰官東莱江も可被
申談与可被仰付候其外御沙汰御無用ニ御座候

〃 훈도나 별차에게 [정관이] 만나셨을 때, 아무것도 요구하는 일
없이, 그저 서한만을 빨리 주셨으면 좋겠다[고 그렇게 말씀하셨
다는 것입니다. 서한이 있으면 정관은] 귀국하시겠다는 의향이
있으시다는 것 [그러한 생각이라면] 결국 접위관 및 동래부사에
게 [그 뜻을] 전해야 할 것입니다. 그러나 반한의 [내용이] 좋지
않으면 [역할을 수행하지 못한 것이 되겠지요. 서두른 나머지]
몇 번이고 [재촉을] 하시면 [오히려 좋지 않은 채, 그대로 내려
오는 일이 됩니다.] 그러한 일이 있으므르, 잘 아시고 은밀하게
접위관 및 동래부사에게 [희망을] 말씀하여 전하면 [어떨까요.
귀하께서 정관에게 그러한] 조언을 하시면 어떨까요. 그 외에
평정은 이미 필요없다고 생각합니다.

〃 磯竹嶋欝陵嶋ニ而御座候儀者七八拾年前此方より御国江も申渡御
国よりも御返答共御座候然共唯今朝鮮より噂仕不被申事ニ御座候
此段者貴殿心入ニ咄候

〃 이소타케시마 [즉 죽도]가 울릉도라는 것은 7, 80년 전에 이미

이쪽의 조선에서 오쿠니(쓰시마)에 말하여 전한 일입니다. 오쿠니에서도 반답 등이 그때에 있었습니다. 그런데 지금 [이번에] 조선 측이 울릉도의 이야기를 하면 안 된다는 [오쿠니의] 요구를 받았습니다. [이것은 어찌된 일일까요.] 이 일은 귀하의 심성이 좋기 때문에 그저 이야기해 보는 일입니다.

惣兵衛返答
〃七八拾年以前之事ニ候得ハ両国如何様之被仰結共御国ニ茂存候者無御座候殊我々事ニ候へハ終ニ不承事ニ候左様之事無用之儀ニ候得者御咄御無用之由申候

소우베에의 반답
〃7, 80년이나 전의 일이기 때문에 양국이 [그때] 어떻게 주고받았는지 [어떠한] 합의를 했다 해도 오쿠니(쓰시마)에 기억하고 있는 사람은, 이미 [아무도] 없습니다. 특히 우리들이 교섭한 일에 있어서도 [그러한 합의가 있었다는 것 등은] 조금도 듣지 못했습니다. [그렇기 때문에] 그러한 [알고 있지 않는] 일을 [지금 꺼내는 것은] 의미가 없는 일입니다. 협의사항에 올릴 것도 없는 일로 필요 없는 일이라고, 여기서 [다시 한 번] 이야기해 둡니다.

朴同知口上
〃被仰聞候段ハ承居候との儀也

박동지의 구상

〃말씀하신 일에는 [동의하는 것이 아닙니다만] 일단 받아두겠습니다.

(12-03)

〃正月九日接慰官東莱より年始之為使朴同知金判事入館先阿比留
惣兵衛方へ両人相越隠密申候ハ返簡之儀旧冬押詰下り申候得共
気掛成所有之其旨接慰官東莱江存寄申達候処両人能被致合点都江
被致注進候定而十七八日頃ハ可致到来候此儀殊外致隠密此方ニ而
も接慰官東莱より外誰も存不申候必御沙汰無之様正官斗ニ内証御
物語被成候へ返翰不亘様子唯今申ハ如何ニ候首尾能相済候以後何
角を不残咄可申由表向ハ何之噂も無之返簡早々下り候様肝煎候
へと斗御挨拶被成可然与内意申候

(12-03)

〃정월 9일에 접위관 및 동래부사가, 연시의 사자로 해서 박동지
와 김판서를 보내 [초량화관에] 입관했다. 우선 먼저 아비루 소
우베 측에 두 사람은 잘 합의하여 [그 마음에 걸리는 것을] 도
성에 주진하셨습니다. 아마도 17, 8일경에는 [다시 도성의 반간
이] 도래하리라고 생각됩니다. 이 일에 대해 특별히 은밀하게
하였습니다. 우리들 쪽에서도 접위관과 동래부사 외에는 누구
도 [반간의 내용은] 알고 있지 못합니다. 부탁하건데 정보를 남
에게 누설하지 않도록 배려하여 주어, 정관에게만 비밀로 이야
기하여 주세요. 반한의 내용이 좋지 않다고 하는 분위기가 지금
의 단계에 퍼진다면 과연 어떠할까요. [금후의 교섭에 악영향을

미칠 염려가 있습니다.] 모든 것이 잘 끝난 후에 이것은 숨기지 않고 이야기할 수 있는 일이겠지요. [지금의 단계에서는] 표면적으로는 아무런 소식도 없는 상태로 해서 반한이 빨리 내려올 수 있도록 교섭의 알선이 아직 진행중인 것으로 해두면 어떠할까요. 이러한 연락이 [박동지와 김판사한테] 있었기 때문에 그대로라고, 이쪽의 속내를 전달해 두었다.

(12-04)

〃同十五日御返翰之写入来候節正官より差備官〓申達候議論左〓記之

(12-04)

〃정월 15일에 반한의 사본이 [초량화관에] 들어왔다. 그때 정관이 차비관(박동지)에게 말로 전한 의론이 있다. 이것을 아래에 기록해 둔다.

正官口上

〃今日持参候返翰之写'ヒ早々令披見候申断〓而ハ無之候得共心易語候付申聞候参判之書〓欝陵嶋之儀書入有之候ハ茶礼之節接慰官〓我等口答〓申候通之趣〓而候其節も接慰官〓再答申皆共〓も内々申聞候様返簡〓朝鮮之辺土之者境を越日本竹嶋〓参候由具被仰聞驚入候向後堅不参候様〓新規厳敷可申付与之御返答〓而成程相聞へ相済事〓候欝陵嶋之儀御書入不入差出物〓而無之候哉如何様之心〓而書顕したがり候哉

정관의 구상

〃오늘 지참하신 반한의 사본을 서둘러 배견하였다. [약간 이상하
게 생각하는 곳이 있다. 그 내용을 거절하여] 말을 끝내버릴 수
는 없지만 [우선 생각하는 것을] 마음편하게 이야기하니 들어주
었으면 한다. 이 참판의 서에는 울릉도의 일이 기록되어 있다.
이것은 차례를 행할 때 접위관에게 우리들이 구답으로 말씀드
린 대로 [섬의 논쟁에 들어가는 일로] 이 취지로는 [좋지 않다.]
그때에도 접위관에게 재차 답해드렸던 일인데 [그저 어민이 도
도하지 않도록 하겠다, 그것만을 명령하시면 된다.] 여러분에게
도 내면적으로 이 일을 말씀드렸으므로 [알고 있기 마련이다.]
그러하니 반한에는 [이하와 같은 내용이 기록되어야 했다. 즉]
조선 변토의 사람들이 경계를 넘어 일본의 죽도로 건너갔다. 이
일을 자세히 듣고 놀라고 있다. 향후로는 결코 건너가지 않도록
새로 엄격하게 명하겠다라고, 이러한 내용의 반답이 내려와야
했다. [그것에 따라, 이쪽도] 그렇다라고 [납득하는 형태로] 들
어 [혼란 없이] 종결될 수 있었다. 그러나 울릉도의 일을 [조정
은 일부러] 이곳에 써넣으셨다. [그 문언을] 기입하지 않고 [이
쪽에] 건네주는 일이 되지 않았다. [도대체] 어떤 생각으로 이러
한 것을 써서 나타내려고 하신 것일까.

朴同知返書

〃被仰聞候趣如何゛茂御尤存候乍去此返翰之儀うかと筆之先゛而為
書゛而者無御座候朝廷以下諸役諸大名都゛各有者ハ不残召集詮議
一重二重之事゛而ハ無御座候大勢之心々゛御座候へハ様々之旨趣゛

而御座候得共少も及異儀心御座候而者事大事〓罷成段合点〓而候
故事無事〓罷成候様〓与之相談〓而御座候然共欝陵嶋之儀者朝鮮
之内〓無其粉書物数多有之其上朝鮮之地与申儀国中〓無隠土民童
迄も存居殊竹嶋〓参候者共皆欝陵嶋〓参候与申候ヘハ相心得候与
斗被認候儀難成首尾〓而御座候仰之通出過物之様〓相聞ヘ候得共
右之通〓御座候ヘハ欝陵嶋与申儀を書顕し名斗ハ朝鮮〓残シ土地
ハ日本〓相附候仕方〓而御座候土地を御取被成候ヘハ思召仴之御
事〓而候此上〓名迄御取被成何之益御座候哉返翰〓雖奨邦之欝陵
嶋亦以遼遠之故切不許任意往来況其外乎与有之儀能御了簡被成
御合点可被成候欝陵嶋方角海辺〓ハ仮初にも船を不浮候様堅制禁
を立被申事〓候ヘハ千年過候而も此方之者参候事〓而も無御座無別
条事〓候右之通相談相極候而之事〓候ヘハ万一欝陵嶋なと除候様〓
なとと有之儀も候而ハ義理も無之物〓而候故仮令亡国〓罷成候共除
被申間敷与存候其上名迄不残首尾〓候ヘハ国之中を他国〓相渡申
儀〓候故唐〓も不申候ヘハ不罷成候此段御聞分被成候様〓与申聞

박동지의 반서

〃말씀하신 것을 듣고 참으로 당연하다고 생각했습니다. 그러나
이 반한의 일은, 그저 붓끝이 가는 대로 기록한 것과 같은 것이
아닙니다. 조정 이하 제역인, 제대명, 도성에서 각각의 역할을
가진 자가 빠짐없이 소집되어, 평의 검토도 1회나 2회가 아니었
습니다. 그러한 많은 분들의 생각을 바탕으로 해서 이것은 기록
된 것입니다. 그러니 여러 사람들의 의향이 반영되어, 이러한
결과에 이른 것입니다. 조금이라도 이의를 제기하면 [회의는 분

규에] 이르르니, 그러한 마음이 있으면 [정부가 분열되어] 일은 커집니다. 그렇기 때문에 모두가 합의[한 것을 기록]한 것으로 그것은 문제가 없는 것을 바라는 상담의 결과입니다. 그러나 울릉도의 건은 조선 내에 속하는 섬으로 그것은 틀림없는 사실입니다. 서물에 수많은 기재가 있습니다. 그 위에 조선의 땅이라는 것은 나라 안에 숨김 없이 [잘 알려진 사실로] 토민이나 동자까지도 알고 있습니다. 특히 죽도에 간 자들은 모두가 울릉도에 갔다고 말하고 있습니다. 그렇기 때문에 [일본의 죽도라고 말해도] 알았습니다라고 인정해버리는 일은, 아무래도 할 수 없는 일입니다. 말씀하신 대로 [저에 대해서는] 잘 나서는 자처럼 [여러 곳에서] 들으셨을 것으로 생각합니다만 [그 잘 나서는 자로서 감히 설명드리자면] 위와 같은 일입니다. 그러므로 울릉도라고 말하는 문자를 기록하여 이름만은 조선에 남기고, 토지는 일본에 붙인다고 하는 방법으로 [일의 해결을 도모하려고 했던 것]입니다. 토지를 취하셨다면 생각하는 대로 일이 진행되는 것이 아니겠습니까. 그 위에 이름까지 취하려 하는 일에 어떤 이익이 있을까요. 반한 중에는 「폐방의 울릉도라고 말해도 역시 원방에 있기 때문에 임의의 왕래를 일체 허가하지 않는다. 하물며 그 외를」이라고 있습니다. 이 일을 잘 이해하여 주셔서 합의하여 주셨으면 좋겠다고 생각하는 바입니다. 울릉도의 방면을 향해서는, 해변에 절대로 배를 띄우고 나가는 것과 같은 일은 이미 할 수 없습니다. 엄하게 제금[의 찰]을 세워 [금후로는] 엄금합니다. 그러기 때문에 천년이 지나도 이쪽 사람이 가는 것과 같은 일은 없어, [이 섬에 관한] 별다른 일이 없게 됩니다. 위와 같이 상담하여 결정한 일이기 때문에 만일에 울릉도의 문언을 삭제하라는 것과 같이 [일본 측에서 다시] 요구가 나오면 [양국의 성신 관계라고 하는] 의리도, 이미 없는 것과 같은 것이 됩니다. 만일 그러한 일이 되면 가령 망국하는 일이 있다 해도 [과감히 저항하며] 제외하지 않도록 할 생각입니다. [토지만이 아니라] 그 위에 이름까지 남기지 않으려는 방법으로는 나라 전체를 타국에 넘겨주는 것과 같은 일이 되고 맙니다. [종주국의] 중국에 대해서도 이 [어려운 사태에 이른] 것을 보고하지 않으면 안 되는 사태가 됩니다. 이러한 상황이므로 잘 분별하여 주시도록 원합니다. 이렇게 전해왔다.

正官口上

〃申聞候趣一々聞へたる事ニ候土地之儀者其時節ニより如何様にも変可有之事ニ候釜山浦ハ古日本之内ニ而候与橋成書物ニ有之候由聞及候古左様ニ而候間此方江被返候へと申候ハゝ返し可被申哉又欝陵嶋之儀壬辰之変後日本ニ属し候与之儀朝鮮之書物なとニハ無之候哉古朝鮮之内与書物ニ有之候間唯今にも其通与申儀何共不聞候由申達

〃말씀하신 것의 취지 하나하나는 이미 지금까지 들어온 것입니다. 토지의 지배는 그 시절[이나 시기]에 따라 어떻게든지 변하여 가는 것입니다. 부산포는 옛날에 일본 내였다고 확실한 서물에 기재가 있다고, 그렇게도 듣고 있습니다. 옛날에는 그러했으므로 이 토지를 이쪽에 돌려달라고 말하면 [그쪽은] 과연 돌려

주겠습니까. 그것은 또 울릉도에 있어서도 [마찬가지입니다.] 임진의 변(토요토미 히데요시의 조선침략)이 있은 후에 일본에 속하게 되었다고 하는 일이, 조선의 서물 등에 기재가 없는 것일까요. 옛날에는 조선 내라고 하는 서물에 기재가 있으므로라고 말하나, 그래서 지금도 그대로라고 주장하는 것은, 아무런 [의미가 없는 이상한 주장으로] 받아들일 수가 없습니다. 그렇게 말하여 전했다.

朴同知口上

〃被仰聞候趣御尤ニ者存候得共又左様ニ而無御座候壬辰之変後日本ニ属し申候与之儀いかにも朝鮮之書物ニ御座候然共数多之書物御座候而論シ尽シ不申候壬辰之乱後日本ニ属し申候ハ欝陵嶋斗ニ而無御座大方日本之御手ニ入申候得共其後不残以前之通罷成候由申聞

박동지 구상

〃말씀하신 것은 당연하다고 생각합니다만 또 그렇지 않다고 생각하는 곳도 있습니다. 임진의 변 후에 일본에 속했다고 말하는 것은 분명히 조선의 서물에 있습니다. 그러나 수많은 서물이 있는데 그것들이 각각 논하고 있는 것은 아닙니다. 임진의 변 후에 일본에 속한 것은 울릉도만이 아닙니다. 대개가 일본의 수중에 들어갔습니다. 그러하였습니다만 그 후에 남김없이 이전대로 조선의 것이 되어 돌아왔습니다. 이렇게 말하여 전해왔다.

正官口上

〃申聞候趣曾而合点不参候万一望儀有之而も任望間敷与之心入ニ而
申様ニ相聞へ候兼而申候様ニ今度之儀者朴同知我等相談ニ而冝繕
置可申与申様成儀ニ而無之日本与朝鮮之御挨拶ニ候書簡者不及申何
事ニよらす一々東武ニ案内有之事ニ候得ハヶ様之大事無之候得与吟
味候而望も有之ハ追而可申達候対州与朝鮮之儀ハ各別之事ニ候へ
ハ幾重ニも御相談有之而冝様御返翰御認無事を被調候儀必竟朝鮮
之御為ニ候事調候儀今度朴同知働此時節ニ候早速返答難成候間左
様心得候へ右ニも申候通心得候与斗之御返答ニ而日本朝鮮相除儀
無之欝陵嶋ニ不参様兼而より之制法ニ而此上又禁制被致事ニ候ハ
弥之儀朝鮮斗ニ而名目被立置可相済事ニ候欝陵嶋書入ニ不及参議之
御返翰之通ニ而結構成事之由申達

정관 구상

〃말로 전해온 [그쪽의] 취지는 모든 것에 걸쳐 합의할 수 없는
일입니다. [교섭하는 일에 있어] 만일 원하는 일이 있어도 그 소
망하는 대로 그대로 말해서는 [교섭이] 되지 않는다라고, 그러
한 생각이 있어 말씀하시는 것처럼 들립니다. 이전부터 말하고
있는 일입니다만 이번의 일은 박동지와 우리들 사이에 상담하
여 잘 수습해 두는 것과 같은 [아랫사람 간의 교섭]이 아닙니다.
일본과 조선이라는 [나라와 나라의 교섭으로 이 타개책을 구해,
중간에 서서] 조정을 하고 있을 뿐입니다. 그러므로 [우리들은]
서간은 말할 것도 없고, 무엇이든지 하나하나 동무(에도의 장
군)에게 보고하여 그 지시 하에 행하고 있습니다. 그 지시 하에

움직이고 있다. 이처럼 중요한 일은 달리 없다고 [우리들은 중 대시하여 틀림없이 동무에 전달할 수 있도록, 교섭에 대해] 분석을 하고 있습니다. 그러므로 그쪽에서 요망하는 것이 있으면 이것을 [동무에 여쭈어서, 그 후에] 다시 말하여 전하는 것입니다, 타이슈우와 조선의 관계는 각별한 것이 있어, 그렇기 때문에 몇 번이고 상담[이 가능합니다. 그 위에서] 좋도록 반한을 기록하여 아무런 일 없이 [평온하게, 이 교섭하는 일을] 정리해 두는 일이, 결국은 조선을 위한 일도 되는 것입니다. 그러나 그렇게 정리하여 두는 일에 대해 이번 박동지의 움직임은, 이 시기에 [영합한 애매모호한] 것으로 재빠른 반답도 합의하는 일은] 이루기 어려운 일입니다. 그러한 [이쪽의 판단이 있다는 것을] 알아 두셨으면 한다. 위에서도 말씀드린 대로 [이대로의 문언으로] 합의하려고 하는 [그쪽의] 회답으로는, 일본과 조선 [사이의 분쟁을] 제거하는 일 등은 할 수 없습니다. [이대로는 후세에까지 섬의 논쟁을 연장한다고 말할 수 있습니다.] 울릉도에 가지 못하도록 한다는 것은 전부터 있는 [귀국의] 제법이고, 그 위에 또 [새롭게 같은] 금제를 명한다고 하는 것은 [반복하는 것으로 근본적인 해결과는 거리가 멉니다.] 결국 [불분명한 일을 연장하는 일이] 됩니다. 조선[의 내부를 향해, 그러한] 명목을 세워두고 [이 분쟁의 사실을 숨기고] 종결시키려고 하는 것은 [고식적인 수단이라고 말해야 할 것입니다. 결국은] 울릉도에 [관계되는 문언]을 기입하는 일은 불요하여 그러한 [문언을 넣지 않는] 참의의 반한이 있으면 [이 일건은] 좋은 결과에 도달하는 것입니다라고, 그러한 것을 전했다.

朴同知返答

〃仰之通いかにも御尤ニ而ハ御座候得共竹嶋ニ渡海致帰国候者共召
　集被致詮議候ヘハ壱人も不残皆欝陵嶋ニ参候与申候故心得候与斗
　ハ中々難成事ニ候是より事敷相談初り大勢之役人諸大名思々之存
　寄申分ニ而漸右之通責而名目斗を残候談合ニ相極返翰出来申候之
　由申聞

박동지의 반답

〃말씀하신 대로 참으로 당연하기는 합니다만 죽도에 도해하여
귀국한 자들을 불러모아 조사를 했더니, 한 사람도 빠짐없이 모
두가 울릉도에 간 것이라고 말하고 있었습니다. 그렇기 때문에
알았습니다라고 [지금의 주장을 그대로 인정하는 것은] 좀처럼
하기 어려운 일입니다. 이와 같은 일이었기 때문에 [조정에서
는] 한 차례 상담이 시작되어 많은 역인, 여러 대신들이 각자
생각하는 의견을 진술하여 [그것 때문에 분규하여 좀처럼 의견
을 집약할 수 없었습니다.] 잠시 위와 같이, 적어도 명목만을 남
긴다는 것으로 이야기가 결착되어 이러한 반한을 만들 수 있었
던 것입니다. 그렇게 전해왔다.

正官口上

〃相極候相談変難之由具ニ申聞候趣至而大切千万存候右ニ茂申候様
　朴同知我等両人之申分ニ而無之日本朝鮮之御挨拶ニ而候ヘハ下ニ
　而兎角与申儀ニ而無之候此段能合点之前ニ而殊朴同知儀ハ日本向
　諸事巧者ニ而候得共乍其上能了簡候ヘ何角も不入必竟朝鮮之為ニ

候ヘハ事之旨゠不被随候而不叶事゠候存寄儀も有之而重而申達候
ハヽ旨埒明候様働候ヘ否之儀追而可申達旨申聞

정관의 구상

〃결정한 상담의 일은 이미 바꾸는 일이 곤란하다는 내용, 여기서
자세히 들을 수가 있었다. 그 이야기에 대해 참으로 위험천만한
일에 이를 수 있다고 생각하고 있다. 전에도 말한 대로 [이 교
섭은] 박동지와 우리들의 양자 간에 상의하여 정리한다고 말할
수 있는 것과 같은 것이 아니다. 일본과 조선이라는 [나라와 나
라 사이의] 교섭이므로 그 아래 있으며 [직접 교섭을 명받은 우
리들이, 그 나라의 결정에] 이렇다 저렇다고 말할 생각은 전
혀 없다. 이 일에 대해 [우리들은] 잘 알고 있어 [그러한 나라의
의도로 움직이고 있는 것이라는 생각이] 전제된다. 특히 박동지
는 일본[과의 교섭에] 임하여 모든 일에 빈틈이 없는 인물로 또
그 위에 사고도 좋고, 무엇인가 [사악한 일도] 개입시키지 않는
[성실한 인물이다.] 그러나 결국, 조선을 위해 행동하는 인물이
라서 [이쪽에] 상황이 좋도록 [일하는 것은 없고, 이쪽에] 따라
가는 일은 없다. 다만 [그렇게 말은 해도 이쪽에도 좋게 하려고
하는] 생각하는 면이 있어 [그것 때문에 이쪽의 요망을] 거듭해
서 말씀드리면 적당히 납득할 수 있는 움직임을 보여준다. [금
후에도] 역시 그렇게 해주시기 바란다. [반한의 내용에 대해 동
의할 수 없다고 하는 이쪽의 의견에 대해 그러나 박동지는] 아
니라고 표명한다. 이 일에 대해서는 또다시 [타개책을] 전하고
싶다고 생각한다. 그러한 취지를 말했다.

礼曹参判からの返簡

[真文]

朝鮮国礼曹叅判権瑎奉復日本国対馬州太守平公閤下槎便鼎来恵翰随至良用慰荷樊邦海禁至厳制東浜海漁民使不得出於外洋雖弊境之蔚陵島亦以遼遠之故切不許任意往来況其外乎今此漁船敢入貴界竹島致煩領送遠勤書諭隣好之誼実所欣感海氓猟魚以為生理或不無遇風漂転之患而至於越境深入雑然漁採法当痛懲今将犯人等依律科罪此後沿海等処厳立科条各別申飭佳貺領謝薄物侑緘統惟照亮不宣

癸酉年十二月日　　　　　　　　　礼曹参判権瑎

예조참판의 반한

조선국 예조참판 권해가 일본국 쓰시마노쿠니의 태수 타이라 공(소우 요시쓰구) 합하에게 서를 엎드려 바친다. 귀국의 차편(사자)이 마침 이곳을 내방하여 혜송의 서간을 사자에게 딸려서 도래하였다. 참으로 그 용건을 위로한다. 그런데 폐방(우리나라)의 해금법은 참으로 엄중하여 동해 그 빈해의 어민을 제약하여 외양에 나가는 것을 불가로 하고 있다. 폐경의 울릉도라 해도 요원하다는 이유에 따라 일체 마음대로 왕래하는 것과 같은 일은 허가하지 않는다. 하물며 그것 밖에 있는 섬의 왕래는 말할 것도 없다. 지금 이곳에 어선이 감히 귀계(귀국의 영역) 죽도에 들어가, 영도 송환하는 노고를 끼쳐 멀리까지 서로 유고하기에 이르렀다. 인국 간의 우호의 뜻을 가지고, 사건에 임하여 주셨다. 실로 흠쾌하게 느끼는 바이다. 해민은 어렵하는 것으로 생리(생활)을 꾸려가는 자들이다. 어떨 때는 강풍을 만나 표류 전전하는 것과 같은 고난도 없지 않을 것이다. 그 결과 경계를 넘어 깊이 들어가 잡연(혼란) 속에서 어채를 하게 되었을 것이다. 법에 따라 그야말로 통징해야 한다. 이번에 이 범인들을 연행하여 율에 따라 죄과를 과하기로 했다. 지금 이후로는, 연해 등의 곳곳에 엄한 과조를 세워 각별히 주의시켜 신칙(크게 훈계하다)하려 한다. 그런데 좋은 증품을 영수했기에 이를 감사한다. 그 박물에 의한 호의는 서간의 모자람을 보충하는 것이다. 모든 것을 생각하건데 조량(문의를 명확히 이해)하여 주었으면 한다. 충분히 말씀드리지 못하고 끝났으나 이해하여 주기 바란다.

    계유년 12월 일

        예조참판 권 해

礼曹参議からの返翰

[真文]

朝鮮国礼曹参議姜銑奉復日本国対馬州太守平公閣下貴价遠来獲承
華緘備悉動静欣慰交至沿海漁民不顧邦禁越犯貴境事極驚駭遠勤領送
誠極感荷違禁之罪当有其律而沿海等処亦当各別申飭俾無日後之弊菲
品聊表遠忱玩旣多謝厚眷粛此不宣

厚眷粛此不宣

癸酉年十二月　日

    礼曹参議姜　銑

예조참의의 반한

    조선국 예조참의 강선이 일본국 쓰시마노쿠니 태수 타이라 공 합하에게 복서를 바친다. 귀국의 사자가 먼 길을 왔다. 그 화위(서간)

을 받고, 여기서 접수했다. 동정(사정)의 기재는 모두 갖추어져, 그래서 만족하게 이것을 읽었다. 그런데 우리나라 연해의 어민이 우리나라의 해금을 생각하지 않고 귀경을 월범했다고 한다. 그 사실에 접하고 아주 경해(경악)했다. 멀리서 영송하여 주신 것에 대하여 진심으로 감격하였다. 해금을 위반하는 죄는 그 율에 비추어 보면 그야말로 유죄이다. 그렇기 때문에 연해 등의 곳곳에 다시 각별히 알려 신칙(큰 훈계)하려 한다. 세월이 지난 후에도 그 쇠페(무너져 약해짐)가 생기지 않도록 할 것이다. 비품은 작은 마음의 표시이다. 보내주신 진기한 물건과 두터운 배려에 감사한다.

그 깊은 은혜에 감사한다. 숙연하게 기록했기 때문에 이 생각을 충분히 말씀드리지 못하고 끝났다. 이해하여 주었으면 한다.

계유년 12월 일

　　예조참의 강 선

東莱府使からの返翰

[真文]

朝鮮国東莱府使成瓘奉復日本国対馬州太守平公閣下崇价恵札副以珎貺感慰交至漁民一款既已転啓朝廷想在南宮覆帖薄儀幸冀莞留不宣甲戌年正月日東莱府使成瓘

동래부사의 반한

조선국 동래부사 성관이 일본국 쓰시마노쿠니 태수 타이라 공 각하에게 복서를 바친다. 단개(정사)가 서간을 가지고 혜래하셨다. 진기한 사품을 통해 감위의 교류에 이르렀다. 어민의 일관(죄상)은 이미 조정에 전송하여 상계하였다. 생각하건데 남궁(예조)의 복첩에 이미 기재가 있을 것이다. 작은 것이지만 사치(예물)를 보낸다. 원하건데 완류(소납)하여 주시기 바란다. 문의는 충분히 말씀드리지 못했지만 이해하여 주기 바란다.

　　갑술년 정월 일

　　　　동래부사 성 관

　　釜山僉使からの返翰

　　[真文]

朝鮮国釜山僉使朴綖奉復日本国対馬州太守平公閣下遠承嵩札備悉興居良用慰浣示意転報朝廷想有儀部回覆珎覸尤荷盛意薄儀幸冀莞留粛此不宣

　　甲戌年正月　日

　　　　釜山僉使朴綖

　　부산첨사의 반한

　　조선국 부산첨사 박횡이 일본국 쓰시마노쿠니 태수 타이라 공 각하에게 복서를 봉한다. 원방에서 보낸 단찰(정사가 지참하는 서간)을 받았다. 여기에 흥거(사건의 전말)의 기재가 자세히 기록되어 있다. 좋게 이용하면 우호의 위완(위로하고 새롭게 하는 일)이 될 것이다. 그 나타내려는 의미를 조정에 전송하여 보고하였다. 생각하건데 의부의 회복(법령의 준수, 질서의 회복)에 이르게 될 것이다. 진기한 사품은 큰 성의를 가지는 것이다. 박의하지만 여기에 사치(예물)를 보낸다. 원하건데 완류(소납)하여 주시기를 바란다. 숙연하게 기록하여 뜻을 충분히 말하지 못했다. 이해를 바란다.

　갑술년 정월　　일

　　　부산첨사 박 횡

右書簡三通天竜寺南芳院東谷洵長老之書簡ニ書載有之候故別幅者略之

　위의 [예조참판과 예조참의와 그리고 동래부사 부산첨사의] 서간 3통은 텐류우지 난보우인의 토우코쿠쥰 장로의 서간에 기재되어 있었다. 그런 연유로 별폭은 생략한다.

【大綱一三段(元禄七年正月②)】

(13 - 00)

　〃同七年正月御返翰写到来ニ付与左衛門方より阿比留惣兵衛江返翰
　　之次第委細申含御返簡写御国江差上之

【대강 13단(겐로쿠 7년 정월 ②)】

(13 - 00)

　〃겐로쿠 7년 정월에 반한의 사본이 [초량화관에] 내도했다. 그래서 요자에몬이 아비루 소우베에에게 [지시가 있어] 반한의 상황 및 자세한 것을 설명하기 위해, 그 반한의 사본을 오쿠니(쓰시마노쿠니)에 [가지고 돌아가 쿠니모코의 가로에게] 바쳤다.

(13 - 01)

　〃正月十五日与左衛門方より御国御家老平田隼人杉村采女樋口左

衛門樋口孫左衛門平田直右衛門方^江差越候書状之略

(13-01)

〃정월 15일에 요자에몬이 쓰시마의 가로 히라타 하야토, 스기무라 우네메, 히구치 자에몬, 히구치 마고자에몬, 히라타 나오에몬 쪽에 보내온 서장이 있다. 그 대략을 이하에 기록한다.

〃私持渡之返翰到来之由^二而写仕今日阿比留惣兵衛所^江朴同知致持
参候茶礼之節接慰官返答被申候通欝陵嶋之儀書込有之候朴同知
申候者此御返簡其身十分之働^二而如此結構^二認参候捨置候嶋^二無
其粉候得共欝陵嶋与申名目を残し候迄^二而重而渡海仕候儀者決而
無之事候尤嶋之論を仕^二而も無之候都^而ハ口々有之候故此上^二ハ
若好有之共直シ候儀難仕候何角与申立候而者嶋之論之様^二も可罷
成候哉左様之申詰罷成候而者朝鮮も義理^二而候故仮令亡国^二罷成
候共難請事候欝陵嶋^江以来とても参候儀決而無之事^二候得者何之
障も無之候及異儀候而者両国不通罷成程之儀能合点仕居何とそ
首尾宜様^二与朴同知働是迄^二而候間請取候様内意申様^二与惣兵衛
迄申聞候其後私所^江召寄せ写披見申候今度之御返翰之儀者大切成
事候故早速^二其返答難申候得者吟味候而追而可申達由申渡置候采
女殿御帰国之節申談候様向後欝陵嶋^江不遺首尾^二相極候得ハ御好
之通同前之様成事^二御座候故此御返翰之通^二而も御請取可被成候
哉朴同知申分心入之趣委細難書述候付而折節嶋^二乗浮出船御座候
故惣兵衛差渡シ参判参議より返翰之写二通差上之候御返答早速
以飛船可被差越候御返事到来迄者返答不申差延し置可申候御返

翰請取申首尾ニ候者惣兵衛被差渡候ニ及中間敷候万一御望も御座
候者裁判#惣兵衛儀早々可被差渡候

〃 제가 가지고 건너온 [예조참판 앞의 서간에 대하여 그] 반한이
도래했다. 그런 연유로 이것을 복사해 두었다. 오늘 아비루 소
우베에의 곳에 박동지가 지참한 것이다. 차례를 행할 때에 접위
관이 반답한 대로 울릉도의 일에 대한 기록이 있다. 박동지가
말하기로는, 이 반한은 그 내용으로 말하자면 충분한 성의를 표
한 것으로 이렇게 합당한 내용을 적은 것이 이렇게 [조정에서]
내려왔다는 [것은 놀라운 일이다.] 버려두었던 섬이라는 것은
분명한 사실이지만 [다만 한 가지] 울릉도라고 하는 [문언을, 여
기에 기록하여 조선의 섬이라고 하는] 명목을 남겨둔다는 것이
다. [조선 어민이] 반복해서 섬에 건너는 것과 같은 일은 [이 이
후로는] 절대 없다. 다시 이야기하면 섬의 논쟁을 한다 해도 이
이상의 의론은 이미 할 수 없다. 도성에서는 서로 이 문제에 이
의가 있다. 그래서 [문언에 대해] 이 이상의 수정을 [쓰시마 측
이] 요구해도 이미 고쳐쓰는 것과 같은 일은 곤란하다. 무엇인
가 [여러 가지로] 주장하여 [다시] 섬의 논쟁을 되풀이하려 해
도 [도저히] 할 수 있는 일이 아니다. 그러한 요구가 성립할 것
같으면 조선 측도 [이것에 대해] 의리로서 [반론할 것이다.] 가
령 망국하게 된다 해도 그[와 같은 요구에 동의하는 일 없어]
받아들이기 어려운 일이다. 울릉도에 이후로 [조선 인민이] 건
너가는 일은 결코 없어, 아무런 지장도 없을 것이다. 이 일에 이
의를 제기하는 것은 양국 [성신의 교류는] 통하지 않게 된다. 그

럴 정도의 일로 이것을 잘 합의하여 어쨌든 좋게 [이후의 처리를 원한다.] 나 박동지의 움직임은 여기까지의 일로 [이미 더 이상 역할을 할 수 없다.] 그렇기 때문에 이 반한을 꼭] 받아주었으면 한다. [일본 측이 승낙한다는] 내의를 [빨리] 말해주었으면 한다. 그러한 것을, 소우베에게 전해왔다. 그 후 [이 박동지를] 나(요자에몬)의 곳으로 불러 그 [지참한 반한의] 사본을 직접 보았다. [그 위에 박동지에게 전한 것은] 이번 반한은 중요한 일이므로 서둘러서 답하려고 생각한다. 그러나 바로는 하기는 어려운 일로 충분히 분석하여 바로 전하기로 한다. 이렇게 말해 두었다. 우네메 님이 [쓰시마에] 귀국하실 때, 상담해 주었으면 한다. [이 반한의 내용으로 보면] 향후 울릉도에 [조선인민이] 도해하지 않는 것으로 정리되어 있다. 그야말로 원하는 일이 달성된 것으로 그것과 마찬가지로 되었다. 그래서 이 반한 그대로의 문언으로 받으시면 어떠할까요. 박동지가 말하는 것 그의 배려하는 취지, 그 자세한 것을 여기에는 더 써서 설명하기 어려운 것이 있다. 마침 섬들을 경유하여 [오쿠니에] 가는 배가 있으므로 소우베에를 [이것에 승선시켜 오쿠니로] 보낸다. 참판이나 참의의 반한 사본 2통을 [지참시켜, 그쪽에] 바치는 것으로 한다. [이 건에 관한] 반답은 서둘러 비선으로 [이쪽 초량화관에] 되돌려 주었으면 한다. 답이 도래할 때까지는 [조선 쪽에] 답하지 않고, 연기하며 [보류해] 두겠다. 반한을 받을 것으로 결정했다면 다시 소우베에를 [이쪽 초량화관으로] 건너보낼 필요가 없다. 만일 다른 요망이 있으면 재판 및 소우베에를 서둘러 이쪽으로 보내 주시오.

〃返翰金判事持下申候此便ニ渡朝廷被申越候ハ馳走請不申候段古より
り無之事候今度者江戸より之御使者同前之事ニ候ヘハ猶以御馳走
不申候而不叶事ニ候弥請候様ニ具申参候間是非請候返事仕候様ニ
与接慰官東莱より被申越候兼而申候様ニ心入御座候而御断申候朝
廷方より被仰越候与之儀者重畳与忝存候ヘ共弥御断申候由返答
申遣候

〃반한은 [조선의 도성에서] 김판사가 가지고 내려온 것이라고 한
다. 이 연락과 함께 조정에서 전한 것이 있다. 즉 어치주를 받지
않고 끝내는 일은, 고래로 그러한 예가 없다 한다. 특히 이번은
에도에서 보내는 사자와 같은 것이라, 더욱 어치주를 하지 않을
수 없는 일이라고 한다. 꼭 받으라며 여러 번 권하는 요구가 있
었다. 꼭 받도록 하라고 [강하게 권하여 승낙의] 답을 하도록,
접위관 및 동래부사의 명도 있었다. 그러나 전부터 말하고 있듯
이 [이번 일에 대해서는 졸자에게] 생각이 있어 [이 어치주를]
거절했다. 조정 측의 [모처럼의] 요구는, 더 이상 없이 만족하게
생각하고, 송구스러운 일이라고 생각했으나 [마음으로 생각하는
일이 있어] 어떻게든 사양하고 싶다라고, 그렇게 답했다.

(13-02)

〃正月廿三日差備官両人入来接慰官より之口上ニ度々申入候通御馳
走之儀都より毎度申参候他国之御使者ニ御馳走不申候与申儀古来
より無之事候殊更今度者常之御使者にても無之東武より御越御
同前之事ニ候ヘハ猶以別而御馳走不申候而不叶儀ニ御座候御馳走

も自分之儀ニ而無御座朝廷より之事ニ御座候ヘハ為其斗ニ罷下た
る儀ニ御座候処御承引不被成段別而迷惑仕候是非受用候様達而可
申入旨東莱同前被申候由申聞候

(13－02)

〃 정월 23일에 차비관 [박동지, 김판사] 양인이 [초량화관에] 입래
하여 접위관의 구상을 전달해 주었다. 지금까지 자주 말씀드려
온 대로 어치주의 건을 [집행하라고] 도성에서 여러 번 [최촉이]
온다. 타국 사자에게 어치주를 하지 않을 수는 없다. 고래로 그
러한 예의를 잃는 것 같은 예는 없다고 한다. 특히 이번은 보통
사자가 아니라 동무에서 오는 것과 같은 사자이다. 그래서 더
특별한 어치주를 하지 않으면 안 된다는 것이었다. 이 어치주도
자신들이 집행하는 의식이 아니라, 조정에서 명받은 [위의 의향
에 따른] 의식이라고 한다. 원래 이것을 위해 자신들은 도성에
서 내려온 것이라고 말한다. 그러한 의식을 승인하지 않는 일이
되면 별도로 [자신들도] 곤란하다. 그러니 꼭 받아주실 것을, 무
리인 줄 알면서 원한다. 이러한 취지를, 동래와 마찬가지로 [차
비관 양인도] 말하여 보냈다. 이것에 대한 반답은 다음과 같다.

正官返答
入御念被仰聞候趣致承知御心入忝存候ヽ然兼而申入候様今度之儀
存入有之付度々御言葉を返し候日本之中ニ而も有之事ニ候其時之首尾ニ
より使者心得ニより馳走断申請不申儀毎度有之事ニ候朝鮮にも可為御
同前候都ニ注進之儀亘被仰登被下候様ニ与朴同知ニ申渡ス

정관의 반답

입념으로 말씀하여 주신 것, 그 취지에 대해서는 이해하고, 마음 쓰시는 것에 대해서는 송구스럽게 생각합니다. 그러나 전부터 말씀 드렸듯이 이번의 일은 [졸자에게 있어] 생각하는 바가 있어 [지금까지] 자주 [사양하는] 말을 되풀이하고 있습니다. 일본에도 이처럼 [거절하는] 일은 있습니다. 그때의 상황에 따라, 또 사자의 마음에 따라 어치주를 사양하며 받지 않는 일이 있습니다. 그것은 [조금도 이상한 일이 아니고] 흔히 있는 일입니다. 조선에도 이것과 같은 행위가 있다고 들었습니다. [기대에 부응하지 못하여 마음이 괴롭기는 하지만] 도성에 보고할 때, 잘 전하여 주실 것을 박동지에게 전했습니다.

【大綱一四段(元禄七年二月①)】

(14-00)

○同七年二月十五日与左衛門御返翰請取之意趣ハ朝鮮海辺之制禁至而厳重なる儀ニ而海辺之漁民外洋江出候事を許シ不申我国之欝陵嶋さへ遠方之事故心次第ニ罷越不申様ニ仕候ヘハ況其外ニ者猶又遣し不申候然所ニ此度我国之漁船貴国之竹嶋江罷越候由ニ而被送返御隣好之段誠致感激候海辺之者共漁を以生業与いたし候故悪風ニ遭イ漂流之患可有之事ニ候得共境を越シ入交り漁採仕候段於法式戒メ可申儀ニ御座候故右之者共法律之通罪科ニ申付候此以後海辺之所々江各別ニ厳敷申付候与之儀礼曹参判参議東莱釜山より申来也

【대강 14단(겐로쿠 7년 2월 ①)】

(14 - 00)

○겐로쿠 7년 2월 15일에 요자에몬이 [보내온 조선의] 반한에 대
해 이것을 받을 것인가 어떨 것인가[의 회의가 오쿠니에서 있었
다.] 이 반한의 내용은 [이하와 같다. 즉] 조선의 해변에 있어,
그 제금은 아주 엄중하여 해변의 어민이 외양에 나가는 일을 허
가하지 않는다는 것이다. 우리나라[에 소속하는] 울릉도조차,
원방이기 때문에 마음대로 바다를 건너갈 수 없다. 하물며 그밖
에 있는 섬에 대해서는 더더욱 건너갈 수가 없는 것이다. 그런
데 이번에 우리나라 어선이 귀국의 죽도에 넘어갔다고 한다. 이
어민을 돌려 보내 인호의 정을 보여주신 것은 그야말로 감격하
는 바이다. 해변 사람들의 일이기 때문에 어렵으로 생업을 이루
고 있다. 그렇기 때문에 악풍을 만나 표류하는 재난에 이르렀다
고 생각된다. 그 결과 경계를 넘어 뒤섞여서 어채를 행하고 있
었던 일은 [우리나라의] 법률 양식에 비추어 벌을 주는 일에 해
당한다. 즉 위의 사람들을 법률대로 죄로 하여 과를 명할 것이
다. 이 이후로 해변의 곳곳에 [포고를 발하여] 각별히 엄하게
[도해금제를] 명하겠다. 이러한 [문언의] 서한이었다. 이것이 예
조참판 및 참의, 그리고 동래부사 및 부산첨사가 [이쪽에 보내
온 내용의] 개략이다.

(14 - 01)

〃返簡前〓書載在之故略之

(14−01)

〃 반답 그것은 이전에 기록하고 있으므로 이것은 생략한다.

(14−02)

〃 御返翰請取候規式与左衛門記録ニ不相見候故不記之

(14−02)

〃 반한을 받았을 때의 [청서의] 서식은 요자에몬의 기록에 보이지 않기 때문에 이곳에 기록하지 않는다.

(14−03)

〃 是より前与左衛門方より阿比留惣兵衛を以御返翰写御国江差上置候処惣兵衛儀飛船を以渡海被仰付二月八日館差委細之御返書到来則左ニ記之

(14−03)

〃 지금보다 이전에 요자에몬이 아비루 소우베에를 통해 반한의 사본을 오쿠니에 제출하였으나 [그 반한에 대해 쿠니모토에서 조사하고 그 후에] 소우베에에게 비선으로 [다시 조선으로] 도해할 것을 명했다. [소우베에는] 2월 8일에 초량화관에 도착했다. [쿠니모토에서] 자세한 것을 기록한 반서가 [이렇게 하여 소우베에를 통하여 요자에몬이 있는 곳에] 도래했다. 그것을 아래에 기록한다.

(14－04)

〃正月廿六日御家老中より返書之略左゠記之

(14－04)

〃정월 26일부의 [쿠니모토] 가로들이 보낸 반서이다. 그 개략을
아래에 기록한다.

〃持渡之返翰到来之由゠而写シ朴同知持参惣兵衛゠申聞候趣具゠御
承知候

[국원의 가로들이 보낸 반서]
〃[조선의 도성에서] 가지고 [내려왔다는] 반한이 [드디어] 도래했
다는 것, 그 사본을 박동지가 지참하여 소우베에게 전달했다
는 취지를 충분히 알았다.

右返簡之書面令御披見候処竹嶋与欝陵嶋与両島有之様相聞へ候
此方゠而了簡仕候而ハ大形竹嶋与欝陵嶋ハ壱嶋にて可有之哉与被
存候処其段御存不被成候体゠而此返簡被差上候而者以来大切成事
゠候殊゠ハ此返簡之内゠欝陵嶋之儀沙汰有之筈゠無之候故出過物゠
候間定而御吟味可有之候若御吟味無之とても此方より若一嶋に
ても可有之哉与御推量被成候旨不被仰上候而者不叶事゠候其節゠
至而竹嶋与申候ハ欝陵嶋之事゠候年来日本之御支配゠候間彼嶋江
朝鮮より渡海不仕候様゠与重而被仰渡候而者其節朝鮮之返答゠よ
り大事゠及候歟又ハ左候ハ、日本江進候与被申候も如何敷候兎角

ニ付重而日本より被仰遣首尾ニ罷成候而ハ朝鮮国之為不宜事ニ候
間不及申事ニ候得共此段能々思案候而返翰被差渡候様ニ可被仰談
候爰元ニ而存候ハ参議之返翰之通ニ欝陵嶋之沙汰無之御紙面之通
得其意候已来之儀堅申付候与被認候而国中幷他国江聞江之為斗候
ハ、日本竹嶋幷欝陵嶋江も決而渡海不仕候様与朝鮮国中江堅掟被
仕候ハ、已来迄出入有之間敷事ニ候此上々も若下々背申候段者不
及申事ニ候故其段ハ唯今よりハ不論事ニ候兎角欝陵嶋之儀書面ニ
有之而ハ此方より御たまり被成候而返簡被差上候儀不罷成候故
有之侭ニ委細可被仰上候左候ハ、疑敷侭ニ而被差置候様与ハ公儀
より被仰出間敷与致推量候右申候通朝鮮国之為ニ外聞悪敷首尾ニ
罷成候歟又者大事ニ及申候歟両様之内ニ而可有之候此段彼方にも
分別被極候上ニ而返答可被認とハ存候へ共両国通用之御役御勤被
成候上ハ彼国ニも首尾能候へかし与公私存事ニ候へハ此方ニ存寄
候儀一旦不申達候而ハ如何ニ候間此旨接慰官東莱釜山朴同知江も
能々可被申談候此返簡之侭被差出候分者何より安キ事ニ候得共右
之御了簡故先此段申越候曾而此方より直シ申様ニ御頼被成ニ而ハ
無之候日本朝鮮之御挨拶ニ候故紙面候故紙面如何様ニ候而茂御取
次一篇之事ニ候故此方御首尾悪敷与申事ハ無之候得共誠信を以被
仰通候上ハ朝鮮国外聞悪敷様罷成候而も又ハ大事ニ罷成候而も笑
止ニ被思召候故同者双方宜様ニ御座候へかし与被思召候ニ付思召
寄被仰越候迄ニ候此段委細ニ被申届幾重ニも跡先思案被仕候様ニ可
被申談候其上ニも右之返簡被請取候様彼方より申候ハ、請取帰国
可被仕候

위의 반한의 서간을 보았더니, 죽도와 울릉도가 2도로 존재하는 것처럼 [문면으로는] 읽을 수 있다. 이쪽에서 알고 있는 것으로는 대개 죽도와 울릉도는 동일의 1도로 [2도가 아니다. 그래서 반한으로 기록한다면] 그처럼 [1도로 해서] 기재하지 않으면 안 된다. 그러나 그러한 것을 이해하고 있지 않는 형태의 기재이다. 이러한 반한을 [동무에] 바쳐서는 이후에 [허위기재의 가능성이 있어] 큰일이 된다. 특히 이 반한 중에는 [이쪽이 언급하지 않은] 울릉도의 이야기가 [언급되어 있다. 그렇다면 더] 논해야 마땅함에도 [계속되는 울릉도의 기술이] 없다. [즉 울릉도의 문자만 당돌하게] 돌출한 것이 되어 있다. 그러므로 이 반한의 문언에는 검토의 여지가 있다. 만일 [저쪽에서의] 검토가 없으면 이쪽에서 어쩌면 1도가 아닌가라고 추량한 것의 취지를 [저쪽에] 전해야 한다. 그렇지 않으면 감당할 수 없는 일이다. 이번에 [섬에 조선인이 건너게] 되어 [처음으로] 죽도라고 말하는 것이 울릉도라는 것이 판명되었다. 연래, 일본의 지배 하에 있었던 섬이나 [그러한 사정이 있으므로] 그 섬에 조선에서는 도해하지 않도록 [이 기회에] 거듭해서 전달하고 싶다. 그러나 이러한 [교섭을] 할 때의 일이므로 조선의 반답에 따라서는 [결렬하여] 큰일이 날지도 모른다. 어쩌면 또 그렇게 되면 일본에 바친다고(진정) 말할지도 모릅니다. 어떻게 될지는 모르지만, 어쨌든 다시 일본에서 [직접 장군이 전면에 나서서] 요구를 전달하는 것과 같은 상황이 되면 조선을 위해 좋지 않은 일이다. [양국의 분쟁은 절대 피하지 않으면 안 되는 일이기 때문에] 그것은 말할 필요도 없는 일이다. 그러므로 이 서한의 내용은 잘 생각하셔서서 [신중히 일본에] 건네주도록 [조선에] 전달해야 한다. 이쪽 [쓰시마]에서 이해할 수 있는 것은 [울릉도의 문언이 없는] 참의의 반한으로 [울릉도의 문언이 있는 참판의 반한으로는 이해할 수 없다.] 이번의 요구는 울릉도에 관한 문제가 아니라 [죽도에 관한 문제이기 때문이다. 그러므로] 울릉도의 문언이 없는 참의의 반한은, 그 지면대로 그대로 [솔직하게] 우리들은 동의할 수 있다. 또 [참판의 반한으로 말하자면] 금후를 위해 언급해두자면 [폐방의 해금을] 엄히 명하겠다고 적고 있으나 이것은 중국 혹은 타국의 외문(세평)만을 위한 것으로 [실이 없는 표현입니다. 기재한다고 하면] 일본의 죽도 및 울릉도에도, 결코 도해하지 못하도록, 조선 국중에 엄하게 [제금의] 규칙을 내린다고, 그렇게 [구체적인 도명으로 도해금지의] 명을 내리면 된다. 그렇게 하면 [내일이라도, 그리고] 미래에 이르기까지 출입은 없게 될 것이다. 그 위에 그래도 아랫사람들이 위반할 경우에는 말할 것도 없이 [처벌이라고 하는] 일이 된다. 그 경우에 대해 지금부터 [그 하나하나를 들어] 논할 필요는 조금도 없다. 어쨌든 울릉도의 일에 대해서는 서면에 기재가 있기 때문에 이쪽에서 [이 섬을 언급하지 않고] 입을 다문 채, 그러한 반답을 [장군에게] 바칠 수는 없다. 이 자세한 것을, 있는 그대로 [조선 측에] 전하여 주었으면 한다. 그렇게 하면 의심스러운 채 방치했다고 [타이슈우가] 장군한테 주의를 받는 일은 없을 것이다. 그렇게 추량합니다. 그런데 위에서 말한 대로 [울릉도의 문자가 있기 때문에 이 처리를 둘러싸고] 조선국을 위해서는 소문이 나쁜 상황이 되거나 또는 큰 사건이 되거나 그 둘 중의 하나가 [될 가능성이] 있다. 이러한 일이므로 저쪽[의 조선 측]으로서도 [충분히] 분별하여 [사태를] 잘 파악한 위에 [이쪽에] 반답을 해야 한다. 양국에 통용하는 역할을 [우리들의 타이슈우가] 수행하고 있다. 그러므로 저 나라에도 좋은 일이 되었으면 하고 [항상 우리들은] 공사 불문하고 생각하고 있다. 그래서 [조선국에게도 좋은 일이기를 원한다고 하는] 이 생각을 [이 기회에] 일단 이쪽에서 [저쪽에] 말로 전하지 않으면 안 된다. 이 취지를 접위관 및 동래부사에게 부산첨사에게 그리고 박동지에게도 잘 전해야 한다. 이러한 반한을 그대로 [장군에게] 보내는 것은, 무엇보다 안이한 일이지만, 위와 같은 [분쟁이 일어날 가능성이 있는] 반한이기 때문에 우선 이러한 일을 여기서 말하여 전하는 것입니다. 일반적으로 말하자면 이쪽에서 [이렇게라고, 구체적인 문언으로] 고치도록 부탁해서는 안 됩니다. 이것은 일본과 조선의 [국가간의] 외교교섭으로 지면은 어떻다 해도 [타이슈우의 역할은 어디까지나 양국의 우호교류의 윤할유로 그 원활한] 주선입니다. 그 주선의 제1편의 [서간의] 일에 대하여 이쪽에서 [그 기재의] 상황이 나쁘다는 것 등을 말하는 것은 필요 없는 일입니다. 그저 성신의 교류로 통교하고 있는 이상, 조선국에 있어 외문이 나쁜 일이 되어도, 또는 큰 문제가 되어도 안 되었다고 생각하기 때문에 [이렇게 말을 덧붙이는 것이다.] 관계하는 당사자 쌍방이 좋도록 되었으면 하고 바란다고, 그렇게 [쓰시마의 도주님은] 생각하고 계시기 때문에 그 의향에 따라 이렇게 전할 뿐이다. 이러한 일을 자세히 말씀드려, 몇 번이고 선후의 일을 생각하시도록 [저쪽에] 전해야 한다. 그런 후에 다시 위의 반한을 받으라고 저쪽에서 요구하면 그대로 받아 [쓰시마로] 귀국하게 되었으면 한다.

〃 貴殿馳走之儀前以被申達置候首尾故又々斟酌被仕候由承届候乍然彼方より申候通今度者江戸表より之御使者同前之事に候故公儀^江対し候而之意味も有之候己来迄之例^ニも罷成候間彼方より被申候通受納被仕可然存候

〃 귀하의 치주에 대한 일입니다만 미리 전해둔 것이라 해서 또 사퇴하셨다는 것을 들었습니다. 그러나 저쪽에서 이야기한 대로 이번은 에도의 사자와 같은 것이므로 장군에 대한 의미도 있고, 금후의 예가 될 수도 있는 일이므로 저쪽에서 말한 대로 이것을 수납하시는 것이 좋다고 생각합니다.

〃 竹嶋与申候ハ朝鮮国之欝陵嶋之事^ニ而も可有之候との儀此方^ニ而之推量斗^ニ而候得共公儀^ニ者慥^ニ欝陵嶋之事与御存之上^ニ而為被仰出事^ニ而も御座候哉其段難斗事^ニ候若御存之上^ニ而為被仰出事^ニ候得者此御返簡^ニ而ハ弥公儀向大切^ニ存候故朝鮮国之為与存此方存寄之趣委細惣兵衛口上^ニ申含候脇々より取持何角与申候儀も入不申両国之為之事^ニ候故下々^ニ而繕置申事^ニ而無之候殿様御為なとゝ申述て至しの事^ニ而無之候間訳官共被申談候節も其心得^ニ而被申談候儀肝要^ニ存候朝鮮国^江之奉公振^ニ者可罷成候此方^江御奉公振^ニ仕候なとと存候而者了簡違^ニ候間其儀能々可被申談候

〃죽도라고 하는 섬이 조선국의 울릉도를 말하는 것이라는 것은, 이쪽의 추량일 뿐이다. 그러나 [에도의] 막부에서는, 분명히 울릉도를 말하는 것이라고, 잘 아신 후에 [이번의 건을 쓰시마에 외교교섭으로 해서] 명령하고 계신지도 모른다. 그 점은 알 수 없는 것이다. 만일 아시고도 명령하고 계시는 것이라면 이 반한과 같은 기재로는 [이쪽을 야단칠지도 모른다.] 결국 장군에게 [조선은 기만을 이야기한 것이 되어] 큰 문제가 되고 만다. 그렇기 때문에 조선국을 위해서 이쪽 [타이슈우]가 생각하여 염려하는 점을, 자세히 소우베에의 입으로 [저쪽에] 전하여 두어야 한다. [일본과 조선, 양국의 교섭에 타이슈우가] 옆에서 담당하여 무어라고 요구를 해도 [거꾸로 의심해 버리고] 받아주지 않을지도 모른다. 그러나 양국을 위한 일이므로 [일단 일이 꼬이면] 아랫사람의 힘으로 복구할 수가 없게 되고 만다. [양국의 관계가 좋아지는 것이 중요하여 쓰시마의] 도주님을 위한 것이라고 말하며 [취급해서는, 도저히 받아들여질 일이 아니다. 그래서 일이 결착]되게 되는 것이 아니다. 역관들과 상의할 때도, 그러한 마음가짐으로 상의하는 것이 중요하다. 조선국을 위해 봉공하는 자세로 [그들은] 움직이고 있는 것으로 이쪽에 봉공하는 자세로 일하고 있다는 식으로 생각해서는, 잘못된 것이다. 그렇게 잘 이해하여 [그들에게] 이야기하실 것을 바란다.

(14-05)

〃二月九日朴同知召寄申渡候正官口上

(14-05)

〃2월 9일에 박동지를 불러 전한 정관의 구상(이 있다. 그것에 대한 박동지의 반답이 있다. 여기서 서로 논담했다.

[正官の口上]

〃先頃持参之返簡之写我等了簡斗ニ而請取候儀大切存候付国元江為相談阿比留惣兵衛差越候之処昨夜惣兵衛帰着返答申来候ハ此返翰之通ニ而者竹嶋与欝陵嶋与両島ニ相聞へ候然与ハ不相知候得共欝陵嶋与竹嶋与大形一嶋ニ而可有之候然所其段無御存知体ニ而此返翰被差上候儀大切成事ニ定而御吟味も可有之候若左様無之共此方より一嶋ニ而茂可有之哉与御推量被成候旨不被仰上候而不叶事ニ候其節ニ至而竹嶋与申候ハ欝陵嶋ニ候間彼嶋江朝鮮より渡海不仕候様ニ与重而被仰渡候首尾ニ至ハ其節朝鮮之返答ニより大事ニ及候歟又ハ左候ハ、日本ニ進候与有之茂如何敷候兎角ニ付重而日本より被仰遺候首尾ニ成候而ハ朝鮮之為不宜事ニ候返簡に八相心得候与斗有之候へハ日本朝鮮相障儀無之候他国之聞へ朝鮮ニ名を残シ候為斗ニ候ハ、日本竹嶋幷欝陵嶋江も決而渡海不仕候様ニ与朝鮮国中江堅掟有之候へハ名も残り以来迄出入有之間敷候兎角欝陵嶋之儀書面ニ有之上ハ此方より其沙汰不被成返翰被差上候儀不罷成候故有之候具ニ可被仰上候左候ハ、疑敷候而被差置候様ニとハ公儀より被仰出間敷候朝鮮国之為ニ外聞悪敷首尾ニ罷成候か又ハ大事ニ及候か両様の内ニ而可有之候御国之儀両国通用之御役之上ハ朝鮮にも首尾能候へかし与被思召御事ニ候此返簡之候被差出候儀者何より安キ事ニ候得共右之通故一旦不被仰越候段不誠信ニ

被思召候ゟ然此方より書面御直し候様ニ与御頼被成ニ而ハ無之候
是者日本与朝鮮与之御挨拶ニ候故紙面如何様ニ有之而も御取次一
篇之事ニ候故御国之首尾悪敷き之能きの与申儀者無之候得共誠信
を以被仰通候上ハ朝鮮国外聞悪敷様ニ罷成候而も又ハ大事ニ罷成
候而も笑止ニ被思召候故願者双方宜様被成度候竹嶋ハ朝鮮国之欝
陵嶋与公儀ニ者慥御存知之上ニ而為被仰出候事ニ候得者此返簡ニ而
者弥公儀向大切成事故朝鮮之為を被思召候段ニ御了簡被仰越思召
寄之通ニ相済候時殿様御為宜抔与申儀毛頭無之皆朝鮮之為ニ候
下々ニ而繕置候事ニ而無之候間得与致合点接慰官江申達参議より
之御返翰之通ニ候へハ無其上候右申候様書面是非御直し候之様ニ
与御願ニ而ハ曾而無之候此段早々都江御注進被成否之御返答次第
返翰請取可致帰国候此旨委細申達候様ニ与申渡ㇲ

[정관의 구상]

〃지난번에 지참하신 반한의 사본을 우리들의 생각만으로 받아서
는 문제가 너무 크다. 그래서 쿠니모토에 상담하기 위해 아비루
소우베에를 보내어 그 사본을 보냈다. 그러자 어젯밤에 소우베
에가 귀착하여 [이 서한에 대한 쿠니모토의] 반답을 전해왔다.
그것에 의하면 이 반한대로는 죽도와 울릉도가 2개의 섬처럼
들린다. 분명한 것은 알지 못하나 울릉도와 죽도는 결국 1도가
아니겠는가. 그러한 곳을, 이번에 그것을 알지 못하는 것처럼
가장하여 이 반한을 [장군에게] 바친다고 하는 것은 [기만을 말
한 것이 되어], 중대한 사태에 이른다. 아마도 여러 가지로 검토
한 결과라고 생각하지만 [그러한 서면이기 때문에] 혹시라도

[장군에게 올리게 되면] 그처럼 [기만을 말할] 의도가 없었다 해도 [그렇게 의심받는다. 그렇게 되면 어떻게 할 수가 없으므로 그것을 피하기 위해] 이쪽의 [쓰시마에서 [장군에게] 어쩌면 1도가 아닐까라고 [장군이] 추량하실 수 있도록 [미리] 말을 해 두지 않으면 안 된다. [기만이라고 질책받을 것 같은] 그러한 단계에 이르러서는 [더 자세한 설명이 필요하게 된다. 그렇게 되어서는] 죽도라고 말하는 것이 울릉도이므로 그 섬에 조선에서는 도해하지 못하게 하라고 [장군이 이번에는 무위를 배경으로 해서] 거듭 [강하게] 요구하시[겠지요. 그렇게 되면 그야말로 섬을 다투는] 상황에 이르게 될지도 모른다. 조선의 반답에 따라서는 [다시 임진·정유와 같은] 큰 사건에 이를지도 모른다. 어쩌면 또 그러한 위구를 피하기 위해 일본에 섬을 바친다고 하는 일이 될지도 모른다. 그러한 일이 되며는 [과연] 어떠할 것인가. [그것도 역시 피하고 싶은 일이다.] 어쨌든 다시 일본이 요구하는 것과 같은 상황이 되는 것은, 조선을 위해 좋지 않은 일이다. 반한의 내용을 이해하였다라고 말할 수 있을 정도라면 일본과 조선의 관계에 지장을 초래할 일은 없을 것이나, 그렇지 않기 때문에 [내용의 수정이 필요하다.] 원래 타국에 대한 소문 때문에 조선의 섬이라는 이름을 남기고 싶다고 말하는 것이라면 일본의 죽도 및 울릉도에는 결코 도해해서는 안 된다고, 그렇게 조선국 안에 엄하게 제금의 규정을 반포만 하면 되는 일이다. 그렇게 하면 이름도 남고 이후 미래에 이를 때까지 양국의 출입이 없게 될 것이다. 어쨌든 울릉도의 문자가 서면에 있는 한 이쪽 [쓰시마]에서는 그 섬의 상황에 대해 [장군에게 보고하지 않

으면 안 된다. 이 일을] 언급하지 않은 채, 이 반한을 [장군에게] 올릴 수는 없다. 있는 그대로를 자세히 [장군에게] 보고하면 장군은 의심한 채, 이것을 방치해두는 것과 같은 일은 하시지 않는다. [반드시 추궁이 이루어진다.] 그러면 조선을 위해서는 소문이 나쁜 상황이 되거나, 또는 큰일에 이르고 말거나, 그 양단 간의 어느 것이 되고 만다. 우리 쓰시마노쿠니는 일조 양국의 우호에 도움이 되는 역할을 하는 입장에 있기 때문에 조선에도 잘 되었으면 하고 원하고 있다. 이 반한을 그대로 [장군에게] 바치는 것은 무엇보다도 안이한 일이지만, 위와 같은 사정이 있기 때문에 일단 이 일에 대해서는 [그쪽에] 전하지 않으면 안 된다고 생각하고 있다. 그렇지 않으면 오히려 불성신으로 생각되기 때문에 이렇게 전해드리는 것이다. 그러나 이쪽에서 서면의 내용을 [이렇게] 고쳐주시라고 부탁할 수는 없다. 이것은 일본과 조선의 인사(외교 교섭의 일)로 그 지면이 어떠한 것이라 해도 [쓰시마는] 주선할 뿐이다. 이것은 [어차피, 결국] 서간 1편의 일이기 때문에 오쿠니의 상황이 좋고 나쁨을 이야기하는 것이 아니다. 그러나 성신을 가지고 교류를 도모하려고 하는 이상, 조선국에 나쁘게 되어도, 또는 큰일이 생기게 되어도, 안되는 일이다. 원하는 것은, 쌍방 모두에게 좋은 결과가 되었으면 하는 것이다. 죽도는 조선국의 울릉도라고, 장군은 분명히 아시고, 이번의 요구를 하시고 있는 것 같다. 그렇기 때문에 이러한 서한으로는, 결국 장군에게 [기만을 말하는 것이 된다. 그렇게 되면 금후] 큰 문제를 부르는 일이 된다. [쓰시마의 도주님은] 조선의 이익을 생각하고 [걱정하고], 그 [위구하는] 마음을 [사자에게 말하여 그쪽에 이렇게] 전하고 계시는 것이다. 그러한 [조선을 위한 배려의] 생각과 같이 [서한이 고쳐져] 이번의 일이 끝나면 [다시 평화를 유지할 수 있어, 우호의 교류관계를 계속할 수 있다. 그것을 추진하는] 쓰시마 도주를 위해서도 좋은 일이 된다. 그러나 그러한 쓰시마 도주를 위해 좋다는 등 [우리들은 조금도 강조하여] 말할 생각은 조금도 없다. 이것은 모두 [그저 친한 이웃으로서] 조선을 위해 좋다고 생각[한 행동]이다. [반한의 일은] 아랫사람들 사이에서 [작은 재능으로] 개선해 놓을 수 있는 일이 아니다. [나라와 나라의 성신 교류로 이루어지는 것으로] 그렇기 때문에 신중하게 합의하여 [이 일을] 접위관에게 말씀하여 주었으면 한다. 참의가 보낸 서한은 [이러한 사정 중에서는 실로] 적합한 것이었다. 그대로 [참판의 서한을 개정하게] 되면 이 이상 없는 경사이다. 그러나 위에 말한 것과 같은 서면에 꼭 고쳐 달라고 [우리들은 염치없이] 원하는 것은 아니다. [사태의 악화를, 그저 이웃으로서 걱정하고 있기 때문이다.] 이 일을 서둘러 도성에 주진하시어 [참판 서면의 재고를] 원한다는 것이다. 그것에 대해 반대하는 반답이 있으면 그때의 상황을 보아 반한을 받아 귀국할 생각이다. 이 뜻을 자세히 전해 줄 것을 박동지에게 말하였다.

朴同知返答

〃被仰聞候趣一々承届候朴同知心底不残物語可仕候朴同知儀朝鮮
之土地ニ致出生候得者朝鮮人与可思召候全左様ニ而無御座候数年
御国之奉得御厚恩候上御存知之通之私儀ニ御座候得共御用をも可

相達与被思召候哉三百貫目之請負御座候得共宜様被遊被下此御
厚恩者御国衆も是程之儀御座有間敷候如何程之忠節仕候とて朝
鮮よりハ十貫ももらひ可申哉偏御厚恩難有御奉公ニ罷成儀ニ而御
座候ハヽ如何様之事ニ而もと朝暮夫々迄心懸罷在候朝鮮向恰合宜
事毛頭望無御座都表にて朴同知者能判事と沙汰ニ合申儀も曾而同
心ニ無御座候位なと望心底ニ御座候ヘハ疾知事ニも罷成儀度々御
座候得共私祖父ハ日本朝鮮之御取次首尾能相勤候とて同知ニ罷成
候私儀者何之働茂不仕候之処同知ニ罷成候ヘハ自分ニ者過たる位
与此上望無御座候御厚恩之日本人壱人朝鮮江被差置候御同前ニ而
御座候此存入ニ而御座候付朝鮮向之儀何そ隠密仕候而繕候而者抔
与申儀ニ而毛頭無御座候何角を最初より咄可仕候間得与御聞被成
候ヘ今度竹嶋より参候者共日本より唯被追返御書簡斗被遣候ヘ
ハ成程被仰聞候通心得候与斗短く不認候而不叶儀何与欝陵嶋を
書込可申哉此旨書込被申候主意ハ竹嶋江参候者共ハ慶尚道之内蔚
山之者ニ而乗組九人ニ而御座候弐人ハ日本ニ而被捕残七人ハ無恙
致帰国候依之被捕候者之親女房子供方より蔚山之地頭江誰々九人
乗組漁ニ罷出七人ハ罷帰候ヘ共我々男親ハ不罷帰候御詮儀被成被
下候様ニ与妻子共訴状差出候付則七人之者召寄被遂吟味候ヘハ為
漁欝陵嶋江参候処ニ日本人居合弐人捕伯耆国江召連参候付無力
我々斗罷帰候由申ニ付日本人参候所江ハ如何様之儀ニ而参候哉欝
陵嶋ニ而者有之間敷与被致吟味候ヘハ曾而他所ニ而者無之以前よ
り参候由申ニ付其旨慶尚道之巡察使江案内被申候ヘハ巡察使より
被致注進候之処様子難落着候間得与遂吟味様子相極候而可申登
由都より返答有之ニ付而右七人之者巡察使方江召寄詮儀被仕候処

最前為申ニ無相違如何ニも欝陵嶋江参候彼所昔屋敷如何様ニ候而猫
竹抔大分ニ而鮑魚沢山ニ有之なとゝ様子委細申候趣又注進有之而
欝陵嶋江参候ニ相極候依之都之相談ニハ祖宗より之山河無故他国江
相渡候儀外聞旁無残所不及是非次第而死而後前王之前如何可申
哉誠信を以相交る儀ニ候へハ真直ニ申遣日本ニ御合点不被成儀有
之間敷候唯有体ニ竹嶋江者不参候我国之欝陵嶋江参候与之返翰可
然ニ相談相済居候然処朴同知今度流罪差免参判御馳走ニ可被差下
旨飛脚参配所発足霜月十七日致上京候右之相談承驚入朝廷方判
書之内ニも念頃有之方御座候付密ニ宿々参今度之御相談大切千
万ニ存候有之侭被仰遣日本御誠信を以被差返候御首尾ニ候へハ其
上無御座候以前者如何様ニも候へ年来御支配被成来日本之内ニ罷
成候嶋を朝鮮之内とハ抔与御断被成首尾ニ罷成候へハ事之破ニ罷
成候其節ニ至而事無様ニ御済被成候時者朝鮮国中之存入唐江之聞
へ如何可有御座候哉能御思案被成候へ欝陵嶋之儀朝鮮之内ニ無其
粉国図ニも有之事唐ニも相知居候得共壬辰之変後より彼方ニ居住
之者共も皆御引取御構不被成候得者彼嶋御捨為被成御同前ニ候御
捨被成候上ハ日本より成共又者唐より成共御取被成間敷物ニ而無
御座候此方之嶋を無故日本ニとられ候与申儀ニ而者無御座御捨被
成候嶋を日本ニ御ひろひ被成たる様成事ニ候へハ別而朝鮮之御外
聞不罷成事ニ候由色々内証申達其上接慰官江申越候ハ爰元之勢ひ
右之通被思召入之衆数多ニ而御座候得者御手前様ニ茂難被仰立事ニ
候へ共唯今当分都之首尾冝御座候而も事之破ニ罷成候而者御手前
様御働悪敷様罷成事ニ候必竟又朝鮮之御為不被思召同前ニ候今一
応御相談可有之事与委細申入候へハ殊外能被致合点霜月十九日

都発足之筈を廿二日ニ被相延朝廷方判書方宿々ニ自身被廻接慰官
存寄之様ニ申込候朝廷之内壱人判書之内ニ茂一両人能合点之衆有
之而落着被申候朴同知ハ如何存候哉与被尋候処同知心入者不存
候由被答候付則呼ニ参候故罷出候へハ順々被尋候付存分之通不残
申達候へハ能合点被申候而重而又相談有之候不合点之衆数多有
之欝陵嶋程之嶋を何之差返而日本より御争重而何事を可被仰越
哉日本ニかたつけ候儀者無是非了簡ニ候曾而罷成間敷儀与口々ニ
被申評議相済不申候処接慰官直奏被申帝王能御合点被遊只今之
相談冝ケル間敷与之勅命ニ而漸土地者日本ニ渡シ名斗朝鮮ニ残候
を志ほあいニ仕無ニ事ノ破一様ニ与相談相極事済申候先日茂申候様
ニ欝陵嶋方角之海辺江ハ魚船浮不申候様ニ与堅制禁被立事ニ候へハ
千年迄候而も別条無之事ニ候若又以後竹嶋へ朝鮮人漂流仕間敷物
ニ而無之候間漂流ニ相極候ハバ常之通御使者を以被差渡ニ而可有
御座候堅申付候上なから下々之儀ニ御座候へハ万一己来至抜船仕
漁なと仕族も御座候者何時成共御捕被差渡候へ急度首をはね可
掛御目候此段能証拠にて候右之通相談漸ニ相済候得者合点悪敷衆
者于今茂心外成返翰差下不埒成事ニ候相談済居候処接慰官不入儀
を取持候而なとゝ毎度噂有之由五日ニ一度宛都より定候而飛脚参
候其度ニ様子之儀内証申来候御帰国以後御聞被成候へ接慰官帰京
被仕候ハ、必定首尾冝ケル間敷候接慰官ハ能合点仕与居両国事
故なく相済候儀朝鮮江之働ニ而候へハ此上不首尾ニ而縦百姓ニ成候
共不苦与之内存ニ而御座候就大朴同知致了簡候者唯今被仰聞候趣
一々御尤成御事ニ而者御座候得共都之勢ひ右之通ニ御座候故致注
進候ハ、又相談変候而如何様ニか案文変可申も難斗至而大切存候

御返翰御請取被成候而之上ニ候ヘハ如何様之儀為申登候而茂不苦
事ニ候得共御請取不被成内注進之儀必変可有之哉与殊外気遣仕候
間私咄之様子能御了簡被成此侭ニ而返翰御請取被成江戸ニ被差上
此趣ニ而宜被思召上候ヘハ其上も無御座候若又右被仰聞候通重而
又被仰越御首尾ニ候ハ、朝鮮国ニも了簡御座候而事大事ニ不及
仕様如何程も有之事ニ候ハ、重而御使者被差渡御事ニ候ハ、始終之様
子朴同知能存候間朴同知罷下候様ニ与定而可被申付候唯今不合点
之衆も事破候儀数寄ニ而ハ無御座候其時至者兎角無事を調不申候
而者不叶儀ニ御座候重而御使者を以唯今之竹嶋者右之欝陵嶋ニ而
日本之内ニ成候而日本より御支配被成来候由被仰越候者全左様ニ
而無御座候欝陵嶋者是を申候与其時之見合ニ何レ成とも小嶋ニ欝
陵嶋之名を付絵図を以懸御目候ヘハ埒明無事を調申候朝鮮之国
絵図ニ慥ニ有之事ニ候ヘハ名も不残候様仕候儀者唐之聞江も恐申候
此段毛頭繕候而申儀ニ無御座心底不残申候間御了簡被成候様ニ与
申聞候

박동지의 반답

〃말씀하신 내용을 하나하나 알았습니다. 이 박동지도 마음속까
지 남김없이 말씀드리도록 하겠습니다. 박동지는 조선의 토지
에서 태어났으므로 조선인이고 [조선국에 봉공하고 있다고] 생
각하고 계시겠지요. 그러나 전혀 그렇지 않습니다. 수년 내 오
쿠니(쓰시마)의 후은을 입으며, 나는 일하여 왔습니다. 아시는
바와 같이 [불민한] 저입니다만 쓸모가 있다고 생각하신 듯 300
관목 청부의 일 등을 주셨습니다. 좋을대로 저를 사용하여 주셔

서 그 두터운 은혜는, 당신 나라의 누구도 이 정도를 받는 자는 없을 것입니다. 아무리 많은 충절을 바쳐도 조선에서는 10관을 받을까 말까 하는 정도입니다. 나는 오로지 [오쿠니의] 두터운 은혜를 받고, 고맙게도, 이렇게 봉공이 되어 있는 것입니다. 그렇기 때문에 어떠한 일에라도 [보탬이 되려고] 하루 종일, 여러 가지 일에도 [오쿠니에 충절할 것을] 생각하고 있습니다. 조선을 위해서 제대로 직책을 좋도록 행하려고 하는 생각은 조금도 없습니다. 도성에서는, 박동지는 좋은 판사라는 평판은 있었지만 전체적으로 보면 나의 편은 없었습니다. 벼슬 등에 대한 소망이 마음속에 있는 것이지만, 빨리 지사가 되려고 [원하고 또] 그러한 기회는 자주 있었지만 [결국 잘 되지 않았습니다. 오히려 죄를 받는 것과 같은 입장에 빠져, 귀양을 가는 어려운 처지가 되고 말았습니다.] 나의 조부는 일본과 조선 간의 주선을 잘 처리하며 근무하였습니다. 그렇기 때문에 동지가 될 수 있었습니다. 나는 아무런 일도 하고 있지 않습니다만 [그러한 상황에서 귀양에서 복권되어, 조부와 마찬가지로] 동지가 되고 말았습니다. 그러므로 자신은 [이 동지는] 과한 벼슬이라고 생각하고 있으며, 이미 이 이상으로 [조선국에서는 이미] 아무런 [위계도] 바라지 않습니다. [지금은 일본국에 봉공하고 있기 때문에] 두터운 은혜를 입는 일본인 한 사람을, 조선에 차견해 두고 있다고, 그것과 같은 일이라고 생각하여 주십시오. 저는 이렇게 자각하며 [봉공에 종사하고] 있는 것이므로 조선에 대한 역할은 제발 은밀히 명하여 주십시오. 이것을 [박동지가] 해결했다는 것 등을 말하는 일은 절대 없도록 하여 주십시오. 그런데 어떤 일을, 이 최초부터 이야기하면 좋을까요. 「우선 하나하나 이야기할 테니」 잘 들어주십시오. 이번에 죽도에 건너간 자들은, 일본에서 그저 반환되어, 그것을 전하는 서간만이 [정관에 의해, 이렇게] 보내졌습니다. 과연 [그 내용대로] 명하신 대로 [조선 측이] 알았습니다라고 간단히 인정하면 그대로 끝나는 것을, 왜 울릉도를 [일부러] 기입했는가, 어떤 이유에서 그랬을까요. 이것을 기입한 주요한 이유는 [사실은 다음과 같은 일 때문입니다. 즉] 죽도에 건너간 자들은 경상도 안의 울산 사람으로 도항선에 타고 있던 것은 9인이었습니다. 두 사람은 일본에 붙잡히고, 나머지 7인은 탈 없이 귀국하였다. 그러한 일이 일어났다는 것에 의해 붙잡힌 자의 부모나 처나 아이들이 울산의 지두에게 탄원을 올렸습니다. 누구누구라고 하는 9인이 탄 배가 어렵에 나갔습니다. 그중 7인은 돌아왔습니다만 우리들의 부친은 아직 돌아오지 않았습니다. 이 일에 대해 부디 조사하여 주십시오라고, 처와 아이들이 소장을 제출했습니다. 그래서 일곱 사람들을 불러, 조사하게 되어, 그 결과, 어렵하기 위해 [그들은] 울릉도에 건너갔다는 것이 판명되었습니다. 그 섬에 일본인이 있다가 두 사람을 붙잡아 일본의 호우키노쿠니로 끌고 갔다고 말하는 것이었습니다. [7인이 이야기한 것은] 힘이 없는 우리들이었기에 때문에 어떻게 할 수가 없어, 그대로 울산으로 돌아왔습니다라고, 그렇게 말하고 있었습니다. 일본인이 건너올만한 곳에 어째서 너희들은 건너간 것인가, 그 섬은 울릉도일 리가 없지 않은가라고, 다시 규문하였더니, 아니 결코 다른 섬이 아닙니다, 울릉도입니다. 이전부터 건너고 있었기 때문에 [틀릴 리가 없습니다]라고 반답했습니다. 그래서 그러한 공술을 그대로 경상도 순찰사에게 보고하였습니다. 그것을 순찰사가 도성에 주진하신 것입니다. 그러자 아무래도 상황을 알기 어렵다, 충분히 조사하여 더 사건의 내용을 분명히 보고하도록 하라는, 도성의 반답이 있었습니다. 위의 7인을 순찰사가 있는 곳으로 불러, 다시 조사하는 일이 되었습니다. 그러나 역시 직전에 그들이 공술한 것과 다름 없이, 분명히 울릉도에 건넜다는 것이었습니다. 그 섬에는 옛 주거의 흔적 등도 있고, 고양이가 번식하고, 대 등도 번식하고 전복도 많이 잡히는 섬입니다라고, 그 상황을 자세히 말하고 있었습니다. 그래서 다시 도성에 주진하여 그들이 조선국의 울릉도에 건넜다는 것은 틀림없는 일로 단정할 수 있습니다라는 보고가 있었습니다. 이 보고에 의해 [다시] 도성에서 상담이 있었습니다. [조정에서의 토론은 다음과 같은 것이었습니다. 즉 이 섬이 조선의 울릉도라면 일본의 요구는 이치에 맞지 않는 것이다.] 조종한테 물려받아 온 산하 [도서] 그것을 이유도 없이 타국에 넘겨주고 마는 일 따위는 도저히 할 수 없는 일이다. 외국에 소문도 나쁘게 나고 [또 국내적으로도 면목이 없는 일이다.] 남는 자 없이 [모든 사람이] 승복할 수 없는 일이다. [만일 울릉도를 일본에 넘기고 말면] 죽어서 후에 [저 세상에서] 전왕을 뵈었을 때, 그 면전에서 [국토를 양보해버린 일을] 어떻게 보고하면 좋을 것인가. [도저히 보고할 수 없는 일이다.] 일본과는 성신으로 교류하는 것으로 되어 있으므로 [있는 그대로를] 그대로 똑바로 전달하면 된다. 그것으로 일본 측도 납득하지 못할리 없을 것이다라고, 이러한 일이 [조정에서] 의론되었습니다.

다만 노골적인 표현으로 죽도에 가지 않고, 아국의 울릉도에 간 것이다라고 하는 반한은 [성신의 교류 상] 어떠할 것인가라는 상담이 있었고, 그러한 [문언으로] 결정된 것입니다. 그러한 경과 중에서 이번에 박동지의 유배죄를 면제하는 통지가 있었습니다. 참판의 통지로 [일본에서 오는 사자에 대한] 어치쥬[역]으로 해서 부산으로 내려가야 한다는 비각이 유배소에 왔습니다. [서둘러, 저 박동지는 해방되어] 유배소를 출발하여 상월(11월: 시모쓰키) 17일에 상경하였습니다. 위의 상담을 받고 놀랐습니다. 조정 측의 판서 중에 친한 분들이 계시기 때문에 은밀하게 그분들을, 그 집들을 찾아가 뵈었더니 [모든 분들은] 이번의 상담은 아주 중요한 일이라고 생각하고 계셨습니다. 이것을 있는 그대로 [일본에] 전달하여 일본의 성신으로 [해결할 것을 도모할 계산을 하고 계셨습니다. 그러나 만일 일본이 거절하여] 반려되게 되는 상황에 이르면 그때 [다른 대처가 필요하게 됩니다. 그러나 그 경우의 방법은 달리] 없습니다. [그래서 이번의 궁리한 문언이 된 것입니다.] 이전에는 어떠한 상황이었다 해도 연래 지배하게 되어, 이미 일본 안이 되고 만 섬을 조선 안이라는 등 [그 지배를] 부정하는 것과 같은 상황에 이르게 되면 일이 깨지게 되어 있습니다. [다시 전란의 위기입니다.] 그러한 [파탄의] 단계에 이르면 가령 일이 없었던 것처럼 [무마하여 평온하게] 수습하려 해도 그때에는 조선 전국에 알려져 [대단한 소동이 벌어지고 맙]니다. 또 [종주국의] 당(대청제국)에 알려지는 것도, 어려운 일이 아니겠지요. [그러므로 파탄되지 않도록 이번에는] 신중하게 생각하여 주십시오라고 [그렇게 조정에] 말씀드렸습니다. 울릉도의 일은, 조선 안에 있는 섬이라는 것은 틀림없는 일입니다. 사실 국도에도 실려 있는 섬으로 당에서도 알고 있는 섬입니다. 임진왜란 이후로 그 섬에 거주하는 자도, 모두 본토로 거두어들이고 말아, 이후로 섬을 거두는 일 없이 그대로 놓아두었던 것입니다. 즉 울릉도를 버린 것과 마찬가지로 두었던 것입니다. 버린 이상 일본에서라도 혹은 중국에서라도 이것을 취하는 것과 같은 일이 된다 해도 그것은 안 된다고 [이미] 금지시킬 수 있는 일이 아닙니다. 이쪽의 섬을 이유도 없이 일본에 빼앗겼다라고 말할 수 있는 도리는 없어, 버려버린 섬인 이상, 일본이 주은 것이 되었을 뿐, 각별히 조선의 입장이 나쁘게 되는 것과 같은 일은 없습니다. 그러한 일을 [조정의 몇 사람에게] 여러 가지로 비밀로 말씀드렸습니다. 그 위에 [아직 재경의 단계에 있었던] 접위관에게 [다시] 말씀드린 것은, 이쪽 도성에서는, 모든 분들이 발언하는 흐름이 위와 같이 [죽도라고 말하는 것은 조선의 울릉도이므로 일본의 요구는 이치에 맞지 않는다라고] 말하는 것이었습니다. 그렇게 생각하고 있는 분이 많이 계십니다. 그러므로 귀하(접위관)를 향해서도 [그러한 의견을] 강하게 말씀드리는 것이라고 생각합니다. 지금 현재로서는 [그러한 모든 사람들의 의견에 따르고 있으면] 당분간, 도성에서의 상황, 입장은 좋을 것입니다. 그러나 만일 교섭[의 전선에 서서, 그 절충의 결과] 일이 깨지기라도 하면 귀하의 활동이 나쁘다고, 금방 비난이 시작될 것은 틀림없은 일입니다. 어쨌든 조선국에 보탬이 되지 않는 인물이라고, 벼려져 [죄인과] 같은 취급을 받을 것이 틀림없습니다. 지금 다시 한 번 [중신분들과]

상담하시어 [정리하는 것으로 매듭지으면] 어떨까요라고, 자세하게 접위관에게 말씀드렸습니다. 그러자 의외로 동의하셨습니다. 11월 19일에 도성을 출발할 예정이었으나 22일로 연기되어, 조정 측 판서 분들의 집들을, 접위관 자신이 돌으시며 자신의 의견처럼 해서 해결책을 여러분들에게 말씀드렸던 것입니다. 그러자 조정 내의 한 사람의 판서 그리고 또 한 사람의 판서가, 동의하는 분들이 나타나, 그분들에게 대한 [의견 조정이 이루어져, 대처방침은] 낙착되었습니다. [직접 현장에서 교섭에 임하는] 박동지는, 이 일에 관하여 어떻게 생각하고 있는 것일까라고 [조정에서 접위관에게] 물으셨습니다. 그러나 박동지의 생각은 알 수 없습니다라고 [접위관이] 답했기 때문에 즉시 [나 박동지를] 호출하는 연락이 왔습니다. 출두하였더니 [중신 여러분들이] 순서대로 물으셨기 때문에 생각하는 것을 숨김없이 아뢰었습니다. 그러자 [모두가] 잘 이해하시고 거듭해서 또, 모두가 상담하셨습니다. 그러나 이해하지 못하는 분도 여전히 많이 계셔서 울릉도 따위의 [자그마한] 섬을 [일본이] 어떠한 [이유로 일부러 반한을] 되돌려보내어 [일부러] 다투는 일을 하겠는가. 거듭해서 어떤 일인가를 [일부러] 문제삼아 오겠는가라고 [그러한 의견을 누누히 이야기하는 분도 계셨습니다.] 일본의 섬으로 해서 처리하는 것은, 어떤 일이 있어도 되지 않을 일입니다. 허가하기 어려운 일이라고 입을 모아 발언하고 있었습니다. 그 결과 평의는 결착되지 못하고, 한 없는 의논이 계속되고 있었습니다. 그러자 접위관은, 국왕에게 일의 상황을 주상하고, 그 판단을 여쭈었던 것입니다. 국왕은 잘 이해하시고, 지금 [분규를 일으킬 수 있는] 상담은 좋지 않다 [먼저 융화를 마음에 두어야 한다라]는 칙령을 내리셨습니다. 이리하여 잠시 토지는 일본에 건네주고, 이름만을 조선에 남기는 것을, 이번의 타협점으로 하는 것으로 결착되었던 것입니다. 교섭하는 일이 파탄되지 않도록 [서로 다가가] 상담하는 일이 이렇게 해서 결정되었습니다. 이것에 의해, 선일에도 말씀드렸던 대로 울릉도 방각의 해변에 배를 띄우는 것과 같은 일은, 이후로 금지합니다. 그렇게 엄한 제금을 실시하기로 하였으므로 천년 후까지도 [이 해역은] 문제가 없게 됩니다. 그러나 또, 이후에 죽도에 조선인이 표류하는 일이 전혀 일어나지 않는다고 한정할 수 없습니다. 혹시 그러한 표류가 발생하면 평상대로 사자를 보내 [조선 측에 그 표류인을] 건네주시면 됩니다. 엄히 명령하여 두겠습니다만 아랫사람들의 일이기 때문에 [혹은 법을 어기고] 만일 장래에 밀선 등으로 어렵하는 자도 있을 것으로 생각합니다. 그러한 자들은 언제든지 붙잡아 [조선 측에] 넘겨 주십시오. 확실히 목을 치는 처벌을 보여드리겠습니다. 이러한 일은 좋은 증거로 해서 남겨두기로 합시다. 위와 같은 상담이 점차 진행되어가면 [아무런 일 없이 교섭은 정리되어 갑니다. 다만] 납득하지 않은 분들은 [좋게 생각하지 않고] 금후 의외의 반한을 내려보내어 [합의 형성을 방해할 수 있는] 엉뚱한 행동을 하리라고 생각합니다. [화해의] 상담이 끝난 후에도 [교섭 당사자인] 접위관이 [교섭현장에] 들어가지 못하도록 격리하고 [다시 교섭을 파탄으로 몰고가는 일도 있을 수 있습니다. 그러한 일은] 매번 소문나 있는 일입니다. 5일에 한 번씩, 도성에서 정기적으로 비각이 옵니다. 그때마다

[연락 중에] 도성의 상황이 기록되어 있는데, 이러한 내적인 이야기가 전해옵니다. [사자(아비루 소우베에)가 쓰시마에] 귀국한 이후 [이러한 움직임이 점점 세력을 더하고 있습니다. 그러한 사실을] 들어 주십시오. [이 융화를 목적으로 하는] 접위관이 귀경하면 반드시 상황이 좋지 않은 일이 발생할 것입니다. 이 접위관은 잘 이해하고 계시어, 양국이 아무런 일 없이 끝나도록 마음을 쓰시고 계십니다. 그것은 이 조선[의 반대파에 대한 접위관의 견제] 움직임에 의한 것입니다. [그러한 노력 위에 성립되어 있는 이번의 교섭이오니] 이 이상 상황이 좋지 않으면 [방침은 급작스럽게 뒤바뀌고 맙니다. 그러면 접위관은 금후 어떤 취급을 받을지 알 수 없습니다.] 어쩌면 백성으로 전락되겠지만, 어쩔 수 없는 일이라고 [이번의 접위관은 단단히] 각오하고 행동하고 계십니다. 이러한 일에 대해서 나 박동지가 이해하고 있는 것은 [이하와 같은 일입니다. 즉] 지금 말씀드린 취지에 대해 그 하나하나는 당연합니다만 도성의 분위기는 위와 같기 때문에 [그 요구사항을 도성] 주진했다면 또 상담은 변해버릴 것입니다. 어떻게 문안이 변할 것인지, 그 예상조차도 할 수 없습니다. 이 일은 참으로 중요한 일이라고 생각합니다. 반한을 받으신 뒤의 일이라면 어떠한 일을 도성에 보고해도 곤란한 일은 없습니다만 받으시기 전에 만일 주진하는 것과 같은 일이 있으면 반드시 반한의 문안은 바뀌어 옵니다. 이것은 특별히 마음가짐이 필요한 일입니다. 그러므로 내가 이야기하는 내용을 차분히 이해하시고 이대로 서한을 받으셔서 에도에 바치시면 어떻겠습니까. 이 취지로 [장군에게] 잘 보고하시는 것이 무엇보다

좋은 결과가 되리라고 생각합니다. 만일 또, 지금 말씀하셨듯이 다시 요구를 하는 상황이 되면 조선국에서도, 역시 [별도의] 생각이 있어 일이 커지지 않도록 어떻게 대처해야 할 것인지 매우 어려운 문제가 생깁니다. 거듭해서 [쓰시마에서] 사자가 건너와 [다시 요구를 제기하는 것과 같은] 사태에 이르면 전후 사정을 박동지는 잘 알고 있으므로 이 박동지에게 [다시 교섭의 현장에] 내려가도록 [그리고 사태를 타개하라고] 틀림없이 명령이 내려 올 것입니다. [그러나 그러한 사태에 빠지면 어떠한 일이 될까요.] 지금 동의하지 못하는 자들도, 교섭이 파탄하면 제멋대로 발언하는 것만으로는 끝나지 않게 됩니다. 그러한 시기에 이르면 어쨌든 아무일 없었던 듯이 [어떻게 해서든지 사태를] 조절하지 않으면 안 되는 일이 됩니다. [쓰시마 측은] 다시 사자를 보내 지금의 죽도는 위의 울릉도로 일본 것이 된 것이라고 [계속해서] 말씀하시겠지요. [이것에 대해 일본이 지배하게 되었다고 하는 이야기는] 그야말로 사실에 반하고, 또 울릉도는 조선의 것이라고, 그렇게 [반드시 조선 측도] 말하겠지요. 그렇게 [서로가 양보하지 않는 분규의 끝에는 어쩌면 전란이 발발할지도 모릅니다. 그러할] 때에 [해결을 도모하려고 하려면] 그 가능성으로서, 어느 쪽이라 해도 이 주변에 있는 소도에 울릉도라는 이름을 붙이고, 지도를 가지고 [섬의 분단을] 보여드리는 일이 되겠지요. 그렇게 하면 납득이 되어 무사한 [교섭, 혹은] 조정할 수 있을지도 모릅니다. 조선국의 회도에 분명히 울릉도가 있기 때문에 이름도 남기지 않는 식으로 해버리는 일은, 당나라에 대한 체면 그 평판도 나쁘고 [또 도저히 할 수 없는] 무서운 일입니다. 이러한 일은 조금도 꾸며서 하는 말씀드리는 것이 아닙니다. [이상] 마음속에 있는 것을 남김없이 모두 말씀드렸습니다. 필히 이해하여 주실 것이라 믿고 말씀드립니다.

(14-05)

正官口上

〃申聞候趣尤之様ニ相聞へ候得共国より差図之事ニ候へハ朴同知申分尤ニ候間返簡可請取共難申候右申通書簡御直ニ被下候へ爰をヶ様ニ被成候へなとゝ申儀ニ候ハ、左も可有之候へ共否之御返答承迄之注進如何与之儀難心得候朝鮮之為を被存被申越候趣を注進無之其侭ニ而差置候儀難成候注進候ハ、又相談之違返翰之変も可有之哉与気遣候由申候儀是又難落着候いかに不合点之衆たりとも朝鮮亡国之下地拵候様成儀無之筈候殊書簡請取候へハ其跡ニ者如何様之儀も注進成能候由申聞候段弥難心得候国より誠信之儀注進有之而若都ニ而茂尤ニ思召返簡御直ニ被成儀有之間敷物ニ而無之候ニ返簡使者請取候与有之ハ縦直り候首尾ニ而も御直ニ難被成儀可有之候早々注進有之而唯今之返簡弥請取候様ニ与都より御返答有之ハいかにも請取翌日ニも可致帰国候間急度御注進而御返答被仰聞候様接慰官ニ可申達候若御合点難被成儀も候ハ、近日出会可仕旨申渡

(14-05)

정관의 구상

〃말씀하여 주신 취지는 당연한 것처럼 들립니다. 그러나 쿠니모

토(쓰시마)의 지시에 있는 일이라, 박동지가 말씀하신 것은 당연하기는 합니다만 [그대로의] 반한을 받고 싶어도, 그렇게 할 수 없습니다. 그렇기 때문에 위에서 말씀드린 대로 반한을 고쳐 주실 것을 원합니다. 이 부분을 이렇게 하여 주셨으면 합니다라는 식으로 말씀드릴 생각은 없습니다. 부(삭제할 수 없다)의 반답을 받게 [된다면 그래도 상관없습니다. 그저] 도성에 주진하는 것까지, 그렇게 주저하시는 것에 대해서는 이해할 수 없습니다. 조선을 위해 말씀드린 것을, 그 취지를 이해하는 일 없이 주진하지 않고 그대로 놓아두는 것과 같은 일은, 있어서는 안 되는 일이라고 생각합니다. 주진하게 되면 도성에서의 상담은 다른 결과를 낳아, 반한의 문언이 [우리 쪽이 바라는 것과는 반대로] 변화하게 된다고 [박동지는] 말하고 있으나, 그러한 걱정을 말하는 것에 대해서도 이것 역시, 이해하기 어려운 일입니다. 아무리 이해하지 못하는 무리라 해도 [전란으로 발전하여] 조선이 망국할 수 있는 소지를 일부러 만들어 내겠는가. 그렇게 [위험한 행동을 취할] 리는 없을 것입니다. 특히 반한을 받은 후라면 어떤 일이라 해도 주진해도 좋다고, 그렇게 들었는데 그러한 일은 더욱 이해하기 어려운 일입니다. 우리나라에서 성심의 마음으로 주진하여 혹시라도 도성에서 [이것을] 당연하다고 생각하면 반한을 고치게 되는 일이 없다고는 말할 수 없습니다. 그러한 [수정이 가능한] 반한을 쓰시마의 사자가 [서둘러] 받아 버리면 비록 고쳐야 되는 상황이라 해도 이미 고치게 되는 일은 어렵습니다. 그러므로 서둘러 도성에 주진하여 [그 결과] 지금의 반한[은 변경하지 않습니다. 이것]을 그대로 받으라고, 도성에서 반답이 있으면 어쩔 수 없이 받아서 다음 날이라도 귀국할 예정입니다. 그러하니 틀림없이 주진하여 [그 결과의] 반답을 [이쪽에] 들려주시도록 접위관에게 전해주었으면 합니다. 만일 납득하기 어려운 일이 있으면 근일 중에 만나 [필요한 설명을] 할 계획입니다라고, 그러한 취지를 전했다.

朴同知口上

〃被仰聞候趣具承候其旨可申達候如何樣接慰官存寄可有御座候間 返答之趣明日致入館可申入由ニ而罷帰

박동지의 구상

〃말씀하여 주신 일의 취지를 잘 알았습니다. 그 일을 [접위관에 게] 전하겠습니다. 어떻게 접위관이 생각하실 것인가, 그것에 따른 반답의 취지를 내일까지 화관에 입관하여 보고하겠습니다. 그렇게 말하고 돌아갔다.

(14 - 06)

〃二月十日朴同知入来接慰官より之返答

〃一昨夜御到来御座候而御国より思召寄之趣被仰越具致承知候唯 今之返答之趣ニ而江戸ニ被差上候者御不審も有之而重而又被仰越 首尾ニ罷成候而者大切ニ被思召候与之儀御尤至極御心入朝鮮之為 不浅忝儀ニ而御座候然共欝陵嶋之儀書込被申候儀無拠子細有之吟 味相詰候而之儀ニ御座候御誠信之趣早速都江注進可仕儀ニ御座候 へ共不書込候而不叶子細有之付此上書面直り候儀者決而無之事ニ

候又返簡御請取不被成内致注進候而者必定不宜存寄有之候如何
様之儀有之共書簡直り候与申儀無御座候処ニ致注進不宜儀有之上
ハ御了簡被成唯返翰御請取被成候様ニ与存候返簡御請取被成候而
者何角具ニ都江為申登十四五日ニハ返事参事ニ候間御帰国前都之心
入返答慥可申入候欝陵嶋を書込申儀者日本ニも何事にもかゝハり
為申儀ニ而曾而無之唯朝鮮之為斗ニ而候重而御使者被差渡候儀も
都ニ能合点ニ而前以積り之内ニ而御座候御使者又々被差渡候とて
大事にも不及朝鮮外聞ニも不罷成様極而了簡御座候間此旨御心易
思召御気遣不被成御国江も可被仰上候此段者接慰官東莱請合申候
重而被仰越とて結構に仕候心入者唯今之返簡ニ而相知申事ニ候能
御了簡被成候ヘ御国より被仰越候御誠信之儀都江致注進候而彼方
より否之返答之趣申入候ヘハ接慰官者取次一篇ニ而是程慥成儀者
無御座候得共致注進候而者必定不宜存寄有之付申入候御手前様
私儀者内証同前之儀ニ御座候幾重ニ茂御相談不申候而不叶儀ニ御
座候重而御使者被差渡候時之首尾必御気遣被成間敷候返簡御請
取被成候様ニ与被申候接慰官も早速東莱之居所江被参相談ニ而両
人同前ニ返答被申候由朴同知申聞候

(14-06)

〃 2월 10일에 박동지가 [초량화관에] 입관하여 접위관의 반답을
전해왔다. [그것에 대하여 또 정관도 반답했다.]
[박동지의 구상(접위관의 반답)]
〃 그저께 밤에 [쿠니모토(쓰시마)의 서장이] 도래하여 쓰시마의
생각이 [이쪽에] 전해졌습니다. 그 취지를 충분히 알았습니다.

지금의 반한 내용으로는, 에도에 올렸다가는 의심을 받는다는 것, 장군이 다시 질문하게 된다는 것, 그러한 상황에 이르면 큰일이라고 [생각하시는 데] 당연한 일이라고 생각합니다. 조선에 대해 많이 걱정하며, 적지 않게 배려하고, 황송한 친절을 보여 참으로 감사하다고 생각합니다. 그러나 울릉도의 일에 대해서는 이 문언을 반한에 기입하지 않을 수 없는, 어쩔 수 없는 사정이 [조선에] 있습니다. 그 나름대로 깊은 이유가 있어 상당한 결과, 이렇게 기록한 것입니다. [쓰시마의] 성신의 마음은 서둘러 도성에 주진합니다만 써 넣지 않으면 안 되는 [이쪽의] 사정이 있어, 이 이상 서면의 수정은 결코 있을 수 없습니다. 또 반한을 받지 않는 상황에서 주진을 하면 반드시 좋지 않은 결과가 생깁니다. 어떠한 이유가 있다 해도 이미 서한의 수정은 없습니다. 그러한 상황에서 주진하기 때문에 좋지 않은 결과가 생깁니다. 그 [좋지 않은] 결과에 대해서는 이해하지 않으면 안 됩니다. [쓰시마에게 가장 좋은 방법은] 그저 이 반한을 받으시는 일로 [그렇게 행동하는 것이 제일] 좋다고 나는 생각합니다. 반한을 받으시게 되면 [그 후] 도성에 어떻게든 자세하게 보고를 올려 14, 5일 안에는 도성에서 답이 옵니다. 그러면 귀국하기 전에 도성에서 신경을 쓴 반답이, 이곳에 분명 옵니다. 울릉도를 기입하는 일은, 일본에게 아무런 상관도 없는 일입니다. 이것은 오직 조선만을 위한 문언입니다. [장군이] 계속해서 사자를 [조선에] 파견한다 해도 도성에서는 [그 뜻을] 잘 이해하였으므로 미리, 결정한 범위 내에서 처리합니다. 그러므로 사자가 계속해서 파견된다 해도 [걱정하시는 것과 같은] 큰일이 발생하는 일은 없습니다. 조선의 체면에도 나쁜 영향을 끼치지 않도록, 아주 적절하게 대응할 생각입니다. 이와 같은 일이므로 걱정하지 않으시도록 신경 쓰시지 않으시도록 귀국에 전해주세요. 이 일은 박동지가 접위관 및 동래부사의 허가를 받아, 그 위에 이야기하고 있는 것입니다. 거듭되는 요구는, 더 이상 말하지 않아도 충분합니다. 쓰시마가 마음을 쓰는 것은, 지금의 반간으로 [접위관이나 동래부사에게 충분히 전해져] 알고 있습니다. 그것을 잘 알아주십시오. 귀국에서 요구했던 성신[에 근거하는 요망]은 도성에 주진해도 저쪽에서는 [당연히] 거부하는 반답입니다. 그러한 요구를 [받아서 도성에 전하는] 접위관은 [이미 단순히] 주선만 하는 역할일 뿐이라 [아무런 의미도 없습니다.] 이 정도로 분명한 결과는 달리 없을 정도 입니다만 [그래도 다시 주진을 요구하는 일은, 그것이 과연, 어떤 의미가 있을까요. 그렇게] 주진하면 반드시 좋지 않은 결과가 도래합니다. 그렇기 때문에 이렇게 말하고 있는 것입니다. 당신과 나 사이는, 비밀 같은 이야기도 할 수 있는 사이입니다. 몇 번이고 되풀이해서 상담할 수 있는 사이입니다. [그래서 솔직히 말씀드립니다만 가령 막부에서] 거듭해서 사자를 [조선에] 차견한다 해도 그때의 일은 [그 나름대로 문제 없이 진행됩니다. 걱정하실 필요 없으니] 조금도 신경을 쓰지 않도록 [귀국에 전해주세요. 그리고 지금의] 반한을 [반드시] 받아주시도록 전해주세요. 접위관도 서둘러 동래부사가 있는 곳을 찾아가서 둘이 상담하여, 둘이서 이렇게 반답하셨습니다. 박동지는 이렇게 말했다.

正官返答

〃被仰聞候趣得其意御尤ニハ存候得共注進被成不宜思召入有之与之
儀難心得事ニ候御返簡之内爰を御除是を御直シ扨与申儀ニ候者左
様可有之事ニ候を国元より之了簡一篇を被仰登候儀別而可障事ニ
ハ不存候返翰請取候而之以後にハ具ニ御注進被成都表より之御返
答御心入帰国前ニハ可被仰聞由是又難落着事ニ候一旦被仰登重而
使者被差渡候首尾ニ候共欝陵嶋之儀被差除儀難被成候与之御事ニ
候者夫迄ニ而候万ニ一も対州より之御心入尤ニ候間可被差除と有
之儀も御座候時使者御返簡請取候而ハ御直シ難被成儀も可有御
座候又拙子了簡斗ニ而申入事ニ候者任仰候儀も可有御座候得共此
方より念入申越候上国より之了簡ニ候へハ無御注進候而致帰国候
時者拙子首尾茂不宜候間乍慮外使者之身ニ御成被成御了簡可被成
候右申候様何そ望有之而之事ニ而無之了簡之趣被仰届迄之儀ニ候
得者御注進被成相障儀可有之とハ不被存事ニ候被仰聞候通貴様拙
子儀者内証同前之儀ニ御座候幾重ニ茂得御内談可申候拙子身に御
替り御了簡被成冝御注進被成候様ニ此上にも御注進難被成思召入
も有之者近日出会可仕候間乍御太儀御両人此方江御越被成候様ニ
申渡ス

정관의 반답

〃말씀해주신 내용은 잘 이해할 수 있고, 당연하다고 생각하는 바
이다. 그러나 주진하면 좋지 않은 결과에 이른다고 하는 그러한
생각은 받아들일 수 없다. 반한의 내용에 대해서 이곳을 삭제해
달라 이것을 고쳐달라 등을 말하고 있는 것이 아니다. 본래 그

렇게 해야 할 것을 말했을 뿐으로 쿠니모토(쓰시마)의 의견 하나를 말씀드렸을 뿐이다. 그렇기 때문에 각별히 지장이 있을 것 같은 것을 [새삼스럽게] 이야기한 것이 아니다. 또 반한을 수취하면 그 이후에 충분히 주진하여 도성에서 반답이나 마음의 표시를, 귀국하기 전에 들려주신다는 것 등은, 이것 역시 [역발상으로] 승복할 수 없다. 어쨌든 도성에 말씀드려 거듭해서 사자를 보내 다시 말씀드리는 것과 같은 상황이 되어도, 울릉도라는 문언이 삭제되는 일은 없다고 의견을 말씀하셨으나 [그렇게 단정하여 버리면] 그만이다. 만일에 다이슈우의 걱정이 당연한 것이라면 [조정에서] 아시고 [그 결과] 삭제하는 일이 일어날지도 모른다. 그러할 경우, 사자가 반한을 받아버렸다면 다시 수정하는 일이 곤란하다. 또 졸자의 생각만으로 요구하고 있는 것이라면 그러한 의견에 따라도 되지만, 쓰시마 본국에서 이 일을 심각하게 말하여 보낸 이상, 또 일본국의 장군한테서 나온 생각이므로 주진하는 일 없이 귀국하는 일은 있을 수 없다. 졸자의 처지도 좋지 않아 [그렇게 되면 처벌되고 만다.] 죄송합니다만 사자의 처지도 생각하여 이해해주었으면 좋겠다. 위에서 말씀드린 대로 달리 원하는 것은 없고, 그저 이것만을 바란다. 이쪽의 의견을 그저 도성에 알려달라는 것뿐이다. 주진하여 어떤 지장이 있는 것이 아니다. 말씀하신 대로 귀전과 졸자 사이에는 비밀 같은 이야기도 할 수 있는 사이이다. 몇 번이고 되풀이하여 비밀 상담을 해온 사이이다. 이번에는 졸자의 처지가 되어 생각하여 주었으면 한다. 그리고 이해하여 잘 주진하여 줄 것을 원한다. 그래도 주진하기 어렵다고 생각하면 근일에라도 양인(접위관과 동래부사)을 뵙고 싶다. 귀찮은 일로 미안하기는 하지만 두 사람에게 우리 쪽으로 오시는 것을 부탁하고 싶다라고, 그렇게 박동지에게 전하였다.

(14‑07)

〃 与左衛門方より二月十四日御国御家老中江差越候書状之略

(14‑07)

〃 2월 14일에 요자에몬이 쓰시마의 가로에게 바치는 서장을 보냈다. 그 개괄이다.

〃 昨日接慰官方より之返答二申来候ハ段々被仰聞候趣致承知御尤存
候乍然右以申達候通欝陵嶋之儀書込不申候而不叶子細有之談合
為相極事二御座候御国より被入御念御誠信之趣者朝鮮之為二茂不
浅忝儀奉存候故早速都可致注進儀二御座候得共唯今為申登候而
も書面直り申儀決而無之事候還而又亘ヶ間敷存寄御座候欝陵
嶋之儀書込候とて日本之御為二少も障儀無之事候重而又御使者被
差渡候共亘了簡御座候間御気遣被成間敷候国王之命二罷下候へハ
王之名代二而御座候故都二致注進候同前之儀二御座候致帰京候者
御誠信之趣具二申達事候重而御使者被差渡候共成程首尾能可仕候
此段御国江茂被仰上御使者にも心安被思召候而唯返翰御請取可然
之由申来候付為念接慰官方より口上書請取置明十五日御返翰請
取来ル廿二日乗船仕筈二御座候

〃어제 접위관님한테서 [우리들의 요구에 대한] 반답이 왔다. [그것은 다음과 같은 내용이다.] 하나하나 말씀하신 취지에 대해 잘 이해하고 당연하다고 생각하는 바이다. 그러나 이전에 말씀드린 대로 울릉도의 일은, 기록하지 않고 끝내는 일을 할 수 없는 사정이 있어, 상담한 결과, 결정한 일이다. 쓰시마에서 마음을 써주는, 성신의 마음은 조선을 위해 고마운 일, 황송한 일이라고 알고 있다. 그렇기 때문에 서둘러 도성에 주진하고 싶다고 생각합니다만 지금 보고를 올려도 [조정 안의 사정이 변해서] 서면의 내용을 고치는 일은 결코 없다. 오히려 바람직하지 못한 사태로 발전할 것이다. 이렇게 울릉도의 일을 기입했다고 해서 일본에게 조금도 지장을 주는 것이 아니다. 설령 거듭해서 다시 사자를 파견하는 일이 된다 해도 역시 좋은 결과가 되지 않는다. 이 일에 대해서는 더 신경을 쓰지 않았으면 한다. 나 접위관은 국왕의 명령으로 도성에서 내려왔으므로 말하자면 국왕의 대리이다. 그렇기 때문에 [나에게 하는 보고는] 도성에 주진하여 국왕에게 보고하는 것과 같은 일이라고 [받아들이지 않으면 안 된다. 결국 내가] 귀경했을 때는 쓰시마의 성신하는 취지를 국왕에게 상세히 보고할 것이니, 거듭해서 사자를 보내어 [그 성신을 다시 전하려 해도 의미가 없다. 내가] 잘 보고할 것이니, 이 일은 귀국에도 전해주기 바란다. 사자도 마음 편하게 생각하기 바란다. 그리고 그저 반한을 수취하여 [귀국의 길에 올라] 그러한 [보고를 장군에 올려주기 바란다.] 이와 같은 일을 전해왔다. 그렇기 때문에 만일을 위해, 접위관이 이 일을 기록한 구상서를 받았다. 그리고 내일 15일에 [정식으로] 반한을 받기로 하

고, 오는 22일에 [쓰시마에 귀국하기 위해] 승선하기로 했다.

(14-08)

〃接慰官より与左衛門江之口上書左ニ記之

(14-08)

〃접위관이 요자에몬에게 보낸 구상서를 아래에 기록한다.

[真文]

今番貴州之懃念備詳悉矣誠信至意寔出為弊邦之儀而第欎陵二字裁
載書面不得不已而意有所在也雖達京都決無刪改今若啓聞事機不宜也
以誠信言之則苔書伝授之後即可修啓至於還朝亦当口達不亦宜乎接慰
奉承国命乃是王人則朝廷之言即接慰之言也差官亦来可以便宜処之勿
慮安心以此帰告最宜而不可転啓無益唯在苔書伝授之為愈也

甲戌二月日   接慰官

이번에 귀주(쓰시마)가 마음을 쓰신 것을 자세히 이해했다. 그 성
신의 진의는 그야말로 우리나라를 위한다고 마음을 배려하고 있는
것이다. 그렇기 때문에 오직 한결같이 울릉이라는 2자를 서면 상에
기재하지 않으려고 그렇게 하지 않으려고 노력하고 있다. 그러나 그
러한 진의를 경도에 전달하려고 해도 결코 조정에서 고치는 일은 없
다. 지금 만일 상계하면 오히려 사정은 [한층] 나빠진다. 성신으로
[쓰시마가] 이 일을 말하려고 한다면 반답의 서간이 [쓰시마에] 전수
된 후에 상계해야 한다. 그렇지 않으면 좋지 않은 일이 일어난다. 접

위관은 국명을 받들고 있어, 이 일은 국왕의 의사[를 하는 자]로 그것은 조정이 말[이라고 말하는 것]이다. 그것은 또 접위관의 말이라는 것과도 연결되어 있다. 그렇기 때문에 차관(사자)도 역시 이곳에 와서 이것을 받아, 편리하게 처리할 수 있다. 이것저것 마음을 쓰는 일 없이 안심하고 이 서간을 수취하여 귀국에 보고하는 것이 가장 좋은 일이다. 그러니 이익이 없는 일을 전송하여 상계해서는 안 된다. 그저 반답의 서간을 소지하고 돌아가 전하는 것이 가장 좋은 방법이다.

갑술 2월 일 　　　　　　　　　　 접위관

【大綱一五段(元禄七年二月②)】

(15-00)

○同七年二月十八日与左衛門一行出宴席設行在之也

【대강 15단(겐로쿠 7년 2월 ②)】

(15-00)

○겐로쿠 7년 2월 18일에 요자에몬 일행이 출연석(출선의 잔치)에 출석하여 연의 설행이 있었다.

(15-01)

〃出宴席之式与左衛門記録ニ不相見候故不記之

(15-01)

〃연석에 [일행이] 출석했으나 그 식의 상황에 대해서는 요자에몬

の 기록이 없어 이곳에 기록하지 않는다.

(15 - 02)

〃二月廿一日御国より飛船渡海御国御家老中より二月十八日之書
状到来其略左記之

(15 - 02)

〃2월 21일에 나라(쓰시마)에서 선박이 건너왔다. 나라의 가로가
2월 18일부로 보낸 서장의 도래였다. 그 개략을 아래에 기록한다.

〃阿比留惣兵衛ニ申含候口上之趣幷書面之通朴同知召寄接慰官東莱
江茂被申達返答之様子朴同知申聞候段之委細帳面ニ記之被差越具
令披見候朴同知返答之趣ニ而ハ此方より之思召寄之通具接慰官東
莱江茂不申達其身一分之返答之様ニ相聞ヘ候此方之思召寄一応不
被仰達候而返翰被請取候段者難被成事候此上又々口上ニ而朴同知
江被申聞候共接慰官東莱江者委不申達中途ニ而差繕返答可申哉与
無心元存候依之思召寄之趣貴殿より接慰官江被申達候口上書真文
ニいたし今度差越候間書札等者常ニいたし付候様ニ相認接慰官東
莱ニ被致対談具ニ被申達候上口上書直ニ被相渡可然存候接慰官東
莱書付被請取之都江注進可有之候朝廷方被承候上ニ而も其侭被請
取候様ニ申来候ハヽ可被成様も無之事候間已後如何様ニ成行申候
とても彼国不覚悟之上之事候故此方ニ可被成様無之候思召寄一端
不被仰達候而返翰御請取被成候段者非本意候故右之通ニ候口上書
御渡候儀朴同知江被申聞候ハヽ接慰官江対談之障にも可罷成歟与

存候ケ然其段者其元之勢次第ニ存候朴同知請答之趣考見申候ヘハ
兎角此方へ御奉公振ニ取持申候との詮を立たかり申候様ニ被存候
先便ニ茂申越候通両国之間之出入ニ候故中々下々而取持式者い
たし様之手立而罷成事ニ無之候ケ様之儀少も作意を以手立か満
しき儀仕置候而如何程首尾好候とても以後之儀至而大切成事候
故左様ニ者難被成候間欝陵嶋之儀者書面ニ除申候方可然候ケ然決
而除不申心入ニ候ハ、今度彼者共参候嶋者日本之内ニ而者無之朝
鮮国之内欝陵嶋ニ而候由有之侭ニ申来候ヘハ朝鮮之為ニハ大切成
事候得共此方ニ者無別条御取次被差上事候ケ去左様ニ認被差越候
而者従公儀其侭ニ而者被差置間敷候故至而大切成事ニ罷成候其上
従公儀急度被仰遣候首尾ニ成候ハ、返翰書面ハ何程強被書候共彼
嶋へ朝鮮より往来仕候事も手を付申候事茂罷成間敷候間押出候
而恥辱を取候様ニ可罷成段同前之事候左様ニ可罷成儀御了簡被成
なから不被仰達候段ハ非本意候兎角此方よりハ誠信之御真実を
以思召寄被仰遣候趣一端朝廷方迄御聞届候様被成度思召候被聞
届候上ハ如何様ニ成行候而茂彼国之分別次第之事候此度之儀者
下々ニ而とらふと申事ニ而者無之候彼国より之返翰ニより如何程
大切成事ニ成可申茂難斗候故以来之儀考見申候程此方より誠信之
御心入無残彼方江不被仰達候而不叶事候間此旨能々御落着候而可
被仰談候其元より之御紙面考見申候ヘハ兎角朴同知申分者手立
与取持之心はなれ不申様ニ被存候取持もいたし様も中々入申事ニ
無之候偽かましき儀又ハ手立らしき儀惣而粉敷事曾而不罷成候
両国之真実相尽候而不申談候而不叶事候間此段堅可被申達候

〃아비루 소우베에에게 말해둔 구상의 취지 및 서면에 기록한 대로의 일을, 박동지를 불러 [이야기하여 그것을] 접위관이나 동래부사에게도 전했다는 일[을 분명히 들었다. 또] 그 [접위관이나 동래부사의] 반답하는 내용을, 박동지가 전해왔다는 것, [이것도 분명히 들었다.] 그처럼 자세한 것을 장부에 기록하여 이쪽으로 보내주었기 때문에 그것을 잘 볼 수 있었다. 그러나 박동지의 반답 취지로는 우리들이 생각하는 것 전부를 접위관이나 동래부사에게 전하지 않은 것처럼 생각된다. [즉 중개하는 그의] 판단에 따른 일부가 가미된 반답처럼 들려온다. 이쪽이 생각하고 있는 의도를 [바르게 접위관이나 동래부사에 그리고 또 도성에] 여기서 일단 전하지 않으면 그 반답을 받을 수가 없다. 이런 이상은 다시 구상으로 박동지에게 말을 해도 역시 접위관이나 동래부사에게 자세히 전달되지 않을 것이다. 중간에서 적당히 가감해서 [박동지가 자기 자신의 생각으로] 반답할 것 같이도 생각된다. 그렇기 때문에 [이쪽의 의도가 바르게 전달되지 않는 것은 아닌가라고] 불안하게 생각될 뿐이다. 이와 같은 일이므로 생각하고 있는 취지를 말하려고 생각한다면 귀전이 접위관에게 이야기하는 구상서는 다시 한문으로 고치는 것이 좋다. 그리고 이번에 건넬 때는 그 서찰 등은 통상대로 기록하여 귀전은 접위관이나 동래부사와 대담하시어 그 장소에서 일의 내용을 자세히 이야기하고 이 구상서를 직접 건네주는 것이 좋다. [그렇게 하면 우리의 의도가 바르게 전달되기 마련이다.] 접위관이나 동래부사는 이 [한문의] 서부를 받으면 도성에 주진하지 않을 수 없을 것이다. 조정도 [그 주진을] 받은 이상은

[한문이기 때문에] 있는 그대로 수취하여 그 전달하려는 내용이 왜곡되는 일 없이 [보고]되기 마련이다. 그렇게 되면 이 이후 [조정 내의 상담은] 어떻게 되어갈 것인가. 어떻게 되든 그 나라에서는 [이것이 큰일이 날 수 있는 일이다라고, 그러한] 생각을 하지 못한다. 그래서 우리가 [걱정하는 것과 같은, 국가적 위기를 아직 느끼지 못하고 있다. 그렇기 때문에 이 문제가 우리들이 의도하는 대로] 낙착되는 것과 같은 일은 없을 것이다. [우리가] 의도하는 생각의 일단이 전달되지 않아 [결국] 반한을 [이대로의 상태에서] 받지 않을 수 없을 것이다. 그렇게 되면 그것은 [우리의] 본의와 달리 [유감스러운] 일이다. 그러나 [그렇다 해도 이 주진은 저 나라에 전달되지 않으면 안 되는 일이다.] 위와 같이 구상서를 [접위관에게] 전달하려고 할 때 [중개하는] 박동지가 [일의 상황을] 물으면 접위관과의 대담에 지장을 초래하는 것은 아닐까. [박동지의 역량으로 보면 그 중간에서 교묘하게 조절하기 때문에 그러한 일을 걱정하는 것이다.] 그러나 그러한 일은 귀전의 [외교교섭의 역량문제일 것이다.] 박동지가 외교교섭에서 하는] 문답의 취지는, 생각해보면 좌우지간 일본을 위해 열심히 일하는 모습을 보여 [좋다고 생각하면서] 맡기고 있는 것으로 그 교섭에는 방법을 강구하여 [지력, 능력을 다하고] 있는 것으로도 생각할 수 있다. 그러나 앞 편지에서도 말했듯이 양국간의 분쟁이므로 좀처럼 아랫사람이 주선하는 [해결] 방식으로는 성공하기가 어렵다. 이러한 [국가 상호가 관계하는 중요한] 사안은 [창구가 되는 아랫사람의 능력으로 수습하는] 작위적인 방법으로는 [잘 되지 않는다. 처음에] 어느 정도

잘 정리되어 있다 해도 이후에 크게 영향을 미치는 것이므로 그렇게 [후일에 이 일을 뒤돌아보면 결국] 잘 풀리지 않게 되어 있다. 울릉도의 문언을 서면에서 삭제할 것을 요구하는 것은 그야말로 그런 일이다. [저 나라가] 문언을 삭제하지 않는 이유로 해서 의도하는 것은, 금후, 그 나라의 사람들이 섬에 건너갔을 때, 이 섬은 일본 것이 아니다. 조선국의 울릉도이다라고, 그렇게 주장하기 위한 것일 것이다. 그러므로 이 문언이 있는 그대로 반한이 오면 조선을 위해서는 큰 공적이다. 그러나 우리들에게는 [어떤 공적도 되지 않는 일, 어쨌든] 다른 서장은 없으므로 주선해서 [장군에게 반한을] 바치는 일은 가능하다. 그러나 그렇게 기록한 [문언을 장군에게 반한으로 해서] 바친다 해도 장군이 그대로 넘어갈 리가 없어, 결국 큰일이 나는 것이 틀림없다. 그 위에 장군이 단호하게 [저 나라에 다시] 명령을 내리는 것과 같은 사태가 되면 반한의 서면이 아무리 강하게 기록되었다 해도, 저 섬에 조선에서 왕래하는 일도, 섬의 산물에 손을 대는 일도 일체 용납되지 않게 된다. [장군이 무위를] 발휘하기 때문에 [조선국이] 치욕을 당하는 일도 있을 수 있는 일이다. 혹은 그것과 같은 일이 일어나기 마련이다. 그러한 일이 [가능성으로] 존재하기 때문에 그것을 알고 있으면서 [저쪽에] 전하지 않는 것은 [우리의] 본의가 아니다. 어쨌든 우리들은 성신의 마음으로 진실로 생각하고 있는 것을 전하고 싶은 것이다. 그러한 생각의 취지의 일단이라고, 조선 조정 분들에게 전달하여 그것을 이해하여 일의 본질을 이해하여 주었으면 한다. 만일 이러한 생각이 전달되었다면 어떤 결단을 해도 그것은 그 나라가 분별

할 일로 이미 이번의 일은, 아랫사람들이 이러쿵저러쿵 말할 내용의 일이 아니다. 그러나 저 나라의 반한을 보는 한 [이번의 사안이] 얼마나 중요한 일인가 [전혀 이해하지 못하고 있는 것 아닌가, 그렇게 생각된다.] 그것을 추측할 수 없기 때문에 [이러한 반한으로 되어 있은 것일 것이다. 그렇기 때문에] 금후의 일을 생각하면 [이렇게 해서 저 나라의 조정에 어떻게든 보고해 둘 필요가 있다.] 이쪽에서 성신의 마음으로 사건의 사정을 남김없이 모두 저쪽에 전해주지 않으면 도저히 안 되는 일이다. 이러한 취지이기 때문에 마음을 잘 안정시키고 [접위관과] 회담해야 한다. 귀전의 서간 중에 그 지면으로 판단하자면 어쨌든 박동지가 전달하는 내용으로는, 그 방법이나 알선하는 마음은 [우리 쪽에 밀착하여 우리의 뜻을 얻기 위해] 떠나지 않고 있는 것처럼 느껴진다. 그러나 그 주선도, 그 하는 처신도 좀처럼 [성신의 교제라는 본질 속에] 들어간 것 같지 않다. [성신의 교류란] 거짓처럼 보이는 일이 있거나 또 방편에 따르는 것 같은 일이 있거나, 그리고 전체적으로 의심스러운 것 같은 일이 있거나 해서는 안 되는 것이다. 양국은 진실을 다하여 이야기해야 한다. 그렇지 않으면 안 되는 일이다. 이 일을 [귀전에게] 분명히 말씀드리는 것이다.

〃欝陵嶋之蔚之字此字返翰之草案ニ相見へ候故真文之口上書ニ致書
　載候間左様御心得可被成候

〃 울릉도의 [문자는 欝 자가 아니라] 蔚 자가 반한의 초안에는 기

록되어 있다. [저 나라에서는, 그렇게 기재하는 것 같다. 그렇다면] 한문의 구상성에 [欝陵島를 기록할 경우] 이 蔚 자를 쓰도록 하는 것이 좋다. 그렇게 [저쪽의 관습에 맞추려고 하는] 마음의 준비를 하도록 할 것.

(15-03)

〃接慰官江申達候樣ニ与之口上之真文左ニ記之真文書稿不相見候故不記之

(15-03)

〃 접위관에 전달하는 구상서의 한문을 아래에 기록할 [예정이었으나] 한문의 서간이 [지금 여기에] 보이지 않기 때문에 기록하지 않기로 했다.

【大綱一六段(元禄七年二月③)】

(16-00)

○同七年二月廿二日与左衛門一行朝鮮表乗船同廿四日鰐浦御関所帰着也

【대강 16단(겐로쿠 7년 2월 ③)】

(16-00)

○겐로쿠 7년 2월 22일에 요자에몬 일행은 조선에서 [드디어 귀국을 위해] 승선했다. 그리고 24일에 [쓰시마국의 북단] 와니우라의 세키쇼에 귀착했다.

(16-01)

〃二月廿七日与左衛門一行府内廻着

(16-01)

〃2월 27일에 요자에몬 일행은 쓰시마부중의 항내에 회착했다.

(16-02)

〃二月廿五日与左衛門御関所より府内御家老中^江差越候書状之略左^ニ記之

(16-02)

〃2월 25일에 요자에몬이 [와니우라의 세키쇼에서 부내의] 가로 들에게 제출한 서장이 있다. 그 개략을 아래에 기록한다.

〃私儀去十五日御返簡請取十八日出宴席仕廿二日致上船候廿四日
朝鮮出帆仕酉上刻鰐浦致着船候去十八日之貴札於朝鮮廿一日飛
船参着致拝見候被仰下候御用之儀急度申断是非を正し可申儀御
座候処出宴席相調候以後者接慰官接待被仕候儀決而不罷成由^ニ御
座候然上者御用之儀者差置接待斗之論^ニ罷成朝鮮之儀^ニ御座候故
其内接慰官与風被致上京候様成首尾^ニ罷成候ハ丶無十方体^ニ而御
用向弥埒明申間敷哉与大切^ニ存帰国仕候去廿一日之貴札於鰐浦致
拝見候去九日より接慰官^江申掛候段々先達而申上候此御返事相待
筈之存入^ニ御座候者何年成共滞留不仕候而不叶御事御座候処阿比
留惣兵衛便^ニ被仰下候趣一篇^ニ相心得御返事相待不申候段可申上

様も無御座候其元より之思召寄重而都^江被仰達候儀者前以接慰官
^江堅申達置候一刻も早く上府仕段々申上度覚悟^二而船迄申付置候
得共風迎其上雨気^二罷成無心許由所之者申^二付様子見斗罷在候上
府延引仕儀も可有御座哉与存郡継以飛脚如此御座候油断不仕追
付致上府委細可申上候

″나는 지난 2월 15일에 [조선의] 반한을 받아, 동 18일에 출선의
연석을 하고, 동 22일에 상선했습니다. 동 24일에 조선을 출범
하여 동일 유의 상각(오후 5시경)에 와니우라에 착선하였다. 지
난 18일부로 귀전이 보낸 서간은 조선에 있을 때, 21일에 비선
이 착선했을 때 배견했다. 그곳에 기록되어 있는 용건의 지시에
대해서는 틀림없이 [저쪽에] 전하고 [또] 시비를 가릴 일이 있
었다. 그러나 출선의 연석도 마련하여 이미 연도 끝난 뒤였으므
로 이미 접위관은 접대상의 회담을 결코 받아들이는 일은 없다.
그렇게 되면 [회담을 요구해도] 용건은 그만두고 [새로운] 접대
연을 어떻게 할 것인가에 대해서만 논하게 되고 만다. 조선의
일이기 때문에 그 사이에 접위관은 바람처럼 [어느 사이엔가 떠
나] 상경해버릴 것이다. 그러한 상황이 되면 [회담하려 해도 상
대가 없다고 하는] 어쩔 수 없는 상황이 되고 만다. 용건은 결
국 해결되지 않는 일이 되고 만다. [그러한 이해하기 어려운 조
선에 대한 보고와 금후의 방침에 대해 본국(쓰시마) 분들과 자
세한 것을 상의하는 것이 오히려] 중요하다고 생각하여 귀국하
기로 했다. 지난 21일부의 귀전의 서간은 와니우라에서 배견하
였다. 지난 9일부터 접위관에게 말씀드리고 있던 [울릉도라는

문제를 둘러싼] 여러 가지 문제에는 [그 경과에 대해] 앞서 [서간으로] 보고한 대로입니다. 조선의 답장을 [어떻게 해서라도] 기다려야 한다고 각오를 하고, 몇 년이라도 계속해서 체류하여 [우리가 요구하는 대로의 반답을 받지 않으면] 안 되는 일이라고 생각했었다. 그러할 때, 아비루 소우베에 편으로 명령하신 [반한을 수취하고 귀국해도 좋다는] 취지에 따라, [정월 26일부의 가로들의 서간] 1편에 따라 [귀국의] 마음을 정하고, 더 이상 답을 기다리지 않고 [출선을 결정하게] 되었다. [출선 직전에 받은 앞의 서간에 다시 교섭을 계속하라는 지시가 있었으나 이미 일이 착착 진행되어 귀국하지 않을 수 없게 되었다.] 이 일에 대해서는 드릴 말씀도 없다. 귀전의 의향은 거듭해서 도성에 주진하여 올리라고 하는 것이었으나 이것은 전에 접위관에게 단단히 전해 두었다. [이렇게 되면] 일각이라도 빨리 쓰시마 부중에 올라가, 여러 가지를 보고해야 한다고 생각했다. 그러한 각오로 배를 [부중으로 향하여] 움직이라고 명하였으나 바람이 강해지고, 그 위에 비가 내리는 [날씨라서 운항할 수 있는지 어떤지가] 불안했다. [항로의 일을 잘 아는] 사람이 말하는 것이라 우선 상황을 살피고 있는 것이다. 상부에 도착할 일시는 연기될지도 모른다. 그것 때문에 군을 거쳐가는 비각을 보내 이러한 보고를 바치게 한다. [날씨를 보며] 유단하지 않고 바로 상부하여 자세한 것을 보고할 생각이다.

(16-03)

〃 与左衛門府着之即日御目見等相済御家老中詰間江退去

(16-03)

〃 요자에몬은 쓰시마 부중에 도착한 즉일에 [성에 올라가 주군(소
우 요시쓰구)의] 알현 등을 마치고 가로들이 기다리는 쓰메쇼로
퇴거했다. [그리고 서둘러 노직들에게 보고했다.]

(16-04)

〃 今度之返翰此方より不被仰越蔚陵嶋ヲ書入候儀一嶋二名之仕立ニ
而候ヘハ以来ニ至而不相済事ニ候蔚陵嶋竹嶋一嶋ニ而候段無御存
知体ニ而此返翰被差上候儀大切成事ニ候定而御吟味も可有御座候
若左様無之共此方より一嶋ニ而茂可有御座哉与御推之被成候旨不
被仰上候而不叶事ニ候其時ニ至而竹嶋者以前朝鮮之蔚陵嶋ニ而候
ヘ共年来日本之御支配ニ候間彼嶋江朝鮮より渡海不仕候様ニ与重
而被仰渡首尾ニ至而者其節朝鮮之返答ニより大事ニ及候か又ハ左
候ハ、日本ニ出し候与有之而も如何鋪候兎角ニ付重而日本より被
仰遣候首尾ニ成候而者朝鮮之為不宜事ニ候唯今迄ハ御誠信之思召
寄御付届迄ニ朝鮮ヘ被仰越候得共能遂吟味候而者竹嶋之儀権現様
以来因幡より支配仕来候儀無其粉候之処彼国ニ者年久捨置候嶋を
元我国之内与可申様無之候然処一嶋二名ニ仕立粉し置候書面御取
次被成候而者御不念ニ罷成大切成儀ニ候急度此返翰被差返蔚陵嶋
之文字除候而返簡相改被差越候ヘと厳敷被仰遣其上ニも決而難除
事ニ候ハ、今度彼者共参候嶋者日本之内ニ而ハ無之朝鮮国之内蔚
陵嶋ニ而候由有之侭ニ申来候ヘハ朝鮮之為ニハ大切成事ニ候得共此
方ニ者無御別条御取次被成被差上事候日本朝鮮之御挨拶ニ而候ヘ
ハ少も繕かましき事在之而ハ大切成儀ニ候間早々御使者被差渡可

然候明日以酊庵被仰請返簡入披見御相談被成可然与談合相済披
露有之候処〃尤〃被思召上候間以酊庵江申遣候様〃与被仰出則御使
者を以与左衛門致帰国持渡之返翰可入御披見候間明日御出候様〃
与被仰遣翌廿八日以酊庵登城〃付御返簡御披見相済候上右之趣御
家老中より申達候処以酊庵〃も尤之由御返答在之候付与左衛門再
渡持渡り御返簡之和文被差出之以酊庵直〃御請取御帰被成

(16-04)

〃[노직들의 논담이 시작되었다. 즉시] 이번의 반답은 우리가 이
야기한 일이 없는 울릉도[라고 하는 섬]을 [일부러 문중에] 기
입한 것이다. 이것은 섬 하나에 2개의 이름을 붙인 것으로 [이
대로 해서는] 장래의 [화근을 남기는 일이 되어, 후세인에게] 미
안한 일이 된다. 울릉도와 죽도가 1도라는 것을 알지 못하는 것
처럼 도모하여 이 반한을 [우리 쪽에 보내왔다.] 이것은 큰일이
다. 반드시 상의하지 않으면 수습할 수 없는 일이다. 만일 그렇
지 않다해도 이쪽에서 1도가 아닌가라고 [물어, 이상한 것이 있
다고 하는] 추량의 뜻을 저쪽에 전달하지 않으면 안 되는 일이
다. 그렇게 [물어서 확인하는 다음 단계의 교섭을 하는] 시기가
되고 만다. 그렇게 되면 죽도는 이전에 조선의 울릉도였으나 근
래에 걸쳐 이미 일본이 지배하게 되어 있으므로 그 섬에는 조선
에서 도해하지 않도록 하라고, 반복해서 요구하는 상황이 된다.
그러면 그때 조선의 반답에 따라서는 위험한 사태에 이를 가능
성이 있다. 어쩌면 또 그렇게 되면 일본에 섬을 내놓는다는 일이
되나, 이렇게 되면 어떨까라고 생각하는 바이다. 어쨌든 다시 일

본[의 장군]이 [직접] 명령을 내리는 것과 같은 상황이 되어서는, 조선을 위해 좋지 않은 일이다. 지금까지 [양국의 교제는] 성신이라고 하는 생각에 근거로 [잘 되는 것을 생각하고] 조언을 하기 위해 [쓰시마에서] 조선에 전해주는 일이 있었다. 그러나 [이건에 관하여] 조사한 결과, 죽도의 일은, 콘겐사마[의 겐나 傿無] 이래, 이나바가 지배해 온 것은 의심의 여지가 없는 사실이다. 그리고 저 나라는 오랫동안 버려둔 섬이다. [그러한 섬을] 원래는 우리나라 안에 있는 섬이라고 [새삼스럽게 조선이] 주장할 만한 도리는 없다. 그러한 상황에서 [이번과 같이] 하나의 섬에 2개의 이름을 붙여 혼란스러운 상황을 만들어 두는 서면을 [보내왔다. 이러한 서면을 장군에게] 주선하는 것은 [이 쓰시마의] 실수가 되어 중대한 일이 된다. 반드시 이 반한을 돌려보내 울릉도라는 문자를 삭제하도록 [요구하여] 다시 반한을 보내도록 엄중하게 전하지 않으면 안 된다. 그 위에 그래도 [저 나라의 의향이] 결코 [울릉도 문자는] 삭제하기 어려운 일이라고 하면 그리고 이번에 저 나라사람들이 건너간 섬이란, 일본 안에 있는 섬이 아니라 조선국 안에 있는 울릉도라는 섬이었다고, 그 [어민들이 말한 것을] 있는 그대로 [우리에게] 말해 왔다면 그것은 조선을 위해서는 중요한 일이겠지만, 우리에게는 별로 지장이 있을 것 같은 일이 아니므로 그대로 주선하여 이 서한을 [장군에게] 바치기로 한다. [이 단계에 이르면 이미] 일본국과 조선국 사이는 분쟁(외교분쟁)으로 발전한 것으로 [중개역이 되는 쓰시마가] 조금이라도 수습하는 처리를 하면 [그것에 휩쓸리고 만다. 즉 잘 되라고 생각하고 수습하는 처치를 생각하면 반대로] 큰일이 된다. 그러므로 [그렇게 되지 않도록] 서둘러 사자를 [다시 조선에] 보내어 [어떻게든 울릉도 문자를 삭제하도록 교섭하는] 것이 좋다. 내일이라도 [외교문서를 검열하는] 이테이안[의 윤번승]에게 의뢰하여 이 반한을 보여드리고 일의 상담을 하시는 것이 좋다. 이렇게 하여 [노직들의] 논담이 끝났다. 그리고 [그 결론에 대해 주군에게 하는] 피로가 있었다. [주군도 이 결론을] 당연하다고 생각하고, 이안테이에 전하도록 명령하셨다. 그래서 사자를 시켜 [이안테이에 전달했다. 조선에 건너가 있던] 요자에몬이 귀국하였다. 가지고 돌아온 반한을 보아주었으면 한다. 그러니 내일 [성으로] 나와주시도록, 그러한 말을 전했다. 다음 2월 28일에 이안테이는 [서둘러] 등성하여 이 반한을 피견하게 되었다. 읽어보고 난 후에 전에 담합한 취지를 가로들이 이안테이에 말로 전했다. 그러자 이안테이도 그것이 당연하다는 답을 했다. 이 때문에 요자에몬은 다시 도해하게 되어 [가지고 돌아온] 반한을, 다시 가지고 건너가는 것으로 결정했다. 반한을 화문으로 한 것이, 이때 제출되어, 그것을 이안테이가 즉시 받아서 돌아갔다.

【大綱一七段(元禄七年二月④)】

(17－00)

○同七年二月廿九日渡海訳官安同知朴僉知金正府内在留ニ付平田隼人裁判平田所左衛門高勢八右衛門客館江被差越竹嶋一件之参判使多田與左衛門帰国之所返翰之趣不宜候付与左衛門儀再度御使者被仰付被差渡候間三訳使帰国之節朝廷江宜申達候様ニ与被仰渡候所奉得其意候致帰国宜敷申達旨三訳使御請申上ル也

【대강 17단(겐로쿠 7년 2월 ④)】

(17-00)

○겐로쿠 7년 2월 29일[이때 쓰시마에] 도해하여 있던 역관 안동지, 박첨지, 김정은 [쓰시마 부중의] 부내에 재류하고 있었다. 이 3역사가 거주하는 객관에 히라타 하야토와 재판 히라타 쇼자에몬과 타카세 하치에몬이 왔다. 그리고 죽도일건에 대해 [교섭을 행해 온,] 참판에게 보낸 사자 타다 요자에몬이 이번에 귀국한 사실을 전했다. 그때 [가지고 돌아온] 반한의 취지가 좋지 않기 때문에 요자에몬에게 다시 사자를 명받아 다시 조선에 건너가게 되었다고 전했다. 이 3역사에게 귀국했을 때는 조정에 대해 [교섭이 잘 이루어질 수 있도록] 잘 말하여 줄 것을 의뢰했다. 그러자 3역사는 그 뜻을 받들어 귀국하면 잘 전하겠다고, 그러한 취지의 약속을 해주었다.

【大綱一八段(元禄七年三月)】

(18-00)

同七年三月大差使之正官多田与左衛門都船主番柳左衛門封進寺崎与四右衛門渡海被仰付竹嶋一件ニ付最前ニ使者差渡候所御返簡之内ニ蔚陵嶋之儀相見へ申候此方より蔚陵嶋之儀不申達候所彼嶋之名目相見候段難落着候間此文字被差除可然存候ニ付再渡使者を以申入候与之儀礼曹参判参議及東釜江以御書簡被仰遣也

【대강 18단(겐로쿠 7년 3월)】

(18 - 00)

○ 겐로쿠 7년 3월에 [재교섭을 위해, 다시 사자가 출발했다.] 대차
사 정관으로 타다 요자에몬이, 그리고 도선주로 반 야나기자에
몬이, 또 봉진역으로 테라사키 요자에몬이 도해를 명받았다.
[지참하는 서간은 이하와 같은 취지의 문언이다.] 죽도일건에
대해 [이것을 해결하려고] 전에 사자를 차견했다. 그러나 반한
속에 울릉도의 일이 기재되어 있기 때문에 [해결되지 않았다.]
우리 쪽이 울릉도의 일을 특별히 언급하지 않았는데도 불구하
고, 그 섬의 이름을 [일부러 조선이 서중에] 올렸기 때문에 해결
하기 어렵게 된 것이다. 그래서 울릉도라는 문자를 삭제한 반한
을 [지금 다시, 우리 쪽에 건네주시도록] 또다시 도해의 사자를
보내 이것을 말씀드린다. 이렇게 하여 사자 일행은 예조참판,
참의 및 동부(동래부사와 부산첨사)에게 이러한 내용의 서간을
가지고 각각 요구하게 되었다.

(18 - 01)

〃 与左衛門持渡礼曹参判参議東釜江之御書簡左ニ記之

(18 - 01)

〃 요자에몬이 가지고 건너온 예조참판, 참의, 동래부사 부산첨사
의 서간을 아래에 기록한다.

礼曹参判への書簡

［真文］

日本国対馬州太守拾遺平義倫奉書朝鮮国礼曹参判大人閣下槎使帰
来即承回緘圭復数過向者貴国漁氓徃入本国竹島者回還焉我書不言蔚
陵島之事今引簡有蔚陵島名是所難暁也仍再差正官橘真重都船主藤成
時只冀除却蔚陵之名惟幸不侫東行在近不克縷挙余附使价舌端不腆弊
産聊申遠忱莞留粛此不宣

元禄七年甲戌二月日

　　　　対馬州太守拾遺平義倫

예조참판에게 보내는 서간

일본국 쓰시마 번주이고 습유 칭호를 가진 타이라 요시쓰구(소우
요시쓰구)가 조선 예조참판의 대인 합하에게 서간을 보낸다. 사자가
귀국하여 회답의 서간을 받았다. 규복(몇 번이고 반복해서 읽다)하
기를 수를 헤아릴 수 없을 정도로 [반복해서 읽었다.] 언제인가 귀국
의 어민이 건너와서 우리나라의 죽도에 들어오는 일이 있었다. 그자
들을 회송하여 고향으로 귀환시켰다. 그러한 일을 설명하여 전한 당
방의 서간에는 울릉도에 대해 아무런 말도 이야기하지 않았다. 그러
나 금회의 반한에는 이 울릉도의 이름이 있었다. 이것은 이해하기
어려운 일이다. 따라서 다시 정관으로 타치바나 마사시게(타다 요자
에몬)을, 그리고 도선주로 후지 나리토키(반 야나기자에몬)을, 차견
하기로 했다. 그저 원하는 것은 울릉도라는 이름을 제각하여 주시면
행심이다. 부녕(저)은 동행(에도행)이 가까워져, 누거(이것저것 언급
하다)할 수 없다. 그 나머지의 일은 사개(사자)의 설단(구상)에 넘기

기로 한다. 부전(좋지 않은)의 폐산(선물)을 보내 약간의 하침(원방에서 보내는 성실)을 보내드린다. 완류(웃으며 받다)해주었으면 한다. 숙연히 이 문을 기록했다. 충분히는 말하지 못하였으나 이해하여 주었으면 한다.

겐로쿠 7년 갑술 2월 일

쓰시마슈우 태수 습유 타이라 요시쓰구

礼曹参議への書簡

[真文]

日本国対馬州太守拾遺平義倫奉書朝鮮国禮曹参議大人閣下使介帰来回簡随至向者貴域漁民住入本国竹島者回還焉玆衆判ノ荅書方有蔚陵島名由是再差正官橘真重都船主藤成時要除去蔚陵之名不佞東行在近書不尽言余附使价舌端不腆別録聊致遠誠笑留多幸粛此不宣

元禄七年甲戌二月 日

対馬州太守拾遺 平 義倫

예조참의에게 보내는 서간

일본국 쓰시마 번주로, 습유의 칭호를 가진 타이라 요시쓰구(소우 요기쓰구)가 조선국 예조참의 대인 합하에게 서간을 보낸다. 사자가 회답의 서간을 가지고 귀국했다. 언젠가 귀국의 어민이 바다를 건너 우리나라의 죽도에 들어온 일이 있다. 그 자들을 회송하여 고향으로 귀환시켰다. 이것에 대한 참판의 회답서에 울릉도라는 이름이 있었다. 이 일 때문에 다시 정관으로 타치바나 마사시게를, 그리고 도선주로 후지 나리토키(반야나기자에몬)를 보내어, 울릉이라는 이름을 제거할 필요가 있다는 것을 알려드리기로 했다. 나는 동행(강호행)이 가까워 서간만으로는 말을 다 할 수 없다. 그 남은 것은 사자의 입으로 전하기로 한다. 좋지 않은 별록을 증정하여 작은 성의를 표한다. 웃으며 받아 주시면 다행이다. 숙연히 이 문서를 작성했으나, 충분히 말하지 못하고 끝났다. 양해해 주시길 바란다.

겐로쿠 7년 갑술 2월 일

　　쓰시마슈우 타니슈 슈우유 타이라 요시쓰구

東萊府使および釜山僉使への書簡

[眞文]

日本国対馬州太守拾遺平義倫啓達朝鮮国東萊釜山両令公閣下向者貴域漁民往入本国竹島者回還焉仍承報緘茲衆判荅書方有蔚陵島名而更難暁以故再遣正官橘真重都船主藤成時呈書南宮勾煩転達不佞今東行仮装茲不靦縷悉附使舌別箋輪儀庸表使信莞存幸甚草此不宣

元禄七年甲戌二月　日

　　対馬州太守拾遺平義倫

동래부사 및 부산첨사에게 보내는 서간

　일본국 쓰시마 번주이고 습유의 칭호를 가진 타이라 요시쓰구(소우 요시쓰구)가 조선국 동래부사 및 부산첨사 두 영공 합하에게 계달한다. 그 언제인가 귀역의 어민이 건너와서 우리나라의 죽도에 들어왔다. 이자들을 회송하여 고향으로 귀환시켰다. 이것에 의한 반보의 서간을 받았다. 이곳에 참판의 반답서에 울릉도의 이름이 있다. 이것은 이해하기 어려운 곳이다. 그래서 다시 정관으로 타치바나 마사시게(타다 요자에몬), 그리고 도선주로 후지 나리토키(반 야나기 자에몬)을 파견하여 서간을) 남궁(예조)에 올리기로 했다. 전달을 요구하여 노고를 끼치게 되었다. 부녕(저)은 지금 동행(에도행)의 숙장(준비)으로 여기서 라루(자세히)를 다하지 못한다. 그 자세한 것은 사설(사자의 구상)에 맡기기로 한다. 별전(별폭의 증정품)은 가벼운 것으로 마음을 나타낼 뿐이나 완존(웃으며 받다)해주면 행심이다. 간단히 이것을 기록했다. 충분히 말하지 못하나 이해하여 주었으면 한다.

겐로쿠 7년 갑술 2월 일

　　　쓰시마슈우 태수 습유 타이라 요시쓰구

右書翰三通天竜寺南芳院東谷洵長老之書稿書載在之候故別幅者略之

위의 서간 3통은 텐류우지 난호우인 토우코쿠준 장노의 서고에 기재되어 있다. 그렇기 때문에 별폭(물품목록)에 대해서는 이것을 생략한다.

(18-02)

〃最前与左衛門受取帰候返簡三通又々持渡

(18-02)

〃최전에 요자에몬이 수취하여 [쓰시마]에 가지고 돌아온 반한 3통(참판과 참의와 동부의 3통의 서간)을 다시 [조선에] 가지고 건너갔다.

(18-03)

〃阿比留惣兵衛幷医帥笠原養沢其外足軽五人与左衛門江相附被差渡

(18-03)

〃아비루 소우베에 및 의사 카사하라 요우타쿠, 그 외에 아시가루 5인을 요자에몬에게 딸려 [이번에] 조선에 조선에 파견하는 일이 되었다.

(18-04)

〃与左衛門乗船五十六挺一艘小早一艘引船御手船壱艘也

(18-04)

〃요자에몬이 타는 배는 56정선 1소로 그 외에 코바야부네가 1소, 히키부네가 1소, 오테부네가 1소이다.

(18-05)

〃是より前先向使鈴木加平次被差渡館着ニ付御用之参判使多田与左衛門再渡可有之段館守幾度六右衛門裁判高勢八右衛門方より両訳を以東莱江申達候処五月五日東莱より両訳を以先向使之儀ニ付都表より返答到来之由ニ而申来候ハ参判江之御使者被差渡候由承届候乍然不時之御使者之儀向後被差渡間敷与兼而御約束之事候若竹嶋之儀ニ付被仰渡事ニ候ハ、此段者先頃相済返簡御請取御使者帰国為被成事ニ候ヘハ又々被仰渡候儀有之間敷与存候旁以今度之御使者難請存候間被差渡候儀御無用ニ被遊被下候様ニ与之儀ニ

付館守裁判返答ニ都より御返事之趣被仰聞承届候不時之使者差渡
申間敷之由兼而御約束申置候由是以難心得事ニ候首尾ニより為事
立儀者参判之使者ハ不及申其外之雖為使者差渡可申事ニ候殊更此
度申談候竹嶋之儀者東武より蒙仰被申越儀ニ候ヘハ返簡之内難落
着儀有之ハ何時も申談直シ不被申候而不叶事ニ候如何様之首尾申
越候茂無御存御使者を御請被成間敷与之儀誠信之上ニ而有間敷事
ニ候使者を御請接慰官被差下書簡之趣又者使者口上御聞届候而其
上ニ而善悪之御返答者可有之儀ニ候弥使者之儀進之罷越候様ニ申
遣候定而対州可被致出帆与致推量候此段東莱江申入都江注進被仕
候様ニ与申遣

(18－05)

〃이보다 전에 선향사로 스즈키 카헤이지가 차견되어 초량화관에
도착했다. 용건을 위해 참판사 타다 요자에몬이 다시 도해하여
교섭에 임한다고, 관수 키도 로쿠에몬과 재판 타카세 하치에몬
측에서 양역(훈도와 별차)을 통하여 동래부사에 전달했다. 그러
자 5월 5일에 동래부사가 양역을 통해 [반답이 왔다.] 선향사의
건에 대해서는 도성의 반답이 도래했다고 하는, 그러한 전달이
었다. 그것에 의하면 참판에게 보내는 사자를 차견했다는 이야
기는 들었다. 그러나 불시의 사자는 금후 다시 건너 보내지 않
도록 한다는, 전부터의 약속이 있다. [그러한 결정에 이것은 위
반한다.] 혹시라도 죽도에 대한 일로 다시 말하고 싶은 말이 있
는 것이라면 이 일은 지난번에 처리가 끝났다. 반한을 수취하여
사자가 [이미] 귀국하였다. 그것을 다시 [뒤집어서, 재교섭을 요

구하며] 도해하는 것과 같은 일은 있어서는 안 될 일이다. 어찌 되었든 이번의 사자에 대해서는 받아들일 수 없다. [다시] 사자를 차견하는 것과 같은 일은 하지말아 주기 바란다. 그러한 도성의 반답을 관수와 재판이 받았다. 그렇기 때문에 그 반답을 [쓰시마로] 보내왔다. [이것에 대해 쓰시마는 반론을 말했다.] 불시의 사자를 차견해서는 안 된다고, 이것은 이전부터 약속해 둔 일이라고, 그러한 일을 [우리는 전혀] 알고 있지 않다. 상황 [의 좋고 나쁨에] 따라 약속하는 것은 참판의 사자는 말할 것도 없고 기타의 사자라 해도 [있는 일이다. 즉 불시의 사자] 파견은 행해도 지장이 없는 일이라고 [우리는] 생각하고 있다. 특히 이번은 요구가 [필요하고, 중요한] 회담이다. 죽도의 일은 동도에서 명령한 사건이기 때문에 반한 속에 납득하기 어려운 점이 있으면 몇 번이라도 회담은 되풀이되어, 교섭의 조절이 이루어지지 않으면 안 된다. 이것은 그러한 사안이다. 어떠한 사정을 전해도 [이번에] 이해하지 못하고 사자를 받아들이지 않는다고 하는 일이 되면 그것은 성신의 교제라는 관점에서 말하자면 있을 수 없는 일이다. 사자를 받아주시고, 접위관을 내려 보내 [우리의 사자가 제출하는] 서간의 취지, 또 사자의 구상을 들어주지 않으면 안 된다. 그런 후에 선악의 반답을 내리시는 것이 취해야 할 도리일 것이다. [이렇게 이야기하여] 결국 사자의 파견을 진행시켜 드디어 사자를 도해시킬 것을 전달했다. 이렇게 되면 반드시 타이슈우에서 [사자의 배가] 출범한다. 그렇게 [저쪽은] 추량할 것이다. 그 추량하는 것을 [그대로] 동래부사에게 이야기했다. 그리고 [일의 변함을 반드시] 도성에 전하도록 전했다.

(18-06)

〃 五月廿八日与左衛門一行府内浦出帆閏五月二日鰐浦御関所廻着

(18-06)

〃 5월 28일에 요자에몬 일행은 부중의 우치우라를 출범했다. 그리
고 윤 5월 2일에 [쓰시마의 북단] 와니우라의 세키쇼에 회착했다.

(18-07)

〃 此時、霊光院公御在江戸ニ而御左右到来故与左衛門方江御国御家
老中より差越候書状之略左ニ記之

(18-07)

〃 이때, 레이코우인 공(번주 소우요시쓰구)은 에도에 재주하고 있
었다. 그 [에도에서] 통지가 내도했기 때문에 나라의 가로들이
요자에몬 측에 [이 내용을 알리기 위해 급거 서장을] 보내왔다.
그 서장의 개략을 아래에 기록한다.

〃 此度江戸表より被仰越候者貴様朝鮮渡海之儀段々及延引候付返
簡到来之御案内遅々可仕与大切被思召上候江戸表之勢延引候得
者不宜儀ニ候間急度渡海仕候様ニ可申渡与之御事候

〃 이번에 에도에서 연락이 있었다. 귀전의 조선도해[에 의한 교
섭]은 여러 가지로 늦어지고 있다. 그렇기 때문에 [조선에서 보
내야 하는] 반한이 도래하는 예정도 늦어지고 있어 [진전이 없

다. 정관으로서의 역할을 좀더 제대로] 수행해야 할 것이라고
[주군은 그 일을 아주] 중요하게 생각하고 계신다. 에도의 추세
는 더 지연되면 [장군에 대해] 좋지 않은 입장에 이른다고 [그
렇게 걱정하고 계신다.] 그렇기 때문에 단단히 결의하고 도해할
것을 [이번에] 전하여 둔다.

【大綱一九段(元禄七年閏五月)】
(19-00)
○同七年閏五月十三日与左衛門一行渡海館着

【대강 19단(겐로쿠 7년 윤 5월)】
(19-00)
○겐로쿠 7년 5월 13일에 요자에몬 일행은 도해하여 초량화관에
도착했다.

(19-01)
〃持渡り書簡両訳写取候次第与左衛門記録ニ不相見候故不記之

(19-01)
〃[이번의 요자에몬이] 가지고 건넌 서간을 [조선 쪽의] 양역이
[화관에서] 옮겨 적었다. 그 내용은 요자에몬의 기록에 보이지
않아 기록하지 않는다.

【大綱二〇段(元禄七年七月)】

(20－00)

○同七年七月廿一日於江戸表竹嶋返簡之写并返簡之内ニ蔚陵嶋之文
字在之不審ニ相見候故委細彼国江相尋候為使者再渡差渡置候趣御
口上書被相添御老中阿部豊後守様江被差上也

【대강 20단(겐로쿠 7년 7월)】

(20－00)

○겐로쿠 7년 7월 21일에 에도에서 [죽도일건에 대해 도중 경과
의 보고를 했다. 즉] 죽도에 대해 [조선이 보낸] 반한의 사본[을,
여기서 장군에게 제출했다.] 그것과 더불어 반한 중에 울릉도라
는 문자가 있는 것을 이상하게 여기고 자세한 것을 그 나라에
묻기 위해 다시 사자를 도해시켜 교섭 중이라는 것을 구성서를
첨부하여 노중 아베 분고노카미 님에게 올렸다.

(20－01)

〃七月廿一日阿部豊後守様江平田直右衛門参上御用人川勝平蔵江致
面談殿様より御口上之趣段々申達御返簡写并御口上書渡之候所御
返簡読聞せ候様ニ与之事故二篇読候而相渡候所則被申上御返答被
仰出候ハ委細被仰聞候趣承届候此方ニ而も得与致吟味自是御返答
可申入候旨豊後守様御返答之旨被申聞

(20－01)

〃7월 21일에 아베 분고노카미 님[의 저택]에 히라타 나오에몬이

방문했다. 어용인 카와카쓰 히라조우를 면담하여 토노사마(소우 요시쓰구)의 구상의 취지를 여러 가지 전하고 반한의 사본 및 구상서를 건넸다. 그러자 그 반한을 읽어서 들려달라는 요청이 있어 이것을 2회 읽어드리고 건넸다. 그리고 [구상서로] 말씀드린 것에 대한 반답을 [구답으로] 말해주셨다. 즉 자세한 것을 전해주시어, 그 취지를 알았다. 이쪽에서도, 이 건에 관하여 차분히 검토하여 곧 답을 하겠다고, 그러한 내용을 분고노카미 님이 답으로 해서 말씀하셨다.

〃御返簡写別ニ相見候故略之

〃반한의 사본은 별도로 보이기 때문에 이 기재는 생략한다.

(20-02)

〃御口上書写左記之

口上之覚

一 去年竹嶋江罷渡候朝鮮人之内弐人被留置候を長崎御奉行所より
　請取彼国江送還シ重而不罷渡候様ニ可申渡之旨去年五月十三日土
　屋相模守殿より被仰渡候付則多田与左衛門与申者使者ニ申付書
　簡相添去年十月彼国江差渡候処ニ返翰当年二月ニ相達候然処返簡
　之内ニ蔚陵嶋与申儀相見へ申候此方より者竹嶋江重而朝鮮人不罷
　渡様ニ与申遣候処蔚陵嶋江茂不遣候与申越候段朝鮮国ニ心入も有
　之而書込申候哉与被存候若又文章之勢迄ニ書込申候哉其段委相尋
　書込不申事済候ハ、蔚陵嶋与申儀除可然存右之使者再罷渡此旨

申達候様ニ申付置候自然除申間敷由申候ハ丶如何様之儀ニ而書込
申候哉子細委承届帰国仕候様申付候夫故返翰差上候儀及延引候

(20-02)

〃[아베 분고노카미 님에게 제출한] 구상서의 사본을 아래에 기록
한다.

구상의 메모

1. 거년에 죽도에 건너온 조선인 중 두 사람이 [그때에 일본에] 유
치되어 있었습니다. 이 두 사람을 나가사키 봉행소에서 인계받
아 그 나라에 송환하고 다시는 [조선인 어민이] 죽도에 건너오
지 않도록 [그 나라에] 요구하라는, 그러한 취지를 거년 5월 13
일에 쓰치야 사가미노카미 님한테 명받았습니다. 그래서 타다
요자에몬이라는 자를 사자로 명하여 서간을 주어서, 거년 10월
에 그 나라에 차견했습니다. 그러자 그것에 대한 반한이 금년
2월에 [쓰시마에] 도착하였습니다. 그러나 이 반한 안에는 울릉
도라고 하는 섬의 일이 기재되어 있습니다. 우리 쪽에서는 죽
도에 두 번 다시 조선인이 건너오지 않도록 하라고 말하였는데
[저쪽에서는] 울릉도에도 건너가지 말라고 명했다고, 그렇게 말
해 왔습니다. 이 일은 조선국에서도 어떤 생각이 있어, 이 [울
릉도] 문자를 기입한 것이라고 생각됩니다. 어쩌면 또, 문장의
흐름에 따라 기입한 것인지도 모릅니다. 그것에 대해 것을 자
세히 물어, 기입하지 않도록 하여, 울릉도라고 하는 섬의 일을
반한에서 삭제하라고, 위의 사자를 다시 도해시켜 이 뜻을 전
하도록 지시하였습니다. [그러나] 쉽게 삭제하는 것과 같은 일

은 없다고 [저쪽에서] 말하고 있기 때문에 어떤 이유에서 기입한 것인가, 그 이유를 자세히 듣고 귀국하라고 [사자에게] 명령하였습니다. 이러한 이유로 반한을 [장군에게] 바치는 일이 늦어지고 있는 것입니다.

一 蔚陵嶋与申儀返簡ニ書出候段不審ニ存候子細者竹嶋之方角ニ相当り朝鮮国之蔚陵嶋与申嶋御座候由及承候若竹嶋を彼国より蔚陵嶋与申候哉無心元存候

1. 울릉도라는 섬이 반한에 기록되어 있기 때문에 [이쪽은] 이상하게 생각하고 있습니다. 그 이유를 말하자면 [이 섬은] 죽도 방각에 있는 섬으로 조선국의 [영역 안에 있는] 울릉도라고 하는 섬을 말합니다. 만일 [이 섬이, 일본에서 말하는] 죽도를 가리키고, 그 나라에서는 [죽도를] 울릉도라고 말하는지도 모릅니다. [사실이 어떤지는 불명하여 어쩐지] 불안합니다.

一 竹嶋之儀若朝鮮国之蔚陵嶋ニ相極り候而も彼国より数年捨置日本江年久敷属シ申候故今更申分者無之筈ニ候乍然朝鮮国之興地図ニも蔚陵嶋与申嶋書載有之候故蔚陵嶋日本江属し候与申候而者北京并朝鮮国中之外聞も如何候故嶋者遠方与申小嶋ニ而捨置候故日本江属し候而も不苦候得共名斗成共残候為与存我国之蔚陵嶋与申事返簡ニ書込申候哉与推察仕候

1. 죽도에 대해 말하자면 가령 조선국의 울릉도라는 것으로 결정

했다 해도 [이 섬은] 그 나라에서 수 십년래 버려두었던 섬입니다. 일본에 오랫동안 속해 있던 섬이므로 새삼스럽게 [조선국이 자기들의 섬이라고] 주장할 수가 없습니다. 그러나 조선국의 여지도에 이 울릉도라는 섬에 관한 일이 기재되어 있습니다. 그렇기 때문에 이 울릉도가 일본에 속했다는 것이 되면 북경정부 및 조선국 내에서 세간의 평가가 나빠 과연 어찌될 것인가라고 걱정하고 있는 것 같습니다. 섬은 원방에 있고 또 소도이기 때문에 [지금까지] 버려두었던 것입니다. 그래서 일본에 속해도 아무렇지도 않은 섬이기는 하지만 [세간의 평을 생각하여] 이름만이라도 남겨두고 싶다고, 그렇게 생각하고 있는 것 같습니다. 그렇기 때문에 [위에서 말한] 우리나라의 울릉도라고 [그러한 문언을] 반한 속에 기입한 것이라고 추찰하고 있습니다.

一 若右之推量之通ニ而返簡ニ書込有之以来書面斗を見候而者竹嶋与
蔚陵嶋ハ二嶋之様ニ相見へ申候付若竹嶋江又々朝鮮人罷越此方より御咎も御座候節日本之竹嶋与ハ不存我国之蔚陵嶋ニ而御座候故罷渡候なヽ返答仕候而者已来出入絶申間敷与存候依之此度紛敷無之様に相極置可申与存様子尋ニ遣申候彼方之返答之趣ニより重而得御内意申儀も可有御座候以上

　　　　七月廿一日　　　　　　　　　　　　　宗対馬守

　　右料紙肌吉半切ニ相認

1. 만일 위에서 추량한 것과 같은 이유로 반한에 기입했다고 하면 가지고 건너왔다는 서면[의 문자]만을 보고 있으면 [일의 진상은 불명 그대로입니다. 이래서는] 죽도와 울릉도는, 마치 [다른] 2도처럼 보입니다. [그렇기 때문에 해결되지 못합니다.] 만일 죽도에 또 조선인이 넘어와 우리 쪽에서 문책 등을 했을 경우, [여기서 혼란이 생깁니다. 즉] 일본의 죽도라고 생각하지 않고, 우리나라의 울릉도라고 생각하고 섬에 건넌 것이다라고, 그렇게 반답하면 [그들의 죄를 물을 수 없게 되고] 맙니다. 그렇게 되면 장래에 계속해서 [양국민이, 이곳에] 출입하는 일이 되어 [결국 분쟁이] 그치는 일이 없게 되겠지요. 이러한 일이므로 이번에는 혼동하지 않도록 [섬의 소속을] 정해두는 일이 필요합니다. 저쪽에 상황을 묻기 위해 사자를 파견해 두고 있으므로 그 반답의 결과에 따라서는 다시 뜻을 여쭙고 지시를 받으려고 생각합니다. 이상.

　　　7월 21일　　　　　　　　　소우 쓰시마노카미

위의 료지(료우시: 기록용의 종이)의 질은 양질이기 때문에 반절(한세쓰: 356mm×432mm)로 해서 문을 기록했다.

【大綱二一段(元禄七年八月①)】

(21－00)

○同七年八月九日与左衛門一行茶礼設行接慰官東莱府使被罷出於
　大庁対面御書簡渡之最前之返簡蔚陵嶋之文字被差除候様二与之論
　慮安心以此帰告最冝而不可転啓無益唯在荅書伝授之為愈也

【대강 21단(겐로쿠 7년 8월 ①)】

(21 - 00)

○겐로쿠 7년 8월 9일에 요자에몬 일행에게 차례의식이 베풀어졌
  다. 접위관 및 동래부사가 내방하여 대청에서 대면했다. 그리고
  정관이 [접위관에게] 서간을 건네고, 최전의 반한도 돌려주고,
  울릉도라는 문자가 삭제될 수 있도록 해달라고 [그렇게 정관이]
  이야기했다. 또 그것에 대해 [접위관이 응답하며 상호간에] 논
  담을 주고받았다.

(21 - 01)

〃 是より前八月三日接慰官幷馳走訳朴同知朴僉知罷下東莱着之由訓
  導別差方より申来

(21 - 01)

〃 이보다 전인 8월 3일의 일이다. 접위관 및 치주역 박동지와 박
  첨지가 도성에서 내려와 동래에 도착했다고 [그와 같은 정보를]
  훈도와 별차가 전해주었다.

(21 - 02)

〃 接慰官姓名与左衛門記録ニも不相見候故闕之

(21 - 02)

〃 접위관의 성명은 요자에몬의 기록에 없다. 그래서 이 기재를 뺀다.

(21－03)

〃八月四日朴同知朴僉知裁判高勢八右衛門方迄入来ニ付都船主幷裁
判より茶礼之儀明後日ニ相極可申候旧冬茂茶礼之節平座候而御用
向申談候此度も弥右之通接慰官江可申達置旨申達候所両訳官返答
ニ今度之儀御用大切ニ御座候付早速茶礼被相調候事如何ニ候今晩
者夜も更申候間明日可致入館候内々御咄申度儀御座候条疾与申
談其上ニ而茶礼日限被相済候へと申候而罷帰候

(21－03)

〃8월 4일에는 박동지와 박첨지가 재판 타카세 하치에몬 쪽까지
왔다. 도선주 및 재판이 차례 의식에 대해 [그 날짜를] 모레(6
일)로 것을 결정하고 싶다고 [저쪽에] 전달했다. 작년 겨울에는
차례를 지낼 때, 평좌하여 용건을 논담했다. 이번에도 위와 같
[이 행하고 싶다. 그것을] 접위관에게 전해주실 것을 [양 역관에
게] 전했다. 그러자 양 역관의 반답은, 이번의 일은 용건이 큰일
이기 때문에 [제 사정이 있어] 서둘러 차례를 준비한다는 것은
[과연] 어떤 일일까요[라고 말해왔다.] 오늘밤은 이미 밤도 깊었
기 때문에 내일(5일) 다시 입관하겠습니다. 그때 은밀하게 다시
이야기하기로 하지요. 또 여러 가지를 상의하고 싶은 일도 있습
니다. [용건에 대해서 그] 내용을 충분히 이야기하고, 그런 다음
에 차례의 날짜를 결정하는 것으로 합시다. 이렇게 말하고 돌아
갔다.

〃同五日朴同知朴僉知都船主番柳左衛門方ニ罷出候ニ付都船主柳左
衛門裁判八右衛門同座ニ而対面之所両馳走訳申候ハ今度茶礼可被
相調与之儀御尤存候得共即時ニ難成様子御座候子細者今度又々御
使者被差渡候付当春之返答壱嶋二名ニ思召候儀勘文与相聞へ候之
処其旨御書簡ニ見江不申唯蔚陵嶋之文字除候様ニ与斗之御書面ニ御
座候ヘハ当春於御国訳官共ニ被仰含候御口上与相違仕候訳官共ニ
被仰含候通ニ候ヘハ成程御返答之申様も有之候得共唯今之御書簡
にてハ聞へかたく御返答之申様も無御座事ニ候左様之御書簡請申
儀難成旨接慰官江朝廷方被申含候御使者中戻り被成候歟無左候ハ
、御書簡斗被遣壱嶋二名ニ思召候段之御書載可被成候左候者委細
御返答可被申候其内者いつまて成共接慰官相待可被申候御馳走ニ
罷下候上者茶礼可被成与御座候ハ、いなとハ被申間敷候間御勝
手次第可相調候乍然御書簡者難請取由接慰官被申候ケ様之内証
御座候付御内意不申入茶礼之場ニ而御書簡請取間敷与被申候者不
首尾成儀ニ候故早速難相調旨申ニ付八右衛門柳左衛門返答ニ無十
方儀を申聞候左様ニ申候与而書簡持戻り可被申候又差返シ認直シ
可被申歟不慮之儀申出候なとゝ挨拶候時左候ハ、口上ニ而者申違
も有之物ニ候ヘハ口上書被成御出し被成候ハ、夫ニ而者請取被申
儀も可有御座哉と返答申候通八右衛門柳左衛門両人与左衛門方江
参り申聞候故返事ニ申遣候者書面聞へかたく候間如何様ニ認候へ
使者中戻候へなとゝ申儀珍敷儀を承候其上口上書ニ而者請取被申
儀も可有之哉抔与申儀猶以難心得候縦朝廷方被仰候とて持渡候
書簡可取帰哉又口上者申違も有之与申候ハ使者口上者証拠ニ不罷

成候哉口上無益之物ニ候ハヽ口上書にて下々ノ江為持差越候而も可
相済候朝鮮ニ者無之事ニ候哉書面ニ難書述儀を口上ニ申遣事ニ候因
茲又々使者被差渡候相談を以口上書ニ而者可被請取抔与繕候様成
事ニ而者決而不相済候今度之儀者接慰官与申談候而も相済儀ニ而
無之候急度茶礼相調口上之趣具ニ被聞届委細注進有之而都より否
之御返答迄ニ候相談ニ而相済儀ニ候ハヽ今日ニ茂両人ニ江対面候而
可申談儀ニ候得共何角も不入壱途ニ朝廷方御返答承儀ニ候ヘハ下ニ
而兎角申合候程御用ニ茂障判事何茂之為不亘候了簡なとゝ申儀必
無用ニ仕急度明後七日茶礼相調候之様接慰官ニ可申達旨両判事ノ江
返答之趣両人より申渡候処具ニ承候間先今晩東莱ノ江罷越接慰官ノ江
申達明日致入館可申入由ニ而罷帰

(21-04)

〃8월 5일에 박동지와 박첨지가 도선주 반 야나기자에몬 쪽에 왔
다. 도선주 야나기자에몬과 재판 하치에몬이 동좌하여 그들과
대담했다. 양 치주역이 말하기를, 이번에 [정관이 도래가 있었
으므로] 차례를 준비해야 하는 것은 당연한 일입니다. 그러나
즉시 설행하는 것은 어려운 일이라는 사정이 있습니다. 그 자세
한 것을 [이야기하자면] 이번에 다시 사자가 건너온 이유에 있
습니다. 금년 봄에 [쓰시마의] 반답에 [조선의 반한을] 하나의
섬에 2개의 이름으로 [의도적으로] 감안하여 기록한 문장이라
고, 그러한 소리가 들려왔습니다. 그러나 그러한 취지의 내용이
[이번의] 서간에는 없고, 그저 울릉도라는 문자를 삭제하도록
하라는 것만을 말하는 [막연한] 서면이었습니다. 이것은 올봄에

귀국에 [우리 쪽에서 파견했던] 역관들에게 말해주었던 [1도2명이기 때문에 이의가 있다고 하는] 구상과 상위합니다. 역관들에게 말해주셨던 대로라면 어느 정도 반답할 수 있는 면도 있습니다 다만 이번의 서간 에서는 [그 일에 대해서는 언급하고 있지 않습니다. 막연하게 하고 있어, 취지의 내용도 알 수 없기 때문에 그대로] 받아들일 수는 없습니다. 그렇기 때문에 반답을 할 수도 없습니다. 그와 같은 서간은, 받을 수도 없고, 교섭은 이루어지기 어렵다고 하는 취지가, 조정의 지시가 접위관에게 내려졌습니다. 사자는 일단 돌아가셔서 [귀국의 교섭 방침에 대해 다시 한 번, 귀국의 노직분들과 상담하]시면 어떠할까요. 그렇지 않으면 [이번에는] 서간만을 제출하면 [어떨까요. 혹시라도 반답을 희망하신다면] 1도2명이라고 생각하시는 것을 [그 서간 중에] 기재해야 합니다. 그러면 자세한 것을 반답하겠습니다. [일단 돌아가시거나, 1도2명이라고 기록하거나] 하는 그 어느 쪽이라면 언제까지라도, 접위관은 기다린다는 것입니다. [박동지도 박첨지도] 어치주역으로 내려온 이상, 차례의 의식을 집행해야 하기 때문에 안 된다고는 말할 수 없습니다. 상황이 정리되는 대로 준비하도록 하겠습니다. 그러나 [이대로의 내용으로는 막연하여] 서간을 수취할 수 없습니다. 그렇게 접위관이 말하고 있습니다. 이러한 이야기는 비밀스런 이야기이기 때문에 이 내적인 이야기를 하지 않은 채로 차례의 장에서 서간을 받을 수 없다고 말씀드리게 되면 [당일] 좋지 않은 의례가 되고 맙니다. 그렇기 때문에 [이렇게 미리, 말씀드리고 있는 것입니다. 이것이 차례를] 서둘러 준비하는 일이 어려운 [진짜] 이유입니다. 이렇게 말하기 때문에 하치에몬도 야나기자에몬도, 이 반답에 대해 터무니없는 말을 듣고 말았다고 느꼈다. 그렇게 말했다 해서 [이번에 가지고 온] 서간을 [그대로] 가지고 돌아갈 수도 없다. 또 돌려보내서, 다시 기록하면 어떨까라고 [저쪽이] 요구하여 왔으나 그러한 일은 불의에 나온 것이기 때문에 [이번의 경우에는 과연 어떠한 것일까. 말을 첨가하여 설명하는 것만으로는 안 되는 것일까] 등으로 답하고 있었다. 그때 [저쪽은] 그렇게 하면 구상으로는 오류도 있을 수 있으므로 [다시 1도2명의 일을] 구상서로 해서 제출해주세요. 그러면 받는 일도 있을 수 있습니다라는 반답이 있었다. 내용 그대로를, 하치에몬과 야나기자에몬 두 사람은, 요자에몬 쪽에 가서 전했다. 그러자 [요자에몬이 이 일에 대한] 답을 보냈다. 이번에 [쓰시마에서 보낸] 서면에 대해서 승복할 수 없다는 것이다. 그렇기 때문에 어떻게든 다시 기록하도록 하라는 것[을 말해 왔다.] 또 사자는 일단 돌아가 [다시 한 번 쿠니모토와 상담해야 한다는] 것 등[을, 우리 쪽에 말했다. 참으로] 진기한 말을 듣고 온 것이다. 그 위에 [또] 구상서[를 첨부하여 제출하]게 되면 이것을 받는 일도 있을 수 있다는 것 등을 말해 왔다. 이 일은 오히려 [우리들이] 승복할 수 없는 일이다. 비록 조정이 명하신 일이라고는 하나 [정식으로] 가지고 건너온 서간을 [건네기 전에 어떻게 변경할 것을 요구할 수 있는 일인가. 그렇지 않으면] 가지고 돌아갈 것을 요구할 수 있는가. [어찌된 일인가.] 또 구상으로는 오류가 있을 수 있다는 등으로 말하는 것은, 사자의 구상은 [믿을 수 없는] 증거가 되지 않는다는 것일 것이다. [이것은 또 어찌된 일인가요. 만일 그렇다면] 구상이라면 쓸모없는 것이 되어 [사자 따위는 필요없다는 것이 될 것이다. 사자가 없으면] 구상서로 해서 아랫사람들에게 취급하게 하므로 제출하게 하여 그것을 수취해도 [사자가 없으므로 반답할 필요가 없어] 그것으로 끝난[다고 하는 것일 것이다.] 조선에게는 [결국] 아무런 문제도 없는 것이 된다. [원래 사자의 파견이란] 서면에 기록하여 설명하기 어려운 [미묘한] 일을 [일부러 사자를 파견하여 그] 구상으로 설명하게 하는 것이다. 이러한 일이므로 또다시, 사자를 파견하는 일이 된 것이다. 그것을 [거부하며] 상담하려면 구상서를 [제출하면] 받는다는 식으로 말한다. 이 문제는 그렇게 [단순히 문서만으로] 처리해 두는 것과 같은 일로는 결코 끝나지 않을 문제이다. 이번의 일은 접위관과 이야기하는 것만으로 끝나는 [창구에서의] 처리로 끝날 일이 아니다. 제대로 차례를 열고, 그리고 구상의 취지를 자세히 들으시고, 그 자세한 것을 [도성에 확실하게] 주진하여 주지 않으면 안 되는 일이다. [그렇게 해서 바르게 전해진 후에 바르게 판단을 내려주시지 않으면 안 된다. 그렇게 되면 그 결과는 어떠한 것이라 해도 상관없다. 그럴 경우] 도성에서 안 된다라는 답을 받으면 된다. [그와 같은 전달의 수속은] 상담하여 해결할 수 있는 일이므로 오늘이라도 두 사람과 대면하여 이야기하여 [결정해야 한다. 그러나. 그러한 이야기를 진행시키는 방법에서는, 수속론만 이야기되어, 본래의 논의에서 멀어져 버리고 만다. 사자의 역할로서는] 무엇인가 [잡음 등이] 들어가지 않게 그저 한 번에 조정 쪽의 반답을 받는 일이므로 하급관료 사이에서 이것저것을 이야기할수록 [점점 본래의] 용건에 지장

이 생긴다. [치주역의] 판사 등 [이것에 관계하는] 모든 분들을
위해서도 좋지 않다. [사이에 낀 자들이] 주선하는 활동 따위는
이미 필요없으니, 차분히 모레 7일에 차례의 의례를 정리하여
설행할 수 있도록 접위관에게 전해주었으면 한다. 이러한 취지
를 양 판사(박동지, 박첨지)에게 반답 형태로 [하치에몬과 야나
기자에몬] 두 사람이 말로 전했다. 그러자 잘 알았다고 답하고,
우선 오늘밤, 동래부에 가서 접위관에게 이 일을 보고하겠습니
다. 그런 후에 내일, 다시 화관에 입관하여 [이 일의 상황을] 말
씀드리겠습니다. 그렇게 말하고 돌아갔다.

(21-05)

〃同六日両馳走訳裁判方ニ罷出候付都船主同然ニ対面之所両訳官申
候者昨日被仰聞候趣昨夜東莱江罷越具ニ接慰官江申達候明日茶礼
可被成与之儀ニ御座候得共昨日申入候様ニ御国より被仰越候勘文
之壱嶋二名ニ思召候与之儀御書簡ニ不相見候付此御書翰難請取旨
都ニ而朝廷方より接慰官江被申含候兎角茶礼不相調候而不叶儀ニ
候得共右申候通御書簡御直シ被成候儀茶礼之日限幾日差延度之
申達候得共達而被仰聞候付幾日ニ相調候旨都江断之為ニ候間明日
之儀者被差延明後八日ニ被相済被下候へ又昨日茂申入候壱嶋二名
ニ被思召候与之儀御書簡御直し難被成其上御口上書も難被成与御
座候上者茶礼之節御使者之御口上ニ慥被仰達候様被成被下候へ左
様無御座候而者御返答之申様無御座ニ付茶礼相調候而も御書簡請
取申儀不罷成由両人申聞候付八右衛門柳左衛門致返答候者段々
申分無十方事而已申聞候接慰官下着九十日ニ及候迄延引之事ニ候

得者御待遠ニ可思召段致推量候御勝手次第急度茶礼可相調候与其
方共方より申掛候而社尤之事ニ候是程迄相延候上又々茶礼迄一日
一日と可相延与申儀両人取次共不存候茶礼相調候而も書簡ハ難
請取与申候事茶礼ハ何之用ニ相調儀ニ候哉接待之上書簡不相渡候
而差置物ニ候哉一々不聞申分茶礼可相延与申儀無十方事ニ候此段
正官人江申入候難成候明後八日者日本之国忌ニ而候之間急度明
日茶礼相調候様ニ早々罷帰接慰官江申達相済候様ニ可仕旨申渡シ
候之処今晩者夜ニ入東莱迄参候ハ、夜更相談可埒明とハ不存候へ
共両人達而申事ニ候間直ニ東莱江罷越否之儀明朝早々可申越旨申
候而暮方罷帰候

(21－05)

〃8월 6일의 일이다. [박동지와 박첨지] 양 치주역이 재판 쪽에
왔다. 그곳에서 [재판과] 도선주가 동석하여 대담했다. 이 양 역
관이 말하는 것은 어제 명받은 취지를 어젯밤에 동래부에 가서
자세히 접위관에게 전했다는 것이었다. 내일 차례를 설행해야
한다는 것입니다만 어제 말씀드린 것처럼, 귀국(쓰시마)이 지적
했던 감안된 문언, 즉 1도2명으로 생각하는 것이, 이번의 서간
에는 보이지 않습니다. 그처럼 [요점이 빠진] 서간에 대해서는
[역시] 수취할 수 없다는 것입니다. 이 일은 도성에서 조정 측에
서 [충분히] 접위관에게 지시해 두었습니다. [그렇기 때문에 어
찌할 수 없는 일입니다.] 어쨌든 차례를 준비하지 않으면 안 되
는 일입니다만 위에서 말한 대로 서간을 고치시는 일이, 차례의
일자를 [결정하는 일이 됩니다. 그렇기 때문에 고치기 위해] 며

칠 정도 연기하고 싶은가 [그것을 묻는 일을, 전일에] 전해드렸습니다. 그러나 [회답이 없습니다. 그러면서 이번에] 무리하게 [차례 설행의 희망을, 우리들에게] 말씀하여 주셨기 때문에 [그 희망에 따라, 어떻게든 차례 설행을 하고 싶다고 생각합니다.] 몇일에 실시할 것인가에 대한 것을 도성에 알리지 않으면 안 되기 때문에 내일이라는 것은 [무리입니다. 약간] 연기해서 모레 8일로 정하려고 생각하고 있습니다. 또 어제도 말씀드렸습니다만 1도2명이라고 생각하시고 있는 건입니다만 이 서간에서는, 고치기 어렵다는 것, 그 위에 구상서[에도 1도2명의 상황을 기재]하기 어렵다는 것, 그러한 이상, 차례를 행할 때, 사자의 구상으로 분명히 [그 일을] 이야기해주세요. 그렇지 않으면 반답을 말할 수도 없습니다. 차례를 마련한다 해도 이 서간을 [조선 측이] 받는 일은, 할 수 없는 일이라고 [그렇게 우리들] 두 사람은 듣고 있습니다. [이렇게 그들은 말하고 있었다. 이것에 대해] 하치에몬과 야나기자에몬이 반답을 했다. 여러 가지를 이야기해 준 것은, 어처구니 없는 일이지만 그것은 [어제부터] 이미 듣게 되어, 들어서 알고 있는 일이다. 원래 접위관의 [하향이 지연되어 동래에] 도착하는 것은, 이미 9, 10일이나 늦어지고 말았다. 이 정도까지 [회담이] 연기된 일로 필시 [접위관 자신도] 기다리기 지루하다고 생각하고 계실 것이라고 추량한다. 상황 여하에 따라 분명히 차례[의 일시]를 조정하고 싶다고 [이번에] 그쪽에서 말해왔다. 그 일은 당연한 일이라고 생각하는 바이다. 이 정도까지 연기하고, 또 차례까지도 하루하루 연기하려고 한다. 이 일은 두 사람의 주선이 존재하지 것과 같은 일이다. [그 위에] 차례를 마련해도 서간은 받기 어렵다고 말하고 있다는 것은, 차례는 도대체 무엇 하려고 마련하는 것인가. [이것을 잘 생각해주었으면 한다.] 접대한 위에 서간의 전달은 없고, 그것은 제쳐둔다고 말하는[것은, 이상한 일이다. 차례라는 것은] 그런 것이 아니지 않은가. 하나하나 요구는 듣지 않고, 차례는 연기해야 한다고 말하는 것은, 참으로 어처구니없는 일이다. 그러한 일을 정관에게 말씀드릴 수 없다. 또 모레 8일은 [선대 이에쓰나 공의 기일로] 일본의 국기이다. [그러한 날에 차례 따위는 할 수 없다.] 꼭 내일 차례를 마련하도록, 서둘러 돌아가 접위관에게 전하여 그렇게 해결하도록 주선해주었으면 한다. 그렇게 이야기했더니 오늘밤은 이미 밤이 되었기 때문에 동래까지 가면 밤이 깊어집니다. [그러한 시각에] 상당해도 [도저히] 납득이 가는 일이 되리라고는 생각할 수 없는 일이었다. 그러나 [하치에몬과 야나기자에몬] 두 사람이 강하게 요구하는 일이기 때문에 즉시 동래부에 가서, 안 된다고 확인한 것을, 내일 아침 일찍 그 뜻을 전하겠습니다라고 말하고, 해질 무렵에 돌아갔다.

(21-06)

〃同七日両馳走訳都船主方江入来ニ付裁判同然ニ対面之所両訳官申候者昨夜裁判より直ニ東莱江罷越候所亥刻迄ニ致参着候故接慰官東莱被休候付相談不罷成今日与申候而者難成儀ニ御座候明日者日本之国忌与被仰候間明後九日ニ被相済被下候様与接慰官東莱被申候由申ニ付兼而申聞候通明日者日本之国忌ニ候故又一日相延候儀如何ニ存是非今日相済候様ニ昨夜達而申聞候へ共右之通ニ候

へハ無力事候左様ニ候者弥明後九日可相調候間無相違可仕旨申渡
候処明日調可申与申程之儀ニ御座候へハ明後日之儀者猶以違変仕
間敷由申聞ルヿ御用之儀茶礼後平座候而可申組由正官人被申候由
両人申渡ｽ

(21－06)

〃8월 7일에 양치주의 역관이 도선주 쪽에 들어왔다. 재판이 동석
하여 대면했을 때, 두 역관이 말한 것은, 어젯밤에 재판 댁에서
즉시 동래부로 가서, 해시(밤 10시경)에 도착했다는 이야기였
다. 그러나 이미 접위관이나 동래부사가 취침에 들어 상담하지
못했다. 그러므로 오늘 [아침에 상담했기 때문에 오늘 즉시 차
례]를 설행한다는 일은 되지 않았다. 내일은 일본의 국기라고
말하고 있으므로 그렇다면 모레의 9일로 [일시의 결정을] 정하
면 어떤가라고, 접위관과 동래부사가 말씀하셨다. [이렇게 그들
이 말했다. 그것에 대해 우리는] 전부터 말했던 대로 내일은 일
본의 기일이다. 그래서 또 하루 정도 연기되고 만다는 것은, 이
와 같은 일은 어찌된 일인가. 꼭 오늘 [차례를] 마칠 수 있도록
하라고 어젯밤에 무리해서 말했던 것이다. 그러나 위와 같은 결
과가 되고 말았다. [두 역관의] 힘이 없다는 것을 알았을 뿐이
다. 그러하므로 결국 모레 9일을 [차례 일시로 결정하고] 준비
하는 일이 되었다. 차질없이 설행할 수 있도록 하라고 전했더니
내일부터 준비에 들어간다고 하는 정도의 일이었다. 모레의 일
은 또 바뀌게 되는 것과 같은 일은 없다라고 들었다. 다시 그들
에게 전한 것은 용건에 관한 일이었다. 차례가 끝난 후에 평좌

하여 이야기하고 싶다고 정관이 말했다는 것으로 이것을 양인
에게 말해주었다.

(21-07)

〃両判事〓裁判都船主申掛候ハ今度御用向各別〓候ヘ共両判事此方
体之何角申候而壱ツも役〓不立事〓候得共又下より之申成も可有
之事〓候今度又々被差渡候儀能々両人も致合点候ヘ両国首尾宜様
〓与被存候而之事〓候朴同知儀者最初より取次候事〓候ヘハ跡先
入組能合点にて候今度国より被申越候通蔚陵嶋之文字さへ被除
候得者何之云事折渡り無之候皆共如何存候哉被申越候通文字被
除返簡被相渡候とて対馬守殿為〓宜与申儀毛頭無之候又此文字被
除候とて朝鮮之御為悪敷与申儀存寄無之候蔚陵嶋之名目を朝鮮〓
被残候儀者如何程も了簡有之事〓候此段朝廷方能御合点被成候者
早々可相済儀〓候返簡延引候而者東武之首尾悪敷候望之通返簡下
り候ヘハ明日〓茂帰国被仕事〓候ヘハ両国之首尾能何茂迄埒明事〓
候八右衛門儀当春者訳官同道国元〓居候付爰元之儀然与者不知候
ヘ共正官人〓朴同知為申入儀茂有之由〓候其上接慰官書物も被致
候様粗聞及候都表諸役移替候とて接慰官なと書物末世〓至而も証
拠〓成間敷事〓候哉勿論ヶ様之沙汰出る儀〓而無之候ヘ共事六ヶ
敷成行候ハ、何角不残不顕候而不叶事〓候其節者第一朴同知首尾
宜ケル間敷候朴同知科〓逢候程之事〓候者朴僉知茂本望ハ有之
間敷候旁悪敷事而已〓而候今度之儀下より之沙汰曾而無益之儀〓
候得共能合点之上〓候ヘハ双方論談取次之心入〓候間此段能落着
居候へと懇〓申掛候ヘハ朴同知朴僉知返答〓御懇〓被仰聞忝存候

左様之儀を得与御内談可申与存毎日致入館候へ共無御聞分御し
かり被成候故申出儀不罷成比方より不申入候蔚陵嶋之文字御嫌
被成又々御使者被差渡候付当春帰国之訳官^江被仰含候者此返翰御
了簡被成候へハ竹嶋ハ蔚陵嶋ニ無紛候得共数年日本之御支配ニ被
成来候を此文字書込壱嶋二名ニ紛レ候儀聞^江たる仕方ニ候間御取
次被成間敷与被仰聞候其旨訳官共致帰国具ニ申達候之処朝廷方被
聞届扱ハ御国之御心入共不存候事広不成様与存東武^江被仰上首
尾宜様随分結構ニ相認候書面被仰分被下間敷与御座候ハ常々之御
誠信ニ致相違候当年八十一年ニ罷成候万暦年中ニ被仰越候御書簡
其返簡両通迄差渡置候磯竹嶋者則我国之蔚陵嶋ニ無其紛儀能御存
知被成候上如此被仰越候へハ無力事ニ候間我国之内ニ候通慥成証
拠書立重而伯耆より日本人不参候様ニ御断之返簡相認可申候由緒
疾与東武^江御聞被成候者御誠信之儀ニ候間嶋を御返シ可被成与可
有之候若又御了簡御座候而被仰下儀も有之候者其時之仰ニよって
申上様可有之与此通ニ都之相談決定仕候然共御書簡ニハ唯蔚陵嶋
之文字差除候へと斗有之候訳官口上者相違ニ候故委返簡難仕候間御
持戻り被成候か飛船ニ而御返し御書込被成候かと申候へ共無御承
引候之故御口上書被成御渡シ被成候様申候得共是も難被成与被仰
聞候然者茶礼之節御口上ニ而慥ニ被仰聞候へと接慰官被申候儀右
之通之相談ニ相極り朝廷方より接慰官^江被申渡候御両人御内意被
仰聞候趣得与承候へハ又々被仰渡候儀其様子も可有之事与存候
何事も御相談被成御心入ニ而御座候者又仕様も有之間敷儀ニ而無
御座候蔚陵嶋之文字除候事右之相談決定之通ニ候へハ決而不罷成
儀ニ候其外之書様にて東武^江被差上宜様ハ何分ニも相談可成事ニ

候唯今下書成とも被成被下候へ得与接慰官東莱江申達両人より能
様被致注進候ハ、宜相調由申ニ付委く承届候両人懇ニ申聞候趣聞
捨にも難成候之間正官使江可申達由申候而八右衛門柳左衛門正官
方江参右之通申聞候付致返答候者両人内意之趣具ニ御承知候今度
之儀者下ニ而何角与申儀ニ而も無之如何程ニ存候而も相届儀ニ而無
之候得共両人其心入ニ候へハ珎重ニ候今度之儀蔚陵嶋之文字被除
候得者其返翰早速請取翌日ニ而茂致帰国事ニ候左も無之御返簡ニ
候へハ縦御書面宜与我等存候而も江戸対馬守殿江不伺候而者難請
取候日和ニより何十日掛り可申も難斗事ニ候間両判事肝煎ニ而罷
成儀ニ候ハ、早々都より御返簡下書到来候様精出し候へ御紙面此
方より望儀ニ而毛頭無之候増而存寄無之候東武首尾能様ニ与之心
入ニ候ハ、認様其元ニ而可有了簡事ニ候只下書早々下り候儀専一ニ
候乍然対馬守殿了簡有之ハ幾重ニも直ヶ可申与之朝廷方御心入ニ
而無之候得者相談無益事ニ候両人働者ヶ様之儀ニ候間肝煎候へと
正官人返答之趣両判事江申渡其上ニ而八右衛門柳左衛門挨拶ニ正
官人ハ右之通被申候儀尤ニ候皆共我々者無益之儀ニ而茂相談候儀
役目之本意ニ候間幾重ニも可申談由申聞候処御相談与有之候而者
大ニ心入違物毎仕能候接慰官江具申入候ハ、宜被致注進候明日入
館候而可申由申候而罷帰候

〃양 판사에게 재판과 도선주가 말한 것은, 이번의 용건은 각별한
일인데, 양 판사는 선일 이래 이것저것을 말하며, 하나도 도움
이 안 되는 활동이었다. 그러나 하료로서 할 말도 있을 것이다.

이번에 또 건너온 사자[의 역할에] 대해서는 두 사람도 잘 알아 두지 않으면 안 된다. 이것은 양국의 관계가 문제 없이 진행되는 것을 절망하는 교섭이다. 박동지는 최초부터 [이 건에 대해] 주선해오고 있으므로 전후의 사정을 잘 알고 있으나 그러한 일도 잘 알고 있을 것이다. 이번에 나라(쓰시마)에서 요구한 대로 울릉도라는 문자만 삭제하여 준다면 더 이상 말할 것이 없어 결렬 등을 말하는 일은 없다. 당신들은 [이 일을] 어떻게 생각하는가. 이야기한 대로 문자가 삭제되어, 그러한 반한이 우리 쪽에 전달되었다 해서, 그것으로 쓰시마노카미 님을 위해 잘되었다고 할 수 있는 일은 조금도 없다. 또 이 문자가 삭제되었다 해서 조선에 나쁜 일이 생긴다고, 그렇게 생각할 필요는 전혀 없다. 울릉도의 명목을 조선에 남기려고 하는 것에는 아직 여러 가지 방법이 있는 것 아닌가. 이것을 조정 측이 잘 이해하시면 [이 문제는] 빨리 끝낼 수 있는 일이다. 반한이 [지금처럼] 늦어져서는, 동무에 대해서 상황이 좋지 않다. 만일 원하는대로의 반한이 내려온다면 내일이라도 [우리들은] 귀국할 예정이다. 그렇게 되면 양국의 상황도 좋고, 어느 면에서 보아도 [양국의 관계는] 양호하게 수습된다. 하치에몬은 금년 봄에 역관과 동도하여 쿠니모토(쓰시마)에 있었기 때문에 이쪽(부산)에서의 사정을 제대로는 알지 못한다. 그러나 정관에 대해 박동지가 [교섭을 정리하기 위해, 여러 가지를] 요구를 하고 있었다는 것은 들어서 알고 있다. 그 위에 접위관이 [교섭의 경과를 하나하나] 기록으로 하고 있는 것에 대해서는 대충 듣고 있다. 도성의 제 역은 바뀌고 있기 때문에 [입장이 바뀌면 말하는 것이 바뀌게 된다.]

접위관 따위의 기록물은 [이 변화에 번롱 당하게 되므로] 말세가 되어도 [도리가 통하는 것으로 해서 신분을 보호하는] 증거가 되는 것이 아니다. 물론 이렇게 [도성의 방침이 변해도 당신들에게 나쁜 교섭이라고] 평판이 날 것 같은 일은 없을 것이다. 그러나 어려운 진행이 되면 아무것도 남김없이 분명히 하지 않으면 안 되는 일이 된다. 그러할 때는 제일 먼저 박동지의 상황은 좋지 않다는 것으로 박동지는 처벌 받을 가능성이 생긴다. 그러한 사태에 이르는 것은 박첨지에게도 처음부터 원하는 일은 아닐 것이다. 어쨌든 그와 같은 [상황에 이르는] 것은 나쁜 일로 꼭 피하고 싶은 바이다. 이번의 일은 하료에 의한 아랫사람들의 [주고받은] 조작으로는 [처리할 수 없는] 아주 무익한 일이었다. 그러나 잘 이해하고 행한 일이고, 그러한 쌍방의 논담은 주선하는 자로서의 마음가짐에 의한 것이었다. 이와 같은 [신경을 쓰는] 준비로 잘 낙착되었으면 좋겠다고 [우리도 마찬가지로] 생각하고 있는 일이었다. 이렇게 간절하고 정중하게 이야기했더니 박동지와 박첨지의 답은, 간절하게 이야기해주시어 황송하게 생각합니다. 그와 같은 것을, 차분히 이야기할 생각으로 매일 [우리들도] 이곳에 입관하고 있었습니다. 그러나 납득하여 주는 일은 없고 그저 꾸중만 듣기 때문에 [우리들은, 그 이상] 말씀드리는 일도 할 수 없어 [일부러] 우리 쪽에서 말씀드리는 것과 같은 일은 하지 않았습니다. 이렇게 울릉도라는 문자를 싫어하셔서, 다시 사자를 건네보낸 일에 대하여 [조선 측의 이해를 말씀드린다면 다음과 같은 일입니다. 즉] 금년 봄에 [쓰시마에서] 귀국의 역관에게 말씀하신 일이 있습니다. 그곳에서는 이 반한에 대한 이해가 있어, 죽도는 틀림없이 울릉도라는 섬이지만, 수년래 일본이 지배하게 된 것을, 이 문자를 기입하는 일로 1도를 2명으로 혼동시켜 [조선의 지배로 남기고 있다.] 이것은 노골적인 방법이므로 [장군에게] 주선할 수 없는 일이라고, 그렇게 들었습니다. 그 뜻을 역관들이 귀국하여 자세하게 [도성에] 보고하였던 바, 조정 측은 [이 보고를] 들으시고, 그렇다면 귀국의 [여러분에게는 성신의] 마음가짐 따위는 [이미] 존재하지 않는 것 아닌가라고, 그와 같은 생각을 흘리셨습니다. [사태가] 확대되지 않도록 하려고 생각하고, 동무에게 하는 보고에는 상황이 좋다고, 매우 좋게 기록된 서면이었으나 [이것을 싫어하셨다. 조선 측이 이렇게 성의를 가지고] 이야기해준 것을 돌려보내는 등, 그렇게 요구해서는, 통상의 성신과 다르다. 금년으로 81년이나 되는데, 만력(明의 신종의 연호, 1573~1620) 연중에 말하여 보내주신 서간과 그때의 반답, 2개의 왕복서간 [즉 만력 42(1614)년에 동래부사(박경업)와 쓰시마 도주(소우 요시토시) 간의 왕복서간]에는 이소타케시마는 즉 우리 조선국의 울릉도가 틀림없다라고, 그렇게 기록되어 있다. 그 기재가 있다는 것은 [일본에서도] 잘 아는 일이다. [그런데] 이렇게 [사자를 보내 죽도 즉 울릉도는 일본의 것이라고] 주장하시면 [모든 대화가] 무력해지고 만다. 우리나라에 있는 [기록이 나타내]듯이 [쓰시마도 역시] 확실한 증가를 기록하여 호우키에서 일본인이 [섬에] 건너가지 않도록 [호우키 번주에게] 알리는 서간을 기록하여 주시면 어떠하겠는가. 그와 같은 일을 즉시라도 동무에게 물으면 이것은 성신의 일이기 때문에 [일본의 장군은] 섬을 돌려

주시는 일이 될 것이다. 혹시 또 의견이 있어, [장군이] 명을 내리는 일이 있으면 그때의 명령에 따라, 또 그때에 [우리들이] 말씀드릴 수도 있다[고 말하는 것이다.] 이러한 일로 도성의 상담은 결정되어 있었습니다. 그러나 [이번의] 서간에는 그저 울릉도 문자를 삭제하도록 하라고만 있었습니다. [그와 같이 이유도 없이 막연한 서간으로는] 역관의 말에 의하면 [취지가] 다르기 때문에 자세한 반답의 서간을 내리는 일을 할 수 없다. 그렇기 때문에 가지고 돌아가거나, 비선으로 [귀국으로] 돌아가 [다시 자세한 이유를] 기입하던가, 그 어느 쪽을 택하면 어떻겠는가라고 말씀드렸습니다. 그러나 받아들이지 않았습니다. 그렇기 때문에 구상서로 해서 건네달라고 말씀드렸습니다. 그러나 이것도 할 수 없다고 말씀하셨습니다. 그렇다면 차례를 행할 때, 구상으로 분명한 것을 말하여 주세요라고, 그렇게 접위관이 말씀하시고 계십니다. [어쨌든] 위와같이 회담에서 정해져, 조정 측에서 접위관에게 [방침을 알리는] 말을 전하는 일이 있었습니다. 그러한 상황에서 [제판 하치에몬과 도선주 반 야나기지에몬] 두 사람의 비밀을 [이렇게] 듣고, 그 취지를 분명히 들었습니다. 그리고 또 [쓰시마에서] 요구가 있는 [서간]이 [이번에] 건너왔습니다. 그 기록한 내용도, 이와 같은 것일까라고 생각하고 있습니다. 어떤 일이라도 상의하시어 [여러 가지로] 생각한 뒤의 일이므로 [우리들도] 종사하여 [보탬이 될 것 같은 일을] 하는 것도 할 수 없는 것은 아닙니다. [그러나] 울릉도 문자를 삭제하는 일은, 위의 상담이 [조정 측이] 결정한 대로이기 때문에 절대 안 되는 일입니다. 그러나 그 외의 기록 내용에 따라서는, 동무에 [서면을] 올리셔서 잘 되도록 주선하는 일은, 얼마든지 상의할 수 있는 일입니다. 지금 바로 [서둘러] 초안이라도 좋으니, 그렇게 하시어 [기록하여] 주세요. 바로 접위관 및 동래부사에게 전하겠습니다. 이 두 사람이 좋게 [도성에] 주진하기 때문에 좋도록 [이 교섭을] 조절할 수 있습니다. 이렇게 두 역관이 말하기 때문에 그것을 자세히 들었다. 두 역관이 간절히 이야기한 내용은, 그대로 듣고 버릴 수도 없었기 때문에 정관에게 전하겠다고 말하고, 하치에몬과 야나기자에몬이 정관 측을 찾아갔다. 위와 같이 말씀드렸더니 [정관이] 반답한 것은, 두 역관이 이야기한 내의의 취지는 잘 알았다. 그러나 이번의 일은 하료의 사람들이 이러쿵저러쿵 이야기해도 해결될 만한 것은 없다. 아무리 [그들이 잘] 이해하고 있다 해도 그것을 [바르게 도성에] 전달하는 것은 용이한 일이 아니다. 그러나 양 역관이 신경을 쓰는 것에 대해서는 감사한다. 이번의 일은 울릉도라는 문자만 삭제하면 그 반한을 바로 받아 다음 날이라도 귀국할 예정이다. 그와 같은 [울릉도라는 문자가] 삭제되지 않은 반한이므로 설사 아무리 서면이 좋은 것이라고 우리들이 이해한다 해도, 에도에 있는 쓰시마노카미 님에게 여쭈어 [양해를 받지 않으면 그러한 서간은] 받을 수가 없다. [에도까지의 왕복은] 천기에 따라 몇십일이나 걸리고, 그 [이해가 있을지 어쩔지도] 헤아리기 어려운 일이다. 양 판사가 알선하여 이 일을 처리할 수가 있으면 빨리 도성에서 반답의 초벌이 도래할 수 있도록, 정성껏 노력하여 주었으면 한다. 그 지면에 대해서는 [울릉도를 삭제하는 것 이외는] 이쪽에서 [이것저것] 원하는 것은 추호도 없다. 특별히 생각해야 하는 [문언의] 사례도 없다. 동무의 상황이 좋도록 하는, 그저 그것만을 생각하고 있다. 그렇기 때문에 문장을 기록하는 방법은, 그쪽에서 생각해야 할 것이다. 다만 초안을 빨리 받는 것이 우선 먼저의 일이다. 그러나 [성신의 의례로] 쓰시마노카미 님에게 생각이 있으면 몇 번이고 고치겠다고 [그러한 말씀을, 자주 말씀하시는데, 실제로는 그와 같은] 조정 측의 배려 같은 것은 없는 것과 같다. 그러므로 [그와 같은 반한의 수정을] 상의해도 무익한 일이다. 두 사람의 활동은 [조정 측이] 이와 같기 때문에 [무의미하게 되었으나 그래도 정성껏 노력하여] 알선해주길 바란다. 그와 같은 정관의 답의 취지를 양 판사에게 전했다. 그런 후에 하치에몬과 야나기자에몬 답변으로 해서 정관이 위와 같이 말씀하신 것은 당연한 일이지만, 우리들 [하료]는, 모두 다 같이, 가령 무익한 일이라 해도 항상 상의하고 있습니다. 그것이 역할로서 가장 중요한 일이기 때문이다. 몇 번이라도 상담을 행할 생각이고, 요구도 들을 생각이다. 그와 같은 상담이 있어야 비로소 [서로] 크게 다른 생각이, 그것들이 [이야기되어, 이루어지기 어려운 것도] 좋게 [처리될 수 있도록] 되는 것이라 했다. 그리고 접위관에게 자세히 보고할 때는, 좋게 주진하여 주세요라고 [그렇게 두 사람에게 이야기했다. 그러자 두 사람은] 내일 다시 입관하니까, 또 이야기합시다라고 말하고 돌아갔다.

(21-08)

〃同八日両馳走訳入館都船主裁判同道ニ而正官方江罷出候付対面之

上正官申達候ハ昨日裁判都船主^江咄仕候内意之趣具^ニ聞届候其節
返答申遣候様内所向之事^ニ候者幾重^ニも相談仕様も可有之事^ニ候
得共繕かましき儀還而不宜事候今度之儀下^ニ而何角与申談^ニ而無
之候裁判何茂内談ハ者唯真直成儀を以早速埒明候儀何茂之働^ニ候
^乍然首尾宜様皆共偏^ニ存入候段尤^ニ候其心入^ニ候得者此方茂同前^ニ
候東武之首尾不宜候而ハ朝鮮之為悪敷通交之道少も無障様被存
被申越候趣両人能合点候由^ニ候其通朝廷方思召入下書をも被差越
対馬守殿^江御相談之御心入^ニ候者長久之本^ニ候朴同知儀者最初より
り取次之事^ニ候ヘハ別而存入可有之事^ニ候与申聞候処御相談之御
心入^ニ御座候ハヽ朝廷方も心入違申事候接慰官東莱^江可申入由返
答^ニ申聞候

(21-08)

〃8월 8일에 양 치주역이 입관했다. 두 사람을 도선주와 재판이
안내하여 정관이 있는 곳으로 갔다. 그곳에서 대면하고 정관이
말로 전한 것은, 어제 재판과 도선주에게 이야기해준 은밀한 이
야기의 취지를 자세히 들었다. 그때에 반답으로 말하여 보냈듯
이 비밀스런 일이라면 몇 번이고 상담을 할 생각은 있으나 [본
질적인 일은 제쳐두고 표면만을] 고쳐두는 것과 같은 처리로는,
오히려 좋지 않은 결과를 부른다. 이번의 일은 아래에서 어떻게
처리할 수 있는 이야기가 아니다. 재판은 어떤 경우에도, 그 내
담에서는 오직 정직한 이야기를 [주고받기 때문에] 신속하게 일
이 정리되게 된다. 그것이 일반적인 움직임이다. 그런데도 [이
번에는 그렇지 않다.] 상황이 좋게 수습되는 것은, 모두가 같이

바라고 있는 일이고 당연한 일이다. 그와 같은 바람에 대해 말하자면 우리 측도 마찬가지다. 동무에 대한 상황이 좋지 않으면 결국, 조선을 위해서도 나쁜 통교의 길이 되고 만다. [양국에게] 조금도 지장이 없기를 바라며 [이번에 쓰시마에서] 전해온 취지에 대해 두 사람은 잘 이해하고 계시는 것 같다. 그처럼 조정 측도 생각하시고 [새로운 반한의] 초안을 [우리에게] 보내어 쓰시마노카미 님에게 상담하는 배려를 하신다면 [우의 교류가] 장구해지는 기본이 될 것이다. 박동지는 처음부터 [이 건에 관하여] 주선하는 역을 맡아 왔으므로 특별히 이해하고 있는 일이라고 생각하지만이라고 말했다. 이렇게 말을 걸자 [박동지는] 상담하시는 그 배려에는 [감사의 말씀을 드립니다.] 조정 쪽에서도 마음을 쓰는 일이 있습니다만 [그것에는 쓰시마 측과는 약간] 다른 것이 있다는 것을 [이참에] 말씀드려 두겠습니다. 또 접위관과 동래부사에게는 [정관님이 말씀해주신 것을] 전하겠습니다라고, 이와 같이 반답했다.

(21-09)

〃昨日裁判より被仰聞候御用向茶礼以後御平座候而可被仰越旨接
慰官東莱〓申達被相心得候東莱者交代之儀申来候得共今度御用向
各別〓候間接待被罷罷出候へと都より之差図〓而弥明日被罷出筈
之由申聞ヶ暫挨拶候而帰掛両判事裁判宅〓立寄昨日も申候様諸事
御相談不申候而不叶儀〓候思召寄下書〓而も被成被下候ハ、宜様
接慰官東莱〓相談可仕旨申候付此方より下書与申儀不存寄儀〓候
増而思寄有之とて役〓立候事にても無之候左程〓存儀〓候ハ、接

慰官東莱[江]相談候而下書仕為見候ハ、何とそ存寄相談仕儀も可有
之哉与両人返答申候処　　如何[二]も相心得候罷帰相談候而書付明朝
早々宴席前両人可致持参旨挨拶候而扨昨日も申候通一嶋二名之
儀無之[二]付而難致返簡候間此書簡不請取候之様朝廷方より接慰官
[江]被申渡候付明日之茶礼御書簡請取候儀難成候其間者請置右之注
進[二]而都之相談変[宜]申来候ハ、其節可差登候又右之相談違変不仕
候ハ、兎角不時之接待成共仕一嶋[二]二名[極]而被思召候与之儀承
御書簡可差登候与接慰官被申候由申[二]付左様之無十方事を接慰官
被申候とて此方[江]申聞[ケ]物[二]候哉増而正官人[江]取次申儀不存寄事
[二]候書簡不渡茶礼斗可相調与正官人可被申か請置可申与申儀如何
様之儀[二]而候哉書簡請取候ハ、請置候共則可差登とも其段ハ其元
内証之儀[二]候へハ此方構事[二]而無之候接待之場[二]而接慰官書簡請
取間敷与被申候とて不相渡差置可申哉不埒成儀申出[ヘ]大事出来可
申由都船主裁判強申聞候へハ被仰聞候趣致合点候此方[ニ]而仕様可
有之由[ニ]而罷帰

(21-09)

〃[양 역관이 말하기를] 어제 재판한테 명받은 용건은, 차례 후에
평좌로 대화하는 것이었습니다. 그 뜻을 접위관과 동래부사에
게 전하여 양해를 받았습니다. 동래부사는 교대하는 시기로 [그
통지가 도성에서] 왔습니다만 이번의 용건은 각별한 것이므로
[잠시 동안 남아서] 접대의 의례에는 나가도록 하라는, 도성의
지시가 있었습니다. 그리고 드디어 내일 나오실 것이라는 이야
기를 들었습니다. 그러한 인사[의 말]을 잠시 나누고, 돌아가려

는 길에 두 판사는 재판댁에 들려 [다시 이야기를 했다.] 어제 다 말씀드렸듯이, 모든 일을 상담하지 않으면 [역할을 담당한 자로서] 안 되는 일입니다. 생각하시는 것을 그 초안으로 해서 [우리들에게] 맡겨주시면 되는 일입니다. [그 초안을 가지고] 접위관이나 동래부사와 상담하여 [그쪽에서] 초안을 써보면 어떨까요. 그렇다면 어떻게 생각하는 것을 상담할 수 있을지도 모릅니다. 이렇게 두 사람(판사)에게 답했다. 그러자 잘 알았습니다. 돌아가서 상담하여 그와 같은 서부를 내일 아침 일찍, 연석 전에 양인이 지참하겠습니다라고, 그렇게 대응했다. 그런데 또, 어제도 말씀드렸듯이 1도2명이라는 생각이 없으면 그렇다면 반한은 하기 어렵다고 하는 것으로 [그렇기 때문에] 이 서한은 받지 말도록 하라고 조정 측이 접위관에게 명했다는 것이다. 그러므로 내일 차례에서는 [접위관은 정관이 주는] 서간을 수취할 수 없다는 것이었다. 그 자리에서는 맡아두고, 위의 주진으로 도성의 상담이 변하여 [수취해도] 좋다고 하면 그때는 [맡아두었던 서간을, 다시 도성에] 바치는 것으로 한다. 그와 같은 일이었다. 또 위의 상담에 따라 [조정의 견해에] 변화가 없으면 어찌되었든 불시의 접대로 해서 [의식만을 집]행한 것이 되어 1도2명이라고 하는 사고에 [입각하여 죽도는 조선국의 울릉도라는 것으로] 결정했다고, 그처럼 이해하여 주었으면 한다. [일단] 서간을 [맡아두고, 그 뜻을 도성에 보고로 해서] 올리고 싶다고 접위관이 말하고 있었습니다. 이처럼 양 역관이 전해왔다. 그와 같은 어처구니없는 일을 [설령] 접위관이 말했다 해서 [그것을 그대로 역관들이] 우리들에게 들려주는 것과 같은 일이 [과연 있어서 될] 일인가. 그것도 정관에게 주선해달라고 말하는 것은, 생각도 할 수 없는 일이다. 서간은 건네지 않고, 차례만을 준비했다는 등, 어떻게 정관에게 말씀드릴 수가 있다는 것인가. 또 맡아둔다고 말하는 것은 [과연] 어떠한 일을 의미하는 것일까. 서간을 수취하면 그것을 [자기가] 맡아두던지, [도성에] 올리던지, 어떻게 하든 그 같은 일은 그쪽 내부의 사정에 따르는 일이다. 이쪽이 상관할 일이 아니다. 접대 장소에서 접위관이 서간을 수취하지 않는다고 해서 건네지 않은 채 [서간을] 그 자리에 남겨두는 [것과 같은 사태는, 과연 어떠한 일일까.] 괘씸하다고 [격분하는 발언이 튀어 나오고, 분규하여 드디어] 큰일이 나고 만다. 이렇게 도선주와 재판이 강하게 전했기 때문에 그와 같은 취지를 잘 듣고 [양 역관은] 이해하여 주었다. 또 [내일의 의식에 대해서 그 준비를 이야기하여] 이쪽이 취해야 할 일은, 이렇게 해주었으면 좋겠다는 내용을 [우리에게 이야기하여] 전하고 [그들은] 돌아갔다.

(21-10)

〃 同九日之朝茶礼前朴同知朴僉知裁判宅ニ参昨夜申談候儀夜更接慰官東莱被休候付今朝可申入与存御用茂有之間早く坂之下江御越被成候へと東莱江申遣候処常より早く被相越候故坂之下ニ而疾与申談候へハ大切之儀を爰元ニ而下書なと仕儀不存寄事ニ候何茂被仰聞御心入ニ候者諸事冝相済旨接慰官被申候由申ニ付裁判返答ニ尤之儀ニ候縦下書持参候而も左様之儀我々申請候事至而大切成事ニ候故持参候共披見申間敷与昨夜より各々思案相極置候処一段ニ候

由申聞候

(21-10)

〃동 9일의 아침에 차례가 열리기 전에 박동지와 박첨지가 재판 댁에 들러서 하는 [보고가 있었다.] 어젯밤에 말씀드린 것을, 밤 이 늦었기는 하지만, 접위관과 동래부사에게 전하려고 했다. 그 러나 이미 취침하고 계셨기 때문에 오늘 아침에 말씀드리려고 생각하고, 또 다른 용무도 있었기 때문에 이른 아침에 사카노시 타까지 넘어와 주세요라고, 동래부에 전해두었다. 그러자 보통 때보다 빨리 넘어오셨다. 그래서 사카노시타에서 [초안의 건을] 차분히 말씀드렸더니, 그와 같이 중요한 일을 [조정과 상의 없 이] 자신들이 초안으로 해서 기록하는 일 따위는 생각도 할 수 없는 일이다. 어찌되었든 [내부의 일을] 들려 주셔서, 마음을 써 주신 것을 알았으므로 여러 가지 일이 잘 끝날 것이다. 그렇게 접위관이 말씀하셨다. 그와 같이 양 역관이 전해왔다. 이것에 대해서는 재판의 반답에도, 그것은 당연한 일이다. 가령 초안을 지참해도 그와 같은 일은, 우리들이 의논할 수 있는 일이 아니 다. 아주 중요한 일이기 때문에 지참해도 그것을 배견하고 의견 조차 말씀드릴 수 없다. 그와 같은 일을 어젯밤부터 [우리들도] 여러 가지로 생각하고 있었던 참이다. 그렇기 때문에 [초안을 지참하지 않은 것은] 더욱 잘된 일이었다라고, 그처럼 말해주었다.

(21-11)

〃太廳ニ而接慰官東萊江御使者より論談之次第左ニ記之

(21-11)

〃대청에서 접위관 및 동래부사에게 사자[인 타다 요자에몬]이 논
담을 했다. 그 내용을 아래에 기록한다.

正官口上

〃旧冬使者を以申達候御返簡疾与披見いたし候之処此方より之書
簡ニ不申遣蔚陵嶋之儀御書載候儀難心得存候御返簡之趣致了簡候
得ハ重而又朝鮮之漁民竹嶋江罷越致漁候節日本より被仰断候ハ、
其時之御返答ニ竹嶋江者不参候我国之蔚陵嶋江参候与御返事被成
能様ニ御拵物与存候両国之儀紛敷御返簡取次被申候而東武江差上
被申候儀決而不罷成候若此侭ニ而公儀江被差上候者如何様之趣ニ
而此方より不申越儀を書載有之哉其意趣真直ニ被聞届御案内被申
上候儀対馬守殿役儀ニ候処不埒之返簡差上候なと、有之候者対馬
守殿為ニも不冝其上右之通ニ而ハ不被差置必定江戸表より急度以
御使者可被相済与可有之候然上ハ事大事ニ及候者猶以不冝儀ニ候
又無何事被相済候共朝鮮之御外聞悪事ニ候縦右之通ニ無之共役目
之事ニ候間対馬守殿急度被致渡海都迄も被罷通朝廷方江懸御目否
之被埒明候様と有之歟兎角何レ之道ニ而も朝鮮之御為不冝事ニ
而何分ニ茂両国首尾能様ニ与被存候間又々使者を以被申候誠信之
旨を能御合点被成蔚陵嶋之文字被差除候而御返翰早々可被差越
候此段幾重ニ茂申達其上ニ茂若無御承引御源志茂有之而難被除事ニ
候者如何様之儀ニ而御書載候与之様子委細御返簡ニ可被仰聞候万
一御返答之品ニより不首尾与被存候而も有体之儀ニ候ハ、取次可
被申候此旨能御合点被成御注進可被成候今度之儀日本朝鮮之御

挨拶゠而候得者接慰官拙子抔論談゠而御用向善悪之儀相済事゠而
無之候乍然取次之申成゠依て上之御聞入善悪之違有之間敷物゠而
無之候無申入迄候得共御返答之品゠より事大゠罷成候段能御了簡
可被成候御存知之通拙子儀旧冬致渡海其御返翰于今遅延東武之
首尾可宜候哉御察不可被成候度々飛船到来御返翰延引不首尾゠候
与之儀以之外゠申来候得共其返事可申遣様も無之候早々御返簡到
来候様御注進可被成旨朴同知朴僉知を以接慰官東莱゠申達ス

정관의 구상

〃지난 겨울에 사자를 통해 보내주신 반한을 차분히 배견했습니
다. 그런데 이쪽에서 보낸 서간에서 언급하지 않은 울릉도라는
것이 기재되어 있었다. 이 일은 이해할 수 없는 일이다. 이 반한
의 취지를 [우리 측에서] 생각하면 다시 조선의 어민이 죽도에
넘어와 어렵을 했을 경우, 일본에서 또 항의를 하게 되면 그때
의 반답에 죽도에는 가지 않고 우리나라의 울릉도에 갔다고 답
할 생각일 것이다. 잘 꾸며댄 것이라고 생각한다. 양국의 일은
[이처럼] 혼란스러운 반한을 거래하고, 동무에 올리는 일은 결
코 있어서는 안 된다. 만일 이대로 장군에게 바치게 되면 어떤
이유에서 [이 이상한 점을] 우리 측이 말하지 말하지 않는가, 그
이유를 기재해 두어야 한다. 그 의도하는 취지는 [장군에게 있
는 그대로를] 바로 올려, 그대로의 사정을 보고해야 하기 때문
이다. 그것과 동시에 그것이 쓰시마노카미 님이 하는 [대조선
외교의 본래] 역할이기 때문이다. 그와 같은 [정통적인 역할을
하면서] 이상한 반한 따위를 바치는 것은, 쓰시마노카미 님을

위해서도 좋지 않다. 그리고 상기의 일에 그치지 않고, 반드시 에도에서 [이 같은 이상한 점을 추궁하여] 엄하게 [직접] 사자를 보내시어 [재조사가 이루어]질 것이다. 그렇게 되면 일이 크게 발전하여 더욱 좋지 않은 일이 된다. 또 아무 일 없이 끝나도, 조선의 세평은 악화할 것이다. 가령 위와 같은 일이 없다 해도 직책이기 때문에 조선의 도성까지 통행하여 조정 분들을 만나, 일의 정부를 분명히 하게 될 것이다. 어쨌든 어느 쪽이라 해도 조선을 위해서는 좋지 않은 일이다. 어쨌든 양국의 상황을 좋게 할 생각으로 또 그렇게 꾀하여 다시 사자를 보내 [이렇게] 말하고 있는 것이다. 이 성신의 취지를 잘 이해하시고 울릉도라는 문자를 삭제한 반한을 [이쪽에] 빨리 건네주었으면 한다. 이 일은 몇 번이고 원하고 이야기도 하여 말씀드리고 있는 바입니다. 그 위에 만일 승인하지 않는다면 그 이유가 되는 생각이 있을 것이므로 삭제하는 일이 곤란한 것에 대해 어떠한 이유인가, 기재해 주었으면 한다. 그 상황, 자세한 것을 반간 속에 기록하여 주기 바란다. 만일에 반답을 [받는데 있어, 주선하는 자들에 대한 증답]품[이 부족하다면 솔직히 말해주었으면 한다. 그와 같은 일]로 [뜻을 얻지 못하여] 나쁘게 되었는지도 모른다. 그 같은 일도 있는 그대로 주선하여 주었으면 한다. 이 뜻을 잘 이해하시고 주진될 수 있도록 해주었으면 한다. 이번의 일은 일본과 조선의 [국가간의] 교섭으로 접위관과 졸자 사이의 논담으로 용건의 선악이 결착되는 것이 아니다. 그러나 주선하는 자의 전하는 내용에 따라, 윗분들이 받아들이는 일에 선악의 차이가 생기지 않는다는 보증은 없다. 요구에 없는 것 같은 일까지도 [취급되어지기 때문에] 반답[에 동반되는 증답] 물품[의 다과]에 의해 [잘못 전해지는 것과 같은] 사태가 많이 일어날 수 있는 일은 [이해하여 주실 것이다.] 그와 같은 일도 생각 속에 넣어 두었다가 [보고에 임해] 주었으면 한다. 잘 아시는 대로 졸자는 [사자를 명받아] 지난 겨울에 도해하였다. 그러나 그 반한이 지금에 이르러서도 아직 지연되어 동무에 대한 상황은 [아주] 좋지 않다. 그와 같은 결과에 이르렀다. 살펴주실 필요도 없는 일이지만 자주 비선이 도래하여 [나라에서 졸자에게 자주 재촉한다. 그러나 아직] 반한은 늦어진 채로 [참으로] 한심스러운 상황이다. 당치도 않은 일이라고 [나라에서 꾸짖는 소리만] 전해온다. 그것에 대해 답을 말하여 보내는 것도 [이와 같은 일로는, 전혀 답을] 할 방법이 없다. 빨리 반간이 도래할 수 있도록 [도성에] 주진해야 합니다. 그러한 내용을 박동지나 박첨지를 통해 접위관 및 동래부사에 말씀드린다.

接慰官東莱返答

〃被仰聞候趣一々承屆候今度拙子罷下候付朝廷方被申含候ハ今度之御書翰写致一覧候得者蔚陵嶋之儀書面ニ相見江宜不思召候間差除候様被仰下候此御不審曾而合点不参候蔚陵嶋之儀書込申候儀者我国之蔚陵嶋与申候而も遠方之儀ニ御座候得ハ心任ニ者差越不申候増而貴国ニハ猶以不参候様堅可申付与念を入致書載候へ者是程結構之認様無御座候結構ニ認候上を何角与被仰下候儀難心得候唯当春之返簡御持戻り右之心を委細被仰上候ハ、東武ニ茂成程御合点被遊儀ニ候間幾重も右之返簡御持帰可被成候対馬守様御誠

信を以被仰越候由段々被仰聞候御誠信之儀者于今不始朝廷方ニ茂
忝儀ニ被存候由被申聞

접위관 및 동래부사의 반답

〃 말씀해주신 취지 하나하나를 들었다. 이번에 졸자가 [도성에서] 내려올 때 조정 쪽에서 지시 받은 일이 있다. 그것은 [이하와 같은 일이다.] 이번에 [정관님이 가지고 건넌] 서한의 사본을 일람해 보면 울릉도의 일이 서면에 보인다. 그 기재가 좋지 않다고 생각하고, 삭제하도록 하라는 요구가 있다. 이 [쓰시마가 말하는] 수상하다고 하는 지적은 전혀 이해되지 않는 일이다. 울릉도를 기입한 이유는 우리나라의 울릉도라는 것은 원방의 섬으로 [그곳에 어민이] 자유롭게 왕래하는 것과 같은 일은 [국법으로] 허가되지 않을 정도의 곳이다. 하물며 [월경하여] 귀국까지 더욱 가지 못하도록 하라고, 엄하게 명해두고 있는 것이다. 이와 같은 일을, 신경을 써서 기재했을 뿐이다. [즉] 이 정도로 좋은 [서간]을 기록할 수 없을 정도의 것이다. [애써서] 좋도록 기록한 것을, 또 이 이상, 무엇인가 불만이 있다고 [일부러] 이야기하는 것은 [우리들로서도] 이해할 수 없는 일이다. 다만 [한결같이] 금년 봄의 반한을 [그대로] 가지고 돌아가서, 위의 배려를 자세히 [동무에] 보고하면 된다. 동무로서도 괜찮다며 틀림없이 이해하실 것이다. 즉 위의 반한을 [그대로] 가지고 돌아갈 것을 몇 번이고 원한다. 쓰시마노카미 님이 성신으로 말하고 있는 것은, 여러 가지로 듣고 있다. 그와 같은 성신의 일은, 지금 시작된 것이 아니라 조정 쪽에서도 [지금까지의] 쓰시마노카미

님의 성신에 대해] 감사하게 생각하고 계신다. 그와 같은 일을
[우리들도] 듣고 있다.

正官返答

〃被仰聞候趣承届候蔚陵嶋之文字御座候而不宜子細者段々唯今申
通ニ候此返翰東武ニ差上被申候而ハ曾而事済不申候然上ハ事大ニ
成朝鮮之御為不宜儀目前ニ候付両国之間ニ紛敷儀取次被申候事役
儀之非本意候又朝鮮ニ而茂可為其通候日本にてハ向より之書面ニ
応ニ候而致返書事ニ候此方之書面御請被成候而之御返簡朝鮮之御
為何之悪事可有御座候哉兎角此文字之儀不被差除候而不叶儀能
御合点被成御注進可被成旨申達ス

정관의 반답

〃말씀하신 취지를 들었다. 울릉도의 문자가 [반한 속에] 있어, 그
것이 좋지 않은 이유는 여러 가지로 지금까지 말한 대로이다.
그 반한을 동무에 [그대로] 올려서는, 보통이라면 일이 끝날 리
가 없다. 그러할 경우 일이 커지게 되어 조선을 위해서는 좋지
않은 일이 벌어진다. 그것이 목전에 다가오고 있다. 양국 간에
[혼란이 생길 것 같은] 혼동할 수 있는 주선을 하는 것은 [쓰시
마에게 맡겨져 있는] 역할의 본의가 아니다. 또 조선도, 그대로
[혼동하는 주선 따위를 하지 않도록] 해주었으면 한다. 일본에
서는 상대방의 서면에 대응하여 [동문을 반복해서 확인하는 청
서라는 제도가 있다. 그것에 의해] 반서를 하는 [관습]이 있다.
그러므로 우리 쪽의 서면을 받으시면 그것에 대해 [같은 형식

의] 반한이 [반복해서 반환되어 온다. 그것은 혼란을 방지하고, 오류 없이 바르게 전하기 위한 것이다. 이러한 서간의 방식을 취하는 것은] 조선을 위해서도 도움이 되는 일이다. [오류가 없는 전달이 이루어지는 것이므로] 어떤 나쁜 일이 있을 리 없다. 어쨌든 [같은 형식이 반복되게 되면] 이 문자의 건은 [우리 쪽의 서간에 없는 것이므로] 삭제하지 않으면 안 된다. [이와 같은 일을] 잘 이해하시고 [아울러 조정에] 주진하셔야 합니다. 이와 같은 취지의 말을 전했다.

接慰官東萊返答

〃被仰聞候趣承届候最前御返答申候之様蔚陵嶋之儀書入申候事別条有之儀ニ而無御座候是より上能認様無之与各々分別相談之上致書載たる事ニ候へハ除候儀者難成事ニ候能御了簡被成候へハ御合点被成候事ニ候間唯御持戻り被成朝鮮之心入具被仰上被下候へ如何様ニ御座候而も此段御使者ㇾ江申付候へと朝廷方被申渡候之由被申聞

접위관과 동래부사의 반답

〃말씀하신 취지에 대해서는 [잘] 들었다. 최전에도 반답을 드린 것처럼 울릉도의 일을 기입한 것은 특별히 이것이라고 말할 것이 있는 것은 아니다. 이것으로 더 잘 이해할 수 있도록 [조정 측의 여러 사람이 상담한 후에 기재한 것이다. 그렇기 때문에 삭제할 수가 없다. 잘 생각하시면 이해가 되실 것이다. 그저 [있는 대로를, 그대로] 가지고 돌아가셔서 조선의 배려를 [장군에

게] 자세히 보고하여 주었으면 한다. 어떻게 해도 이 일을 사자
에게 전하라고, 조정 측은 말하고 있다. 이와 같은 반답이었다.

正官口上

〃仰之通承届候段々申達候へ共御合点無之与見へ申候御返翰御認
被成様結構無此上候間取帰り候様ニ与朝廷方被仰含候由夫ニ心違
たる儀御座候此方より申入候趣ハ此方より不申進儀有之紛敷候
付御書面之疑敷儀を申入候御認被成様之善悪を申ニ而無之候前之
返簡持戻り候様ニ与帝王より被仰候朝廷方ニ茂其通ニ候とて為使
者罷越否之不埒明前之御書簡被持帰首尾ニ候哉縦何ヶ年滞留候而
も実否不承候而ハ不罷帰候一筋ニ蔚陵嶋之文字被除候へと申入候
者一旦ハ右之通御返答も可有之事ニ候最前申通是非不被除候ニ相
極候者其様子具今度之返簡ニ被仰聞候へと申事ニ候へハ唯今之通
被仰候儀弥難聞へ事候兎角者接慰官拙子論談にて相済儀ニ無之候
右之趣具ニ御注進被成候ハ、朝廷方御了簡可有御座候早々御返書
参候様可被仰登旨申達

정관의 구상

〃말씀하신 대로 들었다. 순서있게 [이해가 가도록] 전하였으나
아직 이해가 없는 것처럼 보인다. 반한에 기록된 내용은, 좋은
것으로 이 이상 없는 것이므로 그대로 가지고 가도록 하라고,
조정 측이 명하였다는 것을 들었다. 그러나 그것은 잘못 생각한
것이다. 이쪽에서 요구한 이야기의 취지는 [서간의 형식을 논하
는 것이다.] 이쪽에서 말하지 않은 [문언이 반한 속에] 있어, 이

것은 [의견을 교환하는 데 있어] 혼동하는 일이다. 서면 문의의 [줄거리] 상 의심스럽다고 [그저, 그렇게] 요구한 것이다. 즉, 기록된 내용의 시비를 논하는 것이 아니다. [다시 말하자면] 전의 반한을 [그대로] 가지고 돌아가라고 [귀국] 제왕님의 명령이 있었다는 것이고, 또 조정 측에서도 그대로 하라는 명령이 있었다고 하는 것이지만 [그와 같은 명령의 존재는] 참으로 의심스러운 점이다. 사자를 보낸 이상은 [그 요구를 듣는 것이 당연할 것이다.] 그 내용을 상신한 후에 비로소] 부인가 아닌가, 이치에 맞는가 안 맞는가[의 판단을 내려야 할 것이다.] 그 일이 분명하게 되기 전에 [주진을 거절하며] 반한을 보이는 일도 없이, 그대로 가지고 돌아가도록 하라고 지시하는 법이 [과연 어디에] 있는 것일까요. [이렇게 되면] 비록 몇 년을 체류해서라도 그 일의 사실 여부를 듣지 않으면 [도저히] 돌아갈 수가 없다. 그저 오로지 울릉도를 삭제해 줄 것을 요구하고 있으니, 일단은 위와 같이 [부인가, 그렇지 않은가의] 반답도 있을 것이라고 [오로지 그것만] 기다리고 있겠다. 최전부터 말한 대로 도저히 삭제할 수 없다라고, 정했으면 [그 이유가 되는] 내용을 자세히 이번의 반한에 넣어주시도록 전해주었으면 한다. 이처럼 [최전부터] 요구를 하고 있었다. [그러므로 다시 반한이 있을 것으로 믿고 있었다.] 그러나 방금처럼 [역시 조정에는 전하지 않고, 그대로 가지고 돌아가도록 하라고] 말씀하신 것은 [사자의 노력을 짓밟는 일로 이것은] 참으로 듣기 어려운 일이다. 어쨌든 이것은 접위관과 졸자의 논담으로 끝낼 일이 아니다. 위의 취지를 자세히 주진하여 [다시 조정에] 물어보아 주었으면 한다. 조정 측에도

[또 별도의] 생각이 있을 것으로 생각한다. 빨리 반서가 올 수 있도록 보고를 올려주었으면 한다. 이렇게 접위관에게 요구했다.

接慰官東莱返答
〃被仰聞趣承届候都ニ而被申含候趣茂御座候間二三日致了簡其上ニ而可致注進候

접위관 및 동래부사의 반답
〃말씀하신 취지는 알았다. 도성에서 지시받은 취지도 있어 2, 3일 [졸자가] 생각하여 그런 후에 주진하려고 생각한다.

正官口上
〃存入之儀御座候之間御馳走之儀御断申候茶礼翌日より御定之儀有之由承及候持来候を何角与申候而者無益之儀ニ候間用意無之様被仰付候へと申達

정관의 구상
〃이미 알고있는 일이겠지만 [이번의] 어치주의 일은 거절한다. 차례의 다음 날부터 정례의 [어치주] 의식이 있다는 것을 들었다. [일부러 의식을 위해] 가지고 온 것을 [그 의식의 장소에서] 무어라고 말하며 [거절하는 것과 같은 일은 예의에도 어긋나] 무익한 일이다. 그러므로 [미리] 준비하지 않도록 [어치주역에게] 명하여 주었으면 하고, 이와 같이 말했다.

接慰官東莱返答

〃他国之使者を請御馳走不申候与申例も無之儀ニ候前方ニも御断之
由ニ而前接慰官不首尾之仕合ニ候罷下候節も能々御馳走申様ニ与
被申渡候如何様ニ有之而も御馳走御請不被成候而者為其ニ罷下候
接慰官致迷惑事ニ候弥快く請候様与被申聞二三度回答候而相止候

접위관 및 동래부사의 반답

〃타국 사자[의 방문]을 받고, 그곳에서 어치주를 내지 않는다고
하는 예는 없다. 이전에 방문했을 때도 거절한 것 때문에 전 접
위관은 [면목을 잃고] 좋지 않은 상황에 이르렀다. [이번에 졸자
가 도성에서] 내려올 때에도, 잘해서 어치주를 하도록 하라고
[조정에서] 명받았다. 어떤 이유가 있다 해도 어치주를 받아주
지 않으면 안 된다. 그것 때문에 내려와 있는 접위관은 곤란하
게 된다. 틀림없이 기분 좋게 받아주실 것을 [다시] 부탁한다.
이와 같은 응답이 2, 3회 [반복되다] 그 후는 [거부한 채로] 끝
나버리고 말았다.

(21－12)

〃八月十一日朴同知朴僉知入館都船主裁判同道ニ而与左衛門方江罷
出朴同知申候者当春之返翰是程能キ認様者無之儀ニ御座候を無御
了簡何角与又被仰越候趣朝廷方ニ茂対馬守様御思案被成候ハ、江
戸向者如何様ニも被仰上様有之事ニ候を今度被仰越候趣還而不審ニ
被存候朝鮮之心入具ニ被仰上公儀江疾与御聞被成候者能御合点可
被成事ニ候間幾重ニも御使者江申達当春之返簡御持帰被成候様朝

廷方被申候之由申聞候付一昨日茶礼之節接慰官ニ申入候趣両人今
度被仰越候趣還而不審ニ被存候朝鮮之心入具ニ被仰上公儀ニ疾与
御聞被成候者能御合点可被成事ニ候間幾重も御使者ニ申達当春
之返簡御持帰被成候様朝廷方被申候之由申聞候付一昨日茶礼之
節接慰官ニ申入候趣両人取次能聞届候書簡之趣善悪を申ニ而無之
候認様悪敷候而も真直成儀ニ候者取次可被申候認様如何程宜敷候
而も紛敷返簡難請取与申儀ニ候朴同知疾与合点不参候与返答申候
時朴僉知私具ニ可申候間御聞被成候へ此程茂八右衛門殿柳左衛門
殿ニ内々荒増御物語申入候今度於御国我々宿ニ平田隼人殿其外何
茂御出被仰聞候ハ今度朝鮮より之返簡ニ蔚陵嶋之儀書込有之候竹
嶋者根本朝鮮之蔚陵嶋ニ無紛候得共数年日本より御支配被成来候
を今此文字書入壱嶋二名ニ紛レ候儀聞へたる儀ニ候依之被仰断
候ヶ様之御用者急度訳官被召寄候而成共可被仰断事ニ候幸三人渡
海近日帰国之事ニ候間具ニ朝廷方ニ申達文字除候様ニ可仕候追付
又々使者被差渡候旨被仰聞候付都而相談之趣色々申入候へ共御
合点不被成候罷帰則一々朝廷方ニ申達候処我国之蔚陵嶋与申儀万
暦之出入ニ而御国ニ能御存知為被成儀ニ候然者今度程結構ニ事之不
出来様認候儀御了簡可有之儀を還而又今度被仰越候趣常々之御
誠信与不存候由朝廷方被存込候此上者如何ニも我国之嶋之証拠を
書立東武ニ差上候者御誠信を以重而竹嶋ニ日本之通路御止被成間
敷事ニ而無之候若外ニ又被仰聞儀候ハ、其時之仰ニより幾度も申
上様可有之候与相談決定仕居候処今度之御書簡蔚陵嶋之文字除
候へと斗御書載壱嶋二名之儀相見へ不申候付訳官ニ被仰含候趣与
御書簡致相違候間御直ゝ被成候様ニ接慰官ニ被申渡候与去七日八

右衛門柳左衛門江咄候通具ニ申聞候付致返答候ハ段々申聞候通承
届候竹嶋古朝鮮之内ニ而愗成証拠有之とて日本之御支配ニ成間敷ニ
而無之候土地之変ハ其時ゝより如何様ニも可移替候夫程愗成朝
鮮之嶋ニ而候ハゝ油断候而日本より御支配被成候様者被致候哉
是ハ申立候程朝鮮之外聞悪敷ニ而候乍然少々心得ニよつて大ニ了
簡違事有之候今度之儀対馬守殿より嶋之争被致ニ而曾而無之候此
方より被申越候趣意者御返答蔚陵嶋之文字見江候儀一嶋二名ニ
被成たる様ニ紛敷書面ニ候故紛物者難請取与書簡之論ニ而候此紛
返簡東武江上ケ被申候者必定従東武嶋を御論被成候而可被仰越与
此段大切ニ被存候而之儀ニ候此段能合点候而接慰官東莱江も可申
達候蔚陵嶋之文字除候而も名目朝鮮ニ残ゞ候儀ハ幾重ニも了簡可
有之事ニ候兎角此文字不被差除候而者決而大事此節ニ候由申達候
処蔚陵嶋之文字除候儀ハ決而無之事ニ候由申候付接慰官江茶礼之
節申渡候様御除不被成御了簡之上ハ如何様ニも蔚陵嶋御書込之専
立候様有之候ヘハ埒明事ニ候由申候ヘハ接慰官能被致合点候間
具ニ被致注進候ハゝ定而宜申参候下書可掛御目候間御了簡被成候
へと申ニ付蔚陵嶋之文字不除返簡ニ候ヘハ我等心ニ宜存候而も江
戸江不申越候ヘハ難成候下書為見候程之事ニ候ヘハ対馬守殿望も
有之候ハゝ幾重にも直ゞ可申与之朝廷方心入ニ而無之候ヘハ下書
被見候而茂相談与申無専事ニ候爰を能合点候哉与申聞候処御相談
之御心入ニ御座候ヘハ朝廷方茂何異儀之心可有御座哉直りかたき
事も御相談可被申与存候由申聞ル

(21 - 12)

〃8월 11일에 박동지와 박첨지가 [초량화관에] 들어 왔다. 도선주
와 재판이 동도하여 요자에몬 쪽으로 갔다. 박동지가 [요자에몬
에게] 말한 것은 [이하와 같은 일이다. 즉] 올봄의 반한을 배견
했더니 [참으로 잘 된 서한으로] 이 정도의 것은 없을 정도로
정리한 것이었습니다. 그것을 생각도 없이 무어라고 [이의를]
다시 제기한다는 것은 [어찌된 일입니까.] 조정 측도 [걱정하고
있습니다. 아직도 계속해서] 쓰시마노카미 님이 걱정하고 계시
는 것이라면 에도에 대해서는 어떻게든 보고할 수 있는 일입니
다. [올봄의 반한을 그대로 보고하면 어떨까요.] 이번에 [반한의
수정을] 요구하셨습니다. 그러나 그와 같은 요구의 취지로는
[조정 측은] 오히려 이상하게 생각하실 것입니다. [그 결과, 돌
아오는 반한에는 오히려 부의 반답이 분명해집니다.] 그러므로
지금까지] 조선의 배려를 장군에게 자세히 보고하여 제대로 [그
내용을] 전달하면 잘 이해하실 것입니다. 이 일을 몇 번이고 사
자에게 말씀드립니다. 부디 올봄의 반한을 가지고 돌아가 주세
요. 그리고 조정 측이 말한 것을 꼭 받아주세요. 그저께 있었던
차례에서 접위관에게 요구하신 취지는 두 사람이 주선하여 잘
전해드렸습니다. [그때 전한 내용이란, 이번] 서간의 취지는, 내
용의 선악을 말하는 것이 아니라 [서간의 형식을 논하는 것이라
고 말하는 것이었습니다.] 기록한 내용이 나쁜 상태라도 똑바로
되게 하는 것이 주선하는 자가 행해야 하는 것입니다. 또 기록
한 상황이 아무리 좋다 해도 혼란스런 반한은 받기가 어렵다고
했다. 그와 같은 내용이었지요. 그러나 나는 아무래도 [이 새로

운 쓰시마의 요구는] 이해가 가지 않습니다. 이렇게 박동지가 반답하고 있을 때 [옆에 있던] 박첨지가 발언했다. 내가 자세하게 말할 테니, 잘 들어주세요. 이 정도도 하치에몬 님이나 야나기자에몬 님에게 대개의 내막을 말씀드렸습니다. 나는 이번에 [오오토노사마(소우 요시자네)가 은거하실 때, 퇴휴사의 한 사람으로] 귀국을 방문했습니다. 그때 우리들의 숙소에 히라타 하야토 님이나 그 외의 여러분이 와주셨습니다. 그곳에서 말씀해주신 것은 이번에 조선에서 보낸 서간에 울릉도의 일이 기입되어 있다. 죽도는 근본은 조선의 울릉도임이 틀림없는 일이나 이 수십 년래 일본이 지배하게 된 섬이다. 그런데 지금, 이 문자를 기입하여 1도를 2명으로 하여 혼란스럽게 하는 일이 된 것은 [조선 측의] 공공연한 책략이라고, 이와 같이 단언하셨습니다. [이 발언에 대해 내가 답한 것은] 이와 같은 용건은, 제대로 [그것에 맞는] 역관을 불러 두고, 그런 후에 [정식으로] 이야기해주셔야 하는 일입니다. 다행히 3인이 도해하여 근일 중에 귀국의 길에 오를 예정이니까 [이 일을] 자세히 조정 측에 전하여 문자를 삭제하도록 노력하고 싶다고 생각합니다. 뒤이어서 [쓰시마에서 조선에] 사자가 차견된다는 이야기를 들었습니다. [그 사자에 의해, 새로운 교섭이 이루어지는 일이 되겠지요. 그러나] 도성의 상담에도, 참으로 많은 의견이 있어 [결국, 울릉도라는 문자를 삭제하는 일에 대한] 합의에는 이르지 못할지도 모릅니다. [그렇게 이야기하고 그 후에] 귀국하기에 이르렀습니다. 그리고 [귀국의 제안을] 하나하나 조정 쪽에 전했습니다. 그러자 [조정 측이 말하기를] 우리나라의 울릉도라고 하는 것은 만력의 출입(광해군 6년 즉 케이쵸우 19년의 외교교섭)으로 귀국이 잘 아는 섬이다. 그러한 섬이므로 이번처럼 이 정도까지 좋은 [반한이] 만들어져, 기록된 것은 [당연히] 납득해야 하는 것이다. [이와 같은 조선 측의 배려에 반하여 쓰시마 측은] 오히려 다시 이번에 [새로운] 요구를 해왔다. 이것은 항상 [입으로 말하는] 성신이라는 것에 위배된다. 그렇기 때문에 조정 측은 [쓰시마에 대해 지금은 불신의 마음까지] 품게 되었다. 이런 이상은 아무래도 우리나라의 섬이라고 하는 증거를 기록하여 [직접] 동무에 바쳐야 할 것 같다. 그렇게 하면 성신으로 [동무는 이 건을 처리하여 주실 것이 틀림없다. 그러하면] 두 번 다시 [일본어민의 울릉도의 도해는 없게 되는 것이 아닌가. 죽도가 울릉도라는 것을 동무가 알게 되면] 죽도에 건너는 일본의 통로를 금지시키지 않을 리가 없다. 만일 달리, 다시 [동무에서] 이야기가 있으면 그때의 이야기 상황에 따라 몇 번이고 이것에 응하여 우리 쪽에서 이야기하는 일도 할 수 있다. 이와 같이 [조정 측에서는] 상담이 결정되어 있습니다. 그와 같은 상황에서 이번의 서간[이 도래한 것입니다.] 울릉도라는 문자를 그저 삭제하도록 하라고, 그것만을 기재하여 1도가 2명으로 되어 있는 문제 등을 기록하는 일은 없었습니다. 쓰시마에서 역관에게 이야기해 주었던 취지와, 이번에 새로 도착한 서간의 취지와는 [그 근본이 크게] 다릅니다. [이번의 것은 그저 울릉도라는 문자를 삭제한 반한으로] 바꾸라고 하는 [오직 그것만을] 접위관에게 요구하고 계십니다. [이것은 1도2명인 현실에 눈을 감는 것입니다. 이렇게 박첨지가 이야기했다. 이에 대해 타다 요자에몬이 답한 것은 다음과 같은 것이다.] 지난 7일에 [양 역관이] 하치에몬이나 야나기 자에몬에게 이야기한 것과 같은 것을 그대로 자세히 [졸자는] 들었다. 그리고 그것에 대해 반답을 한 것은, 순차적으로 이야 기한 그대로이고 [그쪽에도] 제출되었을 것이다. 죽도는, 옛날 에는 조선 안에 있는 것이라는 확실한 증거가 있다고 해서 [그 것을 가지고, 바로 지금] 일본의 지배로 되어 있지 않다는 것과 같은 일은 없다. [지금도 역시 조선 내라고] 그와 같이는 말할 수 없다. 토지의 변화는, 그 때에 따라, 어떻게든지 변화하기 때 문이다. 그만큼 분명한 조선의 섬이라라면 유단하여 일본의 지 배를 받게 되는 것과 같은 일은 [애당초] 되지 않았을 것이다. 이것은 주장할수록, 조선에게는 평판이 나쁜 일이 될 것이다. 그러나 자그마한 오해로 결국은 크게 생각지 못한 일이 생기는 것은 흔한 일이다. 즉 이번의 일은 쓰시마노카미 님이 섬의 분 쟁을 시작할 생각은 조금도 없다. 이쪽에서 요구한 일의 의미는 [섬의 다툼이 아니다.] 그저 반한 속에 울릉도가 보이는 것을 [지적한 것일 뿐으로] 1도를 2명으로 하여 혼란스러운 서면이기 때문에 혼란스러운 것은 받기 어렵다고, 서간의 논으로 해서 [자의의 면에서] 요구했을 뿐이다. 이처럼 혼란스러운 서간이라 면 동무에 상신할 때, 반드시 동무에서 이 섬에 대해 [어떤 섬 인가를] 논의하여 [직접 보내는 사자가] 파견되게 된다. 그와 같 은 단계에 이르면 큰일이 날 것으로 생각하기 때문에 이와 같이 말하는 것이다. 이 [배려하는] 것을 잘 이해하여 주었으면 좋겠 다라고, 이와 같은 일을 접위관 및 동래부사에 전했다. 울릉도 라는 문자를 [서간에서] 삭제해도 섬의 명목을 조선에 남겨두는 일은 거듭 생각하고 그 대책으로 해도 충분히 가능한 일이다. [그것에 대해] 어쨌든 문자를 삭제하지 않으면 반드시 큰일이 이번에 생겨난다. [이런 일이 조선에게는 훨씬 중대한 일이다라고] 이와 같이 전했다. 그러나 울릉도의 문자는 결코 삭제하는 일은 하지 않는다고 [어디까지라도 조선 측은] 주장한다. 접위관에게 [직접] 차례 때에 [이 문자를 삭제할 것을] 요구를 했다. 그러나 역시 삭제할 수 없다고 말했다. 그와 같은 생각이라면 어떻게든 울릉도를 기입하고, 자유대로로 하면 된다. 그렇게 되면 일은 명백해지게 될 것이다. [이후 곤란한 것은 조선 측이다 라고] 그렇게 말을 전했다. 접위관은 잘 이해하고 있었으므로 자세히 [도성에] 주진할 것이고, 틀림없이 잘 전할 것이다. [접위관은 이번에 가지고 건넌 쓰시마의 서간에 대해 이것을 주진 하여 회답이 되는 반한의] 초안을, 보여드리고 싶다라고 [그렇게도 말하고 계셨다. 그러기 위해서는] 먼저 생각에 대해 말씀 해달라고, 그와 같이 [이쪽에] 요구하였다. 그러나 울릉도라는 문자를 삭제하지 않은 반한[이 있는 한, 별도의 서간이 아무리] 우리들의 마음에 든다 해도 그것을 에도에 전달하는 일은 할 수 없다. [정관의 교섭으로는] 하기 어려운 일이다. [이번의 반한에 대해서도] 미리 초안을 보인다고 해서 그것으로 기대할 수 있는 것이 아니다. 결국] 초안을 보이는 정도의 일로 끝날 것이다. 쓰시 마노카미 님의 요망에 대해 몇 번이고 고친다고 [말하면서도] 그와 같은 조정 측의 배려 등은 전혀 없다. 그렇기 때문에 [설령] 초안을 보여준다 해도 상담이라고 말할 수 있는 것은 아니고 [저쪽에서] 생각하는 대로의 것일 것이다. 이것을 잘 이해하여 주세요라고 말하는 것은, 상담의 배려이기는 하지만, 조정 측에는 아무런 이의가 없는 일로 [이쪽으로서는] 고치기 어려운 일이다. 그처럼 고치기 어려운 일도 [성의껏] 상담하여 주시면 [상담에 응한다 하지만] 그렇게 말만 하는 것을 그저 [무력하게] 듣기만 한다.

(21−13)

〃此時彼方より之手段一嶋二名与申事を先御使者之口より申出させ候主意ニ候誠以恐るへき事ニ候所其心付無之一筋ニ訳官を叱り付ヶ候勢を以相済〆候存寄与相見江候惣而人々朝鮮人を鈍なる者ニ而憶病なる者与斗心得居候へとも左様ニ而無之事之変ニ処置いたし候事甚精しく事之決断も速ニ在之後来之患を思慮いたし候事も深く候段竹嶋一件之始末ニ而大方可相知事ニ候

(21−13)

〃이 [외교교섭을] 할 때, 저쪽의 수단은, 1도를 2명으로 해서 이야기할 것을, 먼저 [이쪽의] 사자 입으로 말하게 하려 했다. 이 [용의주도함]은 [외교교섭에 있어] 참으로 무서운 일이었다. 그와 같은 마음가짐이 없는 [이쪽의 정관은 그저] 한결같이 역관을 꾸짖기만 하는 [졸열한 외교교섭의 수법]이었다. 세력으로 해결하려고 할 뿐이지 [합의로 이끌만한 설득력이 있는 방법은] 아니었다. 그와 같은 허세를 상대는] 잘 알고, 이미 간파하고 있었다. 대체로 사람들은 조선인을 둔한 자이고 겁이 많은 자라고만 알고 있다. 그러나 그렇지 않다. 일이 이상하게 되면 [그들은 적절히] 처리한다. 그때는, 일에 대해서는 매우 자세하고 결단

도 빠르다. 후에 오는 우환을 미리 생각해 두는 일도 대단한 것으로 참으로 사려가 깊고, 배려가 널리 미친다. 죽도일건의 경과를 통해, [그들의 강인함]의 대개를 아는 일이 되었다.

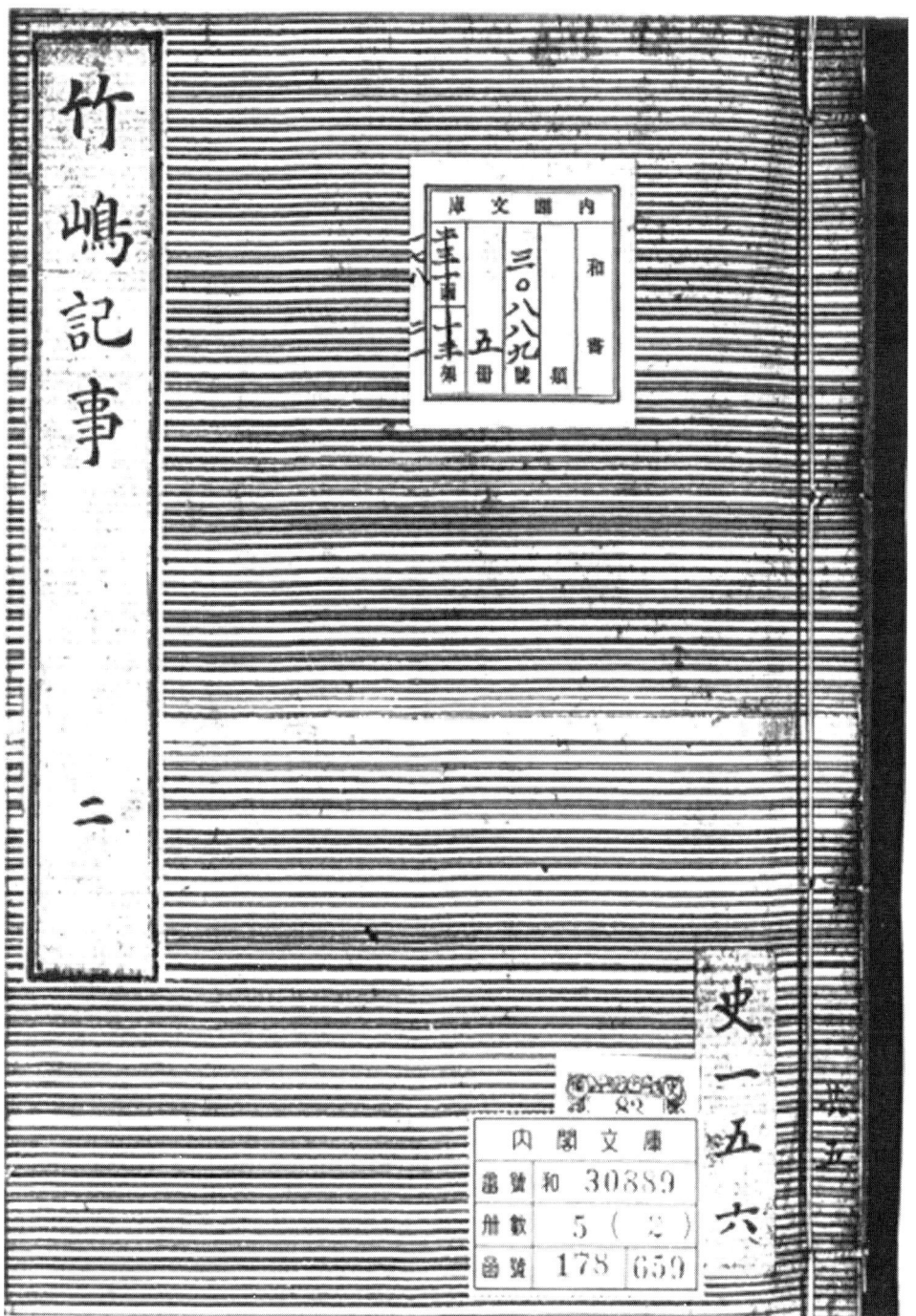

竹嶋記事

二

第二部
竹嶋紀事二

【大綱二二段(元禄七年八月②)】

(22−00)

○甲戌元禄七年八月廿五日与左衛門一行封進宴席設行在之去年与
左衛門請取帰候返簡差返之

제2부
죽도기사 2

【대강 22단(겐로쿠 7년 8월 ②)】

(22−00)

○겐로쿠 7(1694)년 갑술년 8월 25일에 요자에몬 일행에게 봉진
연석이 이루어졌다. 이곳에서 거년에 요자에몬이 청취하여 [쓰
시마로] 가지고 돌아갔던 반한을 [저쪽에] 돌려주었다.

(22−01)

〃是より前八月十六日朴同知朴僉知入館都船主方江罷出両訳申候ハ
封進宴席之儀十八日十九日廿一日廿三日之内可被相調之旨接慰
官ニ申達候処頃日都江致注進置候返事到来無之内ニ相調候儀難成
被存候四五日御待被下候ヘ其内返答参ニ而可有御座候間様体疾与
承届其上ニ而封進宴席相調候様可仕候此旨正官人江被仰達被下候
様与申ニ付何茂致返答候者頃日申聞候趣ニ者相違存候封進宴席

相済封進物等請取何茂之御心入之通為申登候ハ、別条有之間敷
候間弥接慰官江申達御書付之日限之内被相済候様ニ可申達候申聞
置候処唯今又都より注進之返答無之内ハ難成与之儀合点不参候
尤五六日相延候儀不苦事ニ而候得共何茂存候様一昨夜飛船到来竹
嶋之一件去年より之事江候得共東武江之御返事不被仰上其内御尋
有之候者御返事被仰上様無之事ニ候唯今迄延々仕候者如何様
之事ニ候哉与油断之様対馬守殿より被申越何茂難儀成事ニ候封進
宴席迄相調返翰参候を相侍罷在候唯今迄相延候儀者接慰官下着
遅ク候付及延引候与之儀申遣ス為に接待差急事ニ候願者右之日取
之内日限相定り候様ニ可申達候由申聞候処東莱江罷越可申達由申
候而罷帰候

(22-01)

〃이보다 앞선 8월 16일의 일이다. 박동지와 박첨지가 화관에 입
관했다. 이 양 역관이 도선주 쪽에 나가 다음과 같이 이야기했
다. 봉진연석에 대해 8월 18일, 19일, 21일, 22일 중의, 그 안에
서 [일정]을 조정하여 거행하면 어떨까요라고, 접위관에게 전했
습니다. 그러자 최근에 도성에 주진했다. 그 답이 도래하기 전
에는 [봉진연석의 의례를] 집행할 수 없다. 그렇게 말씀하고 계
셨습니다. 그러므로 잠시 4, 5일간 기다려 주세요. 그 안에 [도
성에서] 답이 오게 되겠지요. 그 답이 오면 바로 [이쪽에서] 연
락하겠습니다. 그런 후에 봉진연석의 날짜를 조절하는 것으로
합시다. 이 뜻을 정관님에게 전해주세요라고, 이렇게 말했습니
다. [이 도선주 측에 같이 참석하고 있던] 누군가가 [그들 역관

에게] 반답한 것은, 평소에 [그분들 양 역관이] 말해온 것과, 이 것은 다르지 않은가. 봉진연석을 [빨리] 마쳐, 봉진물 등을 수취 하면 여러분이 생각하는 것을, 그대로 [도성에] 보고하겠습니다 라고, 그 일에 각별한 지장이 없습니다라고 [그렇게 항상 말해 오지 않았던가. 그 날짜를] 막상 접위관에게 말씀드리려는 단계 가 되]자, 서부의 날짜대로는 [하기 어렵다라고 말한다. 역시 이 번 18일, 19일, 혹은 23일] 중에서 정하면 어떨까. 그와 같이 [양 역관에게 다시] 물어보았다. 그러자 [그들이] 답한 것에 의 하면 현재로서는, 아직 도성에서 봉진에 대한 답이 없습니다. 그러한 단계에서는 [연석을 거행하는 일은] 할 수 없는 것입니 다. 그와 같은 답변이었다. 이해가 가지 않는 일이었으나 그렇 게 말을 한다만 5, 6일 정도 연기되는 일이라면 [어쩔 수 없다. 특별히] 나쁠 것도 없다. 그러나 [양 역관에게 전해 두겠는데, 당신들] 누구나 알고 있는 대로 그저께 [타이슈우에서] 비선이 도래했다. 죽도일건에 대한 [최촉이다. 그 내용을 말하자면] 작 년부터 [현안이 되어 있는] 일로 아직 동무에 보고를 하지 않고 있다. 머지않아 [이 건에 관해서 동무에서 직접] 묻는 일이 있을 것이다. 그러나 [현재로서는 우리 측이] 답을 올릴 정도의 성과 를 올리지 못하고 있다. 바로 지금까지 질질 끌고 있는 이유는 어떤 일 때문인가. 그것은 [외교교섭의] 유단(태만) 때문이 아닌 가라고, 그와 같은 쓰시마노카미 님의 질책도 있었다. 그 [최촉 만이 아니라 질책도] 모두가 어려운 일이다. 봉진연석까지 [앞 으로 얼마 남지 않았다는 단계까지 교섭을] 정리하여 [이제야] 반한이 내려온다기에 [오직] 기다리고 있는 단계이다. 지금까지

이처럼 연기된 [이유는 다른 것이 아니다. 교섭상대가 된] 접위
관이 [도성에서] 하행하는 것과 [동래부에] 착임하는 것이 늦어
졌기 때문이다. 그렇게 늦어진 것을 [새삼스럽게] 전달하기 위
해 [연락을 주고받은 일이 있었고, 그 응답에 따른] 지연도 있었
다. 이 정도로 지연되면 이미 봉진연석의] 접대를 서둘러야 할
때이다. 그저 원하는 것은 위에서 말한 기한 내에 그 날짜를 정
하여 [봉진연의 접대를] 행할 것을 [그쪽 분들이 접위관에게 다
시] 전해주었으면 한다. 그와 같이 그들에게 전하였더니 [서둘
러] 동래부로 가서 그 뜻을 전하겠다며 돌아갔다.

(22-02)

〃八月十九日朴同知朴僉知入館都船主方㕧罷出申聞候ハ昨夜都より
注進之返答到来いたし申来候者壱嶋二名ニ被思召候与之儀御書簡
之内ニ者無之候共使者口上慥ニ被申聞候ハヽ今度之書簡幷去年之
返翰請取口上之趣委細致書載其旨致注進候者返簡可差下之由申
来事之外六ヶ敷様体ニ而御座候ニ付両人致返答候ハ此中内両判事
何角与申聞候へ共注進之返事ハ右之通ニ而可有御座与申候儀少も
不違此方了簡之通ニ候朝廷方右之心入ニ而候へハ定而欝陵嶋を書
簡ニ被書込候意趣を被致書載ニ而可有之候此上者何角申談ニ不及
事ニ候今度使者之旨意其通ニ候へハ一段之事候間明日ニも接待有
之ハ壱嶋二名ニ候与之儀正官使可被申達候間其旨注進有之候様ニ
可仕候返簡下り候迄者出会候而も無益ニ候間夫迄者入館無用ニ候
与申達候へハ又申候ハ左様被仰候而者可仕様も無御座候乍然御
相談申儀者唯今ニ而御座候封進宴席被相調一嶋二名之儀御心能接

慰官^江御挨拶被成候者御書簡并去年此方より之返簡壱度^二請取封
進物御書簡同前^二都^江為差登具^二御相談之通被致注進候ハ、定而
御返簡之写可被差下候之間写し御覧被成御了簡も御座候ハ、直
シ中様^二可仕候相談之大事爰^二而御座候間疾与御思案可被成候返
簡認様之儀願者思召寄之通下書被成被下候ハ、難成儀者不及力
候御心入を承接慰官^江申達疾与合点被仕候様^二可致候大事之儀^二
候間一両日者遅り候而も不苦候間各幾重^二も御相談被成正官人^二
被仰達若御心入も御座候ハ、被仰聞候へ今晩者罷帰候間御相談
御極被成候者呼^二可被遣候其節可致入館旨申候而罷帰候

(22-02)

〃8월 19일에 박동지와 박첨지가 입관하여 도선주를 찾아 말한
것은, 어젯밤에 도성에서 주진에 대한 반답이 왔다 한다. [그 내
용에 대해서는 그들이 이야기하는 것에 의하면, 당해의 섬은]
하나의 섬이면서 2개의 이름이 있다. 그 이해가 [이번에 쓰시마
에서 보내온] 서간 안에는 없다. 그러나 사자의 구상으로는 분
명히 그것을 말씀하셨다. 그래서 이번에 [쓰시마에서 보내온]
서간 및 작년에 [건넨] 반한을 [조선 측이] 수취할 때, 그 사자
가 말한 구상의 취지를 [그 구상서 안에] 자세히 써서 기록하여
주었으면 한다. 그렇게 하면 그 뜻을 [접위관이 도성에] 주진하
여 [그것에 맞는] 반한을 [조정이] 내려 보낸다는 것입니다. 그
와 같은 것을 [양 역관이 이쪽에] 전해 왔다. 의외로 어려운 [조
정 안의 의론이 있었던] 것 같았습니다라고, 이 두 사람이 [부언
하여] 답해 왔다. 이 [도성의 답, 그] 성향, 그 내용을, 이 양 판

사에게 [더 자세하게, 도대체] 어떤 것이었는가라고 물었다. 그러나 주진의 답은 위와 같습니다. [지금 이야기한 것과] 조금도 다른 것이 없습니다. 이쪽 분의 생각대로 되었습니다라고, [그저 그 정도만을 대답할 뿐이었다.] 저쪽 조정 측이, 위와 같은 생각이라면 틀림없이 울릉도의 일을 서간 안에 기입한 이유에 대해서 [이번에] 기재한 것이 틀림없다. [그러하다면] 이 이상, 무엇을 요구하는 것과 같은 말은 필요 없다. 이번 사자의 목적은 [울릉도에 대한 기재의 말소이거나] 이처럼 [일부러 울릉도를 기재한 것에 대해서 그 이유를 설명하는 것]이었다. 그러므로 [이와 같은 답장의 상황에 이른 것은, 이쪽으로는] 한결 좋은 일이다. 내일이라도 접대와 회담이 있으면 그곳에서 [당해의 섬은] 1도이면서 2명이라고, 이쪽의 정관이 [그쪽의] 접위관에게 분명히] 말하겠다. 그러하니, 그 뜻을 [조정 측에] 주진해 주었으면 한다. [그런 후] 반한이 내려올 때까지는 [다시 양 역관과] 만날 필요가 없다. 그때까지는 [양 역관이] 입관하는 일은 [더이상] 필요 없다. [그처럼 그들에게] 이야기했다. 그러자 또 [그들이] 대답했다. 그처럼 말씀하시면 [주선을 일삼는 역관으로서는] 일을 하는 보람이 없습니다. 그러나 상담하는 일은, 바로 지금의 시점이 중요합니다. 봉진연석을 조절하여 1도이면서 2명이라는 것을, 기분 좋게 접위관에게 말씀하여 주세요. [그런 후에 이번에 쓰시마에서 보낸] 서간 및 작년에 조선에서 받은 반한을 주세요. [그런 후에 이번에 쓰시마에서 보낸] 서간 및 작년에 조선에서 보낸 반한을 [제출하시면 접위관은 이것을] 한 번에 받으시는 일이 될 것입니다. 그러면 봉진물을 서간[들과] 같이 [곧바로] 도성에 올려보내 자세히 상담한 대로 [조정에] 주진하실 것입니다. 그렇게 되면 틀림없이 반한의 [초안, 그것의] 사본을 [조정은 즉시] 내려 보낼 것입니다. 그러면 그 사본을 보시고 [사자로서의 정관의] 생각도 있을 것이므로 [마음에 걸리는 점을] 수정하도록 [접위관에게] 요구하면 어떨까요. 상담에서 중요한 것은, 이러한 점입니다. 잘 생각하셨다가 상담하여 주세요. [조정에서 내려오는] 반한의, 그 기록하는 내용의 일은, 그저 원하는 것이, 생각하는 대로 초안이 만들어지면 된다고 생각합니다. 그렇기는 합니다만 [우리들의] 힘이 미치지 않아 [그렇게] 되기 어려운 일도 있습니다. [그럴 경우, 정관님의] 뜻을 받들어 그것을 접위관에게 전하겠습니다. 그리고 분명히 이해하실 수 있도록 하고 싶다고 생각합니다. 이것은 중요한 일입니다. 그렇기 때문에 하루 이틀은 늦어져도 상관없으므로 [재판이나 도선주, 그 외의] 여러분들이 몇 번이고 상담하시고 [그 상담의 결과를] 정관님에게 전해주세요. [그것은 또 전관이 접위관에게 전해야 할 것입니다.] 만일 [이러한 일로 또] 생각하시는 일이 있으면 [무엇이든지 저희들을] 말하여 주세요. 오늘밤에는 돌아가므로 상담하셔서 결정하시면 [또 우리들을] 부르러 사람을 보내주세요. 그때는 [또다시] 입관하겠습니다라고, 그렇게 말하고 돌아갔다.

(22-03)

〃同月廿一日朴同知朴僉知入館裁判方^江罷出候^ニ付都船主を以正官
より一昨日之返答中遣候者一昨日被申聞候趣具^ニ聞届候今度都よ

り之御返簡之趣如何御認可然与之儀存寄可有之様無之候兼而皆
共ニ申聞候様ニ欝陵嶋之文字被除日本之竹嶋江不参候様ニ与被仰越
被得其意候与斗書載有之候ヘハ先年も竹嶋より朝鮮江漂流之日本
人朝鮮より被差返候通日本ニ竹嶋与言嶋も又欝陵嶋之名目も朝鮮
ニ有之候此旨能々接慰官御合点候而御注進有之候様ニ可申達候此
外之儀ニ候ハヽ此方より之存寄曾而無之候茶礼之節接慰官江申達
候通今度之儀者下ニ而相談与申儀曾而不及事候返簡之写被差下為
見被申候ハヽ是者格別之事ニ候間存寄も有之候ハヽ幾重ニも可申
談候接待之節一嶋二名之儀挨拶候而可然存候者可申談候弥明後
廿三日封進宴席可相調候間其旨接慰官ヘ申達候様ニ申遣ス

(22-03)

〃8월 21일에 박동지와 박첨지가 입관하여 재판 쪽을 찾았다. 도
선주를 시켜 [그들에게] 정관이 그저께 답한 말을 전했다. [그것
은 이하와 같다. 즉] 그저께 들은 취지는 자세히 들었다. 그러나
이번에 도성에서 온 반한의 취지는, 어떻게 기록되어 있는가,
[이쪽이] 이해할 수 있는 것은 아무것도 없다. 이전부터 여러분
에게 말하고 있었던 것처럼, 울릉도라는 문자를 [반한에서] 제
거할 것을, 그리고 일본의 죽도에는 가지 않도록 하라고, 그렇
게 전하고 있다. 그것에 동의해 달라고, 그것만을 [이번에 요구
했다. 그렇게 이쪽의 서간에는] 기록되어 있다. 작년에도 죽도
에서 조선으로 표류한 일본인이 있어, 조선에서 돌려 보냈다고
하는 일이 있었다. 그처럼 일본에는 죽도라고 하는 섬이 있고,
또 울릉도라고 하는 섬의 명목도 조선에는 있다. 그 취지를 충

분히 접위관님이 이해하시고, 그것을 [도성에] 주진하실 것을 전하여 주기 바란다. 이 이외의 일로 이쪽에서 원하는 것은 아무것도 없다. 차례를 거행할 때에 접위관 님에게는 말씀드린 대로 이번의 일은, 아랫사람들이 상담하여 처리할 수 있는 것이 아니다. [조정에서 내려올 예정의] 반한의 사본을 [먼저 이쪽에] 내려주어 [미리] 보여주었으면 한다. [그러한 상담을 한다]고 하는 것은, 이것은 각별한 일이겠지만 [이쪽에는 여러 가지로] 생각하는 것도 있어, 몇 번이고 상담하고 싶다고 생각하고 있다. [봉진연석에서] 접대할 때에는 이 1도이면서 2명으로 되어 있은 일에 대해서 [언급하고, 그런 후에] 인사를 하고 싶다. 그 장소에서 [여러 가지를] 상담을 하고 싶다. 그렇게 생각하고 있다고 [정관은] 말하고 있다. 이러한 반답을 하여 드디어 모레 22일에 봉진연석이 열리게 되었다. 이 뜻을 접위관에게 전할 것을 [양역관에게] 말로 전했다.

(22-04)

〃同月廿二日朴同知朴僉知入館弥明日封進宴席可相調旨申聞候

(22-04)

〃8월 22일에 박동지와 박첨지가 [화관에] 입관했다. 드디어 내일로 봉진연석이 조정되었다는 것을 말로 전해왔다.

(22-05)

〃同月廿三日訓導方より今日者雨天ニ而御座候ニ付東莱ㇼ飛脚立申

候宴席之儀如何可申越哉与申来候付而唯今之通ニ候ヘハ罷成間敷
候間今日者可相延候其旨申遣候様ニ与返答申遣候処昼過ト同知入
館裁判江寄合申来候者宴席被相延候儀東莱江早速申越候之処其飛
脚届不申内接慰官東莱坂之下江被参両人被申候ハ今朝東莱ハ然与
降不申候故出立申候然所ニ爰元者強ク降申候ヘ共坂之下迄為参儀
ニ御座候間相済間敷候哉尤日も昼過可及暮候得共火をともし候而
成共相調度由訓導を以被申越候付坂之下迄御両人御越候故今日
宴席可相済候跡之接待迄相済候而者必定日茂暮可申候左候而者
下々入交不行規ニも可有之候接待之儀者兼而御断可申入与存候折
節ニ候御馳走御断申候上ハ接待之儀御馳走請候様ニ有之其上茶礼
之節委細申達候ヘ共別而御用無御座候拝礼之儀者各別ニ候之間坂
之下江者罷越可相勤候跡之接待者御断申候由返答申遣ス追付朴同
知入館裁判江来リ接慰官東莱是非今日宴席可相調与被申ニ而ハ無
御座候坂之下迄被参候儀を御知せ被申与之儀ニ御座候今日弥可相
延由被申旨申来候付左候ハヽ今日之儀相延明後廿五日可相調旨
返答申遣ス

(22－05)

〃8월 23일이 되었다. 훈도 쪽에서 오늘은 우천이기 때문이라고
말하며, 동래부에 비각을 보내 연석을 [집행할 것인가, 연기할
것인가, 그런데] 어떻게 할 것인가라고 묻게 했다. 그러자 [동래
부에서는 천후가] 지금 이대로라면 아무래도 결행할 수는 없다.
그러므로 오늘 정도는 연기하고 싶다라고, 그러한 취지를 [화관
에] 전달하도록 하라는 답이 있었다. 그러한 가운데, 낮이 지나

서 변동지가 [화관에] 입관하여 재판 쪽에 들렀다. [그리고 이쪽에 말로 전해온 것은 이하와 같은 내용이었다. 즉] 연석을 연기할까 어쩔까, 동래부에 서둘러서 [비각을 보내어] 물어보았습니다. 그러나 비각편이 동래부에 도착하기 전에 접위관과 동래부사가 벌써 사카노시타(언덕 아래)까지 나오셨습니다. 그 두 사람이 말한 것은, 오늘 아침, 동래부에서는 [비가] 그렇게 많이 내리지 않았다. 그렇기 때문에 [연석에 출석하기 위해] 출발한 것이라 한다. 그러나 이곳 [사카노시타까지] 나왔을 때 [돌연히 빗발이 세져서] 강하게 내렸다. [참으로 유감스러운 일이다. 그러나 어렵게 이처럼] 사카노시타까지 온 이상은, 어쩔 수 없이 [연석을 거행하고, 여러 의식을] 마치는 일은 할 수 없는 것일까. 당연히 [개시가 늦어도 상관없다.] 해도 정오가 지나 석양이 되어도 [상관 없다.] 불을 밝히고라도 연석을 준비하여 어떻게든 [오늘 중에] 마치고 싶다. 그처럼 [접위관과 동래부사] 두 사람이 말한 것을, 훈도 변동지가 이쪽에 전해왔다. 그 전달에 대해 [이쪽이 답한 것은] 사카노시타까지 두 분이 오셔서 계신다면 역시 오늘 중에 연석을 마쳐야 한다고 [이쪽도] 생각한다. 그러나 그 뒤에 [주연의] 접대와 회담이 있어, 이 일도 오늘 안에 마치게 되면 아마도 날이 [완전히] 저물 것이다. 그렇게 되면 아랫사람들은 [술도 마셨을 것이므로 야음을 틈타] 뒤섞여서 [잠상의 흉내를 내기도 하고, 난투 등의] 좋지 않은 일도 일어나기 쉽다. 뒤의 접대는 전부터 거절하고 있었던 일로 이러한 상황의 일이므로 [접대의] 어치주는 [이번에] 거절하고 싶다. 원래 이 접대의 어치주를 [이쪽이] 받도록 하라고 [그쪽은 강하게 요망하고] 있었다. 그러나 차례 시에 자세히 말씀드린 대로 이 [역직에 동반되는 이익]에 대해 이쪽은 특단의 관심이 있는 것이 아니다. 배례의 예는 각별한 일이므로 그렇기 때문에 사카노시타까지 찾아가 [숙배를] 해야 한다는 것은, 당연한 일이라고 생각하고 있다. 그러나 그 후의 접대에 대해서는 [특단의 의미가 없다. 그렇기 때문에 모두] 거절하고 싶다. 이처럼 [변동지에게] 답하여 말로 전하게 했다. [그 제안을 가지고 돌아가고], 곧 박동지가 또 입관해 왔다. 재판 쪽에 와서 말하기를, 접위관이나 동래부사의 의향은, 꼭 오늘이라도 연석을 준비하여 집행하고 싶다고, 그러한 것은 아니었습니다. 그저 사카노시타까지 [일부러 두 사람이] 온 것을 [쓰시마의 여러분들에게] 알리고 싶었을 뿐이었습니다라고, 그와 같은 것을 전해왔다. 그리고 연석의 의례나 접대의 의례에 대해서는 오늘은 [비가 강해졌기 때문에] 어쩔 수 없이 연기해야 한다고, 그렇게 말하고 있다는 것을 다시 전해왔다. 이러한 경과를 거쳐 결국 오늘의 연석 의례는 모두 연기되었다. [새로] 모레 25일에 [다시 연석을] 준비한다는 뜻을 [박동지에게] 반답하여 [접위관 및 동래부사에게] 전하게 했다.

(22－06)
〃同月廿五日封進宴席相調候付坂之下江罷越例之通粛拝相済帰館之後接慰官東莱太廰江被罷出候由両訳申聞候付一行太廰江罷越例之通対礼在之曲禄ニ掛リ酒之中朴同知を以接慰官被申聞候ハ此方より之馳走請間敷由申聞置候得共今日之宴席ニ朝廷より之祝儀物者

各別ニ御座候間御請被成候へと目録持来候付被仰聞候趣承届候兼
而申入置候通心入御座候付御断申入候朝廷より之御祝儀返進与
申儀者慮外成儀ニ候へハ都表者能様被仰登御音物者接慰官迄致返
進候由申遣候処常々御馳走物とハ違是ハ朝廷より之祝儀ニ而都表
発足之節被申渡持下りたる儀ニ御座候前接慰官も此段不申叶候と
て不首尾ニ御座候今度御請不被成候而者弥致迷惑事ニ候間御請被
成候様ニ与被申聞候付最前より如申入候心入御座候而御断申儀ニ
御座候日本向にては首尾ニより主人より給候品も断申事有之儀ニ
御座候御馳走請申時分も可有之由返答候而相止九献之数相済平
座候而朴同知朴僉知を以申掛候者定而段々御注進可被成与存候
茶礼之節申入候様ニ一嶋二名ニ相聞へ候様成紛敷儀ニ而者両国之
儀不相済候間兎角真直成事ニ而無御座候へハ届不申候真直成儀与
申内御認被成様善悪可有之候間御了簡被成亘御注進被成候様ニ与
申達候処一嶋二名ニ思召候与御座候而者御返簡之認様有之儀ニ御
座候左様御座候へハ当春之返簡認直シ候間此方江御返し被成候様
ニ与被申候付又答候ハ先日より両判事江申候通一嶋二名ニ被成候
而悪敷候与御難題申ニ而者無之候一嶋二名ニ相聞候疑敷候紛敷書
面を申断儀ニ候当春之返簡之儀此方ニ不入物候へハ唯今ニも御渡
可申候然共御返簡下リ拙子心ニ合点仕候時取替可進候依之其節迄
ハ可控置候諸事御相談与御座候上ハ御下書見申候而好ミも御座
候ハ、其通ニ御直シ被成是ニ而者東武江差上候而も不苦与存候時
御返翰右左ニ取替申事ニ候此段曾而御疑被成間敷候旨申掛候処被
仰聞候趣承届候其返簡悪敷候間直シ候へと御持渡候事ニ候へハ御
渡不被成儀不聞事ニ候今度参候返簡之儀成程結構ニ正官御心ニ合

候様可申参候此段接慰官申儀少も御疑被成間敷候若御心ニ不入儀
有之ハ思召候通何時も直シ可申候左候ヘハ御扣被成候而も無益
之事ニ候諸事之儀明日致註進候ニ請取不差登候而者都之心入違申
事ニ候間御渡し被成候へと被申聞候付扱者扣置候儀重而とても御
渡し申間敷哉与御疑強候与相見へ候其段別儀有之事ニ而無御座候
其上ニも無覚束思召候者都船主裁判江手形成共為致可申候御返簡
茂不見届うかと相渡候与対馬守殿被聞届不埒成仕様与有之而者
日本之法ニ而切腹も仕程之儀ニ御座候使者此通ニ申候由御注進被
成可然旨申達候之処被仰聞候儀者御尤ニ存候請取不申候而ハ注進
之仕様無御座候接慰官不首尾之段も御察可被成候何とそ宜返事
申来候様ニ与之心入レ第一ハ御使者之首尾を存候而之儀ニ御座候
由被申候付又返答ニ返簡御請取不被差登候而者不首尾与申儀合点
不参候又使者之為能様ニ与思召候而被仰聞候趣忝儀ニ者候得共是
又合点不参候此論談者接慰官拙子挨拶ニ而も無之対馬与朝鮮之入
組ニ而も無御座差渡し日本朝鮮之御返簡ニ接慰官御註進如何程宜
候而茂朝廷方思召入ニ依而如何様ニ可申参も不相知候内所ニ而如
何程ニ存候而茂無益之事ニ候間御返答之儀早々申参候様被仰登候
ヘ与申掛候処段々申入候得共無御承引候左候而者接慰官致帰京
被仰聞候趣直ニ申達其上ニ而朝廷方より了簡を以御返答可被申候
由被申候故御帰京被成首尾ニ候ハ、兎も角も御勝手次第ニ候両国
之挨拶其通之御作法ニ候哉御注進ニ依て御返答之善悪有之与仰候
程之事ニ候へ、ハ当春返簡之儀被仰聞候得共今度之御返翰下り候迄
相扣候由使者申候旨御注進難被成事ニ候哉曾而合点不参候由申達
候へ、ハ左候ハ、其旨注進も可仕候然時ハ不宜返翰参候儀ハ同前ニ

候其時何角与御相談与有之儀曾而不承候此段御合点ニ候哉与被申
候付其段弥難落着候最前申候通両国差渡之御返簡使者之振り悪
敷とて悪ニ成善ニ違ひ可申哉ニ然此返簡被差登候ヘハ必定冝申参
与被仰聞候趣相違有之間敷与思召候哉与申候時最前より申候通
冝申参候愗成儀御座候付両国之儀者不及申御使者御帰国迄恰合
冝様ニ与存申入候由両判事此方通事中山加兵衛諸岡助左衛門を以
段々被申聞候付具承届候此方存候ハ爰元ニ而極而冝与存候儀国元
へ申遣其通ニ可相済共不存候定而接慰官も其通ニ而思召寄之趣御
注進被成候而も其通ニ者相済間敷与存候之処扱者接慰官思召候通
御注進被成候ヘハ相済事ニ候由愗ニ被仰聞候上ハ相心得申候其通ニ
候者御渡シ可申与申候時御渡シ可被成与御座候而致安堵候左候
ヘハ諸事恰合能キ下書掛御目御好ミ次第御相談申事ニ御座候由被
申聞候付被仰聞候趣段々致思案候ヘハ接慰官唯今之御心入ニ候ハ
ゝとても悪敷様ニ者申参間敷候下書見申度与申候儀者未疑心ニ而
候御下書下リ候ニ及不申候間本書下リ候様早々被仰登候ヘ万一望
之儀も御座候者御相談可申候間本書下リ候而茂幾重ニも御相談被
成候様ニ与申達候処下書御覧ニ不及候与之儀被仰聞感入申候真ニ
御誠信与存候弥諸事仕能候被仰聞候通本書下リ其上御好有之者
何時も直し可申候由被申論談相止候相済而朴同知朴僉知都船主
宅ニ入来候付館守裁判并阿比留惣兵衛を以当春請取候参判参議東
莱釜山之返簡両判事江相渡ス

(22‐06)
〃8월 25일에 봉진연석이 준비되었다. 사카노시타에 가서 상례대

로 숙배를 마치고 귀관했다. 그 후에 접위관과 동래부사가 연향대청에 나셨다고, 양 역관이 알려왔기 때문에 사자 일행도 이 대청으로 가서 상례대로 대례의식을 집행했다. 곡연이 시작되었을 무렵부터 주석이 되어 그 석상에서 박동지를 매개로 해서 접위관이 다음처럼 말씀하셨다. 이쪽(조선)이 보내는 치주는 받지 않는다고 말씀하시고 계셨으나 오늘의 연석에는 조정이 보낸 축의물이 도착되어 있다. 이것은 각별한 것이므로 [꼭] 받아주세요. 이처럼 말하고 [증답의] 목록을 꺼내왔다. 그리고 말해주신 [치주를 받지 않는다고 하는] 취지에 대해서는 잘 알았다. 그러나 전부터 말해 두었듯이, 이쪽에도 생각이 있어 [그저 받기 어렵다고 말씀하셔도, 그와 같은 반답은] 거절한다. 이것은 조정이 보낸 축의품으로 이것을 돌려보내는 것과 같은 일은 [그야말로] 착각도 너무 심하다. 도성에는 [일단] 적당히 보고하여 증답품을 접위관에게 반납하는 일이 있었다고 연락해 두겠으나 통상의 치주물과는 달리, 이것은 조정이 보낸 축의[의 하사품]으로 [돌려준다는 일은 할 수 없는 것이다. 접위관이] 도성을 발족할 때 [쓰시마의 사자에 직접 건네도록 하라고, 강하게] 명받고 가지고 내려온 것이다. 전의 접위관은 이 축의품을 건네주지 못하고 결국 [사자를 대우하는 역직으로서]는 불미스럽게 끝나고 말았다. 이번에 이것을 받지 않으면 결국 [우리들이] 곤란하다. 그러니 꼭 받아주실 것을 [강하게] 요구해 왔다. 그러나 이미 전달해 두었듯이 [이쪽에도] 생각이 있어 역시 거절한다고, 이렇게 답하여 두었다. 일본에서는 상황에 따라, 주인한테 급부받는 물품도 [일부러] 거절하는 경우가 있다. [이번의] 어치주를 받는다고 하는 것도, 이와 같은 [상황에 따른] 사정으로 [거절하는 것]이다. 이렇게 반답하여 [이 건에 관한] 이야기는 끝났다. 그런데 [연석에서 술잔] 9헌의 배수도 끝나, 곧 평좌하여 [회담에 들어갔다. 그리고] 박동지나 박첨지를 매개로 하여 [접위관에게 본제의] 이야기를 [다음처럼] 했다. 즉 일의 상황을 [이번에] 똑바로 [조정에] 주진해 주신 것으로 생각한다. 차례 시에 말씀드렸듯이, 1도의 2명으로 이야기되는 것은 혼란스러운 일로 양국의 통호를 위해 좋지 않다. 어쨌든 곧바로 이해할 수 있게 하지 않으면 [말이 맞지 않는다. 그렇지 않으면 이 일을 동무에] 보고하는 것을 [도저히] 할 수 없다. 곧바로 이해할 수 있게 [서간을] 고쳐 써주실 것을 [지금 다시 한 번 부탁한다. 서간이] 좋은가 나쁜가[라는 기준]은 단순한가 어떤가라는 점에 있다. 이것을 이해하고 좋게 [도성에] 주진해주었으면 한다. 이렇게 전하였더니 [접위관은 다음처럼] 말씀하셨다. 즉] 1도가 2명으로 [이야기 되고 있는 사실을, 있는 그대로] 인정하면 또 반한을 기록할 방법도 있는 것이다. 그렇게 되면 올봄[에 건넨] 반한을, 그렇게 고쳐서 기록하는 것도 가능합니다. 그렇다면 그 반한을 먼저 돌려 달라고 이렇게 말해 왔다. 그것에 대해서 또 [이쪽이] 답한 것은, 전일부터 양 판사에게 말하고 있는 그대로 1도를 2명으로 [말하게] 되면 안 된다고, 그와 같은 난제를 말하고 있는 것은 아니다. 1도가 2명으로 들리는 듯한 [마치 두 섬이 실제로 있는 것처럼 생각할 수 있는 문언의 기재가, 문으로서] 의심스럽다는 것이다. [그와 같이] 혼란스런 서면[이라면 그 문서를 주고받는 것을] 거절한다. 그것뿐이다. 올봄의 반한에는 이쪽[의 이해]에 불필요한 [혼란스런] 문언이 있었다. 그래서 [동의히지 않은 것이다.] 그렇기 때문에 지금 바로 즉시라도 [이 부동의의 반한을 우리도] 건네주고 싶다. 그러나 [새로운] 반한이 [아직 이곳에는 내려오지 않았다. 그것이] 내려오고] 졸자가 이해할 수 있으면 그 시점에서 교환을 추진하고 싶다. 그러므로 이후에 그것이 내려 올 때까지 [이 반한은] 만일을 위해 [우리 쪽에] 놓아 둔다. 모든 것을 상담하여 행하고 싶으니 [새로운 반한에 대해서는 그] 초안을 [먼저 이쪽에] 보여주면 [이쪽이] 원하는 것도 있기 때문에 그러한 [문언]으로 고쳐져 있는 것인가, 이것을 동무에 올려도 나쁘지 않을 것인가 [그러한 것을 확인하고 싶다. 그리고 이것으로 좋다]고 할 수 있는 시점에서 반답을 우(지난번 반한)를 좌(새로운 반한)로 교환하는 것으로 하고 싶다. 이와 같은 일을, 모두를 의심하지 않도록 하라고 말해 두었다. 그러자 이야기해 주신 취지는 알고 이해도 했다. 그러나 반한[의 문언]이 좋지 않기 때문에 이 문언을 고쳐달라고 [일부러] 가지고 건너 온 것이라면 [그 납득이 가지 않는 반한을, 먼저 돌려 주는 것이 도리일 것이다. 개선을 희망하면서, 그것을] 건네주지 않는 것과 같은 일은 [지금까지] 들은 일이 없다. [그렇기 때문에 우선 돌려주시라. 그렇게 하면] 이번에 올 [예정의 새로운] 서한은, 과연 잘 되었다라고, 정관의 마음에 들수 있는 [문언으로 고쳐 쓰는 일이 된다. 이전 것을 돌려주시면 서둘러, 그 부적절한 곳을 들어 도성에] 전할 생각이다. 이 일에 대해서는 이 접위관이 말하는 것으로 조금도 의심하지 말 것을, 부탁하고 싶다. 만일 마음에 들지 않는, 필요 없는 것이 [새로운 반한 중에] 있으면 생각하는 대로 또 언제든지 고치겠다. [이쪽은] 그와 같은 생각이니 [전회의 반한을 그곳에] 보관해 두고 있어도, 아무런 이익도 없는 일이다. 여러 가지 것은 내일이라도 [도성에] 주진하겠지만, [우선 전회의 반한을 이쪽에서] 받아두고 [이 주진에 첨부하여 도성에] 바치지 않으면 안 된다. 그렇지 않으면 도성 [사람들은 수정에 응하지 않는다. 그것을 바쳐야 비로소 수정하는 것으로 조정의] 마음가짐이 변한다. 그러므로 [이전의 반한을 먼저] 건네주세요라고, 이렇게 [조선 측은] 전해왔다. 그것에 대해 [이쪽이 답하기를, 전회의 반한을] 이대로 보관해 두는 일은 [중요한 일이라고 생각하고 있다.] 반복해서 말하는데 [이 반한은] 절대 건네줄 수 없다. [접위관이 말씀하신 내용에 졸자가] 의심을 품고 있는 것처럼, 어쩌면 들릴지도 모른다. [그러나 그렇지 않다. 여기에는] 각별한 사정이 있는 것이 아니다. 그래도 불안한 마음이 있다면 도선주나 재판이 [반납을 약속하는] 보증서라도 [그쪽에] 건네줄 수는 있다. [어쨌든 새로운] 반한을 보지 않고, 함부로 [앞의 반한을] 건네버리면 그것을 쓰시마노카미 님이 들으시면 좋지 않은 교섭이라고 [졸자가 질책 받는다.] 일본의 법으로는 할복자살에 해당할 정도로 [큰 실태라고 하는] 일이 된다. [그러므로 도성에는 쓰시마에서 온] 사자가 이처럼 말하고 있다고 [있는 그대로를] 주진하셔야 합니다. 이와 같은 취지를 전했다. 그러자, 말씀하신 것은 당연하다고 생각하는 바입니다. 그러나 [전회의 서간을] 받지 않으면 [도성에 문언의 수정을] 주진할 수 없다. 이것은 접위관의 불찰이라는 것이 된다. 그 점을 [충분히] 살피시고, 꼭 좋은 답을 들려 주기를 바란다라고, 그러한 이야기를 해왔다. 그러나 그러한 생각의 제일 중요한 것은, 사자[가 된 접위관 자신]의 공을 생각한 것으로 좋지 않는 일일 것이다. [즉 제멋대로의 업적을, 그저] 말하고 있을 뿐이다. 또 [새로운] 반한을 내려 주실 것을 주진하는데 [전회의] 반한을 받아 [그것을 첨부하여] 올리지 않으면 [수정하는 일이] 잘 안 될 것이라고 말하는 것은, 이 것은 [접위관 자신의 생각으로 이쪽에서는] 납득할 수 없는 일이다. 그리고 또 [쓰시마에서 온] 사자를 위해 잘 되게 마음을 쓰고 있다고 하나, 참으로 황송한 일이기는 하지만, 이것 역시 [그렇게는 생각하지 않고, 정말로 배려하고 있는지 어떤지] 납득이 가지 않는다. 이 논담은 접위관과 졸자 사이의 교섭이 아니다. 또 쓰시마와 조선 사이에 벌어지는 분규의 교섭도 아니다. [굳이 말하자면] 일본과 조선 사이에 건네진 서간에 대해 그 문서교섭의 문제이다. [즉 중앙정부 간의 논담이라고 할 수 있는 일이다. 그렇기 때문에] 접위관의 주진이 아무리 좋다 해도 조정 측의 생각에 따라서 얼마든지 바뀌는 것이다. [접위관과 졸자 간에] 은밀하게 아무리 [합의하고, 아무리] 이해했다 해도 [어차피 일선의 합의로] 무익한 일이다. 그렇기 때문에 반답이 빨리 오도록 [조정에 주진을 빨리] 올릴 것을 [다시 접위관에게] 말했다. 그러자 여러 가지로 [조정에는] 전하고 있으나 [새로운 반한을, 여기서 내리는 일에 대한] 승인이, 아직 없다 한다. 그 러한 것 같으니 접위관이, 여기서 [일단] 귀경하여 [사자 정관이] 말씀하신 취지를 [그대로] 도성에 바로 말씀드리려고 생각한다. 그렇게 하여 조정의 양해를 얻어 그 반답을 하고 싶다고 이렇게 말해 왔다. 그래서 귀경하는 상황이 되면 어쨌든 좋을 대로 하셔도 좋습니다. 양국의 교섭은 있는 그대로 [양국이 각각 관습에 따른] 작법으로 행하기로 합시다. 주진[의 교졸]에 따라 반답의 선악이 생긴다고 말하며, 올봄의 반한을 [돌려달라고 접위관은] 말하고 있으나 이번의 반답이 내려올 때까지는, 이쪽에서는, 계속 [이전의] 반답을 이곳에 놓아 두는 것으로 한다.] 이렇게 사자는 [상대 접위관에게 다시] 전해두었다. 그에 덧붙여, 사자가 전한 취지를 [도성에 보고할 때, 전회의 반한을 반납하는 일 없이] 주진하는 일은 어려운 일이라고 [접위관은] 생각하고 계시나, 그것은 전혀 납득할 수 없는 일이라고 전해두었다. [그러자 접위관이 말하기를] 그렇게 되면 그 뜻을 [있는 그대로 도성에] 주진하게 된다. 그러나 그때에는 [틀림없이] 좋지 않은 반한이 내려온다. 그것은 당연한 일이라고 생각하지 않으면 안 된다. 그때가 되어 [비로소] 무어라고 상담을 [이쪽에] 가지고 와도 [이미] 어찌할 수 없다. 모든 것이 늦었다는 것이 되어 [뜻을] 받아 [선처하는 일은] 도저히 할 수 없다. 이 일은 [미리] 알아 두지 않으면 안 된다. 그렇게 전해왔다. 이러한 주고받은 일이 있은 다음에 결국 [합의는 어긋나고 틀어져 갔다. 즉] 낙착되기 어렵게 되고 말았다. [그러나 여기서 어떻게든 타결책을 찾아내지 않으면 안 된다. 그래서 다시 말을 걸었다.] 최근에도 말한 대로 양국 간에는 [서로의 생각을] 전달하는 [서간 그리고] 반한이라는 것이 있다. [그것을 주선하는] 사자가 있다. 그 사자의 대응이 나쁘다 해서 이 교섭이 나쁘게 되고, 또 선과 다르다고 말한 것과 같은 일이 되는 것이 아니다. [그저 국가의 방침이 있고, 그것에 따라 사자는 움직이지 않으면 안 된다는 것이다. 그렇기 때문에 그 교섭을 선악 등으로 말할 수 있는 것은 아니다.] 그러나 [어떻게든 일을 수습하고 싶다.] 반한을 [지금 단계에서는 저쪽에 돌려주어, 그것을 도성에 올려 보낼 [필요가 아무래도 있다고, 이번에 말씀하여 주셨다.] 그렇게 하면 반드시 좋게 상신한다고, 그와 같은 [약속을] 해주셨다. 그 취지는 [과연] 틀림없는 것인가라고 [다시] 이렇게 물었다. 그러자 [접위관이 말한 것은] 종전부터 말하고 있는 대로 좋게 되도록 상신할 예정이고, 그[것이 잘 진행되는 것]에 대해서는 확신이 있다. 양국의 일은 말할 필요가 없고, 사자가 귀국하실 때까지, 완전히 좋게 일이 진행도도록 [정성을 다하여 노력하겠다라고, 이와 같이] 말해왔다. 이러한 일을 양 판사와, 이쪽의 통사인 나카야마 카베에나 모로오카 스케자에몬을 매개로 해서 하나하나 요구해 왔다. 그렇기 때문에 그것을 자세히 듣기로 했다. 이쪽이 이해하고 있는 것은 [이하와 같은 일이다. 즉] 이 화관에서 [우리들이] 아주 좋다고 인식하고 있어도 [실제로는] 본국에 전해 보면 [의견이 맞지 않는 일 등이 있어] 그대로는 결코 끝나지 않는다. 그와 같은 일이 [지금까지 몇번이고] 있었다. 아마 접위관도 [조정과의 사이에] 그와 같은 일이 있었을 것이다. 생각하고 계시는 취지의 일을 주진하셔도, 그대로 [모든 것이] 끝날 수는 없다. [그와 같이 엄한 사정이, 그쪽 조정에도 있기 마련이다.] 그러나 그와 같은 것을, 그렇다면 [어떤 방법이, 어쩌면 유력한 연줄이라도 있는 것일까.] 접위관이 생각하는 것을, 그대로 [도성에] 주진하셨다면 그것으로 [새로운 반한의 일이

호전하여 모든 것이] 잘 될 것이라 한다. [그것을 이렇게 간절하고 정중하게] 말씀해 주셨다. 그것을 [이 많은 사람이 듣고 있는 회담장에서] 확실하게 [틀림없이, 이쪽은] 들었다. 그렇다면 이런 이상은, 이제 납득하여 이해하는 것으로 하고 싶다. 만일 그대로 [일이 진행되어 가는] 것이라면 [앞의 반한을, 이때, 그쪽에] 건네려고 생각한다. [그렇게 접위관에게] 전했다. 그러자 그때 [접위관이 말하길, 그 반한을] 건네주는 일이 되어 [겨우] 안도했다. 그렇다면 모든 일이 아주 마음에 드는 초안을 [금방이라도 조절하여] 보여드리기로 한다. 또 선호하는 대로의 [문언]이 되도록, 이 상담을 하고 싶다. 그렇게 전해왔다. 그래서 그렇게 말해준 취지를 [이쪽에서도] 여러 가지로 생각한 결과, 접위관의 현재의 배려에 [깊이 감동했다.] 아무래도 나쁘게는 되지 않을 것이다라고, [그와 같이 말했다.] [교섭을 행하고] 있는 단계에서는 [분명히 이쪽에] 아직 의심하는 마음이 있었다. 그러나 그 초안이 내려오기 전에 곧 [금방이라도] 본서가 내려올 것처럼 [접위관이 이야기하기 때문에 그것을 믿어 의심하지 않았다. 그렇기 때문에] 서둘러 [도성에] 보고를 올려달라고 [접위관에게] 요구했다. [그러자 접위관은] 만일 [아직도] 요망하는 것이 있으면 [다시] 상담을 하는 일은 가능하다. 본서가 내려오고 나서도 [그 후에] 얼마든지 상담을 할 수 있다라고, 그렇게 말씀하셨다. 그래서 그렇다면 [이미] 초안을 보실 필요가 없지 않은가. [내려온 본서를 보고, 그것을 근거로 이것저것 상담하면 어떨까라고 까지] 말씀하셨다. 그와 같은 말을 들은 [이쪽은 참으로] 마음에 들었던 것이다. 이것이야말로 진정한 성신이라고,

그렇게도 생각하게 되었다. 드디어 여러 모든 일이 [지금부터는] 좋게 전개한다. 말씀하신 대로 본서가 내려오고, 그리고 원하는 것이 있으면 이것을 언제든지 [원하는 대로] 고치는 것이라고 [그처럼 접위관은 성의 있게] 말씀하셨다. 그렇기 때문에 [합의가 이루어져] 드디어 논담을 마치게 되었다. 상담도 끝난 단계에서 박동지 박첨지가 곧바로 도선주 댁에 들어왔다. 그곳에서 관수, 재판, 및 아비루 쇼우베에가, 올봄에 받아두었던 서간, 즉 참판 및 참의 그리고 동래부사 및 부산첨사가 보낸 반한을 모두 이 양 판사에게 건네는 일이 되었다.

(22-07)

〃封進宴席相済最前之返簡差返候旨与左衛門より御国^江申上候書状之略

(22-07)

〃봉진연석이 끝나고, 최근의 반한을 모두 반납한 것을, 요자에몬이 본국에 보고하여 올리셨다. 그 서장의 개략이다.

〃一昨廿五日封進宴席相調申候就中先便^二茂申進候通当春持渡之返翰之儀扣置候而可然存候処接慰官被申候ハ右以(「原のマヽ」と行間にあり)之返翰御返シ不被成候而者今度御返答之申様も無御座其上右之返簡不宜被思召候間直シ候様^二与之御事^二候ヘハ其返翰不差登候而者都^江之注進之首尾も無御座候間相渡候様^二与達而被申聞候付其上是非控可申様も無御座候付相渡申候先頃も申進候

様ニ今度之御返簡之儀必定我嶋之由緒を申立右之通ニ御座候之間
此上者如何様共対馬守様冝様ニ被仰上被下候様ニ与なけき候体ニ
返簡可相認哉与存候茶礼之節私口上ニ申入候通蔚陵嶋之文字御除
候へ無左候ハ、御除不被成様子被仰越候へ与申達置候旨意ニ候得
者為替御紙面ニ候とて請取間敷与ハ被申間敷候故無何事請取可致
帰国与存候一昨日接慰官之挨拶之様子并判事共唯今迄申通ニ候へ
ハ必定右之通我国之由緒を申立東武之儀者冝様ニ頼存候旨致書載
勢ニ而御座候来月中頃者返簡可致到来由申候其元思召寄も御座候
ハ早々可被仰越候勿論難請取首尾之儀も候ハ、此方ニ而油断不仕
不相伺候而不叶儀者其元江申越候様ニ可仕候先便ニ茂申進候通江戸
表へハ御取込之内与存此方より者不申上候御了簡被成不苦思召
候ハ、其元より具ニ可被仰上候

〃그저께, 8월 25일에 봉진연석이 이루어졌다. 일단 앞의 연락으
로도 말씀드린 대로 올봄에 가지고 건넨 반한의 일인데 [이쪽에
서] 보관하고 있는 것이 당연하다고 생각하고 있었는데, 접위관
이 말하기를, 위의 반한을 다시 반납하지 않으면 이번에 반답을
하려고 생각해도 아무래도 요구할 방법이 없다는 것이었다. 그
[반한을 반각한]다면 위의 반한에서 좋지 않다고 생각했던 곳
을, 고치겠다는 답이었다. [즉] 그 반한을 [도성에] 바치지 않으
면 주진할 상황에도 이르지 못한다 한다. 그렇기 때문에 건네주
세요라고, 강하게 요구했던 것이다. 그리고 꼭 [이쪽에] 놓아두
어야 한다는 이유도 없었기 때문에 이 반한을 [저쪽에] 건네주
기로 했다. 그러나 전에도 말씀드렸던 대로 이번에 [내려올 예

정]의 반한은, 아마도 [당해의 섬은] 우리 조선의 섬이라고, 그러한 [조선 측의] 유서를 주장할 것이다. 위와 같이 [조선의 섬이라고] 주장하고, 그런 위에 어떻게든 쓰시마노카미 님이 잘 [장군에게] 보고하여 선처할 수 있도록, 그와 같은 탄원 형식으로 반한을 기록하는 것이 아닐까. 그처럼 [졸자는] 생각하는 바이다. 차례 시, 졸자가 구상으로 요구한 것은 [이쪽이 요구하는] 대로 울릉도라는 문자를 삭제해주세요, 그렇지 않으면 삭제하지 않는 이유를 [이쪽에] 알려 달라고 [그와 같은 일이었다] 그렇게 전해둔 취지를 [저쪽이] 이해하셨다면 [전회의 반한은, 이번에] 바뀌지는 지면이 될 것이다. 그렇게 되면 [이쪽이] 받지 않는다고 [거절을] 말하는 것과 같은 일은 [다시] 없을 것이다. 아무일 없이 받아 [우리들 사자 일행은] 귀국하게 될 것이다. [그러나] 그저께 접위관의 말하는 것, 및 판사들의 태도, 그리고 지금까지 [그들이] 말한 대로라면 [울릉도라는 문자를 삭제하는 것과 같은 일은, 이번에도 없을 것이다.] 아마도 위와 같이, 우리나라의 섬이라고 하는 [그들의] 유서를 [또다시] 주장하여 동무에 보고하는 일은, 잘 되게 부탁한다고 하는 것이 될 것이다. 그와 같은 취지를 [새로운 서간에는] 기재한다고 하는 것이 [지금의] 추세이다.

내월 중순 경에는 이와 같은 반한이 [이곳에] 도래할 것이다. 그처럼 [그들은] 말하고 있었다. 그쪽 본국에서는, 또 그 나름의 생각도 있을 것이므로 [새로운 반한이 도래하면] 서둘러 연락을 올리려고 생각한다. 물론 받기 어려운 사정도 생길 것이므로 이쪽에서도, 더욱 유단하지 않도록 주의할 생각이다. 만일 본국

(타이슈우)의 의향을 물어야 하는 일이 발생하면 그쪽에 전하여 [다시 지시를 받을 생각이다. 그때는] 그와 같은 배려를 가지고 대응하여 주었으면 한다. 앞의 연락에서도 말씀드린 대로 [이쪽에서] 에도에 [보고를 올리는 일은 삼가고 있다. 주군의 병상이 좋지 않기 때문이다. 저쪽 에도는 목하] 어수선할 것으로 생각된다. 그렇기 때문에 이쪽에서 [일부러] 보고를 올리는 것과 같은 일은 하지 않는다. 생각하셔서 지장이 없다고 판단되시면 그쪽 본국에서 [에도번저에] 자세히 보고하여 주었으면 한다.

【大綱二三段(元禄七年九月①)】

(23－00)

○同七年九月六日与左衛門一行中宴席設行在之

【대강 23단(겐로쿠7년9월①)】

(23－00)

○겐로쿠 7년 9월 6일에 요자에몬 일행에 대한 중연석이 거행되었다.

(23－01)

〃是より前八月廿九日朴同知朴僉知入館裁判方^江罷出正官^江接慰官より之口上申聞候ハ頃日封進宴席相済其節懇^ニ申聞候趣翌日東莱へ何茂差寄せ首尾宜様委く相認東莱軍官之中達者成者を撰ひ飛脚^ニ申付時付にして廿六日子刻時分発足申付候定而十日之内^ニハ返答可参哉与存候封進宴席之節ハ両国之儀斗申談緩々不得御意

候間中宴席可仕候永々御滯留御退屈可被成候注進返答迄ハ御待
遠ニ可有御座候間責而中宴席成共被成候様ニ与申来候付御注進之
段々具被仰聞珎重存候中宴席可被成与之御事兼而御斷申入候様ニ
御馳走之儀御斷申候上ハ接待仕候而者御馳走請候様ニも相聞江其
上御用茂無御座候ヘハ御斷申度候得とも御懇ニ被仰下候間いかに
も中宴席可仕由返答申遣ス

(23-01)

〃이보다 전인 8월 29일의 일이다. 박동지, 박첨지가 입관하여 재
판 쪽에 나갔다. 그리고 정관에게 접위관의 구상을 전해왔다.
최근에 [지체되는 일 없이] 봉진연석을 마칠 수 있게 되어 [예
를 표합니다.] 그때(8월 25일) 정중하게 말씀하신 대로 [정관님
이 말씀하신] 취지를 자세히 들었다. 서둘러 다음 날에는 동래
에 [역인들] 누군가를 불러 [검토하여] 상황이 좋도록 자세히
[보고서를] 기록했다. 동래군관 중에서 [발이] 빠르다는 자를 골
라 [그자에게] 비각을 명하여 일시로 말하자면 26일 자시(즉 다
음 27일 오전 0시경) 무렵에 [도성을 향해] 발족할 것을 명했다.
아마도 10일 이내에는 [도성에서 이 주진에 대한] 반답이 올 것
입니다. 그처럼 [접위관은] 생각하고 있다. 봉진연석 시에는 양
국의 일만을 의논하여 여유롭게 [서로의 심정을 이야기하는 것
과 같은 일은 없었다. 그렇기 때문에 정관님의] 기분을 살피는
일 없이 연석이 끝나고 말았다. 그래서 우리가 [다시] 중연석을
열고 환담의 기회를 가지고 싶다. [정관님께서는] 오랫동안 체
류하시어 참으로 많이 적적하셨을 것으로 추찰한다. [도성에는

이미] 주전하였으나 그 반답까지는 [아직 일수가 있다.] 기다리기 지루하다고도 생각하실 것이다. 그래서 중연석이라도 여는 것으로 해서 [정관님의 무료를 위로하고 싶다고 생각한다. 그렇게] 전해왔다. 그래서 답한 것은 다음과 같은 일이다. 이번의 주진에 대해서는 여러 가지로 자세히 들어, 감사하게 생각하고 있습니다. 중연석을 여는 것은 이전부터 사양하고 있는 것처럼, 이것은 치주의 일로 [역시 이번에도 이전과 마찬가지로] 사양합니다. 접대를 받는 일이 되면 치주를 받기 [위해, 즉 이득을 얻기 위해 온] 것으로도 보여 [졸자가 의도하는 바가 아니다.] 그 위에 [접대를 해야 하는 것과 같은] 각별한 용건도 [지금은] 없다. 그래서 [이번의 권유는] 사양하고 싶다. 그처럼 전하게 했다. 그러나 [다시] 정중한 요구가 있고 권유가 있었기 때문에 [결국 사양하지 못하고] 중연석을 받는 것으로 했다. 그런 뜻의 답을 [저쪽에] 전하였다.

(23-02)

〃九月朔日朴同知入館裁判方江罷出中宴席日限之儀相尋来候付来ル 六日可相調旨正官より返答申遣ス

(23-02)

〃9월 초하루에 박동지가 입관하여 제판 쪽에 나아가, 중연석의 날짜에 관한 것을 물어왔다. 그래서 오는 6일로 정하면 어떨까 라고, 그와 같은 뜻을 정관이 [박동지에게] 답으로 해서 전하게 했다.

(23－03)

〃同月六日中宴席相調候付太廳江罷出例之通対礼相済曲禄ニ掛り早
速朴同知を以接慰官被申越候ハ封進宴席之時分ハ互両国之儀斗
申談候今日者緩々可得御意与之口上ニ付如仰先頃者両国之儀斗申
談候然上者御用も無御座殊御馳走御断申儀ニ御座候ヘハ今日之接
待も如何ニ存候ヘ共被仰下候趣御誠信ニ存掛御目度存任仰候今日
者緩々可得御意旨申遣ス

(23－03)

〃9월 6일에 중연석이 준비되었기 때문에 대청에 나가, 상례대로
대면의 의식을 마쳤다. [그런 후에 연석에 들어가] 곡연이 시작
되었을 무렵부터 곧바로 박동지를 매개로 해서 접위관이 전하
는 말이 있다. 봉진연석을 할 때는 서로 양국의 공사만을 이야
기했다. 오늘은 여유를 가지고 지내는 것으로 하고 싶다라고
[일단은] 이야기했다. 그래서 이쪽에서도 응하여 말씀하시는 대
로 지난번에는 양국의 일만을 이야기했다. 그 후에는 각별한 용
건도 없고 특별히 치주를 받을 일도 없어 그와 같은 일은 사양
할 뿐이었다. 오늘의 접대도 어떨까라고 생각했으나 권해주신
호의를 [모른 체할 수도 없어] 이것을 성신에 근거라는 교제라
고 생각하고, 뵙고 감사의 인사를 하려고, 이렇게 나온 것입니
다. 오늘은 여유롭게 지내며 그 뜻을 얻고 싶다고 그와 같은 취
지의 말을 전하게 했다.

〃右相済早速此方通詞中山加兵衛東莱被呼候而直ニ口上被申聞候ハ

去比当地江致漂流候者当地より致欠落御国江罷着候付段々御詮議
之上死罪難遁者共ニ御座候就夫当地ニ而馳走を請剰当地致欠落候
付朝鮮役目之者迷惑候通被聞召届両国見せしめのため於爰元斬
罪被仰付段誠感入御誠信之趣具ニ都江為申登候由被申聞候付委細
被仰聞趣致承知候具ニ都江御注進被成候由為入御念儀ニ存候其旨
国元江可申遣由同人を以返答申遣ス此時者訓導卜同知加兵衛ニ相
添来候

〃위[의 대청에서의 예가] 끝나자, 곧 이쪽의 통사 나카야마 카베
에가 동래부사에게 불려갔다. 그리고 직접 구상으로 말씀하신
것은, 이전에 당지에 표류했던 자가, 당지에서 탈주하여 귀국
(쓰시마)에 간 일이 있다. 그자에 대해 [쓰시마에서] 여러 가지
상의를 하고 [그 평정의 결과, 실은 잠상이었기 때문에] 사죄를
면하기 어려운 자로 판단하기에 이르렀다. 그것에 대해 [이쪽의
생각을 말하자면, 그자는 쓰시마의 사자로서] 당지에서 치주를
받고 있었다. 그럼에도 불구하고 당지를 탈주하였다. 그것으로
조선의 담당자들은 어려움을 겪었다.] 그와 같은 일을 [귀국이]
들으시고, 양국 [인민의] 본보기를 보이기 위해 [그자를] 이쪽으
로 이송하여 참죄하게 [하는 조치를] 명하셨다. 성심에 감동한
일이었다. 이것은 양국 간의 성신의 본보기로 자세히 도성에 보
고하고 싶다고, 그와 같은 일을 말씀하셨다. 그 [일련의 사정을,
이쪽에] 자세히 말씀하셨기 때문에, 그 내용을 충분히 이해했다.
이 일을 자세히 도성에 주진하겠다는 것으로 성의 있게 말하고
있었다. 그렇기 때문에 [이쪽도] 그 뜻을 본국에 [똑바로] 전하

겠다고, 동인(나카야마 카베에)를 시켜 [동래부사에게] 답하여 두었다, 이와 같은 [대화를 할] 때, 훈도 변동지가 나카야마 카베에를 따라 [이 대화하는 곳에 임석하고] 있었다.

〃接慰官より朴同知を以被申聞候ハ先頃より度々申入候得共無御承引候他国之御使者ニ馳走不仕候与申儀無例事ニ候都発足之刻も堅く被申聞候宴席ニ付祝儀物ハ五日次物とハ違朝廷より之祝之品ニ候へハ各別ニ候間是非御受用候様ニ与目録持来候付被入御念被仰聞候先頃より如申入候心入御座候而御断申候事ニ御座候へハ何ヶ度被仰聞候而も同前之事ニ御座候朝廷より之御祝儀物御断申候儀者憚ニ存候都之儀者宜被仰登被下候へ御祝儀物ハ接慰官迄致返進候由申遣候へハ又同人を以度々申入候得共御合点不被成候祝之物を御受被成間敷とハ不宜事ニ候左様候者接慰官方より之目録者差扣可申候間朝廷之斗を御受用被成候様ニ与申来候付今日者緩々心易可得御意与存候処何とやら両国之儀を申詰候様ニ度々被仰聞候夫ニ及事而無御座候間此儀先御止被成平座被成候へ緩々可申談旨申遣候処是ニ而相止九献相済平座候而白木板重置三方抔出之此内も右馳走之儀朴同知朴僉知を以被申聞候得とも右之格ニ返答候而相済

〃[이 연석에서] 접위관이 박동지를 시켜 [정관에게 이하와 같은 것을] 말로 전해 왔다. 전부터 자주 요구하고 있었던 일이나 [어치주를 받아주시는 일에 아직 정관님의] 승인이 없다. 타국의 사자에게 어치주를 하지 않는다고 하는 예가 없다. [접위관이]

도성을 떠날 때도 [사자에게는 어치주를 하도록 하라고] 엄히 명받은 일이다. 연석에 대해서 말하자면 [그때의] 축의물은 [연석 후] 5일에 [사자에게 넘겨주어야 하는 것이다.] 이것은 [그 후의] 물품과는 달리, 조정에서 [직접 보낸] 축하하는 물품이다. 그러므로 각별한 것으로 생각해주지 않으면 안 된다. 그러므로 꼭 수용하실 것을 [정관님에게] 부탁합니다. 이렇게 말하고 [증답품의] 목록을 가지고 왔다. 그리고 성의껏 [이 어치주의 취지와 내용 하나하나를 이쪽에] 말로 전해왔다. [그래서 이쪽이 답한 것은 이하와 같다.] 전부터 말해 두었듯이, 이쪽에도 생각하는 것이 있어, 어치주의 일은 사양하고 있다. 몇 번을 말씀하셔도 같은 일이다. 조정에서 보낸 축의물[이라 해도 역시] 사양한다는 [것에는 변함이 없다.] 이 일은 어려우시더라도, 도성에는 잘 보고하여 주었으면 한다. 축의물에 대해서는 접위관님에게 돌려드린다고, 그처럼 말로 전해두었다. 그러자 또 동인(박동지)를 시켜, 자주 요구해 왔다. 납득하지 못하여 여기서 축하품을 수취하시지 않으면 [접대의례가 원활하게 집행되었다고는 판단되지 않아, 이후 반한에] 좋지 않은 일이 일어난다. [그와 같은 일을 접위관은 위구한다고 한다. 아무래도 수취하지 않는다면] 접위관이 보내는 목록에 대해서는 [이번에 건네는 것을] 삼가한다. 다만 조정의 물품만은 [아무래도] 받으실 것을 부탁한다. 이 같은 말을 전해왔다. [그래서 또다시 답했다.] 오늘은 여유롭게 지내고, 편하게 [접위관을 뵙고] 뜻을 얻을 생각으로 왔다. 그렇게 생각하고 있는데 [어찌 생각했겠는가. 그렇지 못했다.] 무엇인가 양국의 일을 의논하여 [의례상의 일을 마쳐버리려고] 말로 압박해 오시는 것 같다. 이것은 [그쪽이] 지금까지 자주 말씀하신 것으로 [이쪽은 사양해온 일이다. 오늘은] 그와 같은 화제를 언급하는 일 없이, 이곳에서는 이 일은 일단 그만두었으면 한다. 평좌하여 편안히 지내며 [여유롭게] 대화만을 하고 싶은 것이다. 그와 같이 말하여 전했더니 [이 화제는] 그것으로 중지되었다. 9헌의 의례도 끝나 평좌로 앉아 백목의 판자를 겹쳐 놓고 그것에 삼방(상) 등을 늘어 놓고 [서로 음식하며 담소했다.] 이 사이에도 위 치주의 일을 [아직도] 박동지와 박첨지를 시켜 [이쪽에] 말로 전해왔으나 위의 규격처럼 답하고, 그렇게 [이날을] 마쳤다.

【大綱二.四段(元禄七年九月②)】

(24-00)

○同七年九月十二日与左衛門返簡請取之意趣ハ朝鮮之江原道蔚珎県ニ属嶋在之蔚陵嶋与申候江原道東海之内ニ在之候得共風波険敷船路不宜候故中年彼嶋之民を外ㇳ江移し空地ニ仕置時々官人を遣し彼嶋を検分致させ候蔚陵嶋之山々峯々樹木等迄地方より相見ㇳ江山川土地之広狭并民居之旧跡土産之品等迄我国輿地勝覧之書ニ載せ之代々相伝事跡明白ニ在之候只今我国海辺之漁民其嶋ㇳ江罷越候所不存寄貴国之人犯越いたし居候所ㇳ江行逢却而二人を被捕江戸へ被差越候所幸ニ貴国大君之御明察を蒙り以御馳走御送還被下御隣交之御丁寧尋常之儀ニ無之段誠以感心仕候扨右我国之漁民罷越候地者元来蔚陵嶋与申嶋ニ而竹多く在之候故或ハ竹嶋とも唱一嶋ニ而二ツ之名御座候一嶋二名之次第我国之書籍ニ記し候のミニ無之貴

国之人も皆存知たる事ニ候所此度之御書簡ニ竹嶋を貴国之地与思
召我国之漁民彼嶋江参り候儀を禁制いたし候様ニ与被仰下貴国之
人猥りニ我国之境を犯し我国之人を捕江候不調法を被差置候段御
誠信之道を被欠たる御事候此等之趣江戸表江被仰上貴国之海辺江
厳敷御触レ被成以来貴国之人蔚陵嶋江罷越不申様被仰付両国間之
弊端出来不仕候様ニ被成被下候様ニ与之趣礼曹参判参議東莱釜山
より申来也

【대강 24단(겐로쿠 7년 9월 ②)】

(24-00)

○겐로쿠 7년 9월 12일에 요자에몬은 반답을 수취했다. 그 반답
의 내용은 [이하와 같다. 즉] 조선의 강원도에는, 그 울진현에
속하는 섬이 있다. 울릉도라고 하는 섬이다. 강원도의 동해 안
에 있으나 풍파가 험하여 [그곳에 가는] 항로는 곤란하다. 그래
서 [아주 오랜 옛날이 아니라] 조금 오래 전부터, 그 연월 경에
그 섬의 인민을 밖으로 옮겨, 섬을 공허의 땅으로 해두기로 했
다. 때때로 관인을 파견하여 그 섬을 검사시키고 있었다. 그 울
릉도의 산들이나 봉우리들은, 또 수목 등에 이르기까지 [강원도
해변의] 지방에서 볼 수가 있을 정도 [거리의] 것이다. 섬의 산
천, 토지의 광협 그리고 민거의 구적, 토산의 산물 등마저도 [잘
알려진 일로] 우리나라의 여지승람이라는 책에 실려 있다. [그
와 같은 섬의 정보는] 대대로 전해져, 그[러한 섬에 왕복한] 흔
적도 명백하다. 이번에 우리나라 해변의 어민이 그 같은 섬에
넘어갔을 때, 생각지도 못한 귀국인이 범월하여 이 섬에 [건너

와 있었다. 그렇기 때문에 그] 장소에서 만나고 말았다. [그 범월한 귀국인에게] 오히려 [우리 어민 중] 두 사람이 붙잡혀, 에도에 끌려가고 말았다. 그와 같은 [사건이 있었는]데, 다행히도 귀국의 대군이 명찰한 덕택으로 [두 사람은] 어치주를 받는 [대우를 받으며] 송환을 허가받았다. 인교를 위한 정중한 배려였다. 이것은 보통 일이 아니다. 성심에 감동했다. 그런데 위의 우리나라 어민이 넘어간 땅은 원래 울릉도라는 섬으로 대가 많이 나기 때문에 죽도라고도 말하는 섬이다. 즉 하나의 섬이면서 2개의 이름을 가진 섬이다. 이 1도2명의 사실은 우리나라 서적에 기록되었을 뿐만이 아니라, 귀국인들도 모두 알고 있는 사실이다. 이번의 서간에 죽도를 귀국의 땅이라고 생각하시고, 우리나라 어민이 그 섬에 건너가는 것을 금제해야 한다고 [사자를 통해] 말씀하셨다. 귀국인이 함부로 우리나라의 경계를 범하여 우리나라 사람을 붙잡는 것과 같은 무례를 행한 것을 제쳐두고 [이와 같은 요구를 한다는 것은, 그야말로] 성신의 도에 어긋난 일이라고 말하지 않을 수 없다. 이러한 취지를 에도에 보고하여 귀국 해변에 엄한 명령을 내려주었으면 한다. 그렇게 하면 양국 간의 폐단이 되는 분쟁의 발단은 발생하지 않을 것이다. 그렇게 될 수 있도록 [에도에서 명령을] 내리게 해달라고 [이번에] 그와 같은 취지를 [저쪽] 예조참판, 참의, 동래부사 및 부산첨사가 [이쪽에] 전해 왔다.

(24-01)

〃礼曹参判参議東釜返簡之写左記之

礼曹参判の書簡

[真文]

朝鮮国礼曹参判李畬奉復日本国対馬州太守平公閤下槎便鼎来恵翰随至良用慰荷弊邦江原道蔚珎県有属島名曰蔚陵在本県東海中而風涛危険船路無便故中年移其民空其地而時遣公差徃来捜検矣本島峯巒樹木自陸地歴々望見而凡其山川紆曲地形濶狭民居遺址土物所産俱載於我国輿地勝覧書歴代相伝事跡照然今者我国海邉漁氓徃于其島而不意貴国之人自為犯越与之相値乃反拘執二氓転到江戸幸蒙貴国大君明察事情優加資遣此可見交隣之情出於尋常欽歎高義感激何言雖然我氓漁採之地本是蔚陵島而以其産竹或称竹島此乃一島而二名也一島二名之状非徒我国書籍之所記貴州人亦皆知之而今此来書中乃以竹島為貴国地方欲令我国禁止漁船更徃而不論貴国人侵渉我境拘執我氓之失豈不有欠於誠信之道乎深望将此辞意転報東武中飭貴国邉海之人無令徃来於蔚陵島更致事端之惹起其於相好之誼不勝幸甚佳貺領謝薄物侑緘統惟照亮不宣

甲戌年九月日

　　　礼曹参判　李畬

(24-01)

〃예조참판과 참의, 그리고 동래부사 및 부산첨사가 보낸 서한의
사본을 아래에 기록한다.

　예조참판의 서간

조선국 예조참판인 이여가 일본국 쓰시마슈우 태수인 타이라 공

합하에게 다시 서를 바친다. 이쪽에 대차사를 파견하시어 혜송의 서간을 지참하셨다. 진심을 전하였기에 참으로 위문이 되었다. 그런데 우리나라 강워도 울진현에 소속하는 섬이 있다. 그 섬의 이름은 울릉도라 한다. 이 울진현의 동방, 그 해중에 있다. 섬에 건너가려면 풍도에 의한 위험이 있어 배로 왕래하는 일을 할 수 없다. 그래서 중석의 무렵(태종)에 그곳의 인민을 본토로 옮겨, 그 땅을 공허로 했다. 그리고 때때로 검찰관을 파견하여 몰래 섬에 왕래하는 자들이 없는가 하고, 섬을 탐검해 왔다. 이 섬 봉우리들의 수목은 본토 측에서 역연히 볼 수가 있다. 그렇기 때문에 섬에 대한 일은 모두 잘 알려져 있고, 그 산천이 얽혀 구부러진 지형의 넓고 좁음, 민간이 산유적지, 토산물의 생산 상황 등등 모두가 우리나라의 여지승람이라는 서물에 실려 있다. 그와 같은 지견은 대대로 전해오고 있어 그 사적이 명백하다. 지금 우리나라 해변에 사는 어민은 생업을 위해 이 섬에 왕복하고 있다. 그러다 뜻하지 않게 귀국인과 조우했다. 귀국인은 스스로가 국금을 범하고 국경을 넘어서, 이 섬에 왔으면서, 오히려 우리나라의 두 인민을 붙잡아 구금하여 끌고 가서, 에도에 전송했다. 다행히 귀국의 대군이 이것에 대한 사정을 분명히 살피고 친절하게 자재와 식량을 주어 보호하여 두 사람은 귀국하는 은혜를 입을 수 있었다. 이것은 교린의 정에 근거하는 것으로 그것이 보통 일처럼 이루어진 것을 잘 알아두어야 한다. 삼가 그 고대한 뜻이 이루어진 것을 감탄한다. 그 감격에 대해서는 표현할 말이 없을 정도이다. 그렇다고는 하나 우리나라 어민이, 어채하고 있었다는 땅은 원래 우리나라에서 말하는 울릉도이다. 그 섬이 대를 생산하는 이유로 혹은 죽도라고도 불려져 온 섬이다. 즉 하나의 섬이면서 이것에

2개의 이름이 있는 섬이다. 이 1도2명의 상태에 있는 섬이라고 하는 것은 그저 어쩌다 우리나라의 서적에만, 이것이 기록되어 있는 것이 아니다. 귀주의 사람들도 역시, 이 사실을 알고 있다. 그러면서도 지금 사자가 가지고 온 서간의 내용은, 죽도를 귀국의 영역 내에 있는 지방으로 확정하고, 우리나라에 대해, 우리 쪽 해변의 어민이 어선으로 섬에, 금후로 왕래하는 일을 금지시키도록 하라고 한다. 귀국인이 우리나라 국경을 침범하여 우리나라 인민을 구집하는 실태를 논의하려고는 하지 않는다. 이것은 그야말로 성신의 도를 어기는 일이라고 말할 일이 아닌가. 여기서 깊이 생각하고 원하는 것은 이 서간의 말을, 있는 그대로 동무에 전보하여 귀국 해변의 사람들에게 엄히 명령하여, 울릉도에 왕래하는 것을, 금후로 허가하지 않도록 하여주었으면 한다. 그것으로 분쟁의 발단을 불러 일으키는 일이 없도록 해주었으면 한다. 그렇게 되면 그것은 양국의 우호, 우의에 있어 크게 도움이 되는 일로 크게 다행스러운 일이다. 여기에 좋은 증물을 받은 것을 크게 감사한다. 그 박물의 물품들은 혜송의 서간에 있는 성의를 크게 도와주는 것이다. 여기에 기록한 문의 전부가 명확히 이해될 것을 그저 원할 뿐이다. 생각을 충분히는 말하지 못하고 끝나버렸으나 이해하여 주기를 바란다.

갑술년 9월 일

　　　　예조참판 이 여

礼曹参議の書簡

[真文]

朝鮮国礼曹参議金洪福奉復日本国対馬州太守平公閤下風颿渡海恵

札鄭重備審興居良用慰荷蔚陵一島近在海東粤自三韓係於我邦地方之
濶狹水路之遠近其他土地物産詳載於我国輿地書而島多竹林故或以竹
島名之至于中年以其海路危險未易行船刷出居民空其土地時令海郡差
价住審矣今者沿海民人等採于其島不意与貴国人相値反被拘執蔚陵既
是我境則我氓之来徃固其所也而貴国人之擾越我境不顧禁制者豈非有
欠於各慎封疆之道耶幸蒙貴大君曲察事情残氓周給行資護送可見隣交
之誼久而弥篤一謝一感欽昂惟冀将此辞意転達江戸貴国浜海人等処另
加申飭謹守約条更無浸渉之弊千万幸甚菲品聊表遠忱玭覗多謝盛眷肅
此不宣

甲戌年九月日

　　礼曹参議　金洪福

　예조참의의 서간

　조선국 예조참의 김홍복이 일본국 쓰시마슈우 태수인 타이라 공
합하에게 다시 서를 바친다. 사자의 배는 바람을 받아 빠르게 바다
를 건넜다. 혜송의 서간은 정중하고, 자세하게 그 처음부터의 경위
에 대해 분명히 하여 진심을 담고 도래했다. 그야말로 위문의 것이
되었다. 그런데 울릉도라고 하는 일도가 [우리나라의 강원도에] 가
까운 그 동해에 있다. 삼한시대부터 우리나라와 [깊게] 연관되어 있
다. 그 지방의 넓고 좁음, 수로의 원근, 그 외의 토지 산물 등 여러
가지 일이 자세히 우리나라의 여지승람이라는 서물에 실려 있다. 그
리고 섬에는 죽림이 많다. 그렇기 때문에 죽도라고 하는 도명을, 이
섬에 붙였는지도 모른다. 중석의 무렵에 이르러 그 해로에 위험이
많아 배의 왕래가 곤란하다는 것을 이유로 섬에 거류하는 인민 모두

를 쇄출하여 그 땅을 공허의 땅으로 해두었다. 다만 가끔 해당군의 사자를 파견하여 섬을 검색시키고 있었다. 지금은 연해의 인민들이 그 섬에서 어채를 행하고 있다. 그와 같은 상황에서 생각지도 못한 사태가 돌발했다. 우리나라 어민이 이 섬에서 귀국인들과 조우했는 데, 오히려 구집되고 말았다는 사건이다. 울릉도라는 것은 이전부터 우리나라 경역 안에 있는 섬이다. 즉 우리 인민의 왕래는 당연한 일 로, 지장이 없는 일로, 이 섬은 그 같은 장소이다. 이것에 대해 귀국 인은 우리나라 경역을 어지럽히고, 이 섬으로 월경하였다. 그것은 도해의 제금을 생각하지 않는 일이다. 어째서 각자가, 이 봉토경역 을 지키는 일을 하지 못하겠는가, 삼가하는 도를 상실한 것이 아닌 가. 다행히 귀국의 대군이 자세히 사정을 살피고, 일본에 남겨진 인 민을 친절히 돌보아주셨다. 부족하지 않게 행로의 물자와 양식을 내 려주시고, 사자를 명하여 호송하는 일이 되어, 무사히 귀국할 수 있 게 되었다. 이 인교의 의는 오래 지속되어 아주 두텁다. 그 훌륭함을 잘 알아야 한다. 이 일을 한결같이 감사하고, 한결같이 감동한다. 여 기서 삼가 대군의 고대한 뜻을 우러러본다. 다만 원하는 것은 이 서 간의 말을 그대로 에도에 전달하여 귀국 해변 사람들을 향해 곳곳에 엄한 명을 내려 근엄하게 약조를 지키게 해주었으면 한다. 또 국경 을 침범하여 우리나라 경역을 돌아다니는 것과 같은 폐해를 없게 하 면 참으로 큰 다행이다. 비품은 원방에서 진심을 나타내는 것으로 그 진기한 증물, 훌륭한 혜품에 대해 많이 감사하는 바이다. 숙연히 기록했기 때문에 마음을 충분히 말하지 못하고 끝나고 말았으나 양 해하여 주시기 바란다.

  갑술년 9월 일

예조참의 김홍복

東莱府使の書簡

[真文]

朝鮮国東莱府使韓命相奉復日本国対馬州太守平公閣下恵札副以珎貺感慰交至漁民一款既已転啓朝廷想在南宮覆帖薄儀幸冀莞留不宣

甲戌年九月日

　　　　東莱府使　韓命相

　동래부사의 서간

　조선국 동래부사인 한명상이 일본국 쓰시마슈우의 태수 타이라 공에게 다시 서를 바친다. 혜송해 주신 서간과 그것에 딸린 진기한 증물이 있어, 감동하여 그야말로 위문이 되었다. 그중에 서로 뒤섞여 혼란스럽게 된 어민에 대한 일조가 있다. 이것은 이미 조정에 전송하여 상계하도록 해두었다. 지금 생각하건데, 그것은 남궁(예조의 역소)에서 반복해서 열람하고, 검토하는 자료가 되어 있을 것이다. 여기에 박의의 물품을 가지고 다행을 빈다. 원하건데 이것을 소납하여 주었으면 한다. 생각하는 것을 충분히 말하지 못하고 끝나버렸으나 양해하여 주기 바란다.

　갑술년 9월 일

　　　　동래부사 한명상

釜山僉使の書簡

[真文]

朝鮮国釜山僉使李弘勣奉復日本国対馬州太守平公閤下遠承耑札備
悉興居良用慰浣示意転報朝廷想有儀部回覆珎既尤荷盛意薄儀幸冀莞
留蕭此不宣

甲戌年九月日

　　　釜山僉使　李弘勣

　조선국 부산첨사인 이홍적이 일본국 쓰시마슈우의 태수 타이라
공 합하에 다시 서를 바친다. 원방에서 보낸 사건의 단서가 되는 서
간을 받아, 사건의 처음부터의 경위를 자세히 이해했다. 진심을 다
한 것의 도래로, 위문으로 [양국의 관계를] 새롭게 하는 것이다.

　그런데 정시하신 의향은 이미 조정에 전보했다. 예상하건데, 아마
도 의전을 집행하는 예조에서 이미 반복해서 회람하여 검토하는 자
료가 되어 있을 것이다. 진기한 증물은 많은 흥미를 불러 일으킨다
한다. 여기에 박의의 물품으로 다행을 빈다. 원하건데 이것을 소납
해 주었으면 한다. 숙연하게 기록하였기 때문에 충분한 뜻을 말하지
못하고 끝나고 말았으나 이해해 주었으면 한다.

　갑술년 9월 일

　　　부산첨사　이홍적

(24-02)

但質人両人江戸へ者不罷越候得共書面ニ如此書載在之候ハ両人之者
とも長崎を江戸と存違へ朝鮮江罷帰江戸より被送越候旨申たる故ニ候

(24-02)

[저쪽에서 보낸 서간은 이와 같은 내용이다.] 단 인질로 한 [조선인] 둘은 에도로 송치하지 않았다. 그러나 서면에는 이와 같이 기재하고 있다. 두 사람은 나가사키를 에도로 잘못 알고, 조선에 돌아간 후, 에도에서 송환되었다고 [그와 같이] 말한 것일 것이다.

(24-03)

〃是より前九月十日朴同知朴僉知入館都船主方江罷出右両訳申候ハ
今朝返簡下リ候付先早々為御知為可申参候由申ニ付写参候哉与相
尋候ヘハ写ハ持参不申候成程結構ニ認参候其様子者去年之了簡に
して朝鮮之漁民竹嶋江参候処御捕被成被差返候道々ニ而茂段々御
馳走被仰付結構ニ被送返儀御誠信厚く忝奉存候彼嶋一嶋二名ニ
紛敷被思召候趣能吟味相詰候ヘハ如何ニも其通ニ御座候彼所ニ大
竹御座候付竹嶋与申候又蔚陵嶋与申候而古より朝鮮之内ニ無其紛
輿地勝覧ニ慥ニ書載置候然所彼嶋ニ重而朝鮮人不差渡候様ニ与被仰
下候儀御誠信之上ニハ少為欠様ニ奉存候東武之儀者冝様被仰上可
被下候右之様子ニ申来候ヘ共我々口上ニ中々被述候事ニ而無之候
由申候付彼嶋ニ重而朝鮮人不被差渡候様ニ与之儀者少御誠信欠
候様ニ与認り候事ハ合点不参候兎角早々写持参候様ニ与両人申渡ス

(24-03)

〃이보다 전인 9월 10일에 박동지와 박첨지가 [화관에] 입관하여 도선주 측으로 나갔다. 위의 양역이 말하는 것은, 오늘 아침에 반한이 [도성에서] 내려왔습니다. 그 일에 대해 우선 서둘러 알

려드릴 생각으로 이렇게 참상하였습니다. 이렇게 말하기 때문에, 그 사본을 가지고 왔는가라고 물었더니, 사본은 소지하지 않았습니다만 [그 반한은] 잘 되었다라고 생각할 정도로 잘 기록되어 있는 것 같습니다. 그 내용은 [우선] 작년 (겐로쿠 6년)의 안건에 대해 말하자면 조선의 어민이 죽도에 건넜을 때, 붙잡히고 말았으나, 그 송환하는 도중 곳곳에서도 여러 가지로 대접을 해주며 상당히 좋은 취급을 하며 송환해 주었습니다. 이 일은 성신의 후정으로 고맙게 생각하고 있다고, 그렇게 기록되어 있습니다. 그 섬은 1도2명으로 혼란스럽게 생각되는 것에 대해서는 잘 조사하고, 깊이 고려하여 그야말로 그대로의 일이었습니다. 그 섬에는 큰 대가 번성하여 그것 때문에 죽도라고 말하는 것이라고 말하는 것입니다. 또 울릉도라고도 해서 옛날부터 조선 안에 있는 섬으로, 그것은 틀림없는 사실입니다. 여지승람이라는 서물에 분명히 기재되어 있습니다. 그와 같은 일인데, 그 섬에 다시는 조선인을 건너가지 못하도록 하라고 하는 요구가 있었던 것은 성신상으로 말하자면 조금 부족한 것처럼 생각됩니다. 그렇기 때문에 동무에 하는 [보고의] 건은, 이것을 좋게 전해주십시오라고, 위와 같은 취지의 [반한이] 내려왔습니다. 그러나 우리들의 구상으로는, 좀처럼 [충분히, 그 뜻을] 설명할 수가 없습니다. 이처럼 [그들은] 말하는 것이었다. [이쪽에서 보낸 서간에] 그 섬에 다시는 조선인이 건너지 못하도록 하라고, 그렇게 요구한 것은, 조금 성신이 부족하다고 [저쪽에서 보낸 서간에] 기록되어 있다 한다. 그러나 [그와 같은 지적은, 이쪽에서도] 이해가 가지 않는 일이다. 어쨌든 빨리 그 사본을 지참하도록 하라고 두 사람에게 말했다.

(24－04)

〃同月十二日朴同知朴僉知入館裁判方^江改撰之返簡持参候而接慰官
より之口上申聞候者返簡下り候^ニ付為持申候間御覧可被成候尤前
方申入置為持可申之処封之侭相渡候様^ニ返簡御請取被成間敷与有
之者接慰官首訳共^ニ引取候様^ニ与都より申来候付差図之通為持申
候由両判事申候付是者不存寄儀申来候此方^ニ而封を切候例茂無之
増而封之侭請取候儀猶以不存寄事^ニ候正官人^江申入候儀難成候間
取帰候様^ニ書簡不請取候内接慰官被引取候法も有之儀^ニ候哉一々
不聞へ申分仕方^ニ候与論談有之内中山加兵衛を以右之旨正官方^江
内証申来候付此方^江被致同道候様^ニ与申遣し則館守裁判都船主両
判事同心^ニ而入来対面候而今日者両判事不埒成使ニ来候由聞届候
如何様成事^ニ候哉委く申候へと両人^江申掛候時頃日御返簡下り申
候付御賢被成候様^ニ与存則為持申候由接慰官被申候由申候故是者
為絶言語仕方^ニ候接慰官被申候とて判事頭之両人ケ様之儀取次申
物^ニ候哉都より申来候とて接慰官如斯之儀被仕物^ニ候哉不埒之返
簡ハ下書を得与披見候而無別条与申時請取候先例^ニ候殊本書を入
候^ニハ請取渡之作法も有之事^ニ候其上是者東武^江上り候返簡軽々
敷馬取風情^ニ為持突付被差越候儀者如何様成所存^ニ候哉了簡如何
程宜候共此仕方東武^江申上候者急度御難題可有之候封進宴席之節
宜注進可有之候へハ成程無障様^ニ第一使者帰国之首尾宜様被成候
慥成心当有之由被仰聞候付朝鮮者不存日本向ハ左様難成事^ニ存候
由申達候処其段如何様之儀^ニ而御疑被成候哉曾而相違無之候与之

再返挨拶ニ候故其通慥ニ被仰候上ハ違変有御座間敷候其御心入ニ
候ハヽ御返簡下書乞下シ候ニ不及候本書早々下り候様被仰登候へ
と申達候時結構ニ申聞候趣感入候ケ様之儀者真ニ誠信与申物ニ候
本書下り候様為申登下り候者下書掛御目其上ニ茂思召寄有之ハ如
何様ニも御相談可申由両人を以度々堅被申聞候此契約早目前ニ而
相違ニ候言葉違候儀者朝鮮之国風ニ候哉人倫之道ニ而者無之候
へ共恥を不被恥上者無了簡候此方ニ而封を切候へとの事ニ候へハ
新法ニ而候左候ハヽ此方より相渡候も不時之書簡者弥之儀約条之
書契も直ニ茶礼之節可相渡候扱々不礼千万成働兎角可申様無之候
早々取帰急度写持参候へ接慰官合点無之候者近日不時之致接待
可申談旨申渡候処朴同知申候ハ是非返簡御渡シ申候様ニ与之儀に
てハ無御座候返翰御覧被成思召寄も御座候ハヽ被仰聞候様ニ与被
申候旨申ニ付甚心入ニ候ハヽ不入本書を被差越候より写遣し被申
候而快く内談有之而社前方之契約も相違ニ不成冝敷事ニ候突付ケ
返翰被差越候儀者不及覚語候扱今度持渡り之返簡到来無之由合
点不参候其御返書不請取候而者帰国不罷成候之間早々下り候様
注進被成候様ニ与申渡候而扱返翰之趣者大体如何様ニ申参候哉与
相尋候時我々口上ニ而者中々不被申述事ニ候得共先朝鮮之者送被
返候儀至而忝存候与之儀一嶋二名之儀書分ケ朝鮮之内ニ無其紛儀
を書述此之通ニ候間重而伯耆より日本人不罷渡様ニ被仰付被下候
者永御誠信与可奉存旨荒増ケ様之儀ニ候由申聞候日本より者重而
朝鮮人相渡間敷旨被仰渡候之処還而日本人御停止被成被下候様ニ
与ハ裏表成事ニ候是ニ而可相済与何茂存候哉最早大事目前ニ而亡
国之時節到来与存候明日早々写持参候様ニ申渡ス

(24-04)

〃9월 12일에 박동지와 박첨지가 입관하여 재판 쪽에 [이번에] 개 찬된 반한을 지참하고 왔다. 그리고 접위관의 말을 전했다. [즉] 반한이 내려왔으므로 [양 역관에게] 지참하게 합니다. 잘 보세요. 원래 [지금까지와 마찬가지로] 먼저 이야기를 해두고 [먼저 서간의 사본을] 지참시켜 [보여] 드려야 하는 것을 [이번에는 직접, 정본의 서간을] 봉한 채로 건네도록 하라는 [도성의 지시가] 있었습니다. 이 반한을 [만일 정관님이] 받으시지 않으시면 접위관은 수역과 더불어 [이 교섭을 그만두고, 도성으로] 철수하라고 [이러한] 도성의 지시가 있었습니다. 그 지시에 [따라, 이 반한을] 지참하였습니다. 이렇게 양 판사(역관)가 말했기 때문에 이것은 생각지도 못한 일의 전달이었다. [봉한 채의 서간을] 이쪽에서 봉을 여는 예가 없다. 하물며 봉한 것을 받는 것과 같은 일은 더욱 생각도 할 수 없는 일이다. 정관에게 [이와 같은] 요구는 전할 수 없다. 이 반한을 가지고 돌아가라고 [그들에게 말했다. 이렇게 되면] 반한을 [이쪽의 정관이] 받지 않는 사이에 [교섭 상대의] 접위관이 [모든 교섭이 끝났다며, 경사로] 철수하는 사태도, 어쩌면 있을지도 모른다. 이와 같은 하나하나의 일이, 듣고 참기 어려운 일이라고, 이렇게 논담하고 있는 사이에 나카야마 카베에가 이야기했다. 위와 같은 상황을 정관도 [아시는 것이 좋을지도 모른다. 그렇다면] 은밀히 말씀드려 보는 것이 어떠할까라고 [말하였다.] 그래서 이쪽으로 동도하여 주세요라고 [양 판사에게] 말하여 [정관이 있는 쪽으로 갔다.] 즉시 관수, 재판, 도선주, 양 판사가, 다같이 동의하여 [정관이

있는 곳으로] 들어갔다. 그리고 [정관을] 대면하고, 오늘은 양 판사가 좋지 않은 심부름꾼이 되어 찾아왔습니다. 그들이 말하는 것을 들어주세요[라고 정관에게 이야기하고, 정관이] 어떠한 일이 되었는가, 자세히 말해보라고 [두 사람에게 말하셨다.] 그러자 그들 두 사람은, 반한이 내려 왔습니다. 살펴볼 수 있도록 [정관에게] 지참하도록 하라는, 접위관의 명을 받고, 여기에 가지고 왔습니다. [이 같은 것을 이야기를 하며 반한을 내밀었다.] 그러나 이것은 말로 할 수도 없을 정도로 [지독한 반한수수의] 방법이다. 접위관이 병하였다 해서 판사 우두머리인 양인이 이처럼 [도리에 어긋나는 수수방법, 그대로] 주선한다는 말인가. 도성에서 전달해 온 것이라 해서 접위관이라는 자가, 이 같은 일을 [사자에 대한 교섭으로 해서] 행한다는 말인가. [원래] 결론이 나지 않은 반한에 대해서는 [먼저] 초안을 충분히 보고 [판단하여] 이의가 없다고 할 때, 비로소 이것을 수취한다고 하는 것이 관례이다. 특히 정본의 서간을 받아들이는 데는 [그것을] 받고 건네는 [엄중한] 작법이 있다. 그러한 후에 [양해하고 수취하는 것이다. 특히] 이것은 동무에 [보고하여] 올리지 않으면 안 되는 반한으로 [접위관이 보내는 것이 아니라] 하찮은 말지기[같은 역관]에게 들려서, 들이대며 내밀듯이 전달해 줄만한 것이 아니다. 이 같은 전달방법을 취하는 의도는 [도대체] 어디에 있는 것일까. 뜻이 아무리 좋다 해도 이 같은 방법으로는 [수취할 수 없다.] 동무에 보고하면 아마도 어려운 문제가 되어 [분규가 일어나는 것은] 분명하다. 봉진연석 시, 잘 되도록 [도성에] 보고해 주실 것을 [접위관에게 전하여 그것에 대한 동의도] 받았다. 고맙다라고 생각할 정도의 [깊은 배려도 있었다. 양국의 우의교류에] 지장이 없도록 하겠다고 신경을 쓰고 계셨다. 그 첫 번째로 사자가 귀국[할 때도] 상황을 좋게 하겠다고 [말씀하]시고 계셨다. [원활한 해결에] 확실한 예감이 있다고, 그렇게도 말씀해주셨다. [그러나 약간의 의문이 있어도] 조선의 사정에 대해서는 [이쪽은] 알 수가 없으면서도, 일본을 상대로는 이 같은 방법으로는 이루기 어려운 일이라고 [이쪽에서 접위관에게 거듭해서] 말했더니, 그와 같은 일을, 왜 의심하는 것일까. [좋은 반한이 내려와, 원만하게 해결될 것이] 조금도 틀림없을 것이다라고, 다시 반답하였다. 그렇게 분명히 이야기한 이상, 이변이 있을 리 없다[고, 이쪽은 완전히 믿어버리고 말았다.] 그러한 [접위관의] 생각을 들었기 때문에 역시 답장의 초안을 받아, 그것을 보관해 두는 일에 [신경을 쓰지 않았다.] 이미 [초안이] 필요 없게 되면 정본의 서간이 빨리 내려올 수 있도록, 그렇게 보고하실 것을 [접위관에] 말씀드렸다. 그때 [다시] 잘 되도록 [도성에 보고해 올리겠다고, 그와 같은] 말씀을 전해주었다. 그 뜻을 듣고 참으로 감동했었다. 이 같은 대응이야말로 진정한 성신이라고 말해야 할 것이라고, 그렇게도 생각했었다. 정본의 서간이 [빨리] 내려올 수 있도록, 보고를 올려 [그 결과로 정본의 서간이] 내려왔다면 [먼저] 그 사본을 살펴본다. 그렇게 하는 것이었다. 그런 후에 다시 생각이 있으면 또 얼마든지 상의한다고, 양인(박동지, 박첨지)를 통해, 여러 차례 강하게 말씀해 주셨다. 그처럼 [단단했던] 약속이, 빨리도 [반한이 도래하는, 이] 목전에서 [무너져] 합의한 내용과 다르게 되고 마는 것은 [도대체 어찌된 일인가. 약속했던] 말이, 이렇게도 달라져 버린다는 것은, 이것이 조선의 국풍인가. 이것은 인륜의 도에 벗어난 것 아닌가. [접위관은] 이것을 부끄럽게 생각하지 않는가.] 부끄러움을 부끄러움으로 생각하지 않는 이상, 어떻게 할 방법이 없는 일이다. 이쪽에서 반한의 봉을 [멋대로] 뜯어 달라는 [그러한 전달 방법이겠지만] 그렇게 되면 이것은 [교섭하는 이후의] 새로운 수법이 되고 만다. 만일 그렇게 되면 이쪽에서 전달하는 임시 서간은 물론, 약조의 서계도 [모두 금후로는, 초안의 열람은 생략하는 일이 되고 만다. 그 결과, 예비교섭이라는 것은 아주 없어지게 되어] 곧바로 차례 시에 [변경할 수 없는 정식서간을] 건네게 된다. [그렇게 되면 타협 없이 직접 주고받거나, 아주 노골적인 교섭이, 이후로 전개되어, 결국 양국관계는 곧 파탄하고 마는 일이 될 것이다.] 그런데 [이처럼] 예의에 어긋나는 [접위관이나 수역의] 활동에 대해 [새삼스럽게] 이것저것 말해보아야 헛일이다. [이렇게 된 이상 사정이 어쨌든 양인은] 서둘러 돌려보내며, 반드시 [반한의] 사본을 이쪽에 지참하도록 하라고 [그와 같은 일을, 정관이 양 판사에게 지시했다. 혹시라도 [사본의 지참에] 접위관의 동의가 없으면 근일 중에 임시회담을 열어, 그곳에서 이야기하고 싶다고, 그러한 취지를 말씀하셨다. 그러자 박동지가 말하기를, 꼭 이 반한을 [정관님에게] 건네도록 하라고, 그와 같은 것[을 접위관이 명령하신] 것은 아닙니다. 이 [봉한] 반한이 [도성에서 내려왔기 때문에 그것을 그대로 먼저 정관님에게 보여 드리라고 한 것입니다.] 이것을 보시고 [정관님의] 생각이 있으실 것이므로 그것을 [먼저] 듣도록 하라는 것이었습니다. 그러한 내용의 지시를 [접위관이] 하셨습니다. 이 것은 매우 신경을 쓰신 일입니다. 봉해져 있어 [내용]에 관계할 수 없는 정본의 서간을 건네 받기보다도, 그 사본을 [먼저] 받아 [그것에 근거하여] 기분 좋게 내담을 시작해야, 전에 한 계약도 달라지지 않고, 일도 잘 정리되겠지요. 갑작스럽게 이처럼 [봉한] 반한을 건네받게 되어 [우리들도] 이해할 수 없는 일입니다. [이렇게 박동지가 정관에게 답했다.] 그런데 그렇다면 이라며 [다시 정관이 말을 계속했다. 올봄에 받아두었던 반한은 반각하고, 이렇게 수정된 반한이 봉해서 내려왔다.] 그러나 다시 도해하며 가지고 온 [이번에 새로 쓰시마에서 보낸] 서간에 대해서는 [아직] 답이 되는 서간의 도래가 없다. 이것은 이해할 수 없는 일이다. 그 반서도 [졸자는 역시] 받지 않으면 안 된다. 그렇지 않으면 [사자로서의 역할을 수행하지 못한 일이 되어] 귀국할 수도 없다. 그러므로 서둘러, 그쪽의 반서도 내려주실 것을 [다시] 주진해 주었으면 한다. 이처럼 말하였다. 그리고, 그런데 [이번에 봉해서 내려 보낸 정식서한에 대해 그] 반한 내용은, 즉 기록된 취지는, 대체로 어떠한 것일까. 그렇게 [그들에게] 물어 보았다. [그러자 양 판사가 말하기를] 우리들이 구상으로 말씀드릴 수 없는 일입니다만, 지난번에 조선의 [어민]들이 송환된 사정은, 그야말로 감사하게 생각한다고, 그렇게 기록되었다 합니다. 또 1도2명의 일은 [분명히] 기록하여 조선 안에 있는 것은 틀림없은 사실이라고, 그렇게 기록해 두었다 합니다. 이렇게 되어 있으므로 다시는 호우키에서 일본인이 [조선의 섬에] 건너지 않도록 [동무가] 명령을 내리시면 영원히 [양국은] 성신의 관계를 [지속할 수 있어, 평화롭게 우호적인 양국관계를 구축하게] 될 것이라는, 대개 그러한 취지라고 들었습니다. [이렇게 박 동지가 대답했다.] 그러자 일본이 말씀드린 취지, 즉 다시 조선인이 섬에 건너는 일이 없도록 해달라고 말했던 것이, 반대로 일본인이 섬에 건너가는 일이 없도록 정지를 요구한다는 것이 아닌가. 이것은 [외교교섭으로 말하자면] 역전된 형태로 돌려받은 것이 된다. 이쪽이 의도하는 것이, 완전히 뒤집혀 버렸다는 것이 된다. 이렇게 전개되면 [교섭을 명하신 장군으로서는, 면목이 완전히 손상되는 것과 같은 일이 아닌가. 당연히 금후의 전개는] 이 정도의 외교교섭으로 끝날 리 없다. [금후, 무력을 사용한 새로운 사태가 벌어질 것이다. 위험한 단계에 이르렀기 때문에] 이제는 누구나 [위기라고, 그렇게] 생각하기 마련이다. 이미 [교섭은 결렬된 것과 같아 양국의] 큰일이 [일어나기] 직전이 아닌가. [다시 옛날과 같은 대전란이 발발하여] 망국의 시대가 도래하는가라고 [모두가 깊이 우려할 것이다. 이거 큰일이 되고 말았다. 그렇기 때문에] 내일 서둘러서 사본을 지참하도록 하라고 [양인에게] 말했다.

(24-05)

〃 九月十四日朴同知朴僉知入館裁判方江又々返翰持参候而申聞候者
一昨夜被仰聞候通具ニ接慰官江申達候所接慰官被申候ハ本書差越
候儀別儀有之事ニ而無御座候本書掛御目思召寄も御座候ハヽ被仰
聞候ヘ本書御覧候儀如何与有之者両判事封切写候而掛御目可申
由被申付候由申ニ付本書被見候儀者弥之儀爰元ニ而封切下見可申与

正官人可被申哉合点不参由色々論談之上左候ハヽ我々封切写可
申由申候而封切写シ候内阿比留惣兵衛呼候而為読被申候処兼而
判事共咄之通ニハ殊外相違少も冝所無之旨内証正官方江告来候故
今日も写不致持参候由聞届候両判事江対面候而可申渡与存居候処
今朝より腹痛候付先今日者両人被差返候ヘ今日者可致養生候間
明日致入館候様ニ被申渡候ヘ書簡之儀者必封切不被申様ニ与諸岡
助左衛門を以申遣ス両人帰候節写之儀者留置候ヘと申候得共正
官人より封も不切候様ニ与申来候上ハ写留置候儀遠慮ニ候由申候
而本書写共ニ差返し候由裁判都船主申聞候

(24－05)

〃9월 14일, 박동지와 박첨지가 입관했다. 재판에게 또 [봉한] 반
한을 지참하여 말한 것은 [이하와 같다.] 그저께 밤에 말씀해주
신 것을 [그대로] 자세히 접위관에게 말씀드렸습니다. 그러자
접위관이 말씀하시기를, 본서를 [그대로] 보낸 것은 특별한 이
유가 있는 것이 아니다. 본서를 보시고, 다른 의견이 있으시면
듣고 싶으셨다고, 그와 같은 생각으로 본서를 보내드린 것입니
다. [그런데 의견은 과연] 어떠하셨는지라고 [그렇게 접위관이]
말씀하셨다는 것이다. 또 접위관의 말이라며] 양 판사가 [스스
로 본서의] 봉을 열어 [그 내용을 직접] 필사하여 [정관님에게]
보여드리도록 하라고 [그 같은 일도] 지시했기 때문에 온 것이
라고 [그들이] 말했다. 그렇기 때문에 그것에 대해 [이쪽 역관이
대응한 것은] 이 본서를 [개봉하여 직접] 배견한다고 하는 것은,
어찌할 수 없을 때의 일로 [그러할 때는] 이쪽에서 봉을 열고

[우리들 자신이 본서의] 점검을 한다. 아마 정관도 그렇게 말씀하실 것이다라고 [그렇게 양 역관과 이야기를 나누었다. 또 이 이해할 수 없는 반한에 대해 그] 이해가 안 되는 이유 여러 가지를 들며 [재판 쪽에 모여 모두가 이것저것의] 논의를 거듭하고 있었다. 그런 후에 이미 그렇게 되었으니 [재판 쪽에서] 우리들이 봉을 열고, 그것을 복사해 버리자는 것으로 되었다. 그리고 [실제로] 봉을 뜯고, 그것을 복사하고 있는 동안에 아비루 소우베에를 불러, 이것을 읽혀 보았다. 그러자 전부터 양 판사가 말하고 있었던 것처럼, 그대로의 내용이 아니었다. 의외로 상위가 있고, 조금도 [이쪽에게] 좋은 곳이 없었다. 이[처럼 상위가 있는] 취지를 비밀로 해서 [그들은] 정관 측에 보고하고 있었던 것이다. 오늘도 사본을 지참하지 않은 이유를 [이것저것 들며 책임회피론을] 말하고 있었다. 그래서 [정관에게 연락하여] 양 판사와 대면하여 이처럼 [상위한 내용의 뜻을 알려, 그렇게 허위로 보고한 것을 질책하는] 말을 해야 한다고 생각했다. 그러나 [공교롭게 정관은] 오늘 아침부터 복통이 있어 [업무를 수행할 수 없었다. 그래서] 일단 오늘은 양인을 돌려보내 [조용히] 양생하기로 했다. 그래서 내일 [다시] 입관하도록 하라고 [그들에게] 말해 두었다. 서간의 일에 대해서는 반드시, 봉을 뜯은 것을 보고하지 말도록 하라고, 모로오카 자에몬을 시켜 [그들에게 강하게] 말해 두었다. 양인이 돌아갈 때, 사본을 [이쪽에] 남겨두면 어떻겠느냐고 말했으나 정관은 [아직] 봉을 열지 말라고 지시해 두었기 때문에 이 사본을 [이쪽에] 남겨두는 것은 사양했다. 그렇게 해서 본서와 사본을 같이 [저쪽에] 돌려주었다. 그

러한 일[이 있었다는 것을] 재판과 도선주는 들었다.

(24-06)

〃九月十五日朴同知朴僉知訓導卜同知別差呉正入館候付正官方よ
り此方ᵉ来候へと申遣館守裁判都船主同道ᵉ而入来候故四人ᵉ申
渡候ハ接慰官ᵉ可申達候ハ朴同知朴僉知を以荒増申入候今度返簡
下り候ᵉ付朝廷方より之御差図之由ᵉ而封之侭被差越候儀不及覚
悟候写仕参候様与両判事ᵉ申渡候へとも昨日も本書持参候由承重
畳不及覚悟候返簡請取渡し作法も有之儀ᵉ候殊ᵉ是者東武ᵉ上り候
返簡下々為持両判事を以請取候様与之被成方曾而合点不参候両
判事咄承候へハ御返簡之書面不得其意候乍然東武ᵉ差出候而も接
慰官ᵉ者不苦思召候哉存寄有之而申達候共御相談不被成御心入ᵉ
候哉封進宴席之時分御契約之趣四人之者具為存儀ᵉ候虚言被仰候
儀恥与不思召上ハ無了簡候兎角面談ᵉ不申入候而不叶存寄御座候
間不時ᵉ接待可仕候間明日ᵉも太廳ᵉ御越被成候へ且又今度持渡
之返簡不致到来候由承候状之返事不請取致帰国候事曾而不罷成
事ᵉ候早々下り候様可申達旨四人ᵉ申渡ス卜同知呉正儀者若両判
事申落も有之而ハ如何ᵉ存相加へ候能々申達候へと通詞中山加兵
衛諸岡助左衛門を以申渡ス

(24-06)

〃9월 15일에 박동지와 박첨지, 그리고 훈도 변동지와 별차 오정
이 [화관에] 입관했다. 정관 쪽에서 그쪽으로 왔으면 좋겠다고
[그들에게] 연락이 있어 관수, 재판, 도선주가 동도하여 [정관

쪽으로] 들어갔다. 그곳에서 4인에게 [정관이 다음과 같은] 말씀을 하셨다. 즉 접위관에게 전할 말이 있다. 박동지 박첨지에게 [먼저] 개략을 말해 두었으나 이번 반한이 내려온 것에 대해 [이쪽의 의견을 말해 둔다.] 이것은 조정 쪽의 지시이기 때문에 봉한 채로 [이쪽에] 건네도록 하라고 했다는 것이었다. [이 같은 일은] 생각도 못한 일이다. 그 사본을 지참하도록 하라고, 양 판사에게 말해 두었으나 어제도 [봉한 채로] 본서를 지참했을 뿐 [여전히 사본을 지참하지 않았다.] 그러한 것을 듣고, 다시 생각할 수도 없는 일이라고 놀라고 있다. [원래라면] 반한의 수취, 양도라고 하는 작법이 있기 마련이다. 그러나 [이것이 이번에 지켜지지 않았다.] 특히, 이것은 동무에 상신해야 하는 반한으로 [정식 서간이다. 그렇다면] 아랫사람을 시켜서 보낼 일이 아니다. 즉 양 판사를 시켜 수취하거나 양도할 사안이 아니다. [접위관이 정관에게 바르게 건네주고 받지 않으면 안 되는 것이다.] 이와 같은 [예의를 무시한] 처사는 전혀 이해할 수 없는 일이다. 양 판사한데 이야기를 들었을 때, 이 반간의 서면은 [우리들의] 의도를 받아들인 것 같지는 않은 것 같다. [그러한 것으로는 동무에 올릴 수 없다.] 그러나 이것을 동무에 바쳐도, 접위관 [이 생각하는 것은] 아무런 지장이 없다고 생각한 것 같다. 그렇게 [가볍게] 생각하는 것이 있어, 이렇게 전달한 것일 것이다. 그러나 [이쪽에 미리] 상담을 하지 않는 [무모한] 처리방법은, 역시 성신이 없는] 마음가짐이다. 봉진연석 시 [서로 주고받은] 계약의 취지에 대해서는 [그때, 그쪽에서] 4인에게도 자세히 알려두었던 일로 [미리부터 모두에게] 알려주었던 내용이다. 그것이 허언이 되어, 이렇게 [봉한 본서를] 전달한 것은 [접위관 자신이] 부끄럽게 생각하지 않으면 안 될 일이다. 어쨌든 [졸자가 접위관을] 뵙고 직접 이야기하지 않으면 [아무래도] 안 되는 일이다. 그렇기 때문에 임시회담을 하고 싶으니, 내일이라도 대청으로 오셨으면 한다. 그리고 [타개책에 대해 반드시 이야기하고 싶다고 생각한다.] 또 [우리들이] 가지고 건너온 서간에 대해서도 아직 반한이 오지 않았다. [이 일에 대해서도] 그 답을 받고 싶다. [사자로서 가지고 건너온] 서간에 대한, 그 답을 받지 않은 채 귀국한다는 것은 [사자의 역할로서] 절대 용서될 수 있는 일이 아니다. 빨리 [이쪽의] 반한도 내려오도록 [도성에] 말씀드려 주었으면 한다. 그와 같은 뜻을 이곳에서 4인에게 말했다. 변동지나 오정 등[에게도 들게 한 것]은, 혹시 양 판사가 [이 전언을] 빠뜨리는 일이 있어서는 안 된다고 생각했기 때문이다. 그래서 [두 사람을] 더하여 [이 이야기를 들려 준] 것이다. 잘 [들어두었다가, 충분히 이해하여 똑바로 접위관에게] 전해주었으면 한다. 이렇게 통사 나카야마 카베에와 모로오카 자에몬을 시켜 4인에게 전하게 했다.

(24-07)

〃九月十六日朴同知朴僉知訓導卞同知別差呉正入館裁判宅^江罷出接
慰官より丿返答申聞候ハ不時之接待之儀被仰下候此段者東莱^江被
仰懸候而も都之差図変不申候而者難成候増而接慰官^江者猶以之儀
ニ御座候扨御持渡之御書簡之返簡之儀被仰聞候今度差下候返簡ニ
委曲致書載候付別而不及返簡候由都より申参候故可仕様も無之

候由朴同知口上申終り候ニ付此外ニ申落等無之候哉朝鮮口ニ而承
リ候へと此方通詞ニ申付卜同知江相尋候時別而相変儀無御座候接
慰官首訳儀者引取申様ニ与申来候幾日比被登候与之儀者不相知候
由訓導申候趣館守裁判都船主正官江申聞候故返答申遣候ハ不時之
接待都より之御差図ニ而無御座候得ハ難成由不得其意儀存候両国
ヶ様之大切成申詰ニ者毎日も接待可有之事ニ候左候ハ、東莱江立
帰ニ罷越可得御意候乍然御迷惑被成儀も可有之与存押而者不申入
候御返簡御紙面之儀を申ニ而曾而無御座候兎角者掛御目不申入候
而不叶儀ニ候間御返事次第可仕候接慰官之儀御上京被成候様ニ与
都より御差図ニ候由御帰京之儀兎も角もとハ存候へ共左様之御作
法も有之事ニ候哉就夫弥掛御目申談候上如何様ニも御心次第ニ存
候由申遣ス

(24-07)

〃9월 16일에 박동지와 박첨지, 그리고 훈도 변동지와 별차 오정
이 입관했다. 재판댁에 가서 접위관의 반답을 [이하처럼] 전해
왔다. 임시회담을 [정관님은] 요구하셨으나 이 일은 [출장소에
불과한] 동래부에 말씀을 하셔도, 도성의 의도가 변하지 않으면
아무것도 할 수 있는 일이 없다. 하물며 접위관에게 [직접 말씀
하셔도, 조정의 방침이 있어, 그것이 정해진 이상, 접위관의 판
단으로는] 더 할 수 있는 일이 없다. 그런데 [이번] 가지고 오신
서간에 대한 반한의 건을 말씀해주셨다. 그러나 이번에 [도성에
서] 내려온 반한에는 그 [반답이 되는 내용이] 자세하게 [같이
지면에] 기록하였다. 그러므로 별도의 반한을 내려보낼 필요가

없다. 그렇게 도성에서 전해왔다. 그렇기 때문에 [특별히 새로운 반한을 사자에게] 바칠 이유가 없다. 이 같은 박동지의 설명이었다. 그 구상의 진술이 끝났을 무렵에 [정관이] 그 외에 [접위관이 전달하라는 것에서] 빠진 것은 없는가라고, 그것을 조선언어로 묻도록 하라고, 이쪽의 통사에게 명했다. 그리고 변동지에게 이 일을 물었을 때, 각별히 변한 것은 없습니다만 접위관이나 수역에게는 [이후에 도성으로] 철수하도록 하라고 [도성에서] 명령이 내려왔습니다. 며칠 경에 [도성으로] 올라가게 되실지는 알지 못합니다만 이라고, 이 같은 일을, 훈도가 이야기했다. 그것을 듣고, 이것을 관수, 재판, 도선주 그리고 정관에게 전하였을 때 [다시 역관들에게] 반답을 말하게 했다. 즉 임시회담이, 도성의 지시 없이는 할 수 없다 하나, 그와 같은 일은 [도저히] 이해할 수 없는 일이다. 양국의 관계가 [위험하게 되어, 지금 일촉즉발의] 엄청난 사태에 빠져 있다. [이것은 꼭] 상의해야 하는 단계에 이르렀다. 이것은 [확실히 말하자면] 매일이라도 회담해야 한다. [어떻게든 합의의 실마리를 찾지 않으면 안된다.] 그러하니 [당신들은, 서둘러] 동래부로 돌아가 [접위관에게 전해주었으면 한다. 이쪽으로 올 수 없다면 졸자가 이쪽에서 동래부에] 넘어가 [상담]을 하고 싶다는 생각을 하고 있다고 전해 달라. 그렇지만 [이쪽에서 동래부에 가게 되면 국금을 어기는 일이 되어] 폐를 끼치는 일도 있을 것이다. 그렇기 때문에 억지로 [이 일에 대해] 요구하지 않겠다. [그저 회담을 하고 싶다고, 그러한 요구를, 이 기회에 신청할 뿐이다.] 반한의 지면에 대해서 [그 내용에 대해서 이것저것의 상담을] 요구하는 것은 절대로 아니다. 어쨌든 만나뵙고 [직접] 요구하지 않으면 안 되는 일이 있다. 그렇기 때문에 [회담을 하고 싶은 것이다.] 답을 금방이라도 받고 싶기 때문에 [그 연락을 받고 싶다.] 접위관의 사정에 대해서는 [서둘러] 상경하도록 하라는, 도성의 지시가 있었다 한다. 그 귀경의 일로 어쨌든 [다망하실 것이라고] 생각하나, 위에 말한 것과 같은 [접대회담의] 작법도 있어 [이렇게 요구를 하고 있는 것이다.] 그것에 대해 [동의를 얻어] 꼭 뵙고 [접위관한테 직접 전달 받고 싶다. 그 장소에서] 이야기가 이루어지면 [그 후에는] 어떻게라도 [접위관의] 마음대로 하셔도 상관 없다. 그렇게 전하게 했다.

(24-08)

〃九月十七日朴同知朴僉知訓導ト同知入館都船主方^江罷出ト同知朝鮮詞^ニ而此方通詞諸岡助左衛門ヲ以接慰官返答申候ハ昨日被仰聞候趣具^ニ承届候不時之接待之儀昨日申入候通都之差図ヲ得不申候而者不罷成国法^ニ而御座候東萊^江御越思召寄被仰聞御帰可被成与之儀是又決而不罷成儀^ニ候先頃より段々御懇^ニ被仰聞候ヘハ掛御目申談度候ヘ共右之仕合故不罷成候被仰聞度儀を不承候者残念存候首訳口上^ニも申落有之物^ニ候間御書付被成可被遣候致拝見候而御返答可申入候私上京之儀も都より之差図^ニ御座候ヘハ可仕様も無御座候右之通都より申来候上者何事御座候而も注進之道絶申候然上者東萊ヘ接慰官居申候茂致上京候も同前之儀^ニ御座候故二三日中発足之覚悟御座候御書付之御返答申迄之儀^ニ御座候由都船主入来ト同知口上助左衛門申聞も具承届候間判事三人先相待

候へと都船主并助左衛門ﾆ申渡ス

(24-08)

〃9월 17일에 박동지와 박첨지, 그리고 훈도 변동지가 입관하여
도선주 쪽으로 나갔다. 변동지가 조선말로 이쪽 통사 모로오카
자에몬을 통해 접위관의 답을 전해왔다. 어제 말씀하신 취지에
대해서는 자세히 들었다. 임시회담의 일은 어제 말씀드린 대로
도성의 허가를 받지 않으면 안 된다는 것이 국법이다. 동래부로
넘어 오셔서, 생각을 말씀하시고, 돌아가신다고 하는 것도, 이것
역시 [국법상으로는] 결코 해서는 안 되는 일이다. 전날부터 여
러 가지로 정성껏 말씀해주신 것은 [이쪽도 마찬가지로 직접]
뵙고 [자세히] 이야기하고 싶다고 생각하는 바이다. 그러나 위
와 같이 [도성의 지시를 받아] 일하고 있기 때문에 할 수 있는
일이 아니다. 이야기하고 싶으신 것을 듣지 못한다는 것은 [이
쪽도 마찬가지로] 유감으로 생각하는 바이다. [전언하는 것으로
해서] 수역의 구상에 [맡기면 혹시] 빠뜨리는 것도 있을 것으로
생각되기 때문에 서부로 해서 [이쪽으로] 보내주실 것을 [원한
다.] 그것을 배견하고 반답하고 싶다. 나의 [이번] 상경건은 도
성의 지시로 [그래서] 어쩔 수 없는 일이다. 그리고 위와 같이
도성에서 [내려온 반한에 대해서는 봉한 것으로 어떤 변경을 허
가하지 않는다는 강한] 지시였다. 이런 이상은 어떤 일이 있어
도 [이미] 주진의 길은 끊어지고 말았다. 이렇게 된 이상은, 동
래부에 접위관이 있어도 [있지 않아도] 또 상경해도 [상경하지
않아도] 같은 일입니다. [유감스러운 일입니다만 이미 정관님에

게 도움이 되지 못합니다.] 그렇기 때문에 2, 3일 중에 [이곳을] 출발할 계획입니다. [정관님의] 서부에 대해서는 [이쪽에서] 반답을 할 때까지 [지금 약간의 시간적 여유가 있을 뿐]이다. 이 같은 일을 도선주와 같이 들어온 변동지가 말하고, 그것을 스케자에몬이 듣고, [그것을 일일이 통역했다. 접위관이 이야기한 내용을] 자세히 들었기 때문에 판사 3인에게 조금 기다리도록 하라고, 도선주 및 스케자에몬을 중개로 해서 말했다.

(24-09)

〃裁判都船主呼ニ遣シ接慰官江返答申遣候ハ不時之接待決而難成旨被仰聞候日本朝鮮ケ様之大事入組候者毎日も接待可有之事ニ候又東莱江罷越候とて朝鮮之御難ニ罷成儀可有之哉一々不得其意候乍然其上を押而も如何ニ存候付口上書を以申達候此方之儀文筆愚ニ有之候ヘハ心ニ存候十ニ一も難書述候荒増申進候通唯今之御返簡御仕方にてハ事破候儀目前ニ存極候両国大事出来候而者接慰官も御本望ニ者有之間敷候都より之御差図与有之而何事も被任其意候儀御器量共不存唯御身構被成候与存候今度之返翰兎角絶言語候ヘハ御心入承切帰国之覚悟ニ存極候一旦国江も断りなく帰国之儀必定科ニ逢申儀覚悟之前ニ御座候接慰官も国之為ニ者身命をも御捨急度御注進被成候儀御忠節与存候能々御思慮被成候様ニ与申渡シ三人江口上書相渡ス

(24-09)

〃재판과 도선주를 [시켜, 판사 3인을] 부르려 보내고, 접위관에게

[이하의] 반답을 보냈다. 즉 임시회담은 아무래도 하기 어려운 일이라는, 그 같은 취지를 들었다. 그러나 일본과 조선 사이에는 이 같은 큰일이, 뒤얽힌 사정[이 이미 생기고 말았다. 그렇기 때문에] 매일이라도 회담을 해야 하는 단계이다. 또 동래부에 [졸자가 직접] 넘어간다고 하는 일이 되면 조선의 [법에 저촉되어, 관계하는 자들이] 곤란에 처하는 일이 있을 수 있다는 것이다. 이것들 하나하나가 [이쪽에서는] 이해할 수 없는 일이다. 그렇지만 그 이상 무리하여 [억지로] 요구하는 것도, 어떨까라고 생각되어, 구상서로 말을 전하기로 했다. 이쪽은 문필의 재주가 서툴기 때문에 마음으로 생각하는 것을 이야기하려 해도 그 열에 하나도 기록하기 어렵다. [지금까지의 경위로] 대충 말로 전한 대로 지금 [건네주신] 반한으로는 [교섭의] 방법으로서는 [이미] 파탄되었다고 말할 수 있는 일이다. [서로가 원하지 않는 일이나, 과거와 같은 전란이, 결국] 목전에 다가오고 있다. [그러한] 양국의 큰일이 [여기서] 출현하게 되면 접위관님 자신도, 원하는 일이 아닐 것이다. 도성의 지시라고 하는데, 어떤 일이고 그 [지시하는 대로] 마음을 맡기고, 맡겨진 대로 움직이는 것은 [그 같은 큰일을 초래하는 일이 되기 쉽다.] 이 점은 과연 어떻게 생각하시는지요. 접위관님의 기량의 크기를 보면 [이 같이 흐르는 것 등은, 졸자로서는 도저히] 이해할 수 없는 일이다. 단 자신의 [입장을 생각하여 주의에 주의를 거듭하여] 대비하고 계시는 일이라고, 그렇게 생각하고 있다. 이번의 반한은 어쨌든 말이 안나올 정도로 심한 것이다. [그 위에 접위관님의] 배려를 [그 반신의 서면으로] 받아, 오직 귀국할 각오를 정하고 싶다고

생각한다. [교섭이 결렬되어] 일단, 나라로 철수하게 되면 사자의 역할은 실패다. 그 위에] 예고도 없이 귀국하게 되면 아마도 [이 몸은] 처벌 받게 될 것이다. 그것도 각오한 일이다. 접위관님 자신도 나라를 위해서는 신명을 내던져, 일에 임하실 것으로 생각한다. [그렇다면 지금 다시 한 번] 잘 사려하여 주실 것을, 이 같은 요구를 3인에게 구상서로 해서 건네주었다.

(24－10)

〃真文左記之

(24－10)

〃한문을 아래에 기록한다.

接慰官への口上書

[真文]

荅書回下依都下指揮欲封裏而度与之意首訳朴同僉知来論是先例無之事也自昔無如此之事而今新規不堪怪愕矣吾向日蔚陵字倘難除則其事故委曲書中可諭云今聞知荅書辞意転換如此則両国生寡隙結禍胎無大於焉誠此危急之秋恐懼之日也今此荅書転達東武則恐不可也歟想在大人思慮如何也耳謀之慮之欠誠信玷相好者也歟鳴呼不謹小事須至於大事在其弁早不弁語曰無遠慮者有近憂豈不嘆惜乎大人就朝廷処分可上京之事是不知何主意也行無所牽止無所梶窃想以荅書不当之語坐而自視於生大事大人為国軽生重義一孰若啓聞都下乎然朝廷処置如此則無如之何也其啓聞与不啓聞唯有大人之思慮而已今此荅書転啓東武而

大事倘生患難将起勿致憾於弊州是敝差所以周旋尽意致諭告也大人諒
察存字為照則不佞一決受荅書而欲言帰且今番持来之書不為回答之意
委曲可蒙示諭端肅不宣

甲戌年九月日

접위관에게 보내는 구상서

반답의 서간이 돌아서 내려왔다. 도성의 지휘하에 이것을 봉함하여 [쓰시마국에] 건네주려고 한다는 의도를 들었다. 그것을 수역 박동지와 박첨지가 와서 [이쪽에] 구두로 설명했다. 이것은 선례가 없는 일이다. 옛날부터 이러한 일(전달방식)은 없었는데, 지금, 새로운 규칙(방식)을 세웠다는 것이다. 이상하여 놀라지 않을 수 없다. 내가 이전에 이야기한 일이기는 하지만, 울릉이라는 문자를 [서중에서] 삭제하기 어려울 때는, 그 이유를 자세하게 서중에 설명해야 했다. 지금 이 반답의 서간을 보면 [그러한 기재는 없다. 또] 그 문자 및 문의의 흐름에 [약간 문제가 있다.] 이러한 내용을 견문하면 양국 간에는 틈이 생겨 재난을 부르게 된다. 그 무서움이 크다. 참으로 이것은 위급의 가을로 두려움의 매일이라고 말해야 한다. 지금 이 반답을 동무에 전하여 송달하면 아마도, 어떻게 할 수 없는 사태에 이르게 된다. 내가 생각하는 것은, 접위관 대인의 [이 위기적 상황에 대한] 사려는, 도대체 어느 정도일까라는 것이다. 이 일을 계획하고, 이 일을 생각하면 [일는 단순히] 성신을 어기고, 우호관계를 해치는 것으로는 끝나지 않는다. 아아, [참으로 걱정이다.] 목전의 작은 일을 삼가하지 않으면 결국 큰일을 부르게 될 것이다. 이 큰일을 [바로] 지적하는가, 그렇지 않고, 그렇게 빨리 지적하지 못하는가, 그것에 [나와 대인의 견해에 차이가] 있다. 논어 [위령공의 단]에는 [사람은, 먼 장래의 일까지 생각하고 행동하지 않으면 가까운 시일에 반드시 걱정되는 일이 생긴다]라고 있는데, 어찌하여 [이 위기 타개의 기회를 놓치는 일을] 한탄하지 않을 수 있겠는가. 대인은 조정이 [이번에] 취한 처분을 [간언하기 위해] 다시 [뜻을 정하고] 상경해야 한다. 이 같는 일을 [하시는 것이] 어째서 국왕의 의지라고 말하는 것이 되는 것인지 [사건의 본질을] 아무도 알지 못하는 것이다. 그렇게 알지 못한 채로 일이 진행되어 가는데 [누구도 의도적으로 이것을] 끌고 있는 것은 아니다. 또 그것을 막으려 해도 [누구도 알지 못하기 때문에 이것을] 제어할 수 없는 것이다. [지금, 그런 상황에 놓여 있다.] 내가 가만히 생각하는 것은 다음과 같은 일이다. 즉 반답의 서간이 [이 현실의 상황에] 어울리지 않고, 그저 어휘만 [멋대로] 혼자 돌아다녀, 스스로 큰일을 부르고 있다. 이것을 보면 대인은 스스로의 생을 경시하고 스스로의 의를 중히 여겨, 나라를 위해 지금 다시 한 번, 도성에서 [이 사정을] 상계하시면 [새로운 길이 열리는 것이 아닐까.] 효과가 있을지 어쩔지 [분명하지 않지만, 그] 어느 쪽인가는 [곧] 판명된다. 그 결과 조정의 처분이, 역시 지금과 같다면 어떻게 해볼 도리가 없게 된다. 그와 같은 상계를 하는가 하지 않는가, 그것을 오직 대인의 사려에 달려 있다. 지금 이 반답의 서간을 동무에 전송하여 올리면 아마도 큰일이 생겨 환난의 사태가 그야말로 일어날 것이다. 그와 같은 유감스런 결과를 폐주(쓰시마노쿠니)에 초래하지 않았으면 한다. 이것은 패하여 물러나는 사자가 다시 주선하여 뜻을 다하려고 하는 마음에서 나온 것으로, 그렇기 때문에 이렇게 깨우쳐 알리는 것이다. 대인은 이 일을 양찰하여 알고 계시는 [울릉도라는 문자를] 기록한 [그 유래를 이쪽에] 분명하게 해주면 재각이 없는 나이지만, 여기서 결단하여 반답의 서간을 수취하여 말하는 대로 돌아가려고 생각한다. 그리고 또 [이 일에 대해] 말씀드리자면 이번에 이쪽으로 가지고 건너온 서간에 대한 회답이 아직 이루어지지 않았다. 이 이유를 자세히 설명해 주었으면 한다. 이상이다. [이것저것을] 언급하며 [그저] 엄숙하게 진술했기 때문에 그 의미를 충분히는 말하지 못하고 끝나고 말았다. 양해해주기 바란다.

갑술년 9월 일

(24-11)

〃九月十九日朴同知入館都船主方﹅罷出接慰官より真文之返答書持
来候故則裁判都船主同道正官方﹅持参﹅付阿比留惣兵衛﹅為読候
処重而注進決而不罷成候由委細﹅申切候而之返答﹅付朝廷方思召
入強々御注進決而成不申由被仰切候上者大事此節﹅相極り此上ハ
兎角不及申歎敷儀絶言語候近日中返簡請取可申候乍然持渡之返
簡不請取候而者不罷成由両人を以返答申遣ス

(24-11)

〃9월 19일, 박동지가 입관하여 도선주 쪽으로 나갔다. 접위관이 보내는 한문의 반답서를 가지고 왔다. 그래서 재판과 도선주가 동도하여 [그 반답서를] 정관 쪽에 지참했다. 그리고 아비루 소우베에게 읽게 하였는데, [그 내용은] 거듭된 주진은 결코 할 수 없다는 것이었다. 그것을 그저 자세하게 설명한 것으로 교섭은 이것으로 마친다는 반답이었다. 조정 측의 결심이 강하여 주진

은 결코 할 수 없다고, 그와 같은 내용을, 답하신 것이다. 이렇게 된 이상 큰일[이 생기는 것]은 이때 [유감스럽게도] 결정되고 말았다. 이렇게 된 이상은 이러쿵저러쿵 이야기해보아도, 이미 어찌할 수 없다. 참으로 어려운 일이 되고 말았다. 말을 할 수 없을 정도이다. 근일 중에 이 반답을 받는 것으로 하겠는데, 그러나 가지고 건너온 선간에 대해서도 아직 반답을 청취하지 않았다. 이 반한을 받지 않은 채 돌아간다는 것은 [역시] 할 수 없는 일이다. 그렇기 때문에 그 뜻을 [재판과 도선주] 양인이 [박동지에게 말로 전하여 이 박동지를 매개로 해서 접위관에게] 반답을 말로 해서 보냈다.

(24－12)

接慰官より返答之真文写

(24－12)

접위관이 보낸 반답, 그 한문을 베낀 것이다.

[真文]

秋寒漸緊政爾馳溯忽承華翰辞意勤摯備悉多少如際面剖不示草稿直送正書賔宴相接之時丁寧奉約非為創規且既折見備諳書辞草稿正本非所可論蔚島事南宮撰辞義理明暢語意穏順可謂委曲之至矣僉公反以為転換彼此所見何若是其逕庭耶書雖同文語或殊道解見不合翳晦難暁而然耶大凡観書之規先尋宗志次摎帰趣方可以道達情意通貫脈絡伝千里之忞忞爾若偏索文字之間不究大意所在則局儒俗士之言固不足為交隣

詞命之文今此書契中明言蔚島之為我国而歷代相伝事跡昭然以其産竹
之故雖有竹島之称其実一島而二名之状我国書籍貴国耳目無不相伝而
洞知之意昭載於荅書之中不除蔚陵字之意自在於其中何可屑屑焉字字
而荅之句句而卞之耶此書何不遂送於江戸取質於具眼乎不但無生釁之
慮想必有嘉歎之言幸諸公勿以此為慮焉両国交好于今百年金石不足以
喩其堅膠漆不足以喩其固今以数行書辞之不相朒合遽発結禍之語豈非
小丈夫悻悻之事乎窃為諸公不取也貴州之輸誠我国実出肝肺雖有事不
如意者関係東武不能檀便之致豈以誠意之不足有所致疑哉苐朝廷下送
之書契牢拒不受軽蔑礼法曾不少忌奉命接待果安在哉既不能伝命又不
能復命久留無義朝令可畏今方啓轄刻期登程恭俟朝家之処分矣示意懃
懇決受荅書姑留如千日更期餞宴相接実深欣幸涓日回示如何諸公之勤
示如此非不欲措辞啓聞而書契撰出下来之後有害於規例上事或有稟改
之時至於全篇大意曾無請改之挙亦無許改之例其所当改雖如来示在我
奉使之道固不敢猥越陳請況無可改之事乎不許改撰初既親承朝命而来
今雖啓聞不但無益当有致責諸公何不恕諒而縷縷至此耶今番書契不為
回荅想朝廷非有他意因一微事屢牒徃復大損事礼亦甚支離不可謄諸史
而伝諸後也且今来回荅兼覆前後書意而貴州既送前書契我国還送今書
契事理皎然何待鄙言而知之耶余俟宴席奉既不宣統希崇亮

　　甲戌九月日　　　　　　　　　　接慰官

　추한의 시절에 점점 긴요한 정사가 아주 많아 [그 현안의 울릉도
건을] 추후에 소급하게 되었다. 그리고 서둘러 귀국에서 보낸 서간
을 받고, 그 문사의 의미를 성의껏 검토했다. [조정에서는] 수많은
[의견을 모아] 자세히 [반한을 위해] 준비했다. 그 상황은 그야말로

얼굴이 서로 다르듯이 많은 의견의 집적이었다. [그렇게 하여 작성된] 초고를 미리 보여주는 일 없이 직접 정본의 서간으로 해서 보내게 된 것은 [그렇게 해서 작성한] 초고를 보여주는 일 없이, 곧장 정본의 서간으로 해서 보내게 된 것은 중요한 봉진연석장에서 자리를 같이하고 환담했을 때, 정중하게 약속하여 [정본을 보낸다고] 말씀 드렸기 때문이다. 이것은 [외교교섭에 새로운] 규칙을 만든다는 것이 아니다. 또 이미 단정히 [문을 확인하고] 용어(서사)를 모두 암송할 정도로 보았기 때문에 이미 초고인가 정본인가, 그것을 논할 것이 아니다. 울릉도의 일은, 남궁(예조의 역소)이 찬록했기 때문에 그 도리는 명창하고, 어의는 은순하여 그 자세함은 말할 필요가 없다. 첨공(여러 역소의 사람들)이 이것을 [수정하여] 전환해보려고 해도 피차가 어떻게 해도 이것보다 좋은 것을 만들 수 없었다. 그곳에는 경정(대도와 소도, 즉 차이)이 있다. 문서는, 가령 문자를 같이한다 해도 그것이 이야기하는 의미가, 혹은 도리에 벗어나 특수한 것으로 바뀐다. 그 해석을 보면 아무래도 합치하지 않는 [이상한 것이 된다.] 예회(그늘에 가려 알지 못한다)가 있고 [이 반한이 훌륭하다는 것을 바로는] 깨닫기 어렵다는 것은 당연할 것이다. 대체로 서를 관찰하는 규칙은 먼저 종지(중심이 되는 중요한 의도)를 찾아 [그것을 이해한 후에] 그 취지(사물의 추이)를 알고, 이 방향에서 정의의 길을 찾아 맥락을 관통한다. 그리고 나서 천 리[의 여정으로 생각하고 한 발 한 발 걸어간다.] 그것에 민민(이해하기 어려운)한 상태가 되면 [이것 역시 하나하나를] 따라서 걸어가야 한다. 귀하가 만일 한결같이 문자에 구애받아 그것들의 의미를 찾다 대의가 있는 것을 알지 못하면 [그 말은] 곧 국유(기량이 작은 유학자) 혹은 속사(속물스런 사대부)의 말이 되고 만다. [이처럼 문서에 대한 조예가 깊지 않으면] 처음부터 교린의 말을 전하는 사명의 문장을 만들려고 해도 만들기 어렵다. 지금 이 [남궁이 초한] 서계 중에는 분명히 울릉도가 우리나라의 경역 내에 있다는 것을 말한다. 그것은 역대로 전해온 것으로 그 증거가 역연하다. 그 섬이 대를 생산한다는 이유에서 죽도라는 명칭이 있으나 그 실태는 일도로 [울릉도와 죽도라는] 2개의 이름이 있다. 그것이 실상으로 우리나라의 서적에도 귀국의 이목에도 이것이 전해지고 있는 일로 [일부러] 알아 보아야 하는 일이 아니다. 그러한 것을 분명히 하여 반답의 서간 중에 신고 있다. 울릉이라는 문자를 [삭제할 것을 요망하였으나] 생략하지 않는 이유가 이 문중에 실려 있다. 어찌 곰상스럽게 그 한 자 한 자에 답하지 않으면 안 되는 것인가. 그 구절구절에 [의문을 표하여] 어찌 이 문서를 트집잡는 것인가. 어찌하여 [이 문서를] 에도에 보내 안목이 있는 인사에게 묻는 일을 하지 않는가. 이것은 그저 [어장이] 작아진다[고 하는 실리적인] 손실이 생기는 것을 걱정하는 것만이 아니다. 생각하건데 아마도 [교섭하는 일의 원만, 불통, 그것에 따른] 기쁨이나 탄식이라고 하는 [심정의] 요인이 있을 것이다. [그것이 분쟁을 낳는다고 하는 것을 걱정하고 있을 것이다.] 그렇기 때문에 [이 기회에 사자] 여러분에게 [말해 둘 것이 있다.] 다행인 것은, 이러한 일로 걱정할 일은 없다. 양국의 바람직한 교류는 이미 백 년의 실적이 있어 [그렇게 간단히 붕괴될 수 있는 것이 아니다. 그 강고함은] 금석의 단단함에 비교해도 부족하지 않을 정도이고, 교칠의 단담함에 비교해도 부족하지 않을 정도이다. 지금, 수 행의 문사가 서로 맞지 않는다고 해서 갑자기 화가 일어난다는 식의 말을 하는 것은, 참으로 이것은 소인배의 화풀이 [즉 욱하고 성내며 노하는 것]과 같은 일이 아니겠는가. 은근히 여러분을 위해 [걱정한다. 이쪽은 이 같은 일에 동의하여 같은 행동을] 취할 생각이 없다. 귀주는 성의가 있어 [일부러] 우리나라를 걱정해주고 있다. 그것은 참으로 [마음 깊은 곳의] 심장에서 나오는 것이겠지만, 일이 뜻대로 되지 않는 것이 있으면 동무와 관계하여 그 거목의 위력에 편승한다. 그 같은 교섭으로는, 결코 성의가 있다는 식으로는 말할 수 없다. 그렇게 성의가 부족하면서 [이쪽의 반간에 대해] 어떻게 의심을 할 수 있겠는가. 그저 한결같이 조정이 내려보낸 서계를 완강히 거부하며 이것을 받으려 하지 않는다. [외교교섭의 전제가 되는] 예법을 경멸하고, 그것을 조금도 개의치 않는다. [이쪽은 조정의] 명령을 받들어 접대하는데 [접대의 치주를 거절한다.] 그것으로 과연 [여러분은] 편안할 것인가. 이미 [반한을 거절하여 조정의] 명을 전달할 수 없게 되었다. 또 그 의향을 [그쪽에 전하여 그 결과를 조정에] 복답할 수도 없게 되었다. [접위관으로서, 그것을 달성하지도 못하면서] 오랫동안 [이곳에] 머무는 것과 같은 일은 더 이상 할 수 없다. 조정의 명령은 정중히 받아야 하는 것으로 지금은 어쩔 수 없이 요점(교섭의 중점)을 상계하기 위해 시기를 정해 상경하게 되었다. [그러나 나는 명령을 수행할 수 없었기 때문에 상경 후에는] 공손하게 조정의 처분을 받을 생각입니다. [이번에] 보인 [조정의] 의사는 성의껏 기록한 것이므로 결단하여 이 답서를 받으셔야 할 것입니다. [그렇지 않고] 다시 얼마동안 머문다고 하는 일이 되면 [일은 움직이지 않아] 하루를 천 일처럼 느낄 것이다. [받으시는 일이 되면] 다시 송별의 연석을 열고 같이 만나 환담하고 싶다. 그렇게 되면 참으로 큰 행복으로 생각하는 바이다. 그렇기 때문에 날을 골라 [이쪽에] 회답을 주시면 어떻겠습니까. 제공의 역할로 해서 이 같은 [연석을 할] 때, 회답서계에 대한 말이나 문언이 있으면 [지금 다시 한 번] 왕에게 보고하는 것을 생각하지 않는 것은 아니다. 이 서계는 작성하여 내려온 직후로 규례상 장해가 있으면 간혹 품의하여 고칠 때도 있다. 그러나 전편의 대의에 관해서는 대체로 받아들여 고치는 것과 같은 일이 없고, 또 고치는 것을 허가하는 것과 같은 예도 없다. 그 [규례상의 문제에 따라] 고친다 해도 [이번의 서계는 어디까지나] 서장으로 써서 보낸 형식이어서 [큰 변경은 없다.] 나는 사자로서의 역할을 수행하기 위해 [이렇게 부임했다.] 그 역할 상으로는, 당연히 무턱대고 도성에 진정하는 것과 같은 일, 함부로 조정에 진정하는 것과 같은 일은 하지 않는다. 하물며 고치지 않으면 안 될 것 같은 일이 없는 경우에는 더욱 그러하다. 개찬을 허락하지 않는다는 것은 이미 [이번의 반한이 내려온] 처음부터, 직접 조정의 명을 받고 왔다. 지금 [그런데도 다시] 계문하게 되면 그저 [무의미한 보고를 하게 될 뿐으로] 효과는 없는 결과로 끝날 뿐만 아니다. 오히려 [뜻을 거슬렀다고 판단하시고] 틀림없이 책임을 추구하시게 된다. 그 같은 일을 제공은 어째서 생각하고 양해하여 주지 않는 것인가. 그리고 누누히 이렇게 [거듭해서] 요구하는 것인가. 이번에 가지고 건너온 쓰시마의] 서계에 [조정이] 회답하지 않는 것은 [내가] 생각하건데, 그 조정의 생각에 특별한 의미는 없다. 작은 일이 있을 때마다 왕복하는 공문서를 작성하는 것은 대개 사무상의 관례를 해치기 때문이다. 또 [쓰시마가 보낸 서계는] 매우 지리멸렬한 내용이었다. 이와 같은 것을 [공문서로 해서] 사서 중에 그대로 옮겨, 후세에 남겨 전할 수는 없기 때문이다. 그리고 또 [부언하자면] 이번에 [도성에서 내려]온 회답은 이전[부터 현안이었던 1도2명의 섬의 사정에 대해 그] 전후의 [사정을 통해 최종적인 결론을 내린 것이다. 즉 전회의 반한이 가지는] 의미를 [모두] 포함하여 [명확하게 새로 기록한 것이다.] 귀주는 이미 전의 서계를 [이쪽에] 되돌려 주었다. 그리고 우리나라는 [그 전회의 서계를 완전히 파기하고] 이번의 서계를 [새로 작성하여 그쪽에] 환송했다. [교섭은 이렇게 추이하여 도성에서 결론을 내린 반답이 이미 내려왔다.] 사리(사물의 도리)는 이미 분명한데, 어째서 변방[에 내려온 접위관의 말을 가지고, 이 일을 알려고 하는 것일까. [접위관의 말 따위 이미 아무런 의미도 없다. 이상과 같은 일이기 때문에 이번에 반한을 꼭 받아 주었으면 한다.] 그 외의 남은 일은 송별의 연석에서 이야기하여 그것으로 모든 것을 마치는 것으로 하고 싶다. 충분히 말씀드리지 못하고 끝났으나 모든 것을 양해하여 주었으면 한다.

　　갑술 9월 일　　　　　　　　　　접위관

(24 - 13)

〃同月廿日別差呉正入館裁判方^江罷出接慰官口上申聞候ハ兼而申候
様ニ急ニ帰京候様ニ与都より差図ニ而御座候得者返簡近日ニ御渡申
度候出宴席之日限旁被仰下候ヘ此段首訳を以可申述候処ニ新東莱
下着ニ付訓導迄も用事有之別差を以申進候与之儀申来候付明日明
後日者手前差合廿四日六日者此方之国忌廿三日五日ハ朝鮮之国
忌ニ候ヘハ廿七日より前請取候日限無之由返事申遣し候処其段罷
帰可申述候然共夫迄相待可被申哉無心元存候旨申候而帰候付万

一無故引候而者返簡請取樣無之゛付手前゛差合有之候ヘ共廿二日
可請取候間其旨申達候樣゛与此方通事を以坂之下呉正方ニ申遣ス

(24 - 13)

〃9월 20일에 별차 오정이 입관하여 재판 쪽으로 나갔다. 그리고
접위관의 구상서를 전해왔다. 즉 이전부터 말씀드리고 있었던
것처럼, 도성에서 급히 귀경하도록 하라는 지시가 있었다. 그래
서 반한을 [정관님에게] 근일 중에 건네드리고 싶다. 그리고 출
연석의 일정 등에 대해서는 [희망하시는 것]을 알려주었으면 한
다. 이와 같은 일은 수역을 보내 말씀드려야 하는 것입니다만
새로운 동래부사(이희룡)가 [경에서] 내려와, 착임했기 때문에
훈도조차도 용무가 있어 [올 수 있는 조건이 되지 않는다. 그래
서] 별차를 보내 [이 일을] 말씀드리기로 했다. 그렇기 때문에
[별차 오정이] 이렇게 말씀을 전하기 위해 찾아뵙게 되었다 한
다. [그래서 우리가 말하기를] 내일(21일)과 모래(22일)은 당신
들에게 지장이 있다. 24일과 26일은 이쪽 [일본]의 국기일로
[형편이 나쁘다.] 23일과 25일은 조선의 국기일이라 [이것 역시
상황이 좋지 않다.] 결국 27일 이전은 수취하는 날짜를 정할 수
가 없다. 이와 같은 사정을, 여기서 반답했다. 그러자 [오정이
말히기를, 동래에] 돌아가 [접위관에게 그 뜻을] 보고하겠습니
다만 그때까지 시간을 [잠시] 기다려주지 않으면 안 됩니다. [연
기되면 접위관의 귀경하는 시기와 겹쳐, 귀경해버리시면 언제
건네줄 수 있을지, 과연 건네줄 수 있을지 어떨지 그것조차도]
불안하게 생각하는 바입니다. 그렇게 말하고 돌아갔다. 만일 이

유도 없이 [돌연히 접위관이 도성으로] 돌아가 버리면 반한을 이미 수취할 수도 없다. 그러면 이쪽에 차질이 생기게 된다. 그런 이유로 22일에 수취하는 것으로 하고 싶다고, 그와 같은 취지를 [접위관에게] 전달할 것을, 이쪽 통사를 보내 사카노시타의 오정 쪽에 말을 전했다.

(24-14)

〃九月廿二日朴同知朴僉知別差呉正三人入館都船主所ᵉ返簡持参此方通詞中山加兵衛を以三人方より申聞候者唯今返簡持参入館仕候膳部参次第案内可申旨申来候付内々ハ正官ᵉ而請取候内存ᵉ候処無拠差合有之候間裁判都船主ᵉ可相渡候膳部参筈ᵉ候由其元ᵉ而差寄規式相済候様ᵉ与申遣候処又同人を以申越候ハ都船主へ相渡申様ᵉ与之儀何共致迷惑候正官御対面無之共玄関迄持参可仕候之間取次を以成とも請取候様ᵉ与申来候付又返答申遣候ハ両人断之儀一々不聞事候最初接慰官より返簡為持候間請取候様ᵉ与両人裁判ᵉ致持参候其節無何事請取候者如何可仕哉又廿六日迄ハ日柄無之旨呉正ᵉ返答申遣候処其時分迄接慰官被相待可申哉無心元存候旨呉正申候付唯今之仕掛ᵉ候へハ接慰官帰京有之儀も可有之候左候而者余不首尾千万成事故今日ᵉ与日限相定候其上返簡請取渡ᵉハ作法有之事候引判事も不下例無キ仕形ᵉ而心能お手前可請取哉弥都船主ᵉ相渡シ可申旨申遣候処判事共も尤存候手前より之仕方悪敷御座候へハ此上兎角可申様無御座由ᵉ而裁判都船主ᵉ相渡シ常之通彼方より膳部出し相済而裁判都船主返簡持参而請取之

(24-14)

〃9월 22일에 박동지, 박첨지, 별차 오정, 이 세 사람이 입관하여 도선주의 곳에 [이번의] 반한을 지참하고 왔다. 이쪽의 통사 나카야마 카베에를 통해 이 세 사람의 이야기를 들었는데, 바로 지금 반한을 지참하고 입관했습니다. 젠부(음식)가 오는 대로 안내하겠습니다라고, 이와 같은 취지를 전해왔다. [이번의 반한에 대해서는] 은밀히 정관이 수취할 생각이었다. 그러나 어쩔 수 없는 사정이 있어 [역시 정관이 수취하는 것에는] 문제가 있다. 그래서 재판이나 도선주에게 건네라는 말을 전했다. 곧 음식이 올 예정이라고 하니까, 그것들과 같이 [이 도선주 쪽에] 지참하여 이곳에서 건네는 형식을 갖추도록 하라고, 그렇게 말해 보냈다. 그러자 또, 이들 [3인이] 말을 전해온 것은, 도선주에게 [이번의 반한과 요리를] 건네도록 하라는 것이나 이것은 참으로 곤란한 이야기이다. [우리들은 접위관한테 정관님에게 직접 건네도록 하라고 명받고 있다. 그러므로] 정관님을 대면하지 않더라도 [정관님 청사의] 현관까지는, 이것을 지참해야 한다고 생각하고 있다. 그곳에서 [정관님에게] 주선하는 것으로 해서 수취하여 주시시라고, 이렇게 말해왔다. 그것에 대해 또, 이쪽도 답을 말했다. [이번의 반한을 전하는 곳으로] 양인(박동지, 박첨지)은 [이 도선주 쪽을] 거절했다. 그러나 그러한 일을 하나하나 들을 수는 없다. 최초에 접위관이 이번 반한의 지참을 명받을 때[의 일을 상기해주었으면 한다.] 양인(박동지, 박첨지)은 재판 쪽에 [반한을] 지참하여 수취하라고 말하지 않았던가. 그때 [이쪽은] 아무런 일 없이 [반한을] 수취했다. [각별히, 정관이 직접

수취했던 것도 아니다.] 그런데 [이번은 또] 어찌된 일인지 [정관이 아니면 안 된다고 한다.] 또 26일까지는 날짜가 없다는 뜻을 오정에게 답을 말하여 보냈으나 그렇게 되면 그때까지는 접위관이 귀경을 기다려 줄지 어떨지 이 일을 걱정한다는 뜻을 오정이 전해왔기 때문에 결국, 바로 지금 [오늘]이라는 날로 정했다. 접위관이 [돌연] 귀경하는 일도 있을 수 있다고, 그렇게 [오정이] 말하기 때문에 그렇게 되어서는, 참으로 상황이 나쁘게 되고 말기 때문에 [이쪽의 주장을 취하여 결국] 오늘이라는 날로 결정했다. 그 위에 반한의 수취에 따른 절차가 있으므로 안내하는 특임판사도 내려오지 않는 것과 같은 전례가 없는 형태로 [이렇게 해서 전달한다는 것은 과연 어찌 된 일일까.] 기분 좋게 [정관이] 당신들한테 [반한을] 수취할 리 없을 것이다. [이렇게 말하여] 결국 도선주에게 건네야 하는 취지를 말해주었다. 그러자 판사들도 당연하다고 생각한 듯이, 자신들의 전달 방법이 나쁘기 때문에 [정관님에게 건네는 것은 삼가하겠습니다.] 이후로는 이것저것 말하지 않겠습니다. 재판, 도선주 분들에게 건네겠습니다라고 말하고 평상시대로 저쪽에서 젠부(음식)를 [옮겨 의식을 시작]했다. [이렇게 하여 의례는 탈 없이] 끝났다. 재판과 도선주가 반한을 수취하여 [그것을 정관 쪽까지] 지참했다. 이것을 [정관이] 수취했다.

〃同時朴同知朴僉知接慰官より被申含候之由ニ而裁判八右衛門都船主柳左衛門江申達候ハ馳走之儀度々申入候得共無御承引候都ニ而堅被申渡候儀ニ候へハ不申叶候而者接慰官不首尾ニ而殊外迷惑難

儀成事ニ候如何様ニ有之而も受用候様裁判頼入候間被申叶被下候
へと接慰官被申候趣両判事申候付返答申遣候ハ心入御座候而御
断申候儀者去年当年参判之使者度々渡海纏なからも朝鮮之御費
与申其上此後何茂使者可被差渡も不知事ニ候へハ御馳走を満足ニ
存数度渡海候様下々も存候而者背本意事故達而御断申候然処接
慰官御難儀被成候段を承夫を構不申候与申儀不儀ニ存候付接慰官
任仰御馳走受用可仕旨裁判都船主を以両判事江申渡ス

〃[이 반한의 수수와] 동시에 박동지와 박첨지가, 접위관이 하신
말씀이라며 재판 하치에몬과 도선주 야나기자에몬에 전해온 것
이 있다. 그것은 치주의 일로 [그들이 말하기를 이전부터] 자주
요구하고 있었던 일입니다만 [결국 정관이 수취하는 일을] 승인
하는 일이 없었습니다. 도성을 떠날 때부터 이것은 엄히 명받았
던 일로 [어떻게든] 받아주지 않으면 안 됩니다. [받지 않으면]
접위관의 잘못으로 판단됩니다. 그렇기 때문에 의외로 [접위관
은] 난처하게 생각하고 있습니다. 어떠한 일이 있다 해도 이것
을 받아주시라고 재판 쪽에 부탁하여 뜻이 이루어질 수 있도록
[배려해 줄 것을] 부탁한다고, 이렇게 접위관은 말하고 계셨습
니다. 이와 같은 취지를 양 판사가 말했기 때문에 [정관의] 답을
말하여 보냈다. 즉 생각하는 것이 있어 거절했다는 것이다. 작
년의 일입니다만 [그때에] 당년은 참판의 사자가 자주 도해하여
작지만 조선의 비용이 [쌓이자 조선인들이 어려워하고 있다고]
이야기하고 있었다. 그 위에 이후로도 얼마나 사자가 건너올지
알 수 없어 [비용이 걱정이라고 말했다. 한편 쓰시마의 사자는]

그 어치주를 만족하게 생각하고 [노골적으로 이익을 찾아 일부러] 여러 차례 도해하는 자들이나 [그들을 따르는] 아랫것들도 있었다. [그렇게 노골적으로 이익을 추구하는 행위는 사자인 졸자의] 본의에 어긋나는 일이라 [금회]에는 굳이 사절을 말했다. 그러한 일이었는데 접위관이 어려움을 겪고 있다는 이야기를 들었다. 그 어려움을 상관하지 않고 방치하는 것과 같은 일은 신의를 어기는 일이라고 생각하여 접위관이 말씀하시는 대로 어치주를 수용하기로 한다. 그와 같은 취지를 재판과 도선주가 양 판사에게 전했다.

(24-15)

〃阿比留惣兵衛帰国申付与左衛門方より九月廿日之書状を以御国年寄中平田隼人樋口左衛門田嶋十郎兵衛方^江申達候略左記之

(24-15)

〃아비루 소우베에에게 귀국을 명했다. 요자에몬이 보낸 9월 20일부의 서장을 지참한 [아비루가 귀국했다.] 쓰시마의 토시요리 히라타 하야토, 히구치 자에몬, 타지마 쥬우로우베에 쪽을 [찾아가, 이 요자에몬의 의견서를] 말로 전했다. 그 개략을 아래에 기록한다.

〃頃日以飛船申上候様返簡到来仕封之侭判事共持参候而為披見差越候由接慰官より申来候付例も無之被致方不及覚悟旨段々申掛候儀者先書^ニ申上候通御座候兎角不致面談候而者不埒明事候間急

度不時之接待可仕由申掛候処都より差図無御座候ヘハ不罷成国
法之由申切其上急度致帰京候様ニ申来候得共都之差図背申儀不罷
成此上者如何様之儀被仰聞候而も注進道絶申候左候而者東莱江罷
在候而も弥何之益も無御座候付近々発足之覚悟ニ相極候然共被仰
聞度儀御座候由被仰下候其趣不承候而引取申儀如何存候口上ニ而
者申落も御座候間思召寄御口上書被成被下候ハ、存分之通委細
御返答申帰京仕迄ニ候由申来候付其上ニ茂何角申断候者引取候儀
決定仕候故接慰官引取候跡ニ者何を被仰懸候而も曾而構不申打捨
置申儀者目前之儀ニ御座候然上者御用之儀不埒千万無十方事ニ罷
成彼方より者善悪返答承道も切レ申候私帰国仕候而被仰掛儀も
御座候ハ、又御使者被差渡候時者定而返答可有之哉与存候其元
よりも被入御念為被仰下儀ニ御座候ヘハ左様無御座候共下書をも
差渡し可奉伺与存候処爰元急成勢ニ差詰不申候ヘハ接慰官為引申
候而者大事之御用無寄所体ニ罷成候段至而大切ニ存帰国不仕候得
者不相済事ニ存詰申候就夫接慰官江不時之接待之儀申掛候も何そ
是を不申叶候而者不罷成与申儀茂御座候ハ、急度東莱迄も罷越
可申達儀御座候得共私了簡ニ而此御返簡ニ而者請取間敷共難申又
接慰官被相待候へと引止候とて被待候首尾も無御座唯大事ニ成候
儀を論談仕より外無御座候得者東莱入り抔仕候而者弥彼方合点
不仕儀ニ候故存寄口上書ニ仕遣シ申候則返簡之写并私申遣シ候和
文草案接慰官返答書共ニ差上申候右之通ニ御座候故請取近日中帰
国之筈ニ相定候先達而具聞召上させられ候今度阿比留惣兵衛儀帰
国申付候御隠居様御前可然様被仰上可被下候委曲惣兵衛ニ申含候

〃 지난번에 비선으로 알려 드렸듯이 [조정에서 이번에] 서한이 도래하여 봉한 것을 판사들이 지참했다. 그것을 보라고 내놓았다. 그와 같은 일을 접위관이 전해온 것이다. 전례가 없을 정도로 [봉한 것을] 전해주는 것은 생각도 못한 일이라고, 그렇게 [접위관에게] 여러 가지로 항의했다. 이 일은 앞의 서부에도 기록하여 [본국의 원로들에게] 말씀드린 대로이다. 어쨌든 [직접, 접위관을] 면담하여 [일의 내용을] 듣지 않으면 영문을 알 수 없는 일이다. 그래서 급거 임시회담을 하자고 요구했던 것인데, [그러한 회담은] 도성의 지시가 없으면 할 수 없다고, 접위관이 말했다. 그것은 국법이라며 거절하고 말았다. 그 위에 급거 귀경하게 되었다고 전해왔다. [그러며 접위관은 다음처럼 말한다. 즉 도성의 지시를] 어기는 일은 할 수 없다 한다. 이러한 이상, 어떠한 일을 [정관이] 희망한다 해도 그것을 [조정에] 주진할 수 있는 길은 이미 끊어지고 말았다. 그렇기 때문에 더 이상 동래에 있는다 해도 어디에 간다 해도 할 일이 아무것도 없다. 그렇기 때문에 가까운 시일에 [동래를] 출발하여 [귀경한다고 하는] 결의를 했다. 그러나 [정관님이] 이야기하고 싶은 것이 있다고 말하기 때문에, 그 취를 듣지 않고 [도성으로] 철거하는 것은 좋지 않다고 생각하여 [이렇게 반답을 드렸다. 그러나 새로운 회담은 앞에서 말씀드린 대로 할 수 없는 일이다.] 그래서 [중간 역할을 하는 역관들의] 구상으로 [용건을 전하게 되었는데, 그것으로는 용건이] 빠지는 일이 있을 수도 있다. 그래서 생각하는 것을 구상서로 해서 [서장으로 접위관에게] 건네주시면 [이쪽이] 생각하는 것을 자세히 반답하겠다. 그런 후에 상경한다고,

이렇게 말로 전해왔다. 그렇다면 이라고 생각하고 [이쪽이 생각하는 것을, 요망하는 것을 저쪽에 써서 보냈다. 그러나] 그렇게 했어도 [역시 같은 일로] 무엇인가 [이유를 붙여 결국은 모두] 거절했다. [교섭은 종료라고 하는 선언과 같은 것이었다. 도성으로] 철거한다는 것이 결정되었기 때문일 것이다. 접위관이 철거한 후에는 [아무리] 무엇을 요구한다 해도 모든 것을 가리지 않고 거절해 버릴 것이다. 지금 그러한 상황이다. 그렇게 된 이상 [이 교섭은 완전히 끝났다. 장군님의] 지시를 [결국은 수행할 수 없었다. 이렇게 된 이상은] 일을 잘못 처리했다고 [장군님한테 크게 규탄받고 그 후에는] 어떻게 할 수가 없게 되고 만다. 그리고 조선한테는 이미 좋고 나쁘다는 답을 받을 길, [의견을 교환하는 외교관계까지도 이것으로 모두] 끊어지고 만다. [금후의 일을 생각하면] 여기서 졸자가 귀국하여 [다시 새롭게] 지시를 받을 수 있다면 또는 [새로운 방침에 따라] 사자를 [다시 이쪽에] 보낼 때는, 반드시 [지연되고 있는 장군에 대한] 반답을 할 수 있을 것이다. 그쪽에서도 생각을 하시고 [명확한 방침의 결정이 이번 기회에] 내려지도록 일을 추진하고 싶다. 그렇지 않아도 [이쪽에서 이번 반한의] 초안을 [본국에] 보내어 [다시 방침에 대해 다시 한 번] 물을 생각이었다. 그러나 이쪽에서는 이미 서두르지 않으면 안 되는 형세가 되고 말았다. 간추려 말씀드리자면 접위관이 [도성으로] 철거해 버리면 이미 이번 일의 용건은 어떻게 할 수 없는 형국이 되고 만다. 그렇게 되면 큰일이기 때문에 이미 중요한 용건은 어떻게 할 수가 없는 형국이 되고 만다. 그렇게 되면 큰일이기 때문에 귀국하여 [다시 방침을] 묻지 않으면 안 된다고 생각하[면서, 그것이 이루어지지 않기 때문에 이렇게 서장으로] 간추려 이야기했다. 그것에 대해 [지금 약간 추가하여 말씀드리자면] 접위관에 대해 임시회담의 일을 [꼭 하자고] 요구했다. 그러나 [그것은 할 수 없는 일이라고 역시 저쪽은 말한다.] 아무래도 이것을 말씀드리지 않으면 안되는 일, 꼭 말씀드려야 하는 일이기 때문에 분명히 동래부까지 찾아가 [그 뜻을] 전달하려고 생각했다. 그러나 졸자만의 생각으로 [동래부에 넘어간다 해도 그것은 조선의 국금에 해당하는 난출(제한구역을 벗어나는 불법의 외출)이 되어, 그 후에 여러 가지 지장이 생기게 된다. 그러나 그렇다 해서] 이 반한을 청취하는 일도 어려워 [다시 수정해야 한다고] 그렇게 요구하는 일도 [지금 단계로는 아주] 어렵다. 또 접위관에게 [지금 잠시 동안 귀경하지 말고, 동래부에서] 기다려 달라며 만류해 보아도 기다려 줄 것 같지 않다. 그저 이 일은 큰일이 된다고 하는 것을 논담하는 것 외에 [졸자가 취할 다른 수단이] 없다. 동래부에 직접 들어가거나 해서는 [국금의 일이기도 해서] 더욱 저쪽이 이해하지 못하게 된다. [강경한 수단을 취하면 저쪽은 더 태도를 굳게 하여 결국은 분규에 이르게 된다.] 그래서 결국 생각하고 있는 것을 구상서로 적어서 그것을 [저쪽에] 전달하기로 했다. [그 결과는 선술한 대로이다.] 여기에 반한을 베끼고, 졸자가 요구한 화문의 초안을 [또 그것에 대한] 접위관의 반답서를 같이 바쳐 [일련의 사정에 대한 보고를] 올린다. 위와 같기 때문에 [이번의 반한을] 청취해서 [일단 본국에 가지고 돌아가 그 내용에 대해 검토한 후에 다시 지시를 받고 싶다.] 근일 중에

[졸자는] 귀국할 것을 정하겠다. 그것에 앞서 한 [보고에 대해서
는] 자세한 승낙서를 받았다. [감사하다는 말을 드린다.] 이번에
아비루 소우베에에게 귀국할 것을 명했으니 은거하신 분에게
이 일을 잘 보고해 주었으면 한다. 자세한 것은 소우베에에게
말해 두었다.

(24-16)

〃 与左衛門方より九月廿五日之日付を以御国年寄中江申遣候書状之
略左ニ記

(24-16)

〃 요자에몬 쪽에서 9월 25일부로 본국의 토시요리들에게 보고하
여 보낸 서장의 개략을 아래에 기록한다.

〃 私儀去廿二日返簡請取近日爰元出船仕筈ニ御座候委細者先達而阿
比留惣兵衛便ニ申進候

〃 졸자는 지난 22일에 서간을 청취했다. 근일 중에 이곳을 출범할
예정이다. 자세한 것은 우선 아비루 소우베에에게 보내는 보고
서에 기재하여 이미 기록하여 보냈다.

【大綱二五段(元禄七年九月③)】

(25-00)

○同七年九月御使河内益右衛門渡海被仰付天竜院公御意之趣与左

衛門方^江被仰越也

【대강 25단(원록 7년 9월 ③)】

(25 - 00)

○동 7(1694)년 9월, 카와치 마스에몬은 사자가 되어 도해할 것을
　명받아 텐류우인 공(소우 요시자네)이 생각하는 취지를 요자에
　몬에게 전했다.

(25 - 01)

〃河内益右衛門九月廿六日渡海館着

(25 - 01)

〃카와치 마스에몬이 9월 26일에 도해하여 초량화관에 도착했다.

(25 - 02)

〃与左衛門方^江被仰渡候御意之趣書付左^二記之

(25 - 02)

〃요자에몬 쪽에게 전한 [은거하신 분이] 생각하는 취지를 기록한
　그 서부를 아래에 기록한다.

覚

一、蔚陵嶋之一件段々不埒成首尾にて其上前以彼方より申越趣も
　　相違仕今度御返翰之渡様請答之申分古来より例も無之法外之

仕方不礼千万之体偏御合点難被遊候御隠居様御事貴様御存知
之通御隠居被遊候而も弥朝鮮向之儀者御勤不被成候而不叶首
尾゠候尤公儀゠も其御首尾゠被仰上置候然処去年より御在国゠而
殿様より右之一件被仰渡候前後之儀御存知無之筈゠無御座候公
儀江御伺可被成儀を御延引被成又者御差図可被遊事を御気も不
被付候而者事゠より御越度゠茂可罷成儀゠御座候両国通用之儀
者御身御一分゠御掛り被成たる儀゠而も無之至而ニ永々゠一日本
朝鮮之御通信勿論御家御代々之御勤役゠候得者今度之様゠先例
無之法外之仕形仕候而も御返簡扗請取候而者末代之定例゠可罷
成候公儀之被蒙御意被仰渡候参判之使者さへ右之仕方にてハ
其余者不及申事゠候御手前儀仮令幾年在館仕候而成とも不違先
規大方之礼儀を相調不申候而者帰国難成事゠被思召上候第一御
返簡之写を請取爰元江不差渡候而者文章文字尤御用之出入之善
悪曾而不相極事゠候其上写相渡候事先例゠而候得者此方より無
理を申゠而も無之候無方゠接慰官引取可申与ハ不被思召上候理
不尽゠先規を破法外を申引取候儀者如何様意趣茂可有之事之様
゠被思召上候此御用御延引之段者此上゠茂又公儀江被仰上様も
可有御座候此儀相済申候段御案内延引仕候を御難儀゠被思召上
候而も只今之首尾成行候而者極而帰国難成儀゠御座候

각

1. 울릉도 일건은 점점 불리한 상황에 빠지고 있다. 그 위에 전회
   [의 서간으로] 저쪽이 요구해 두었던 취지도, [이번의 반한에서
   는, 그것과 크게] 다른 사태가 되었다. 이번에 반한을 건네준

[전달 형식의] 건도, 그 답하는 내용을 보면 고래로 예가 없을 것 같은 법에 없는 방법으로 무례하기 짝이 없는 일이다. 이 때문에 [은거하신 분은] 결코 납득하지 못하고 계시다. 은거하신 분의 성질은 귀하도 아시는 바와 같이 은거하고 계셔도 조선과 관계되는 일에 대해서는 항상 [관심을 가지고] 관계하지 않고는 있을 수 없는 상황이다. 원래 장군도 그 일에 관여하도록 하라고, 요청하는 일까지 있었다. 그러한 상황에서 작년부터 재국하고 있었으므로 [이 일건에 대해서는 잘 알고 계신다.] 토노사마(소우 요시토모)가 위 일건에 대한 연락을 해도 그 전후사정에 대해서는 [이미 알고, 이처럼 불리한 상황에 빠져 있는 것을 아무말도 안 하고 계시지만] 모를 리가 없다. 그러므로 장군에게 여쭤야 하는 것을 연기하고, 또 지시해야 하는 일을 모르고 방치해두고 있는 것과 같은 일이 있어서는 [결국 지도감독하시는 은거하신 분의] 잘못이 되고 만다. 그렇다 해서 양국 통사의 역할은 [은거하신 분] 자신의 [그 생각] 여하에 달려 있다고 말하는 것은 아니다. [원래 토노사마가 계시고, 그 체제하에 가신들이] 오랫동안 문제 없이 근무하며 지금에 이르기까지 [쓰시마 후츄우한의 한으로서의 역할이] 있다. 일본과 조선의 통신은 물론이고, 집안 대대로 [지금까지] 근무하는 역할을 수행해오신 그 공도 있다. 그러므로 이번처럼 선례가 없는 불합리한 일을 하여 [발칙한] 반한 따위를 수취해서는 말대까지 지속되는 정례가 되고 만다. 장군의 뜻을 받들어, 그 명에 따라 도해한 참판의 사자조차 이 같은 방법으로 [취급되어 그러한 반한이 이쪽으로 되돌아오게 된다면] 그 외의 다른 종류는 말할 필

요도 없는 일이다. 귀하의 일에 대해서는 가령 몇 년간을 재관한다 하더라도 과거의 규칙에 벗어나지 않는 대체로 예를 차린 [반한이 되도록 그 같은] 교섭을 [이번에도] 하지 않으면 안 된다. 그렇지 않으면 귀국하기 어렵다. 그렇게 [은거하신 분은] 생각하고 계신다. 제일 먼저 반한의 사본을 청취하여 이쪽으로 보내지 않으면 그 문장이나 문자는 말을 할 수 없고, 용건의 진행되는 선악 등 모든 것을 결정할 수 없다. 그리고 사본을 건네주는 것은 [이전부터 지속되어 온 오랜 동안의] 선례가 있어 이쪽에서 무리[하게] 요구하는 것이 아니다. 무법으로 접위관이 [교섭의 현장에서] 철수해버리는 일 등은 [이쪽 입장에서 보면 도저히] 생각할 수 없는 사태이다. 도리에 어긋나게 선례를 깨고 핑계를 대며 철수하는 것과 같은 일은 도대체 어떤 이유가 있어서일까. [이렇게 은거하신 분은] 생각하고 계신다. 이 [죽도일건에 대한] 용무가 [금후 더] 연기되게 되면 이 외에도 또 [여러 가지로] 장군에게 [곤란한 사정을] 보고하지 않으면 안 된다. 이 일이 끝났다고 [그렇게 빨리 장군에게] 보고하고 싶은데 [유감스럽게도] 아직 지체된 채로 [진전이 없다.] 이 일을 [은거하신 분은] 곤란하게 생각하고 계신다. 지금의 상황, 진행으로는 [교섭이라고 말할 것이 못 된다. 그 역할을 수행하지 않았다는 것이므로] 그야말로 [귀하가] 귀국하는 것은 어려운 일이다.

一、爰元より被仰渡候趣与其元より被申越候儀双方之心入相違〃罷成候此段被聞召上度思召候間委細可被申上候

1. 이쪽에서 요구한 취지와 그쪽이 전해온 것, 쌍방이 생각하는 것에 상위가 있다. 그 상위한 곳을 [은거하신 분은 다시] 듣고 싶다며 [귀하를] 부르고 싶은 생각을 하고 있다. 그러하니 자세한 것을 [미리 서장으로] 아뢰어 두어야 할 것이다.

一、御隠居様より若其元^江御通用不被成候而難叶時者御存知之通御
　　送使之御銅印有之候為御心得此段も申遣候様ニ与之御事候
　　　右之段私共方より可申遣旨御意如此御座候委細者御年寄中よ
　　　り可被仰越候以上
　　　　九月廿三日　　　　　　　　　　　　　　　加納幸之助
　　　　　　　　　　　　　　　　　　　　　　　　杉村　頼母
　　　　　　　　　　　　　　　　　　　　　　　　樋口　靭負

　　多田与左衛門殿

1. 은거하신 분의 [전언이다.] 혹시라도 귀하가 [조선과의 사이에서 하는] 교섭이 [접위관이 없게 되면] 불가능하여 [모든 일을] 이루기 어려울 때는 알고 계시는 대로 송사[를 파견할 때 사용하는] 동인이 있다. 잘 생각하시고 [이것을 조선에 보내는 서간에 시용하여 교섭에] 임했으면 한다. 이것도 전하라고 하는 [은거하신 분의] 배려가 있었다. 위에서 말한 것은, 우리들 쪽에서 [귀하에게] 전해야 한다고, 그러한 뜻이었다. 자세한 것은 가로 중에서 또 연락을 할 것이다. 이상.
　　9월 23일　　　　　　　　　　　　　　　카노우 코우노스케
　　　　　　　　　　　　　　　　　　　　　스기무라 타노모

히구치 유키에

타다 요자에몬 토노

(25-03)

覚

一、御返簡下候由ニ而接慰官方より朴同知朴僉知を以為御披見為持
　　申候尤前方御内意申達其上之儀ニ可仕之処封之侭渡シ申様ニ与
　　都より之差図ニ付下書をも不掛御目本書為持申候由申越候付
　　一々御返答之趣承届候

(25-03)

각

1. 반한이 내려왔다는 것[을 들었다.] 접위관측에서 박동지, 박첨
　 지를 통해 [귀하를] 만나기 위해 [그 반한을] 가지고 찾아간 것
　 같다. 원래 [지금까지와 마찬가지로 먼저 초안을 보여] 저쪽의
　 의도를 [이쪽에] 전하고, 그런 후에 [이쪽의 의견도 말하고, 그
　 런 후에 본서를 보내야] 하는 것인데 [이번에는 그렇지 않았
　 다.] 봉한 채 [직접 본서를] 보내왔다. 이 같은 형식으로 전하도
　 록 하라는 도성의 지시가 있어 초안도 보이지 않고 [직접] 본
　 서를 지참하고 왔다는 것이다. 그러한 [저쪽의] 연락에 대해 일
　 일이 [귀하가 반론하여] 반답하셨다는 것을 들었다.

一、不時之接待可被致由被申越候付而彼方より申候者不時之接待
　　之儀都より差図無之候へハ不罷成国法ニ候右之次第都より之差

図ニ候ヘハ可仕様も無御座候返簡渡申候而被請取間敷与有之者
東莱ニ^江返簡渡置接慰官首訳共ニ急度引取候様ニ堅申来候付近日
中帰京仕覚悟ニ候与之返答之由依之弥面談ニ而不被申達候而者
不罷成候不時之接待之儀国法ニ而都より差図無之候而者難成候
ハ、東莱迄被罷越何之道も不掛御目候ヘハ不相済事ニ候由被
申掛置候返簡為事替紙面ニ而此上如何様ニ被仰掛候とも一言御
返答不申取合申間敷与之仕方ニ御座候接慰官引取申候儀者致決
定候御用之儀及大事候由御書中委細承届候御隠居様ニ茂早速入
御披見候

1. 임시회담을 해야 한다고 [이쪽이] 요구한 것에 대해 저쪽의 반
   답은, 임시화담이라는 것은 도성의 지시 없이는 할 수 없는 것
   으로, 어떻게 할 수 없는 국법이라고 했다. 위와 같은 [명령]이
   라서, 이것은 도성의 [엄중한] 지시로 어떻게 할 수 없는 일이
   라 한다. [그리고 그렇게 생각지도 못한] 반한을 [이쪽에] 보내
   왔다. 그러나 이것을 수취하는 일은 [도저히] 할 수 없는 일이
   다. 그렇기 때문에 동래부에 반한을 [되돌려 주는 것으로 해서]
   건네 두고, 접위관이나 수역들에게 [이 반한을] 반드시 받도록
   하라고 강하게 전했다. [그러나 접위관이나 수역들은 이미 반
   한을 건넸기 때문에] 근일 중에 귀경할 각오라 한다. 그와 같은
   반답이었다. 이와 같은 사정으로 [귀경하기 전에 그들과] 면담
   하여 [어떻게든 동의하지 않는다는 뜻을] 전하지 않으면 안 되
   게 되었다. 그러나 부정기의 회담은 국법으로 도성의 지시가
   없으면 하기 어렵다고 한다. 그래서 동래부까지 넘어가서 어떤

방법을 써서라도 [접위관을] 만나지 않으면 안 되는 일이라고, 그렇게 [저쪽에] 말했다. [그러자 저쪽은] 이 반한은 [이미 기재]사항을 바꾸어버린 지면으로 이 이상 어떠한 요구가 있다 해도 한마디도 반답[의 문언에 대한 변경]은 취급하지 않는다. [다시는 그러한 변경의 요구를] 말하지 말라고, 그렇게 [단호하게 반답하는] 것이었다. 접위관이 [도성으로] 철수하는 것은 결정된 일로 이 용건은 [이미 종료되고 말았다. 그것을 다시 꺼내어 이의를 제기하면 일은] 큰일이 되고 만[다 한다. 이상과 같이 기록한 귀하의] 서한을 잘 받았다. 은거하신 분에게도 서둘러 [이 내용을 보고하여 귀하의 서한을 직접] 보시게 했다.

一、右之段々ニ候ヘハ古来より例も無之非法千万之儀絶言語候彼方より前以申候趣致相違候様ニ相聞ヘ候兎角唯今之首尾ニ而者帰国難成儀ニ御座候弥以御返簡之写相渡候様ニ急度被申募候事第一存候

1. 위와 같은 사정이기 때문에 옛날부터 전례도 없을 것 같은, 말도 안 되는 일[이 일어났다고 말하지 않을 수 없다. 이것은] 언어도단의 일이다. 저쪽이 이전에 말하고 있었던 취지와 [이번의 취지는 크게] 다르다. [즉 교섭에 있어 주장이 수미일관하지 않은 것]처럼 생각된다. 어쨌든 지금 상황으로는 [교섭이 타결에 이를 수 없다. 귀하의] 귀국은 이루어지기 어려운 일이다. 계속해서 반한의 사본을 [이쪽에] 건네줄 것을 [저쪽에] 단단히 요구하는 일을 하시기 바랍니다. 그것이 귀하가 해야 할 가장

중요한 일이라고 생각된다.

一、接慰官引取候儀致決定候与之御紙面ニ候出宴席之儀者御返簡被
　請取候以後有之先例ニ候御返簡不被相請取候内ニ出宴席相済可
　申とハ不存候然者出宴席不相調候而接慰官引取可申与申候段
　難心得儀ニ存候御用之儀者成不成如何程致難渋候共接慰官罷下
　茶礼仕候而御書簡請取候上ハ先規之格式之宴席者可有之事ニ候
　出宴席相済候哉又不相調候哉御書中ニ見へ不申候故不審ニ存申
　候出宴席茂不仕帰京仕候ニ決定候段大ニ事破候仕掛ニ而何共笑
　止千万ニ存候乍然不礼非法者彼方之咎ニ而候此方より仕掛候儀ニ
　而無之候得者以来被仰掛様も可有御座候哉山越之儀其元之勢
　難計候得共出宴席不相済候而者接慰官帰京仕間敷哉与存候

1. 접위관이 [도성으로] 철수하는 것이 결정되었다는 지면인데, 출
　연석의 일은 [어떻게 된 것일까.] 반한을 받은 후로 [출연석의
　설행이] 있는 것이 선례이다. 즉 반한을 받지 않은 상태에서 출
　연석을 해치우는 것과 같은 예는 없다. 만일 그렇게 되면 출연
　석을 마치지 않은 상태에서 접위관이 철수했다는 것이 되어,
　그와 같은 일은 이해하기 어려운 일이다. 용건이라는 것은 성
　립하기도 성립하지 못하기도 하여 참으로 어려울 때 접위관이
　내려와 차례를 지내고 서한을 받은 이상은, 선례에 따른 격식
　의 연석이 거행되기 마련이다. 이러한 출연석은 끝났다는 것인
　가. 또는 준비가 되지 않은 채로 있는 것인가. [귀하의] 서한 중
　에는 [이것에 대한] 기입이 없기 때문에 이상하게 생각하고 있

던 참이다. [혹시] 출연석도 하지 않고 [그대로 접위관이] 귀경을 명받았다는 것이라면 그 결정이라는 것은 [조선이 교섭하는 데 있어] 크게 형식을 깰 의도가 있는 것 같다. 그렇기 때문에 어쨌든 [이쪽에서 보면] 웃기기 짝이 없는 일이라고 생각하는 바이다. 그러나 [일부러 그와 같은 행동을 취한다고 하는 그] 무례 불법은 저쪽의 잘못이다. 이쪽에서 저지른 일이 아니기 때문에 이후로 [그 비법에 대해 얼마든지] 추궁할 방법은 있기 마련이다. 산을 넘어 [동래에 쳐들어가는] 일은 귀하의 기세 [그 각오를, 이쪽에서] 헤아리기 어렵고 [그 후에 어떻게 전개될 것인지 예측할 수 없기 때문에 무어라고 말씀드릴 수 없다.] 그러나 출연석에 대해서는 이것을 마치지 않으면 접위관은 [그 역직을 수행한 것이 되지 않아] 귀경할 수 없는 것이다.

一、接慰官弥以引取候ハヽ貴様儀猶以其元^江被致逗留東莱^江被申断
　　又者接待之儀被申掛候而成共先第一写を被請取被差渡候様ニ可
　　被仕候其上ニ而御返簡無別条ニ相極り候得ハ重而接慰官を呼請
　　如先例格式相調返簡可被相請取候仮令幾年御逗留候而成共此
　　儀者不被申届候而者末代之障ニ罷成候竹嶋一件之儀斗ニ而無之
　　両国通信幾久敷儀者御存知之前ニ候此御用御延引之段ハ公儀向
　　不可然儀ニハ候得共只今之首尾ニ而者御帰国ハ難成候相極り申
　　候前以之次第ハ只今者不及申儀ニ候

1. 접위관이 결국 [도성으로] 철수한다면 귀하는 더욱 그곳에 계속 두류하며 동래부사에게 솔직하게 [선례가 없는 이치에 맞지

않는 교섭이라는 것을] 강하게 말하지 않으면 안 된다. 어쩌면
또 회담의 [재개를] 요구하도록 해야 [할 것이다. 그와 같은 교
섭을 계속하며] 우선 제일 먼저 [반한의] 사본을 수취[할 수 있
도록 저쪽에 요구하여 그것이] 건너오도록 [강하게 요구하는
것을] 지속해야 한다. 그[와 같은 교섭이 이루어진] 후에 [반한
의 사본에 대해 이쪽의 동의가 있어야] 반한이 문제 없이 [건
네는 것으로] 결정되었다면 다시 접위관에게 이야기하여 선례
와 같은 격식을 차려 그 반한을 수취해야 한다. 가령 몇 년에
걸쳐 두류한다 해도 이 일은 받아들이지 않으면 말대까지 문제
가 된다. 죽도일건의 일만이 아니라 양국의 신의를 주고받는
교류가 오래도록 지속되기 위해서는 이 일은 [양국 간에] 이해
하지 않으면 안 되는 일로 [당연한] 전제이다. 이 일건의 용건
이 지체되고 있는 것은 장군에게는 아주 바람직하지 않은 일이
다. [그것은 분명하다.] 그러나 [말은 그렇게 해도 상대가 있는
것으로 곤란한 교섭이라는 것은 이쪽에서도 알고 있다.] 다만
지금과 같은 상황에서는 [교섭이라는 명목에 어울리지 않기 때
문에 귀하의] 귀국은 이루어지기 어렵다. 그렇게 [이쪽에서의
상담은] 결정했다. [그러하니 귀국에 앞서] 먼저 [상의하는 것
과 같은] 일은 지금의 단계에서는 [불필요하며 그것을 새삼스
럽게] 언급할 필요가 없다.

一、此上如何様ニ被仰懸候とも一言之返答も不申取合申間敷与之仕
　　方ニ御座候由左候ヘヽ両国之通用ハ断絶仕候与相見ル江中候一朝一
　　夕之出入小嶋之議論ニ古来より至而ニ永々一無別条誠信可相続通

好之道此節ニ至而絶可申段至而大切成儀与奉存候ニ然夫程迄ハ
事至リ申間敷歟与存候数年論談仕候而も難成儀者不罷成成就仕
事者成就仕候様ニ互ニ不申談礼法を破り理不尽ニ不礼法外之申分
如何様之儀ニ而如斯ニ余リ非法成事を申出候哉偏ニ難心得存候

1. 이후에는 어떻게 말씀하셔도 한마디의 답도 하지 않고 더는 상
   대하지 않겠다고 [저쪽은 그 같은] 방침이라 한다. 그렇다면 양
   국의 교류는 단절된다는 것이 되고 만다. 일조일석의 출입 [그
   사소한] 소도의 문제로 옛날부터 오랫동안 쌓아올려, 지금까지
   문제 없이 이룬 양국 성신의 교류, 통호의 길이 여기에 이르러
   단절되고 만다. [그 같은 일은 참으로 유감스러운 일이다. 그것
   을 회피하는 일이야말로 이 교섭에서] 가장 중요한 일이다. [그
   렇게 이쪽은] 생각하고 있다. 그러나 그 정도로 [어려운] 사태
   에 이르는 일은 없지 않겠는가. 그렇게도 생각하고 있다. 수년
   에 걸쳐 논담을 해보아도 이루기 어려운 일은, 역시 이루어지
   는 일이 없고, 성취하는 일은 그 나름대로 성취해온 것이다.
   [그러므로] 그처럼 서로 회담하는 일도 없이 예법을 깨고 이치
   에 어긋나는 비례, 무리한 말을 해보아도 [결국 시기가 오면 수
   습될 것은 나름대로 수습되는 것이고, 수습되지 않는 것은 역
   시 수습되지 않는다. 그러나] 어떠한 이유로 이처럼 지나친 비
   법의 일을 [이번에] 언급해 온 것일까. 그저 [이쪽에서는] 생각
   도 할 수 없는 일이다.

一、東莱迄被罷越何之道ニ茂以面談可被申談由被申掛候与之儀此段

大切ニ存申候是者定而其時之勢イニより被申掛たるニ而可有御
座候弥可被罷越与ハ不存候へ共若東莱ニ被罷越候儀者事之破ニ
近付申候彼国ニ者非法を申候とも此方より破礼口を仕掛候儀遠
慮可有之事ニ御座候

1. 동래부까지 가서 어떠한 [강경한] 수단을 취해서라 [어떻게든]
   요구하여 [어떻게 해서라도] 회답을 요구하려고까지 생각하고
   계시는 것 같으나 그러한 일은 [차분하게] 잘 [숙려하고, 신중
   하게 행동해야 할 일이라고, 이쪽에서는] 생각한다. [거친] 방
   법으로는 아마도 그때의 열정으로 [기분 내키는 대로 발언하
   여] 요구하게 될 뿐 [그것은 그처럼 발언하는 것으로] 끝나버리
   는 일이 될 것이다. 그래서 [실제 행동으로 옮겨, 각오하고 동
   래부까지] 가지 않으면 안 되는 일이라고는 생각하지 않는다.
   만일 [규칙을 어기고] 동래부에 찾아갈 경우란 [이쪽의] 일의
   파탄에 가까워졌을 때이다. 그 나라의 비법을 말하는 단계에
   이쪽에서 [일부러 일의] 파탄을 [촉진시키며 그 나라에] 도전하
   는 일은 [필요 없는 일이다. 지금은 양국의 쟁란을 부르는 일이
   될 수도 있어] 삼가해야 할 것이다.

一、御隠居様思召寄之段ハ御近習之者中より以別紙被申越候

1. 은거하신 분의 생각은 측근들 중에서 별지로 해서 전달할 것이다.

一、先便此方より以飛船申進候書中可被相達与存候ヶ然連状之御

返事不相達候故無心元存候

1. 지난 연락으로, 이쪽에서 비선으로 전한 서류가 [그쪽에 즉시 기한 내에] 도착하지 않았다고 하는데 연서한 답장이 [늦어, 적당한 시기에] 도착하지 않는다는 일이 되면 [금후의 교섭에 있어] 조금은 불안하게 생각하는 바이다. [꼭 개선하고 싶은 일이다.]

一、先便ニ茂申遣候通御返簡之写被差渡候刻以酊庵江被懸御目文字之善悪御極被成其上其元江委細御差図之趣可申達候間弥左様ニ御心得可被成候

1. 지난 연락에서도 전해드린 대로 반한의 사본이 [이쪽에] 건너왔다면 즉각, 이테이안에 보여 [문자의 내용을 해석해 달라고 하고, 그런 다음에] 문자의 선악이나 [그 외의 판단을 평정하여 최종적으로 은거하신 분에게] 전해 달라고 한다. 그런 후에 귀하에게 [다시] 자세한 것을 지시할 계획이다. 그러한 취지로 [저쪽에 금후의] 일을 요구하고 싶다고 생각하고 있다. 그렇기 때문에 미리 그렇게 마음먹고 [교섭을 지속해] 주었으면 한다.

一、其元之様子委細ニ御聞被成度被思召上又者爰元より被仰越候儀も具ニ相達候様ニ与之御事ニ而御隠居様より河内益右衛門御使ニ被仰付被差渡候依之委曲口上書ニ相認益右衛門江相渡候尤覚書之趣御隠居様江奉伺之如此御座候已上

　　　九月廿三日　　　　　　　　　　　　　田嶋十郎兵衛

樋口左衛門

平田隼人

多田与左衛門殿

1. 귀하의 상황을 자세히 듣고 싶으시다고 [은거하신 분은] 생각
   하고 계신다. 그리고 또 귀하의 보고가 있었던 일도, 자세히
   [들으시고 이해하고 계신다. 그 일을 귀하에게] 알려주도록 하
   라는 [은거하신 분의] 희망이다. 그래서 은거하신 분이 카와치
   마스에몬을 [귀하에게 보내는] 사자로 하라는 명령이 있어 [그
   쪽으로] 건너 보내기로 했다. 이에 따라서 자세한 것은 구상서
   에 적어서 마스에몬에게 맡겨둔다. 원래 이 각서의 취지는 은
   거하신 분에게 물어 [이해를 받은 것이다.] 이상과 같이 전한다.

　9월 23일　　　　　　　　　　　타지마 쥬우로우베에

히구치 자에몬

히라다 하야토

　타다 요자에몬 토노

(25-04)

〃十月朔日之書状を以御国年寄中より与左衛門方^江申越候書状之略
左記之

(25-04)

〃10월 1일부의 서장으로 본국의 가로 중의 요자에몬 측에 전한
것이 있다. 그 서장의 개략을 아래에 기록한다.

〃去月廿二日ニ御返翰被相請取候付追付帰国可有之由委細者阿比留
惣兵衛便ニ被申越候由則御状御隠居様ニ江掛御目候惣兵衛儀何方ニ江
着船仕候哉御国之地ニ者着不申候惣兵衛便ニ書簡之写被差上其御
返事御聞届候而帰国者可相極事与被思召上候惣兵衛便ニ如何様ニ
被申上候とも此方より之御差図不被承追付帰国之由被申上一々
御隠居様ニ御同心ニ不被思召上候惣兵衛着船仕候者様子可相知候
得共其様子ハ如何様にても有之候得段々被仰付候御意を相守可
申与被思召上候自然書簡之写不被相請取本書斗被請取帰国候様ニ
被極置候哉此段別而無心元存候最前ニ致虚病候而成共相延置御返
簡之写差渡候様ニ与態以飛船被仰付候御意之御請も于今無之旁以
御合点難被遊与之御意ニ御座候河内益右衛門儀御使ニ被仰付委細
口上之覚書を以被仰渡候得共御返簡被相請取候以後其元ニ江着船仕
筈ニ候故定而被仰付候儀も無ニ成可申与被思召上候前以其元ニ江被
相扣御返簡之写是非被差渡候様ニ与被仰遣候得共本書を直ニ可被
請取勢ニ相聞ニ江候故益右衛門ニ江段々被仰含被差渡候乍此上写被差
渡事罷成首尾ニ候ハヽ急度以飛船可被差上候為念先此段早々可申
遣旨依御意如此候

〃지난(9월) 22일에 [이미] 반한을 청취했기 때문에 [귀하가 귀국
을 희망한다는 것을 들었다. 그러나 조금 더 체류해 주었으면
한다.] 곧 귀국 [허가]가 있을 것이다. [이번의] 자세한 것을 아
비루 소우베에[가 타는] 선편에 [소우베에에게 지참시켜, 그쪽
에서 이쪽으로] 말을 전해줄 것이라는 내용이었다. [그것이 도
착하면] 바로 그 서장을 은거하신 분에게 보여드릴 생각이다.

그러나 소우베에는 어느 항에 착선했다는 것인지. 쓰시마 후츄우 땅에는 [아직] 도착하지 않았다. 소우베에 편[에 보냈다고 하는] 서간의 사본이 [이쪽에] 도착하여 그 답장에 대해서도 [은거하신 분이] 확인한 후에 [귀하의] 귀국건은 결정하고 싶다고 [그렇게 은거하신 분은] 생각하고 계신다. 소우베에 편에 어떻게 [귀하가 보고의] 말씀을 드렸다 해도 이쪽의 지시를 받는 일 없이 [마음대로] 서둘러 귀국의 뜻을 말씀드린 것은, 그 하나하나에 은거하신 분은 동의하고 있지 않으신다. 소우베에가 [이쪽에] 착선했다면 [그동안의 사정이나] 상황 등을 알 수 있겠으나 그 상황이 설령] 어떠하다 해도 여러 가지로 분부하신 [은거하신 분의] 의향을 [귀하는 잘] 지켜 행동해야 한다. [이러한 은거하신 분의] 생각이시다. [전례에 따라] 자연[스럽게 우선은] 서한의 사본을 청취해야 한다. 그렇지 않고 [저쪽이 말하는 대로] 정본의 서한만을 청취하여 [이번에] 귀국하려고 [하신다. 어째서 그렇게] 결정하신 것일까. 이 점이 특히 불안하고 [이상하게] 생각된다. 최전에 [전한 것처럼, 거짓으로] 꾀병을 부려서라도 [버티어, 교섭이] 지체되어도, 어떻게든 반한의 사본이 [이쪽에] 건너오도록 [끈질기게 노력해야 한다. 그렇게] 비선을 보내 [은거하신 분이 보낸] 지시도 있었으나 그런 뜻에 대한 답도 지금까지 없다. 그러한 일도 있어 [은거하신 분은, 귀하의 생각을] 납득하기 어렵다고 그렇게 생각하고 계신다. [그렇기 때문에 카와치 마스에몬을 [귀하에게 보내는] 사자로 명하시어, 그 자세한 것을 사자의 구상각서로 해서 명하시는 일이 되었다. 그러나 반한을 [귀하가] 청취한 이후에 [마스에몬이] 그쪽에 착선할 것이므로 아마도 명하신 것도 이미 무효가 되고 말았을 것이오. 그렇게 [은거하신 분은] 생각하시고 계신다. 전부터 그쪽에 보관해 [두고 있다는] 반한의 사본을 필히 [본국 쓰시마로] 보내도록 하라고, 그와 같은 지시를 보냈으나 [그러한 사본도 아직까지 도래하지 않고 그저 반한의] 본서를 [귀하가 그대로] 직접 청취할 것처럼 [이쪽에는] 들려 왔기 때문에 마스에몬에게 여러 가지로 [귀하에게 하는] 지시를 말하여 [이번에] 도해시키기로 했다. 그런 상황에서의 일인데 [반한의] 사본이 [어쩌면 저쪽에서] 보내오는 것과 같은 상황이 되면 반드시 비선으로 [그 사본을 쓰시마 부중에 계시는 은거하신 분에게 즉시] 보고하여 주셨으면 한다. 혹시라도 해서 하는 말인데, 먼저 이러한 일을 서둘러 전하게 되었다. 이것은 [은거하신 분의] 뜻에 따른 일이다.

(25-05)

〃此時朝鮮〓南政丞与申人在之官職を辞し隠居〓而年八十近く候所
最前一嶋二名之返簡不当書面〓候とて殊外憤り被歎候付一日国主
直〓南政丞之宅〓御出在之竹嶋一件之事を御尋被成候所南政丞御
返答被申上候ハ古より一度亡ひ不申国ハ無之物〓候所一筋〓無事
なる事を希ひ候而日本人強而非理なる事を申候〓恐れ只今太平之
時節〓我国之土地を被削取候筋可有之事〓候哉急度返簡〓竹嶋ハ
我国之土地と申ス事を認被遣候筈〓候其節万一日本人怒を起し戦
闘〓及候ハ某之首を御取被成日本人〓之被仰分〓被成候様〓与義
気烈敷申上候付衆議一決いたし再度之返簡を認来り足る由〓候其
節御国之衆議〓朝鮮国者日本之御威勢を畏レ候付一嶋二名之返翰

を遣し名ハ彼方^江残シ嶋ハ此方^江遣ス致方^ニ候上ハ再度返簡改撰

之儀被仰懸候とて不罷成筈ハ無之蔚陵嶋之文字相除候事ハ安キ

事^ニ可在之との衆議^ニ而即時^ニ改撰之儀被仰掛たる由也

(25－05)

〃이 시기의 조선에 남정승(남구만)이라는 사람이 있었다. 관직을
그만두고 은거하며 지내는데 나이는 80세 가까웠다. [드디어 영
의정이 되어 일국의 재상으로서 정무 전반을 취급하게 되었다.]
이 사람이 최전부터 [전회의] 1도2명의 반한은 부당한 서면이라
며 뜻밖에 화내며 한탄하고 있었다. 그렇기 때문에 어느날 국왕
이 직접 남정승의 가택을 찾아가는 일이 있었다. 그리고 죽도일
건에 대해 [직접] 물으셨다. 그러자 남정승이 여기서 국왕에게
답하여 올린 것은 [다음과 같은 것이었다. 즉] 옛날부터 [지금에
이르기까지] 한 번도 망하지 않은 나라는 없습니다. [그러나 지
난 임진·정유왜란과 같은 국난을 포함하여 다시 망국의 위기
를 초래하지 않도록] 그저 한결같이 무사한 것을 희구하여 [당
면의 문제를 그저 수습만 하려고 하는, 정견이 없는 외교교섭을
우리나라가 행하고 있었습니다.] 일본인은 강하여 [그 무위를
배경으로] 이치에 맞지 않는 일을 말합니다만 그 무위를 지나치
게 두려워하여 [이쪽이 주장할 것을 아예 삼가하고 있다고 생각
합니다. 그렇기 때문에] 바로 지금이 태평한 시절[인데도 힘없
이] 우리나라 토지가 [타국에게] 잘려 빼앗긴다는 교섭 중에 있
습니다. 그러한 일은 있어서 좋을 리 없습니다. 반드시 반한에
는 죽도 [즉 을릉도]는 우리나라의 토지라고 말하는 것을 분명

히 기록하여 [일본에 서간을] 보내지 않으면 안 됩니다. 그러할 때 혹시라도 일본인이 화를 내어 전투에 이르는 사태에 이르면 [그 같은 제안을 한] 저의 목을 취하여 이것을 일본인에게 [건네시고, 그것을 기하여 전투를 중지하고 화평을] 요구하여 주세요. 이 같은 일을 격한 의기로 말씀드린 일이 있었다. [이 같은 남정승의 의견진술이 있어, 그 결과 조정의] 중의가 크게 변했다. [주장해야 하는 것은 주장해야 한다고, 그렇게] 정하고, 여기서 다시 반한을 기록하게 되었다. [이렇게 해서 이번에 개찬된 반한이 이쪽에] 오게 되었다. [한편] 그러할 때 본국(쓰시마노쿠니)의 중의는 이하와 같은 것이었다. 즉 조선국은 일본의 위세가 두려워 [전투의 발발을 피하기 위해] 1도2명의 반한을 보내왔다. [그 서간의 골자는] 명목은 저쪽에 남기고 섬의 실체는 이쪽에 건넨다고, 그러한 처리방법이었다. 그같이 [혼란스럽게 처리된] 이상, 다른 반한[을 요구하여 보다 명확한 형태로] 개찬해야 한다. 그러한 요구를 하여 일이 안 될 리 없다라고, 그렇게 [멋대로] 판단했다. 울릉도의 문자를 삭제하는 일은 용이한 일일 것이라고, 그처럼 [안이한] 본국의 중의가 있어 즉시 개찬을 요구하는 일이 [결정되었다. 그리고 조선에] 요구하게 되었다. 그 같은 [일의] 진행이었다 한다. [그러나 그 후의 전개는 그 예상과 전혀 다른 방향으로 진행되었다.]

【大綱二六段(元禄七年十月①)】

(26-00)

○同七年十月三日与左衛門一行出宴席設行いたし今般渡海之返簡

不相請取候而者難罷成旨接慰官東莱ニ論談在之

【대강 26단(겐로쿠 7년 10월 ①)】

(26-00)

○겐로쿠 7년 10월 3일에 요자에몬 일행의 [출선을 위한] 출연석이 이루어졌다. 이 [연석에서 선년의 반한에 대한 수정을 요구하는 것만이 아니라] 이번에 도해하며 [쓰시마에서 소지하고 온 새로운 서간에 대해서도 그] 반한을 [받고 싶다고, 요자에몬이 요구했다. 어떻게든 이것을 청취하지 않으면 안 된다고, 그러한 취지를 접위관과 동래부사에게 [말하여 서로] 논쟁하였다.

(26-01)

〃是より前九月廿八日朴同知朴僉知入館ニ付都船主ヲ以接慰官江之口上両人江申達候ハ返翰之儀ニ付段々申結候得共御注進難被成旨被仰切候上者可仕様無之請取候御返簡持帰り兎角国元より之了簡ニ而又不被申越候而者埒明間敷与存候付帰国ニ相極明廿九日出宴席致し候筈ニ申談置候得共一昨夜国元より飛船到来侍共罷越今度持渡之返簡無之由不及覚悟儀ニ候如何様ニ候而も此返翰不請取候而ハ帰国難成候間其旨申談返簡請取候而可致帰国由申来候依之宴席難相調候間御返簡下り候迄者相延申候其節迄接慰官御待様ニ与申遣ス

(26-01)

〃이보다 전인 9월 28일에 박동지와 박첨지가 입관했다. 그래서

[정관이] 접위관에게 하는 구상을 도선주를 중개로 해서 두 사람에게 전했다. 그것은 이하와 같은 것이다. 반한의 일에 대해 여러 가지로 주고받으며 [교섭을] 했다. 그러나 주진은 이미 할 수 없다는 취지가 [접위관한테서 이쪽으로] 전해졌다. 그렇게 단언해 버린 이상 이미 어떻게 할 방도가 없다. [이번에 새로] 청취한 반한을 가지고 돌아가, 어쨌든 본국의 의견을 들으려고 한다. 그 위에 [다시 지시를] 받지 않으면 해결이 안 된다. 그러한 일이 되고 말았다. 그렇기 때문에 귀국을 결의하고 내일 29일에라도 출연석을 행했으면 한다. 그렇게 [일단 그쪽에] 말을 전해두었다. 그러나 그저께 밤에 본국에서 비선이 도래했다. [승선하고 있던] 사무라이들(카와치 마스에몬 일행)이 와서 말하기를, 이번에 [쓰시마에서] 가지고 건넨 [새로운] 서간에 대해 반한이 없어서는 말이 안 된다. 어떤 사정이 있다 해도 이 반한을 청취하지 않으면 귀국할 수 없다고, 그러한 취지를 전해왔다. [어떻게 해서라도] 이 반한을 청취하여 귀국해야 한다고, 그렇게 전해왔다. 이렇게 되면 출연석을 준비하는 것은 어렵다. [새로운] 반한이 내려올 때까지 [출연석은 어쩔 수 없이] 연기해야 한다. 그때까지는 접위관도 [귀경을] 기다려 달라고 [저쪽에] 전했다.

(26-02)

〃同月廿九日朴同知朴僉知入館接慰官より之返答都船主^江申聞候ハ御国より飛船到来今度御持渡之返簡御請取不被候ヘハ御帰国難被成由申参候付而返簡下り候迄ハ出宴席被相延候間夫迄相待候

様ニ与被仰聞承届候前以申入候様ニ返簡御請取不被成候者東莱江

渡し置致帰京候様中来たる事ニ候ヘハ出宴席相延滞留仕候儀決而

不罷成儀ニ候兼而申入候様ニ去年今年両通之御返事今度差下シ候

一通之返簡ニ而埒明候様ニ仕置候今度御持渡之書簡ハ差返シ候様ニ

与之儀ニ而別幅共ニ東莱江下り居申候都より右之通申来候ヘハ此

上返簡下り候儀不存寄候廿九日出宴席相済十月二日発足仕筈ニ候

与日限相極致注進候得者益無之所ニ一日も滞留如何ニ存候付明朔

日発足仕筈ニ相定候由ニ而暇乞之書簡ニ発足之音物両判事持参右

之通裁判都船主を以申聞候付返答申遣候ハ兼而御存知之通拙子

儀者御返簡請取候上ハ法例相済申覚悟ニ而出宴席日限相定候得共

国元より右之通申来候上ハ可致様無之候出宴席相済候而者爰元

滞留如何ニ存候兎角此返簡請取不申候而者帰国不罷成候間下り候

迄者相待申候之由申遣ス裁判都船主江両判事咄申候ハ出宴席相調

候ヘハ接慰官始終之勤相済首尾冝候故被致帰京候而朝延方江被申

含候も恰合能出宴席不相調候而ハ引残も有之候ヘハ被申達候ニも

心程ニ難被申首尾も有之候出宴席被成候ハヽ冝儀有之候事心当御

座候是非被相済候へかし与色々内意咄候ヘ共返簡下シ候儀不罷

成与申来候時出宴席相済候而者弥不首尾ニ候間出宴席相済間敷旨

返答申遣ス

(26-02)

〃9월 29일에 박동지와 박첨지가 입관하여 접위관의 반답을 도선

주에게 전해왔다. 즉 본국에서 비선이 도래하여 [새로운 명령이

있었다는 것을 들었다.] 이번에 [쓰시마에서] 가지고 건너온 [서

간에 대한 조정의] 반한을 여기서 받지 않으면 [정관님의] 귀국이 어렵다는 것, 그 같은 것을 전해주셨다. 그렇기 때문에 반한이 내려올 때까지는 출연석을 연기하기 때문에 그때까지 [접위관도 동래에서] 기다려 달라고 그러한 것을 전해주셨다. 그 취지에 대해서는 들었으나 전에도 말해 두었듯이 [이번의] 반한을 [그대로 정관님이] 수취하시지 않으면 그것을 동래에 건네 두고 그대로 귀경한다고 [이쪽은 조정에서] 전달 받았다. 그렇기 때문에 출연석을 연기해 보아도 그것으로 [접위관이 동래에] 더 체류하는 것과 같은 일은 결코 있을 수 없는 일이다. 전부터 말해 두었듯이 작년과 금년의 2통의 [서간에 대한] 답서를 이번의 1통의 반한으로 해서 내려주었다. 분명히 구별할 수 있는 내용으로 기재되어 있다. [그렇기 때문에] 이번에 [쓰시마에서] 가지고 건너온 서간에 대해서는 [다시 반답하는 일이 필요없다. 그러한 요망은] 반려하라는 것이다. [이번에 건네는 반한과] 별폭은 모두 동래에 [이미] 내려와 있다. 도성에서는 위와 같이 말해왔다. 이 이상 다른 반한이 내려오는 일은 없다. 29일에 출연석을 마치고, 10월 2일[에 정관님은 귀국의 길에 올라 화관을] 출발할 예정이라고 그렇게 일정은 정해져 있다. 그것을 [이미 도성에도] 주진했다. [접위관도] 더 이상 일도 없는 곳에 하루라도 체류하는 것과 같은 일은 [의미가 없다. 일부러 머무는 것도] 의미가 없다고 생각하기 때문에 내일 초하루에 [경을 향해] 출발하는 것으로 정해졌다. [이와 같은 전언과 더불어] 이별의 서간과 출발을 기한 선물을 양 판사가 [이쪽에] 지참하고 왔다. 위와 같은 일을 재판 및 도선주를 통해 [이쪽에] 전해왔다. 그래서

[접위관에게 보낸 정관의] 반답을 [그들에게] 보냈다. 즉 전부터 알고 있듯이 졸자가 반한을 청취한 이상 그 후의 의례는 전례에 따라 마칠 각오로 출연석의 일정을 정했다. 그러나 본국에서 위와 같은 명령이 내렸다. 그러한 명령이 있는 이상, 이미 어떻게 할 수가 없다. 출연석이 끝나버리면 이 땅에 체류할 수 없다고 생각하기 때문에 [이번의 출연석을 연기한다.] 어쨌든 [이번에 쓰시마에서 지참한 서간에 대한] 반한을 청취하지 않은 채로는 아무래도 귀국할 수 없다. 그것이 내려 올 때까지 기다리기로 한다. 이 같은 것을 전했다. 그러자 양 판사가 재판이나 도선주에게 말한 것은 [다음과 같은 것이다. 즉] 출연석을 마쳐버리면 접위관은 시종의 임무를 수행한 것이 되어 그 입장은 좋게 된다. 그 결과 귀경해도 지장이 없다고, 조정의 허가가 나온다 한다. 그러나 원만하게 출연석을 마치지 않으면 [본래의 역할을 수행한 것이 되지 않아 계속 이곳에] 남아 있는 일도 [충분히] 있을 수 있는 일이다. [이번에 이처럼 연기를] 전달하였으므로 그 [접위관의] 마음에는 분하다는 무념의 생각이 남아 있기 마련이다. 그러므로 혹시라도 출연석이 거행되었다면 [접위관은 크게 감사하며 그 후의 교섭에 진전이 있을 수 있도록 크게 협력할 것이다. 분명히] 좋은 일이 있을 것이다. 그와 같은 생각이 있으므로 반드시 이번의 [출연석을] 마칠 수 있도록 해주었으면 한다고, 그렇게 여러 가지로 사정을 이야기해 주었다. 그러나 [어떻게 해도] 반한이 내려오는 일은 없다고, 그렇게 말한 이상, 출연석이 끝나버리면 [이번의 교섭은 모두 종료된다. 그 결과를 생각하면] 점점 [이쪽은] 불리하다는 것이다. 그래서 [지금 단계

에서] 출연석을 마칠 수는 없다. 그러한 취지의 반답을 [저쪽에] 전했다.

(26-03)

〃 十月朔日朴同知朴僉知与左衛門方ニ相招申達候ハ出宴席相済候而者滞留如何ニ候故持渡り之返簡請取候迄ハ滞留之覚悟ニ而相調間敷由昨日接慰官ニ申達候然共両国大切此時ニ至候儀存分之通面談ニ不申達儀残念ニ候間懸御目具ニ申達朝廷方ニ委細被仰達候様ニ与存候付而出宴席可仕旨申遣ス

(26-03)

〃 10월 초하루에 박동지와 박첨지를 요자에몬 쪽에 불러 [그들에게 이하의 일을] 전했다. 즉 출연석을 마치고 나면 [그 후 사자의] 체류는 [의미가 없을] 것이라고 생각하기 때문에, 지참하고 건너온 [서간에 대한] 서간을 수취할 때까지는 [이곳에] 체류할 각오로 [눌러 앉기로 한다. 그래서 출연석을, 아직] 거행할 수 없다. 이 같은 일을 어제 접위관에게 [당신들 양 판사를 통해] 전했다. 그러나 양국이 [우의 교류하는] 소중한 일이 [이 같은 일로 소홀해져서는 안 된다. 그러나 그렇게 긴 시간에 걸쳐 쌓아온 성신교린이, 지금은 파탄 직전]의 시기에 이르렀다. 그렇기 때문에 [그 같은 일을 피하기 위해, 졸자가] 생각하는 것을, 그대로 [그쪽에 전하지 않으면 안 되게 되었다. 여기서는 필히 접위관을] 면담하여 [양국의 우의교류가 중요하다는 것을, 여기서 다시 한 번] 전달하지 [않으면 안 된다. 그러한 기회를 놓치

는 것은] 유감스럽기 때문에 [여기서 어떻게든] 만나뵙고 [이 일을] 자세히 [접위관에게] 말씀드리고 싶다고 생각한다. [그런 후에 접위관이] 조정 쪽에 [파탄되지 않도록, 일을] 자세히 보고 하실 것을 [부탁하고 싶다.] 그렇게 생각[하게 되었기 때문에, 여기서] 출연석을 행하는 것으로 하고 싶다. [이와 같은 생각]의 취지를 [접위관에게 전달할 것을, 그들에게] 말하여 보냈다.

(26-04)

〃同月二日朴同知入館裁判^江申聞候ハ昨日正官被仰聞候通接慰官^江申達候所被致大悦差支無之候ハ丶明三日出宴席可仕旨接慰官被申候与之儀ニ付正官方へ両人相招遂対面弥明日出宴席可相調旨返答申遣

(26-04)

〃10월 2일에 박동지가 입관하여 재판에게 전한 것은, 어제 정관이 말씀하신 대로 접위관에게 전달했습니다. 그러자 매우 기뻐하며 [출연석을 열고 진행하는데 아무런] 지장이 없다. [그렇다면 빨리] 내일 3일에라도 출연석을 하도록 하자. 그러한 취지를 접위관이 말씀하셨다고, 이렇게 말해 왔다. 그래서 정관 쪽에 양인을 불러 [정관과] 대면하여 결국 내일 출연석을 치룬다는 내용의 반답을 [그들에게] 전했다.

(26-05)

〃十月三日出宴席ニ付接慰官東莱被罷出於太廳例之通礼式相済平座

之節差備官両人江日本通詞相添与左衛門方より接慰官東莱江申達
候ハ今度持渡り之御返簡無之ニ付其段申達候ヘハ二通之書簡御返
答壱通ニ被成候旨都より申来候由被仰聞候此方ニ而致吟味候ヘハ
曾而二通之御返翰ニ而無之候此段為可申談不時之接待之儀申入候
ヘ共都より御差図無之候ヘハ被相調候儀不罷成国法之由被仰聞
候故兎角不掛御目候而者不相済儀ニ候左様候ハ、東莱江罷越此旨
申談早速可罷帰候然共此段押而罷越候も遠慮ニ存候旨申入候処是
又難被成由被仰聞候付此上者出宴席相調可申談与存候処出宴席
相調候而者始終相済候故跡ニ申談候儀難成与存候付口上書を以申
進候ヘ共無御合点右之通御返答被仰越候如何様ニ有之候而も此返
簡下り不申候而者不叶事ニ候間急度御注進被成下り候様ニ被成候
へと申達候処返答被申候ハ御持渡候書簡返書之儀先頃より茂被
仰聞候都より申来候通欝陵嶋之子細を書載候上者弐通之御書簡
壱通ニ相認候同前ニ候如何ニも都より申参候儀尤ニ存候御持渡り之
返簡別幅共ニ下り居申候之間御持戻り被成候ヘ被仰聞候趣致注進
候而も埒明申間敷旨被申候付又申達候ハ接慰官被仰様共不存候
至今日者弥事を御聞分御相談被成儀御誠信ニ候未此方申分を被仰
掠候与存候弐通之書簡者朝鮮江被請取候而之被仰様ニ而候左候ハ
、御請被成候書簡別幅共ニ持戻り候様ニ与被仰候儀者如何様之事ニ
候哉使者持渡り之文之返事不請取致帰国候儀無之事ニ候接慰官日
本ニ御渡海唯今之首尾ニ而御帰国可被成哉則御誠信之御心入有之
ハ急度御注進可被成事ニ候を右之通被仰聞候儀先接慰官拙子との
間ニ大成不誠信有之候持渡り候書簡之御返答不請取候而者難成儀
能御了簡可被成候御返簡壱通ニ再渡之儀有之候ハ、唯今ニ而も帰

国仕事ニ候是非御返簡弐通とも望不申候再渡之返簡御書込壱本ニ
被成今度請取候御返簡御取替可被成共又持渡之返簡被成両通東
武江被差出候様成とも其段者御勝手次第ニ候いつれ持渡之返簡下
り不申候而ハ不罷成由申達候之処又被申聞候者不仰聞趣承届候
注進仕首尾能返簡参候ヘハ其上無御座候右之通委細為申登候者
返簡可参とハ存候ヘ共万一一致違変下り不申候時ハ接慰官も不首
尾ニ罷成御使者も御帰国之首尾大切ニ存候夫故御帰国被成候様ニ
とハ申入候返簡下シ不被申右之通又都より申来候ハ、如何被成
哉与被申候付仰之通御尤存候具ニ御注進被成候而も都之御心入致
違変儀可有之事ニ候左様候とて持渡之返簡不請取無十方帰国可仕
事ニ候哉其上記録にも留置事ニ候ヘハ末代迄之色目ニ候首尾ニより
拙子儀致帰国裁判残置為請取申儀も可有之候其上ニも難埒明候者
又々拙子罷渡何年過候而も乞請不申候而者不罷成由申達候処又
被申候ハ被仰聞候趣一々承届御尤ニ存候注進之儀曾而不罷成儀候
ヘ共被仰聞儀御尤至極ニ候間此上ハ接慰官不首尾ニ候共しかりニ
逢候而も不苦候間唯今被仰聞候ニ倍仕首尾宜様ニ存寄相認可致注
進候万一冝敷返簡参り候ヘハ接慰官も仕合ニ候若左様之儀も有之
ハ其節御頼申儀も御座候冝申来候者東武之儀可然様ニ被仰上可被
下与之御心入ニ候哉与被申候付仰迄も無御座兼而其段を申入儀ニ
御座候東武より若被仰断候首尾も有之而ハ朝鮮之御為不冝与被
存程之儀ニ候ヘハ冝御返簡ニ候ハ、何分ニも可然様被申上而可有
御座候御返簡之儀者定而拙子江戸江持越而可有之候条弥能様ニ
取次可申候御返翰之趣者使者存寄可有之様無御座候東武江差上可
然御認被成様者御合点之前ニ候今度被差下候御返簡之様成御書面

ニ而ハ朝鮮より如此返答有之候此上者従公儀被仰付次第与可被申

上より外無御座候新東莱ニ者今度之儀定而都ニ而具ニ御聞可被成

候ヲ然両国之大事此節ニ至候之間唯今迄接慰官江申結候始終疾与

御聞届具ニ御相談被成御注進可被成候事之破候様ニ被成候儀者い

つとても成安キ事ニ候之間御了簡被成候様ニ与申達候処被仰聞儀

弥御尤存候委細注進可仕旨返事有之東莱より之返答ニも被仰聞儀

承届一々御尤存候拙子儀役目ニ而者無御座候得共両国之儀ニ御座

候へハ構不申与申儀無之事候成程疾与致相談可致注進候接慰官

帰京候とも被仰聞儀御座候ハ、何時も可申談由返答有之候而論

談相止候

(26-05)

〃10월 3일의 출연석에서 접위관과 동래부사가 나오셔서 대청에

서 통상대로 의례 식전을 마쳤다. 그 후에 평좌하여 차비관 두

사람에게 일본의 통사가 붙어, 요자에몬이 접위관과 동래부사

에게 [용건을] 전했다. [그것은 다음과 같은 것이다.] 이번에 가

지고 건너온 서간에 대해 [아직] 반한이 없다. 그것에 대해 그것

을 [그쪽에] 전했더니, 2통의 서간에 대해 그 반답은 [합하여] 1

통으로 했다는 취지를 도성에서 전해왔다고, 그렇게 들었다. 이

쪽에서 [지금 다시] 확인해 보았더니, 역시 2통의 반한[이어야

한다. 그러나 실제로는] 그렇지 않다. 이 일을 [다시] 상담하려

고 임시회의를 요구했다. 그러나 도성의 지시가 없으면 [그 회

담은] 열 수가 없다고 한다. 그것이 국법이라는 것을 [또] 들었

다. 어쨌든 만나뵙고 [이 일을] 상담하지 않으면 안 되는 일이

다. 그렇기 때문에 동래에 [직접] 요구하여 이 내용을 협의하여 빨리 돌아가려고 생각했다. 그러나 그렇게 요구해 보아도 [역시 그것은 국법에 어긋나는 일이라, 이것은] 삼가해야 한다고 생각했다. 이렇게 [오신 이상 이야기하려고 하는] 생각의 취지를 [꼭 들어주었으면 한다. 그렇게 그쪽에] 요구했더니, 이것 역시 [그러한 일은] 하기 어려운 일이라고 [같은 말을] 듣고 말았다. 이런 이상은 출연석을 준비하여 [그 연석의 장소에서 이 생각을] 말해야 한다고 생각했다. 그러나 그렇게 출연석을 거행해 버리면 [교섭의] 시종은 이것으로 완전히 끝나는 형태가 된다. 그러면 그 후에 만나 회담한다는 일 등은 [다시] 할 수 없는 일이 되고 만다. 그렇게 생각했기 때문에 [우선] 구상서로 [이 상담을] 요구했던 것이다. 그러나 [이것에 대해서도 그쪽의] 동의는 없고, 위와 같이 [안 된다고 하는] 반답을 받을 뿐이었다. 어떠한 일이 있어도 [이번의] 반한이 내려오지 않으면 [이쪽은] 어찌할 수 없는 일이다. 그렇기 때문에 반드시 [도성에] 주진하시어 반한이 내려오도록 [조정에] 보고해주었으면 한다. 그렇게 전했더니 [접위관은 이하처럼] 답하셨다. 즉 가지고 건너온 서간에 대해 그 반서를 [요구하는] 것은 전부터 들어서 알고 있다. 그러나 도성에서 전해온 대로 울릉도의 내용을 기재한 이상은, 2통의 서간을 1통으로 기록하여 [2통에 대한 반한으로] 같은 형태로 정리하였다. [이렇게] 도성에서 말해온 것은 참으로 [적절한 것으로 나도] 당연하다고 생각하는 바이다. 가지고 건너온 [서간에 대한] 반한[이 되어 있었고] 또 별폭이 함께 [여기에] 내려와 있다. 그렇기 때문에 [이 반한을, 이제는] 가지고 돌아가서 [본국으로] 돌아가 주세요. 말씀하신 취지는 [다시 도성에] 주진해도 이미 만족하실 것 같은 일은 도저히 일어나지 않는다. 그와 같은 일을 [접위관이] 말씀하셨다. 그러자 또 [이쪽도 다시] 말하기로 했다. [즉 그러한 회답은] 접위관이라고 하는 분이 이야기하실 것이라고는 생각할 수 없다. [출연석을 여는 일이 되어] 오늘에 이르렀다는 것은, 자세히 일의 내용을 듣고 [서로] 상담하는 일을 양해했기 때문일 것이다. 이것은 [양국]의 성신[에 있어 아주 중요한 일]이다. [그러나 그렇지 않다면서] 이쪽에서 말하는 것을, 그저 흘러들었을 뿐, 아직까지 [이해하지 못했다는 것은 받아들일 수 있는 일이 아니다. 즉 거절한다]는 것일 것이다. [성신의 입장에서 말한다면 그래서는 안 되는 일이다.] [이쪽에서 보낸] 2통의 서간은 [정식으로] 조선이 청취하여 [그 회답하는 예를 어기고, 생략하여 1통으로 답하는 것과 같은 형태의, 이번의] 답이었다. 그처럼 [2통을 1통으로 해서] 받은 서간과 [그것에 딸린] 별폭을 같이 가지고 돌아가도록 하라고 말씀하셨으나 그것은 도대체 어떤 생각에서 하는 일인가. 사자가 가지고 건넌 [정식 2통의] 사간의 답은 [정식으로 2통이 되지 않으면 안 된다. 그렇지 않으면 정식으로 답을] 청취하는 [임무를 수행하고] 귀국한다고 하는 일이 안 되는 것 아닌가. 접위관이 만일 일본에 도해하게 되었다면 바로 지금의 상황으로 과연 귀국하실 수 있을까. 즉 성신의 마음이 있다고 하면 반드시 이 [이치에 맞지 않는 취급에 대해] 주진하시지 않으면 안 된다. 그러나 위와 같은 [엇갈리는 것을 졸자에게] 들려주신 것은 [이번 일만이 아니다.] 전[에도 같은 일이 있었다.] 접위관과 졸자 사이에는 매우 불성신[스런 교섭이] 있었다. [자각하고 계실 것으로 생각한다.] 어찌 되었든 [졸자가] 가지고 건너온 서간에 대한 반답을 [이쪽이] 청취하지 않으면 [이 교섭은] 이루어지기 어렵다. 그와 같은 일을 잘 이해해 주셔야 한다. 되돌려 드린 서간 1통에 다시 가지고 건너온 서간 1통 [각각에 대한 반한이] 있으면 지금이라도 바로 귀국할 생각이다. 그러므로 꼭 반한 [2통을 받고 싶다. 단 어떻게 되든] 2통에 구애 받는 것은 아니다. 다시 건네주신 반한에 [새로 1항목을 부가하여 이곳에] 기입해도 된다. [즉 2통 형식으로 내용을 정리하여 그것이] 1통이 된 것을, 이번에 청취한 반한과 교환해도 좋다. 또는 가지고 건너온 [서간에 대한] 반한을 [지금 다시 한 번 내려 보내 주도록 하는 주진을] 하시어 [확실한] 2통으로 해서 이것을 동무에 제출하는 형식으로 해도 좋다. 그 같은 일은 [어느 쪽이라도 좋아, 그쪽] 마음대로 입니다. 어느 쪽이라 해도 가지고 건넌 [서간에 대한] 반한이 [도성에서] 내려오지 않으면 안 된다. 그와 같은 일을 [저쪽에] 전했다. 그러자 또 [접위관이] 이야기한 것은, 그 같은 취지는 알았다. [도성에] 주진하여 좋은 반한이 온다면 그 이상 없는 일이다. 위와 같이 자세히 보고하면 반한이 온다고는 생각하나, 만일에 사정이 있어 내려오지 않는 일도 있다. 그때는 [어쨌든 교섭이 파탄된 형태가 되고 말아] 접위관의 [면목도 깎이고 임무도] 부진한 것으로 해서 끝난다. 그것은 또 사자[의 면목도 깎이고] 좋지 않은 귀국이 된다. [그와 같은 일이기 때문에 파탄의 형태를 피해 오랜 성신의 교제를] 소중히 생각하여 [원활한 교섭이었다는] 형식을 갖추고 싶은 것이다. 그렇기 때문에

[적당히 이 단계에서] 귀국하도록 하시라는 [접위관의] 요구가 있었다. 역시 반한이 내려온다고는 말하지 않고, 위와 같이 도성에서 [혹시라도 종결을] 전해 온다면 [교섭 파탄의 당사자로서, 이후] 어떻게 취급되어 [그 입장이 어떻게] 되어 갈 것인가 [참으로 불안하기만 하다고] 말했다. 그것에 대해 [이쪽에서 답한 것은,] 말씀하신 대로이고, 참으로 당연하다고 생각하는 바이다. 자세히 주진하셔도, 도성의 생각은 다르다. [이곳의 상담과] 다른 것 같은 일은 [자주] 있기 마련이다. 그러한 상황이라 해서 가지고 온 [서간에 대한] 반한을 청취하지 않고 [우리들이] 귀국하는 일 등은 있을 수 없는 일이다. 이 같은 교섭은 기록에도 적어두는 일이기 때문에 [좋지 않은 교섭이었다고] 말대에 이르기까지 이상하게 보여지고 만다. 그 같은 상황이기 때문에 졸자는 [일단 지금은] 귀국하여 [본국에 보고하는 형식을 취하며, 한편으로는] 재판을 남겨두어 [내려오는 반한을] 청취하는 일도 [할 수 있는 형식으로 이후에도 기다리겠다. 그 같은 2가지 형태로 교섭을 계속하는 일이] 있어야 한다. [그러면 접위관이 면목을 지키며 귀경한다고 하는 모양이 가능하고, 또 도성에 있으며 반한이 내려오도록 노력하여 주었으면 한다.] 그런 후에 그래도 잘되지 않을 경우 다시 졸자가 [조선에] 건너, 몇 년이 지난다 해도 [두류하면서, 이 반한을] 계속해서 요구하지 않으면 안 된다. 이렇게 전했다. 그러자 또 [접위관이] 말한 것은, 말씀하여 주신 취지에 대해서는 그 하나하나를 알았다. 참으로 당연하다고 생각하는 바이다. [도성에 다시] 주진하는 일은, 절대로 안 되는 일이기는 하나, 말씀하여 주신 일은 지극히 당연하

다고 생각하기 때문에 이 이상은 접위관[의 역할 상] 적합하지 않다고 판단된다 해도 [지나친 일이라고] 질책을 받는다 해도 조금도 상관 없다. 바로 지금 말씀해주신 사정에 대해 지금까지보다 배 이상 자세하게, 또 상황도 더 좋도록 생각하는 것을 기록하여 도성에 주진하려고 생각한다. 만일에 좋은 반한이 내려온다면 접위관도 [참으로 곤란한] 일을 [훌륭하게] 수행한 것이 된다. 만일 그러한 일이 있게 된다면 그때에는 또 부탁할 일이 있을지도 모른다. 즉 바람직한 [반한이] 내려온다면 동무에는 그럴만한 [배려심을 가지고] 보고하실 것을 부탁하고 싶다. [그와 같은 반한에 대해서는 새삼 동무에서 감사하는 서장이] 내려올 것이라고, 그와 같은 생각이라는 것을 [이쪽에] 전해왔다. 그렇기 때문에 [이쪽도 반답한 것은] 이야기하실 것도 없이, 이 일은 전부터 [동무의 의향이라고] 말해 왔던 일이다. 동무에서 [명받은 일이라] 만일 거절당하는 것과 같은 상황이 되면 조선을 위해서도 좋지 않은 일이 된다. 그 정도의 일이기 때문에 바람직한 반한이라면 어떻게든 [배려심을 가지고 동무에] 좋은 보고를 할 예정이다. 반한[이 내려오면] 반드시 졸자가 지참하여 에도에 가게 될 것이라고 생각한다. 조금이라도 좋아지도록, 주선을 할 생각이다. 반한의 취지는 [지금 이 단계에서는] 사자[인 졸자가, 아직] 알리지 않은 것으로, 동무에 보고한 후에 [동무가그것에 대하여] 그것에 부합하는 [감사의 서간을] 기록하게 될 것인가 아닌가는 [불명]이다. 그것은 그쪽이 보내는 반한의 내용에 의한다. 지금은 동무가] 납득하시기 전의 단계이다. 이번에 내려 보내게 되는 반한의 내용에 따라서는 [동무에 하는 보고는] 조선에서 이 같은 반한이 있었습니다라고 [그저 그대로를 말씀만 드리게 되는 일도 있다.] 그 후의 일은 장군[이 생각하실 일로] 그 지시 여하에 따르는 일이 된다. 그렇게밖에 [지금의 단계에서는] 말씀드릴 수가 없다. 새로 내려오신 동래부사(이희룡)에게도 이번 일건은 틀림없이 도성에서 자세히 환문이 있었을 것이다. 그런데 양국의 대사[가 여기서 커져] 이 [위험하기 그지없는] 시절에 이른 것은 [서로가 깊이 인식하고 있는 일이다.] 바로 지금까지 접위관에게 말을 전하는 일[을 하며 충분히 의견을 교환하고 상호를 이해]해 왔다. 그 [상세한] 시종을 [지금까지의 동래부사(한명상)도] 차분히 들으시고 자세하게 상담하셨다. [그것을 포함하여 다시 새로운 동래부사도 도성에 그 뜻을] 주진해 주었으면 한다. [합의를 얻지 못하여] 일이 파탄되게 되는 것과 같은 일은 언제든지 [일어날 수 있는] 흔한 일이다. [그러나 그렇게 되지 않도록 노력을 거듭하여 곤란하기는 하지만, 어떻게든 합의하게 하는 것이 이 시점에서 중요한 일이다. 그렇게] 이해하여 주시도록 [저쪽에] 말하였다. 그러자 말씀해 주신 것은, 참으로 당연하다고 생각하는 바이다. 자세한 것을 [도성에] 주진하겠다는 취지의 [접위관의] 답이 있었고, 또 [새] 동래부사도 [그 취지의] 반한을 보냈다. 즉 말씀하여 주신 일은 [잘] 들었다. 그 하나하나를 당연하다고 생각하는 바이다. 졸자(신임 동래부사)에게 있어 [이와 같은 일은 본래의] 역할이 아니지만 양국의 [우의교류에 이바지하는] 일이기 때문에 이것에 관여하지 않고 방치하는 것과 같은 일은 하지 않는다. 좋다[라고 생각할 때까지 접위관과] 충분히 상담하여 [도성에] 주진하려고 생각하고 있다. 접위관이 귀경해도 [졸자는] 말씀해주신 취지를 [충분히] 이해하고 있기 때문에 언제든지 상담에 응할 생각이다. 이와 같은 [신 동래부사의] 반답도 있어 이 논담은 종료했다.

【大綱二七段(元禄七年十月②)】

(27-00)

○同七年十月裁判高勢八右衛門幷御使河内益右衛門帰国在之

【대강 27단(겐로쿠 7년 10월 ②)】

(27-00)

○겐로쿠 7년 10월에 재판 타카세 하치에몬 및 [도해정관에게] 사자로 파견된 카와치 마스에몬이 귀국하게 되었다.

(27-01)

〃十月七日之日付を以御国年寄中江与左衛門方より申越候書状之略左ニ記之

(27-01)

〃10월 7일의 일부로 본국의 가로들에게 요자에몬이 전해준 서장이 있다. 그 개략을 아래에 기록한다.

〃返翰早速請取申候儀者返翰請取不申候ハ、東莱江渡置接尉官急度帰京仕候様ニ都より申来候近日請取候ハ、出宴席相済帰京可仕候

間返答ニ申越候へと差詰申来候然上者接慰官引取申儀致決定候彼
方ニ為事破為引申候而者追而何事之返答も仕間敷与之仕方目前ニ
御座候付法式相済此方より為引取申候へハ重而御国より被仰掛
請答之道筋御座候与存又者前以申上候通万暦年中ニ此論談有之竹
嶋者朝鮮之蔚陵嶋ニ相極り候儀慥ニ御存知之上嶋を日本ニ出シ候
様成当春之返翰紛敷なと、有之而御差戻被成候儀此嶋を日本ニ片
付御忠節ニ可被成与之被成方御誠信ニ不存候与深く此儀を存入候
而公儀江難被差上様に相認事破候様子ニ接慰官も引取兎角御国御難
儀被成候様ニ仕掛申候手立ニ而も可有御座哉此返翰公儀江被差上候
者朝鮮之為不宜儀者彼方ニ合点之前ニ而御座候得者万一右之手立ニ
而御座候ハ、不及異儀返翰請取東武江差上候向ニ仕候時者其内彼
方より之手入も可有之与存返簡請取則帰国仕旨彼方ニも申達其御
地にも申上船迄仕廻候様ニ申付候然共不審ニ存候儀者今度持渡り
之返翰之儀申掛候処二通之御書翰之御返答一通ニ仕置候持渡之書
簡別幅共ニ東莱江下り居申候間持戻り候様ニ与申候今度彼方より
之返簡考申候へハ両通之返答無御座候又再渡之儀一通ニ書込候ハ
、彼方ニ請込候而致返答候御書簡持戻り候へとハ不申筈ニ御座候
依之右之返簡者早速請込東武江御上ケ被成候様仕掛持渡り之返簡
不請取候而者縦接慰官帰京有之候共帰国不罷成由申掛出宴席之
儀者接慰官是非帰京可有与之事ニ候へハ不相済候段法式欠シ申儀
も難黙止其上両国大事ニ極り候程之儀面談ニ不申通儀本意ならず
候間接待可仕旨申達先月廿九日ニ日限相済置候処河内益右衛門被
差渡候付国元より以飛船侍共罷越持渡り之返簡不請取候而者帰
国難成事ニ候間弥返簡請取候以後出宴席をも相済可申由申来候依

之差延申候間返翰下り候迄被相待候様ニ申遣候処兼而申入候様何
角延引仕候ハ丶返簡東莱江渡置早々帰京候様ニ都よりヶ様之差図ニ
而御座候得ハ相待候儀者不存寄儀ニ候先月廿九日出宴席相済当月
二日発足仕筈ニ先達而注進仕候得共右之通ニ候得者無益之所ニ一
日も滞留難成候間朔日早々発足之筈ニ相定候由書簡を以申来候付
右申上候様ニ東莱ニ書簡為残接慰官為引候も又出宴席不相調為引
候も彼方ニ為事破候儀者同前ニ御座候付接慰官帰京有之共返簡下
り候迄者何年成共滞留可致候拙子存寄面々ニ申談候儀朝廷方江為
被仰達候間出宴席可仕旨申遣シ摂待相済申候又竹嶋之出入東武
より之御事ニ而御座候得共今度之御使者ハ御国より之儀ニ御座候
得者如何様ニ相認候而も江戸江被仰上大事ニ及候程之儀無御座候
此上東武より仰も御座候ハ丶其節御請答申上様有之与存候勢ニ御
座候故弥右之返翰東武江差上度決定之心入ニ候ヘハ返翰請取方
延々ニ仕接慰官為引申候而者此返簡文章文字善悪之儀重而被仰掛
候とも答へ不申段者眠前之儀ニ御座候法式相済此方より為登候而
者追而又被仰談候道筋御座候与旁存合セ返簡請取出宴席迄相済
申候持渡り之返簡下り不申候段摂待之節委細ニ申達其上請取候返
簡之趣大事此時ニ至候与之儀具ニ申談候接慰官東莱能被致合点委
く可致注進候必定冝可申参由懇ニ返答ニ而者御座候得共爰元之儀ニ
御座候故口上ニ而申儀筈ニ合申事無御座返簡下り申候共別而相変
儀者有御座間敷候右之通ニ而滞留仕罷在候返簡下り申候者善悪共
ニ請取帰国不仕候而者難成奉存候始終之儀細ニ被書述候儀ニ而無
御座殊御差図之上帰国仕候首尾申上候事書状斗ニ而ハ憚ニ奉存其
上疾与始より之様子為被聞召上候今度高勢八右衛門中戻り仕候

様申渡候委細者八右衛門可申上候

〃반한을 서둘러 청취하는 것에 대해 [그 줄거리를 여기서 말해 둔다.] 이 반한을 [쓰시마 측이] 청취하지 않으면 그것을 동래부에 건네두고 접위관은 반드시 귀경하도록 하라고 도성에서 전해왔다 한다. 그래서 근일 중에 [이 반한을] 청취하고, 출연석을 마치고 [접위관은] 귀경한다고 한다. [그 반한을 청취할 것인가 말 것인가의] 답을 듣고 듣고 싶다고 [이쪽에] 물어 왔다. 그렇다면 접위관이 [도성으로] 철수한다는 것은 이미 결정된 일일 것이다. 저쪽에게 일을 파탄시켜, 철수시켜 버리면 [이 이후로] 서둘러 [요구를 해도] 어떤 답도 얻을 수 없다. 그와 같은 단계가 지금 목전에 다가오고 있다. 그렇기 때문에 [출연석 의례의] 식 자체를 마치게 하여 이쪽에서 [반한을] 받겠다고 말을 하면 [교섭은 파탄에 빠지는 일 없이 원활하게 수습된다. 그 반한의 사본을 지참하고 일단 귀국하여] 거듭 본국에서 [그 반한에 대해 또다시 말을 거는 일을[한다고 하는 일도 가능하다.] 그렇게 되는 것이 [교섭의 중단도 되지 않고, 또 서간의 왕복이라고 하는 나라와 나라의] 주고받은 [바른] 일이 된다. 또 이전에도 말씀드린 대로 만력 연중에도 이와 같은 논담이 있어, 죽도는 조선의 울릉도로 정한 일이 있었다. [그 같은 경위를] 분명히 알고 [저쪽은 분쟁을 피하며 일부러] 섬을 일본[에 보내는 서간 중]에 [문언으로 해서] 보내게 되었다. 그것이 올봄의 반한이다. [그러나 지금의 저쪽의 생각은 이하와 같은 것이다. 즉 올봄의 서한에 대해 일본에서는] 그 문언이 혼란스럽다는 식으로 말하

며 [조선에] 되돌려 보냈다. 이것은 이 섬을 일본[의 영역]으로 처리[할 속셈이었을 것이다. 이와 같은 수단으로 쓰시마는 장군에게] 충절을 다하려 하고 있다. [그렇게 쓰시마가] 취하는 자세는 [긴 세월에 걸쳐 쌓아온 조선과의] 성신을 [파기하려고 하는 것이다. 이미 우의 교류와 같은 생각 따위는] 존재하지 않는 것과 같다. [쓰시마는] 깊이 이 일을 알고 있고, [그러면서 아직도 이 반한은] 장군에게 바치기 어렵다고 [계속해서 수정을 요구해 온다. 그리고 그러한 서간을] 작성하여 [사자를 보내온다. 그 결과] 교섭이 파탄할 상황에 [점점 다가가] 결국에는 접위관도 [도성으로] 철수하게 되었다. 어쨌든 본국(쓰시마노쿠니)이 어렵게 되도록, [어쩌면 이 철수는] 그렇게 시도한 [저쪽의] 수단인지도 모른다. 이러한 반한을 장군에게 바쳐서는, 조선을 위해서도 좋지 않다. 그것은 저쪽도 [잘 아는] 납득 이전의 일이다. 그렇기 때문에 만일 위와 같은 [조선 측의 의도적인] 수단이라면 [성신의 교류는 이미 소멸된 것이므로] 이의를 말할 수 없다. [즉시] 반한을 수취하여 동무에 바치도록 그와 같은 마음가짐으로 [이쪽도 행동하면 된다.] 그 와중에 [전란의 위기를 알고, 불안에 쫓겨] 저쪽에서 [어떤] 조치가 있을 것이라고 생각한다. 그렇기 때문에 반한을 청취하여 [사자 일행이] 귀국한다는 뜻을 저쪽[의 접위관]에게도 전하여 그 [재류하는] 곳[의 동래부나 부산포의 곳곳에]도 말씀드렸다. 그리고 배를 준비하여 [귀국을 위한] 해로를 도는 준비를 [이곳 화관 사람들에게]도 알렸다. 그러나 여기서 이상하게 생각되는 일이 있다. 그것은 이번에 가지고 건너온 [서간에 대한] 반한의 일이다. [이 건에 대해 저쪽에]

말했더니 [신구] 2통의 서간에 대한 반답은 [이번의] 1통으로 [합해서] 작성했다고 한다. 그러나 가지고 건너온 [쓰시마의] 서간과 별폭이란 [도성에서] 같이 동래로 돌려보내 [이곳에] 내려와 있다고 한다. [그것을 쓰시마에] 가지고 돌아가도록 하라고 [저쪽은] 말했다. 이번에 저쪽이 보낸 반한을 생각해 보면 그것은 [이미 전한 전회의 서간과, 이 동래에 맡겨두고 있는 서간] 그 2통에 대한 반답이 아니다. 또다시 도해할 때 가지고 건너온 [서간에 대해 조선이 보내는 반답의] 건은, 그 [건네준] 1통 중에 [이미 그 반답의 내용이] 기록되어 있다고 한다. [즉] 저쪽이 수취하여 그것을 포함하여 반답하는 서간이 되어 있다고 한다. [그러나 그렇다면 그 가지고 건너온 서간을 그대로] 가지고 돌아가도록 하라고 하는 일 등은 [결코] 말할 수 없을 것이다. [그러한 서간이라면 원래부터 되돌려 줄 리 없다.] 이렇기 때문에 위의 [저쪽에서 보낸] 반한에 대해서는 [의심스러운 채로] 서둘러 [이쪽에서] 받아 동무에 상신한다는 뜻을 [저쪽에] 말했다. [또, 이쪽이] 가지고 건너와 [도성에서 동래에 내려와 있는 또 1통의 서간에 대해서도 다시] 그 반한[을 요구했다. 이것]을 청취하지 않으면 설령 접위관이 귀경한다 해도 [쓰시마의 사자는] 귀국할 수 없다고, 그렇게도 말했다. 출연석의 건은 [본래 이것이 끝나지 않으면] 접위관은 귀경할 수 없는 것으로 [귀경한다고 하면] 반드시 끝내지 않으면 안 되는 일이다. 그러한 법식의 례가 빠진 채로 [접위관이 귀경]한다고 하는 것도 [교섭의 파탄이 명백하여] 잠자코 있기 어려웠다. 그 위에 [접위관의 철수라는 것은, 대화의 결렬이라는 것으로] 양국의 큰일에 이를 정도의 일이다. 그렇기 때문에 [여기서 접위관과 다시] 면담하여 [교섭이 결렬되었다고 하는 형태를] 어떻게든 피하고 싶었다. 그래서 회담하고 싶다고 [저쪽에] 전했다. 선월 29일에 그 [출연석의] 일정을 정했다. 그러한 상황에 카와치 마스에몬[이 본국에서 졸자에게 보내는 사자로 화관으로] 건너왔다. [그 사자의 구상을 듣고, 저쪽에 전한 것은] 본국에서 비선으로 무사들이 건너왔다. 가지고 건너온 [서간에 대한] 반한을 받지 않은 채로는 귀국할 수 없다는 것이다. 어떻게든 반한을 수취하도록 하라[고 전해왔다. 그것을 수취한] 이후에 출연석을 마치도록 하라는, 그러한 지시가 있었다. 이래서 [출연석의] 연기를 요구하고, 반한이 내려올 때까지 [접위관은, 이곳에서] 기다려 달라고 [저쪽에] 전했다. 그러자 [접위관의 반답은] 전부터 말하고 있었던 것처럼 무슨 일이 있어 연기하게 되면 반한을 동래에 건네주고, 서둘러 귀경하도록 하라는, 도성의 지시가 있다. 그렇기 때문에 [더 이상 이곳에서] 기다리는 것과 같은 일은 생각할 수 없는 일이다. 선월 29일에는 출연석도 끝마쳐, 당월 2일에는 [바로 경으로] 출발할 계획이었다고, 그렇게 먼저 [도성에] 주진했었다. 그러나 위와 같은 [요구가 있을 것 같으면 역시 금후로도 이 건에 대해 쓰시마는 어떻게든 연기를 꾀할 것이다. 더 이상] 무익한 곳에 하루라도 체류하기 어렵다. 그렇기 때문에 10월 초하루에는 출발한다고, 서둘러 방침을 정했다. 이 같은 일을, 서간으로 전해왔다. 그래서 위에서 말씀드린 것처럼, 동래에 서간을 남겨두게 한다 해도 접위관을 [교섭 현장에서] 철수시켰다 해도 또 출연석을 거행하지 않고 연기시켰다 해도 저쪽에 일의 파탄을 일으키게 해버리는 일에는 변함이 없다. 어찌되었든 같은 일로 [이후의 교섭은 단절]이다. [이렇게 되고 말면] 접위관이 귀경하던 안하던 반한이 내려올 때까지는 몇 년이 되든 [이곳에 졸자는] 체류할 생각이라[고 그렇게 저쪽에 전했다.] 졸자가 생각하고 있는 것들에 대해서도 [이 일을] 이야기했으므로 조정 측에 이 같은 보고는 올라가게 될 것이다. 이러한 일이기 때문에 [이 기회에 같은 일이라면 어떻게든 파탄을 피해 교섭의 접점을 가지려고, 즉 교섭의 계속을 꾀하려고] 출연석을 행해야 한다는 뜻을 [저쪽에] 전하여, 그 접대[의 자리에서 다시 협상]을 끝내기로 했다. 또 [이때 저쪽에 말을 덧붙여] 죽도의 분쟁은 동무의 [지시가 있었던] 일이지만, 이번의 사자는 본국(쓰시마)이 [파견한] 일이기 때문에 어떻게 기록해도 [쓰시마에 제출될 뿐 그것이] 에도에 보고되어 큰일이 나는 것과 같은 일은 없다. 그리고 동무의 지시도 있기는 있지만 그때는 [배려하여] 답을 하여 [양국관계가 파탄에 이르는 것과 같은 일은 피한다. 어떻게 해서든 교섭이 이어지도록] 말씀드릴 방법은 있다. [본국에서는] 그 같은 추세에 있으므로 결국 위의 반한은 [그 같은 형태로] 동무에 바치려고 결단할 생각이다. 그렇기 때문에 반한을 수취하는 방법이 자꾸 연기되어 접위관이 철수하는 것과 같은 사태가 되면 [동무가 이상하게 생각한다. 그럴 경우] 이 반한의 문장이나 문자 내용의 좋고 나쁜 것까지도, 거듭해서 [동무가] 질문하게 된다. [그렇게 되면 이쪽은] 답에 궁해지게 된다. 마치 현기증처럼 [흐릿한] 답변이 되고 말아 [대사에 이르지 않도록 배려하는 답변이 되지 못한다. 그렇기 때문에] 식에 관한 의례를 [우선 원활하게] 마친 단계에서 이쪽에서 [이 반한의 보고를 동무에] 올려 보내는 일이 된다. 그러면 바로 다시 [동무가] 의견을 내려 [문제 해결을 위해, 다음 사자를 파견한다고 하는] 일이 된다. 그 같은 이야기를 이것저것 하여 반한을 청취하는 출연석은 [일단] 마치기로 했다. 또 가지고 건너온 [시간에 대한] 반한 1통이, 아직 내려오지 않는 것에 대해서는 연석에서 회담할 때 [다시 한 번 저쪽에] 자세하게 이야기했다. [그러나 이것에 대해 바람직한 답은 없었다.] 그 위에 수취한 [이번의 1통의] 반한에 대해서도, 그 취지 내용으로 말하자면 이것이 [있는 그대로 동무에 제출되면] 커다란 사태가 일어난다. [그 같은 위기가] 이번에 도래하고 있는 것이라고 [저쪽에 다시] 자세히 말해 두었다. 접위관과 동래부사는 [이 일을] 잘 이해하고, 자세히 [조정에 다시] 주진한다는 것이었다. 반드시 잘 말씀드리겠다고, 성의있게 답하여 주었다. 그러나 조선의 일이기 때문에 입으로 말하는 것이 그대로 되는 일은 없다. [설령 다시 한 번] 반한이 내려온다 해도 [결국 본래 처음 그대로의 내용으로 새로] 변경된 것이 기록된 것이라고는 생각할 수 없다. [아마도] 위처럼 [졸자는 금후에도 더 교섭을 계속하기 위해 이곳에] 체류를 지속하게 되는 것이 틀림없다. 혹시라도 [별도의] 반한이 내려온다면 그 [내용의] 선악과 관계없이 그것을 수취하여 [당연히] 귀국하지 않으면 안 된다고 생각하고 있다. [이 죽도일건의 교섭에 대해서는] 여러 가지 경위가 있어, 그것을 하나하나 자세히 기록하여 설명하는 것은 도저히 할 수 없다. 특히 지시하신 것을 [일단] 귀국하게 된 상황, 또

[그곳에서 졸자가] 말씀드린 일 등 [그것들 모두를 차례대로] 서장과 같은 것으로 말씀드린다는 것에는 [어려움이 있고 무엇인가] 꺼림칙한 것이 있다. 그[와 같은 사정이 있다는 것을 먼저 알아두었으면 한다. 그] 위에 자세히 처음부터의 상황을 [은거하신 분에게는] 말씀드리고 싶다. 이번에 타카세 하치에몬이 중간에 돌아올 것을 명받아 귀국하게 되었으므로 자세한 것은 이 하치에몬이 말씀드리도록 하겠다.

(27-02)

〃裁判高勢八右衛門帰国ニ付天竜院公より被仰出候趣左ニ記之

(27-02)

〃재판 타카세 하치에몬이 귀국하여 [자세한 보고를 했다.] 그것에 대해 텐류우인 공(소우 요시자네)가 말씀해주신 것이 있어 그 취지를 아래에 기록한다.

〃和館江罷越候商人共咄申候者安同知儀用事被申付外ニ地頭壱人相添船弐艘ニ而欝陵嶋江被差越彼嶋之様子委細致見分其上因幡伯耆江之渡口之恰合具ニ見届頃日帰国仕只今ニ蔚珎県与申所ニ船を繋居申候由承申候如此仕候様子者朝鮮より東武江被申通候儀対州ニ而差留被置色々与御難題被仰聞候儀有之而者朝鮮国之存分も違申ニ付差(「一ニ若カ」と行間にあり)滞り候儀御座候節者朝鮮より直ニ船を渡シ東武江可申上内談ニ而も可有御座候哉与存候由然所頃日都より申来り候者今度欝陵嶋之一件被仰越候返簡之趣不宜候由ニ而使

者請取申間敷之段申募接慰官与及論談不埒明候ハゝ返簡之儀東
莱江渡置接慰官儀者急度帰京仕候様ニ被申付候此様子考見申候ニ
必定今度之返簡御請取不被成勢ニ致決定候者蔚珍県より直ニ船を
渡今度之一件之様子使者中途ニ而相障返簡差留不請取候段其外御
国之御難儀ニ罷成申儀共書載書簡相認因幡伯耆之国主を頼東武江
差出シ可申心入ニ而も可有御座候哉与彼国ニ而風聞仕候由咄申候ニ
付万一実説ニ而御座候時者至而大切千万成儀ニ罷成候其上接慰官
引取候而者重而御通用之道絶申候付御返簡請取候右之段不審成
儀ニ御座候故与左衛門方より急度御案内難申上ハ右衛門口上ニ申
含候由申越候付御隠居様より御尋之ケ条左ニ記之

〃 화관에 출입하는 상인들의 이야기로는 안동지가 임무를 부여받
아 다른 지두 한 사람을 거느리고 배 2척으로 울릉도에 파견되
었다는 것이다. 그 섬의 상황을 자세히 검분하고 그 위에 이나
바 호우키로 가는 창구로서 [이 섬이 과연] 어울리는가 어떤가
를, 자세히 [섬의 상황을] 살펴보고, 근래에 귀국했다 한다. 바
로 지금은 울진현이라고 하는 곳에 배를 계류시켜 두고 있다는
것이었다. 이러한 상황은, 조선에서 동무로 이어지는 [성신의]
교류를 [도중에 있는] 타이슈우가 방해하고[있기 때문이라 한
다. 쓰시마는 최근에] 여러 가지로 난제를 강요하는 일이 있고,
그것이 조선국의 생각하는 것과 다르기 때문에 [상호교류가] 막
혀버리는 것이라고 한다. 그러할 때이므로 조선에서 [쓰시마를
통하지 않고] 직접 배를 보내 동무에 이야기하고 싶은 내용 등
이 있어도 [그것을 전달할 경로 등이 없다. 쓰시마를 통해서는,

일이 바르게 전해지지 않는다]라고 생각하는 것이 있다 한다. 그러한 상황에서 근래 도성에서 들려온 것은, 이번에 울릉도일 건이 발생하여 그 [쓰시마가] 요구한 것에 대해 [조선이 보낸] 반답의 취지가 [약간] 좋지 않기 때문에 [쓰시마의] 사자가 청취하지 않는다고 한다. [이것을 다시 작성하라고] 강요하고 있다는 것이다. 접위관과 논담하고 있으나 좀처럼 해결되지 않아 그 반답을 동래에 놓아둔 채로 접위관은 귀경하라고 명령 받았다는 것이다. 이 같은 상황을 생각해 보면 틀림없이 이번의 반한을 [쓰시마가] 청취하지 않는다고 결정했다면 [조선은] 울진현에서 직접 배를 내어 [울릉도를 중개로 해서 이나바 호우키로 향하여 그곳에서 일련의 사정을 동무에 소송할 생각이 아닐까.] 이번 일건의 상황을 [쓰시마의] 사자가 중간에서 차단하여 [조선의] 반한을 정지시키고 수취하지 않겠다고 하는 일이나, 그 외의 여러 가지 일에 대해 즉 나라(쓰시마)의 어려운 문제가 될 것 같은 일 등, 여러 가지 일을 기재한 서간을 작성하여 이나바 호우키 국주를 통해 동무에 제출할 생각이 아닐까. 그 같은 일이 조선국에는 소문나 있다고 [화관의 상인들이] 이야기하고 있었다. 만일에 그 같은 일이 실제 이야기라면 [조선과 교류하는 역할을 수행하는 쓰시마로서는, 그 입장이 붕괴되는 일이 된다. 이것은 방치할 수 없는 일로] 결국에는 위험천만한 일이다. [그러나 요자에몬한테서는 그 같은 보고가 없다.] 그 위에 접위관이 철수하는 것과 같은 일이 있으면 [교섭은 판탄으로] 거듭해서 교섭할 수 있는 길은 끊어지고 만다[라고 요자에몬은 말한다. 그렇기 때문에 반간을 청취한 것이라고 [그렇게 이번에 연락 받았다. 그러나] 위의 일은 의심스러운 일이기 때문에 [다시 자세한 이야기를 들어보고 싶다.] 요자에몬은, 그 의심스러운 내용에 대해 아직 확실한 보고를 보내지 않았다. [그것은 서면으로는] 보고하기 어렵기 때문에 하치에몬의 구상에 포함시켜 두었다 [한다. 그 같은] 연락을 [이쪽은 받았다.] 그것에 대해서는 은거하신 분이 [직접, 몇 개인가의] 질문한 조목이 있었다. [그 하나하나를] 아래에 기록해 둔다.

御尋ねの条目

一、朝鮮国之儀者下々ニ至迄口おさまりたる風俗ニ而殊隠密之事者猶以口外ニ不出儀ニ候処ニ此度之密談下々能存居候儀御不審ニ被思召上候此段与左衛門なとハ何分ニ了簡仕居候哉又者ヶ様之大切成儀無由緒具ニ咄申筈ニ無之候如何様之首尾ニ付細ニ相知レ候哉之事

질문의 조목

1. 조선국에 대해서는 아랫사람에 이르기까지 [정치에 대해] 그것의 세평을 입에 올리는 것과 같은 풍습이 없다. 특히 은밀한 일은 더욱 입밖에 내지 않는 풍습이다. 그러나 이번의 밀담은 아랫사람들까지 잘 알고 있는 것 같은 면이 있다. [이것에 대해 은거하신 분은 약간] 이상하게 생각하고 계신다. 이 일에 대해 요자에몬 등은 도대체 어떻게 생각하고 있는 것일까. 이처럼 중요한 일은 까닭 없이 자세히 이야기할 리 없어 어떠한 연유로 [아랫사람들까지] 자세히 알게 된 것일까. [어쩌면 조선 측이 의도적으로 퍼트리는 일이 이번에 있었던 것일까.]

一、判事共之儀彼国之町人ニ而候故禁中ニ而之御内談又者朝廷方之
心中可存筈無之候若用事有之朝廷方ゟ被呼候而も事様子被相尋
候斗ニ而判事共ゟ相談等被致候儀決而有之間敷様ニ被思召上候
御国元之返事之儀も御前向之御内談者不及申年寄中相談之儀
茂不存事ニ候朝鮮国之判事者御国元之通事同前ニ候得者弥朝廷
方之様子具ニ不知筈ニ相聞候然上者其下之朝鮮人之口より善悪
共ニ密談之沙汰等委咄申筈ニ而無之候大形ハ使者早々可為引取
斗策ニ而可有之候哉御落着難被遊候此段者如何心付候哉之事

1. [교섭 현장에서 대응하는 조선의] 판사들은, 그 나라 일반인[의
신분]으로 금중(궁중)의 내담(은밀한 회의)이나 조정 측의 사고
등을 알 리 없다. 혹시라도 사정이 있어, 조정 측에 호출되어도,
그저 상황 등을 질문 받을 뿐, 이 판사들에게 [조정 측은] 결코
상담 등은 하지 않는다. 그렇게 알고 있다. [쓰시마] 본국의 회
답에 대해서도 도주나 은거하신 분에 대한 내담은 말할 필요 없
고 가로들이 상담한 것도 [일체] 알 리 없다. 조선국의 판사는
본국의 통사와 같은 [역할]로 결국은 조정의 [은밀한] 상황 등을
자세히는 알 리 없기 마련이다. 그렇다면 그 하층의 조선인의
입에서 선악의 구별 없이 밀담의 소식 등이 자세하게 이야기 될
리 없다. 대체적으로 이것은 사자를 서둘러 돌려보내기 위한 의
도적인 방책이 아닐까. [그러한 일에 번롱 당하고 있는 사자에
대해 은거하신 분의] 의심은 계속되고 있다. 그렇기 때문에 더
욱 [교섭의] 낙착은 어렵다. 이 같은 일에 대해서 [귀하는] 어떻
게 생각하는가.

一、此風説之儀万一実説にて候得者大切㆓存早々書簡請取候由左様
之首尾候ハ、其沙汰有之段先密㆓誰そ㆓申含右之趣段々ヶ様之
風説仕候故御書簡早々不請取候而不叶由爰元㆓御案内可申進儀
㆓候其御案内も無之右之風説有之斗㆓而書簡被請取候段早過た
る儀㆓候殊㆓左程無之儀にも侍中㆓委細申聞中戻りいたさせ可
申儀㆓候処此御案内及延引候段御心得難被成事候以上

1. 이 풍설의 내용이 만일 사실이라면 큰일로 그것을 걱정하여 서
둘러 서간을 수취했다는 것인데 [그것은 경솔한 일이 아니었을
까.] 혹시라도 그러한 전말이었다면 그런 소문이 있다는 것을
우선 비밀리 누군가에게 자세히 이야기하여 위의 취지를 여러
가지로 [탐색하여], 이 같은 풍설이 있다는 것을 들었으므로,
서간을 서둘러 수취하지 않을 수 없었다고, 이쪽에 보고를 올
려야 했을 것이다. 그러한 보고도 없이 위의 풍설이 있다는 것
만으로 서둘러 서간을 수취했다는 것은 [참으로 너무] 경솔하
지 않은가. 별로 특별하지 않은 일도 [부하]에게 자세히 설명하
여 [일단 중간에 돌려보내 [본국에] 보고를 올리는 것으로 되
어 있다. 그런데도 이번의 보고는 [도중에 돌려보내는 일도 없
이] 그저 연기되자 [도중에 보고도 하지 않는 채] 이 같은 결말
에 이르렀다. [은거하신 분은 이것을] 이해할 수 없는 일이라고
생각하고 계신다. 이상이다.

【大綱二八段(元禄七年十月③)】

(28－00)

○同七年十月六日接慰官帰京有之

【대강 28단(겐로쿠 7년 10월 ③)】

(28－00)

○겐로쿠 7년 10월 6일에 접위관이 귀경했다.

(28－01)

〃十月五日接慰官より為使朴同知朴僉知入館裁判方㆓罷越接慰官よ
り口上申候ハ弥明日発足候付而為暇乞両人差越申候一昨日段々
懇㆓申聞候趣朝廷方能々合点参候様㆓具㆓致注進候定而首尾能返簡
可参候間御待被成候へとの口上㆓而殊外念入被申登候下書掛御目
度程㆓接慰官被申候由両判事挨拶仕候朴同知朴僉知儀御馳走之為
㆓候得ハ正官使帰国迄者両人共㆓滞留仕可然旨接慰官被申候然共
其段者正官人御心次第㆓被成可然与申入候へハ如何㆓も其通申入
御勝手次第可仕旨被申候如何様㆓茂御差図之通可仕与申聞候付返
答㆓申遣候ハ尤接慰官御帰京委細被仰達別条有之間敷候得共又朝
廷方より尋之儀も有之而具㆓申達候へハ弥恰合可宜候皆共働此節
㆓候間壱人ハ上京可宜候何とそ宜様肝煎可然候壱人残不申候而者
国之聞㆓も皆引払候様㆓有之而者不宜候二人内壱人相談候而残候
様㆓申遣候処両人相談㆓而朴僉知上京候筈㆓相定候朴同知儀も密
陽迄見送可申候間四五日者入館仕間敷由申候而両判事罷帰候

(28 – 01)

〃10월 5일에 접위관의 사자로 박동지와 박첨지가 입관했다. 재
판 쪽에 가서 접위관이 보낸 구상을 전했다. 드디어 내일 [도성
을 향해] 출발한다. 그것에 대해 이별을 고하기 위해 양인을 보
냈다. 그저께 [즉 10월 3일의 출연석에서] 여러 가지로 성의껏
말씀하신 취지에 대해 조정 분이 납득할 수 있도록 자세히 주진
했다. 틀림없이 상황이 좋은 [새로운] 반한이 내려오게 될 것이
다. [그렇게 생각하니, 잠시] 기다려 주세요라고, 그러한 구상을
전해왔다. 특별히 마음을 써서 보고했으므로 [그 같은] 초안을
[사자에게도] 보이고 싶을 정도였다고 접위관은 말하고 있었다.
그렇게 양 판사는 인사를 했다. 박동지와 박첨지는 [사자에게
보내는] 치주역을 명받았기 때문에 정관님이 귀국할 때까지 [동
래에] 체류하며, 해야 하는 요건을 수행할 것을 접위관에게 명
받았다 한다. 그러므로 [귀국할 때까지의] 일은 정관님이 생각
하는 대로 하셔도 좋다 한다. 그러한 것을 말했다. 그래서 참으
로 그렇게 [이쪽이] 멋대로 하겠다고, 그러한 취지를 이야기하
자 [그들은] 어떻게든 지시하는 대로 하겠습니다라고 말한다.
[그래서 그들에게 서둘러 답을 말하여 보냈다.] 전한 것은, 접위
관이 귀경하시어 그 자세한 것을 보고하셔도 [그것 때문에] 각
별한 일이 일어날 리 없다. 그러나 조정에서 [그쪽 분들에게] 질
문을 하면 [그것에 응하여 교섭한 실제를] 구체적으로 보고하면
[접위관의 보고와 그분들의 보고가] 서로 부합하여 [조정은 사
태를 바르게 파악할 수 있게 된다. 그러면] 좋은 결과에 이르게
될 것이다. 그분들의 활동[에 대한 조정의 평가]는 이러한 기회

에 이루어지는 것이다. 그러므로 [그분들 두 사람 중] 한 사람은 [이참에 아주] 상경하는 것이 좋을 것이다. 그러한 후에 어떻게 든 잘 되게 [조정에] 주선하는 행동을 해주었으면 좋겠다. 나머지 한 사람에 대해서는 [당지에] 남아 있지 않으면 본국 [쓰시마]가 나쁘게 생각할 수 있다. 모두가 철수해버린 것처럼 되어서는 [사자의 입장으로] 좋지 않다. 상담하여 두 사람 중 한 사람이 [이곳에] 남을 것을 말하였더니, 두 사람이 상담하여 박첨지가 상경하는 것으로 정했다. 박동지도 [접위관의 상경을] 은밀하게 전송하기 때문에 4, 5일간은 입관할 수 없다는 것을 말하고 양 판사는 돌아갔다.

(28－02)

〃同月十四日朴同知入館都船主方ᴶᴵ罷出申聞候者東莱口上ᴺ頃日者打続悪天気ᴺ而御座候別而相変儀無之候哉朴同知儀昨夜帰着候付為見廻差越候由申来候則返答申遣ス

(28－02)

〃10월 14일에 박동지가 입관했다. 도선주 쪽에 와서 이야기한 것은 동래부사가 보낸 구상이었다. 즉 근래는 계속되는 악천후입니다만 각별히 변한 일도 없이, 나날을 보내고 있습니다. 즉 박동지가 어젯밤이 [전송하러 가 있었던 밀양에서 돌아와 동래부에] 귀착하였습니다. [초량화관 주위의] 순회를 시켜 [그쪽에 인사하러] 보낸다고, 이렇게 [동래부사가 전언을] 전해왔다. 그래서 [동래부사에게] 반답을 전했다.

〃注進之返答不参候哉与相尋候処未参候遅り候儀者弥宜方゠御座候
接慰官も十四五日比者返事下り能様゠可申来候間朴同知道中より
帰掛道゠而飛脚゠逢候儀も可有之候左候ハ丶返事請取候而正官人゠
申入候へと被申程之儀゠候由挨拶仕

〃주진한 것의 반답은 아직 오지 않았는가라고 [박동지에게] 물었
더니, 아직 오지 않고, 그저 늦어지고 있을 뿐입니다[라고 답했
다. 곧 올 것이라고 말하는 것이라면] 결국 좋은 방향으로 일이
진행되는지도 모른다. 접위관도 14, 15일경에는 답이 내려와 잘
될 것이라고, 그렇게 말했는가[라고, 다시 말했더니] 박동지가
말하기를 전송하고 돌아오려 하는 길에서 [도성에서 서간을 운
반하는] 비각을 만났다는 것이다. 그렇게 때문에 [그대로 비각
한테서] 답장을 청취하여 [기다리고 계시는] 정관님에게 [직접]
바치고 싶다고, 그러한 말을 [비각과] 할 정도였다고, 그러한 답
을 했다.

(28-03)

〃同月十七日朴同知入館都船主゠申聞候者昨日荒増以書状申入候様
首尾能返簡必定下り可申与昼夜相待申候処案之外゠返簡不罷成候
由厳敷申来其上接慰官東莱不入被致注進候与有之而両人共゠与申
科被申付候東莱殊外難儀゠被存何共御使者゠可申達面目無之候推
考ハ禄を取上ケ候科而注進之趣一々非言中参候其返事を緘答与
申候而推考之答゠私誤候与被答候得者無別条相済事も有之候又々
被申破候答゠候へハ其時之首尾゠より死罪も流罪も被申付国法

二而御座候東莱被申候ハ此方より之注進都より之非言引くら辺是
を披見仕候へ権威を以一々非道被申越候東莱使元来望二無之事二
候へ共朝廷二番三番目達而被申付無是非請合下り候長ク可相勤共
不存候国之大事を存入注進候儀科二合候とて事を曲誤候与申儀決
而無之事二候此上又申述科二合候儀本望二候定而接慰官心入も同前
二而可有之候出宴席之時分愇二御使者江返答申候趣如此違変候儀
兎角難申達候然共無是非事二候間此方より注進之趣都より非言申
来候書付帝王之朱印有之を御使者江掛御目御納得候様可致候然共
返答書之内御使者出宴席仕間敷与有之候ハ、早々不引取候而如
何様之儀を以達而好候哉なと、有之儀あまり非法千万成事手前
之恥を顕シ候様成事二而候得共愇請負候儀違変候二ハ難替候一番
目之悪心御聞届候様可仕由被申候接慰官帰京被仕候而も官位取
上ケ為被申事二候へハ城内江入被申儀不罷成候定而書付を以色々
可被中候得共中々届申間敷候此上者働之存寄毛頭無御座候定而
朴同知儀も早々罷登り候へと申来二而可有御座候東莱も余心外二
被存御使者江如何可申達哉与被申候故先御扣被成候へ不図被仰懸
腹立有之而者如何様二か成行可申候間裁判渡海も日和次第二而可
有御座候裁判江疾与申含被仰可然候間四五日被相待候様二申候へ
ハ尤二候間注進之返答来候儀沙汰仕間敷与訓導別差二も被申含候

(28-03)

〃10월 17일에 박동지가 입관하여 도선주에게 말하기를, 어제 대
충 서장으로 말씀드렸듯이 [도성에서 서장이, 비각에 의해 동래
부에 도착했습니다.] 상황이 좋은 반한이 반드시 올 것이라고,

그렇게 생각하고 [매일매일] 밤낮으로 기다리고 있었습니다. 그러한데 의외로 [도성에서] 엄한 [소식을] 전하여 왔습니다. 새로운 반한을 내리는 일은 할 수 없다고 [그와 같은 연락입니다.] 그 위에 접위관이나 동래부사에 대해서도 필요 없는 주진을 했다고, 두 사람 모두에게 추고라는 죄를 내렸습니다. 동래부사는 참으로 곤란한 일이라고 생각되어, 이러한 일을 사자에게 전하지 않으면 안 된다는 것은, 그야말로 면목 없는 일이라고 [그렇게 말하고 계셨습니다.] 추고라는 것은 녹을 취소한다는 죄입니다. [추고를 명받은 경우] 주진한 취지 하나하나에 [더 이상] 변명을 하지 않는 것입니다. 그러한 답을 함답(함묵의 답변)이라고 말합니다. 즉 추고에 대한 답으로 해서 저의 잘못이었습니다라고 [솔직이 빌며 침묵으로] 답하는 것으로 이것으로 아무 일 없이 끝나는 일도 있습니다. 다만 다시 [반론을] 이야기하여 [위의 뜻을] 어기는 것과 같은 답을 하면 그때의 상황에 따라 사죄가 될 수도 유배를 명받은 일도 있습니다. 그러한 국법입니다. 동래부사가 말씀드린 것은, 이쪽에서는 [어떻게든] 주진[을 올리지 않으면 안 된다고 생각하고 애써 올렸던 것입니다만] 도성에서는 [그것에 대해 일체 답하지 않는다 한다] 비언[의 답이 내려왔다는 것입니다. 비언의 답은 엄한 것입니다. 동래부사의 상신, 그리고 도성의 답, 이 두 가지]를 비교하여 [그 차이를] 잘 살펴달라고 하는 일입니다. [도성의 답] 그것은 [상감의] 권위로 [도성에서] 하나하나 [양국의 우의 교류에] 어긋나는 것을 [이번에] 전해왔다는 것입니다. [이 같은 일을 사자 정관님에게 잘 전해달라는 동래부사의 전언이었습니다.] 동래부사는 원래

[입신출세에 대한] 욕심이 없는 분입니다만 조정의 두 번째[인 좌의정의 지위에 있는 분(박세채)] 세 번째[의 우의정 지위에 있는 분(윤지완)]한테 명받아 어쩔 수 없이 [이 역직을] 맡아 [동래에] 내려오신 분입니다. 오랫동안 [역직을] 맡아도 부정한 이득에 관여하는 것과 같은 일이 전혀 없는 분입니다. 나라의 큰일을 잘 알고 계시기 때문에 주진할 필요가 있는 일은 설사 벌을 받는다 해도 [단연코 행하시는 분입니다.] 일을 왜곡하거 나 잘못을 말하는 분이 결코 아닙니다. 이 위에 또[다시 도성에 주진을] 이야기하여 벌을 받을 일도 진심으로 생각하고 계십니 다. 아마도 접위관의 생각도 같을 것입니다. 출연석을 할 때 분 명히 사자에게 반답하셨습니다. [도성에 주진하면 곧 반한이 내 려올 것이라고, 그와 같은 일이었습니다. 그러나] 그 취지는 이 렇게 다르게 변하고 말았습니다. 어쨌든 이것은 전하기 어려운 일입니다만 그러나 어쩔 수 없는 일입니다. 이쪽에서 주진한 취 지는, 도성에서는 [군이 답하지 않겠다고 하는] 비언이라는 형 식으로 [지시가] 내려왔습니다. 그 같은 [비언의] 서부에는 제왕 의 어주인「의 분명한 날인」이 있습니다. 이것을 사자에게 [직 접] 보여드려 납득해 주셨으면 하고 생각합니다. 그러나 [도성 에서 온] 반답서의 안에는 사자가 출연석을 행하지 않겠다고 결 의하시고, 빨리는 물러가시지 않겠다고 말씀하신 것에 대해 [언 급한 부분이 있습니다.] 어떠한 일을 가지고 [융통을 하게 하면 사자는 물러가 줄 것인가] 특히 좋아하는 것은 [어떠한 것일까] 등과 [이익 공여의 이야기가] 있어 이 일은 너무나 [속물스러운 이야기입니다.] 참으로 말도 안 되는 소리로 당신들의 부끄러움

을 나타내는 꼴입니다. 그러나 분명히 [접위관과 동래부사가] 청부한 일은 어긋나게 되어 이미 변경하기 어려운 일입니다. 첫 번째[의 영의정 지위에 있는 분(남구만)]의 나쁜 방침에 의하면 그렇게 듣고 있습니다. 이 같은 [좋지 않은 상황에 이른] 것을 어떻게든 이해하여 주실 것을 [동래부사는] 말씀하시고 계셨습니다. 접위관은 귀경하셨습니다만 그 관위는 거두어져 궁성 안에 들어가는 일은 안 된다고, 그러한 연락이 있었던 같습니다. 아마도 서부를 가지고, 또 여러 가지를 보고하셨던 것이겠지요. 좀처럼 [양국의 우의교류를 위한 진의가 조정에는] 전달되기 어려운 상태입니다. 이런 이상은, 어떤 움직임을 하면 좋을지 [우리들은] 조금도 [판단할] 수가 없다. 틀림없이 박동지에게도 [교섭은 끝났으므로] 서둘러 [도성에] 올라오도록 하라고, 그와 같은 전달이 오게 되겠지요. 동래부사도 그야말로 의외로 생각하신 듯, 사자에게 [이 일을] 어떻게 말하면 좋겠는가라고 말씀하시고 계셨습니다. 그러하니 우선은 [잠시] 기다려 주십시오. 갑자기 [이런 이야기를] 듣고, 화를 내면 어떻게 일의 진행을 이야기해야 좋을지 [이쪽도 상상이 안 갑니다. 곧 정식으로 보고하고 싶다고 생각합니다.] 재판 쪽이 도해하시는 것도 일기 여하에 따릅니다. [그것과 마찬가지로 이런 이야기를 하는 것에도, 어울리는 날씨라는 것이 있습니다.] 재판 쪽에도 [이야기할 생각입니다만 오늘의 상황에서는 당신이] 잘 설명해두고 잠시 4, 5일간 기다려 주었으면 좋지 않을까라고 생각합니다. 이렇게 [동래부사가 박동지를 매개로 해서] 주진의 반답을 전해왔다. 그러나 이 같은 소식으로는 [당연한 일이지만, 이쪽은 받아들이기 어렵다. 그 같은 반답은] 받을 수 없다고 [박동지는 물론 그 외의] 훈도나 별차에게도 말하여 [동래부사에게 전하게 했다.]

(28-04)

〃十一月十五日朴同知入館接慰官儀十月十八日京着之由都より申来候旨申聞候

(28-04)

〃11월 15일에 박동지가 입관하여 접위관이 10월 8일에 경에 도착했다고 [그렇게] 도성에서 연락이 있었던 일을 [이쪽에 전해 왔다.]

(28-05)

〃十二月十六日朴同知入館都船主方へ罷出候付注進之返答未来候哉与相尋候所一番目朝廷唯今役目交代之断被申候南政丞交代被致候ハヽ、首尾能相済事之由朴同知申聞候

(28-05)

〃12월 16일에 박동지가 입관하여 도선주 쪽에 왔다. 그곳에서 주진의 반답이, 아직 오지 않았는가라고 [별로 기대하지 않으며 이쪽에서] 물었다. 그러자 [박동지가 답한 것은] 제일[의 영의정 지위에 있는 분]이 바로 지금 역할 교대가 되는 것 같습니다. 그 같은 판단이 조정에서 이야기된 것 같습니다. 남정승이 교대 되셨다면 [현재의 외교 교섭은 약간] 좋은 방향으로 진행되는

것 아닐까라고, 그와 같은 일을 박동지가 말하는 것을 들었다.

(28-06)

〃 同月廿五日朴同知入館都船主へ罷出申聞候ハ先月東莱注進之返
答未参候然共此注進ハ内証向ニ而候故然与不仕候頃日大丘之観察
使為巡見東莱江参着御使者御滞留如何様之儀ニ而候哉与被相尋候
付御使者被仰掛候趣都より返答之様子具被相伝候処巡察使被申
候者御使者被仰候儀尤至極成事ニ候他国ニ渡り文之返事不請取候
而使者帰国可有之事ニ候歟南政丞被申分一々不聞儀ニ候此返簡有
之而ハ史記ニ留候ニ折渡り候与被申儀第一難心得候折渡り細々書
付候儀史記之本意ニ而候ヶ様之無理被申候儀朝鮮之外聞恥敷事候
東莱事推考被申付注進不罷成由被申候得共是ハ両国之儀大切成
事ニ候我等差図候由ニ而委細急度注進被申候へ巡察使方よりも具ニ
可申登由被申候而一両日中ニ慥成注進有之筈ニ候巡察使抔ヶ様ニ
被申候而者朝廷方不被任其意候而者不成事候殊更ヶ様ニ極被申登
候とて志かり被申候与申様成儀曽而成不申儀ニ候間正月中過ニ者
首尾能相済可申由咄候而帰也

(28-06)

〃 동월(12월) 25일에 박동지가 입관하여 도선주 쪽에 와서 말한
것은 [다음과 같다.] 선월(11월)에 동래에서 [다시] 주진한 것에
대해 아직 [도성에서] 반답이 없습니다. 그러나 이 주진은 은밀
하게 말씀드렸을 뿐 아직 정식으로 [서면으로 해서] 상주하지
않았습니다. 그러한 근래의 일입니다만 대구에 있는 감찰사(경

상감사 이인환)가 순견하시다 동래부에 도착하셨습니다. [그리고 쓰시마의] 사자가 아직 체류하고 있다니, 도대체 어찌 된 일인가라고 물의시는 일이 있었습니다. 그래서 사자가 요구하고 있는 취지를 설명하고, 도성의 반답의 내용을 자세히 전했더니, 순찰사가 말씀하시기를, 사자가 말하고 있는 것은 당연한 일이다. 타국에 건너 문서의 답을 수취하지 않은 채로 그 사자가 귀국하는 일 등은 없기 마련이다. 남정승이 말씀하시는 것은 [약간 무리가 있어] 그 하나하나를 [진지하게 취급하여] 듣지 않는다. [그렇게 말하는 것은] 이번의 [쓰시마가 보낸 서간에 대해] 반한을 내리게 되면 [혼란이 생긴다 한다.] 그렇게 되면 사서에 기재할 때 [착종이 많아 문의가] 끊어진다 한다. 그렇게 [남정승이] 말씀하시는 것이 제일 납득하기 어려운 일이다. 문맥이 끊어져도 계속 기술하여 [기록으로 남기는] 일이 사서 기재의 본의이다. 동래부사는 [이번에] 추고를 명받아 [더 이상] 주진은 안 된다고 한다. 그렇게 [조정에서] 말을 들었으나 이것은 양국[의 우의 교류]에 있어 중요한 일이다. 우리들이 지시할 테니까, 자세한 것을 [지금 다시 한 번] 분명히 주진하면 어떠할까. 순찰사 쪽에서도 [이 일을] 자세하게 [도성에] 보고할 것이 라고, 그렇게 말씀하셨습니다. 그렇기 때문에 하루 이틀 중에는 [다시 동래부에서 순찰사의 이름으로 도성에] 분명한 주진이 있을 것입니다. 순찰사 등이 이처럼 말씀하시면 조정 측도 그 뜻을 받아들여 [대응하지 않으면] 안 되는 일이 됩니다. 그러나 다시 이렇게 [또 주진이] 결정되어 [그것이 도성에] 보고 되어도 [조정에서] 그렇다고 말하는 일은 좀처럼 일어나지 않는다. [그러므로 너무 과도한 기대는 하지 말아 주세요. 어찌 될 것인가는 알지 못합니다만] 정월 중순이 지내면 [이와 같은 일은] 잘 끝난 일이 [어쩌면] 되어 있을지도 모릅니다. 그렇게 [박동지는] 이야기하고 돌아갔다.

【大綱二九段(元禄七年十月④)】

(29-00)

○同七年十月朝鮮之兵使蔚陵嶋檢分之命を蒙り彼嶋江罷越候段差備官方より裁判方江申聞候

【대강 29단(겐로쿠 7년 10월 ④)】

(29-00)

○겐로쿠 7년 10월에 조선의 병사(삼척첨사 장한상)가 [조정에서] 울릉도를 검분할 것을 명받아 그 섬에 건너갔다 한다. 그러한 일을 차비관 쪽에서 재판 측에 전달했다.

(29-01)

〃十月十四日裁判江朴同知朴僉知申聞候者接慰官発足之時分江原道巡察使より東莱江早飛脚ニ而申来候ハ蔚陵嶋江之乗前嶋之様子為見分九月十六日小船壱艘差渡し間二三日有之而罷帰り候跡より大船壱艘ニ小船六艘相附金兵使是ハ武官軍大将余程之高官ニ而御座候先年信使渡海之節軍官之中ニ相加り日本ニ参候此者ニ安同知相添差渡シ候

(29-01)

〃10월 14일에 재판 쪽에 박동지와 박첨지가 왔다. 그가 전한 것은, 접위관[이 도성을 향해] 출발한 시분, 강원도 순찰사가 동래부사에게 빠른 비각으로 전하는 것이 있었다 한다. 그것은 울릉도에 건너는 승선의 상황을 알려주는 것으로, 섬의 상황 등 여러 가지를 검분하기 위해 9월 16일에 소선 1척을 섬에 건너보냈다고 한다. [섬에서의 체류] 기간이 2, 3일로 그 도항선이 돌아온 후에 이번에는 대선 1척에 소선 6척을 딸려 [다시] 김병사의 파견이 이루어졌다 한다. 이 사람은 무관으로 군의 대장[이다. 조선에서는] 상당한 고관에 해당한다. 선년에 [일본을 향해서] 조선통신사가 파견되었는데, 그때 [이 사람은] 도해의 일행에 참가하여 군관으로 일본에 파견되었다는 것이다. 이 사람에게 안동지가 딸려서 [울릉도에] 건너갔다는 것이었다.

【大綱三〇段(元禄七年十一月)】

(30-00)

○同七年十一月十六日霊光院公御逝去之段国元より使を以申来候旨与左衛門方より東莱江申達候

【대강 30단(겐로쿠 7년 11월)】

(30-00)

○겐로쿠 7년 11월 16일에 레이코우인(소우 요시쓰구)가 서거한 일을 본국에서 사자를 보내 알려 왔다. 그 내용을 요자에몬 쪽에서 동래부사에게 전했다.

(30-01)

〃十一月十六日朴同知呼ニ遣し入館候付都船主を以申渡候ハ昨夜飛
船到着対馬守殿御事去六月より病気差発色々被致保養候得共無験
候而先月廿七日被致逝去候由申来絶言終此方愁傷心底可被察候此
大変ニ付而者急度帰国不申候而不叶儀ニ候得共公命を請候而之事ニ
候得者国主逝去を聞候而も帰国不罷成候兼而申達候様ニ再渡之御
返簡急度被差下候へと御注進可被成旨東莱ニ申達候様ニ与申渡ス

(30-01)

〃11월 16일에 박동지를 부르러 보냈더니 [서둘러] 입관했다. 그
래서 도선주를 통해 [다음과 같이] 전했다. 즉 어젯밤에 [긴급
한] 비선이 도착하여 [우리들의 주군] 쓰시마노카미의 소식을
전해왔다. 지난 6월부터 병이 생겨 여러 가지로 보양했으나 그
효과도 없이 지난 12월 27일에 서거하셨다고, 그러한 것을 전
해왔다. 말도 안 나올 정도로 이쪽은 탄식하고 슬퍼하고 있다.
그러한 심경에 있다는 것을 살펴주었으면 한다. 이 같은 큰 사
태가 일어난 이상, 반드시 귀국하지 않으면 안 되는 일이다. 그
러나 [동무의] 명을 받은 임무가 있기 때문에 [그렇게 할 수 없
다.] 국주의 서거를 들어도 귀국은 안 되는 일이다. [참으로 쓰
라린 일이다.] 전부터 말씀드렸던 것처럼 다시 도해하면서 [이
쪽이 지참했던 서간에 대해 아직] 반한이 [도래하지 않았다. 이
것이] 반드시 내려올 수 있도록 [도성에 지금이라도 바로 최촉
의] 주진을 하셔야 합니다. 그러한 취지를 동래부사에게 전할
것을 [박동지에게] 말했다.

(30－02)

〃同月廿日朴同知入館都船主^江申聞候ハ今度御国より大変之御左右

申来候得共御帰国不被成段公命之儀ニ御座候得者御尤ニ候間可致

注進由東莱被申候就夫再渡之御返簡御乞被成様一々朝鮮之非儀

成事ハ他国より之文之返事有之間敷与之儀非法成事ニ候其上封進

宴席相調拝礼迄相済候而被請取候封進物返礼も無之段旁可申様

無之事ニ候今度大変ニ逢候得共再渡之返簡不申請候而者帰国不仕

儀御合点可被成候此旨具ニ御注進被成候へと正官使被仰候由東莱

^江可申入候与存候注進可仕与被申儀幸ニ候間注進之道御座候へハ

如何様ニ茂被申登事ニ候此時節御帰国不被成候間都ニも感通可被

申候正官仰を不承東莱^江申達候儀如何ニ候呼ニ参致入館右之通被

仰聞候与申候へハ首尾宜御座候間正官使^江被仰達被下候へと申付

其趣都船主申聞候故兼而此方よりも左様申掛事ニ候此方心入其通

ニ候間早々東莱^江申達候へと返答申遣ス朴同知具ニ承り申候今晩

飛脚立申筈ニ候間是より直ニ東莱^江参可申達由申候而罷帰也

(30－02)

〃동월(11월) 20일에 박동지가 입관하여 도선주에게 [다음과 같
이] 전해왔다. 이번에 본국에서 대단한 통지가 도착했습니다만
[그래도] 귀국할 수 없다는 것, 이것은 공명의 일로 당연한 일이
라고 생각하는 바이다. 그러한 가운데 [서둘러 조정에 이 부고
를 보내며, 그때 반한에 대해서도 같이] 주진해야 할 것입니다.
역시 동래부사도 [그렇게] 말씀하시고 계셨다. 그것에 대해 [생
각하는 일입니다만] 재차 도해할 때 지참한 [서간에 대한] 반한

을 [사자가] 원하고 계시는 상황은, 그것 하나하나가 조선국에게 [부끄러운 일, 즉 외교교섭 상] 결례하는 일이라는 것을 [자각시켜 주는 일]입니다. 타국이 보낸 서간문에 대해 답을 할 수 없다고 하는, 그러한 일은 비법입니다. 그 위에 봉진연석도 준비하여 배례까지도 끝났는데, 청취한 봉진물에 대해 아직 반례도 하지 않는다고 하는 일이 계속되고 있습니다. 이것저것을 [지금은] 말할 방법도 없는 일입니다[만 참으로 유감스러운 일입니다.] 이번에 [주군의 서거라고 하는] 커다란 사태를 만나셨는데, 그런데도 재차 가지고 건너온 [서간에 대한] 반한을 받지 않고는 [결코] 귀국하지 않겠다는 [정관님의 강한 결의를 들었습니다.] 그 일에 대해 납득하실 수 있도록 [이쪽도 노력]하고 싶다고 생각합니다. 이 같은 [반한이 바로라도 내려와야 한다는] 취지를 자세히 주진될 수 있도록 하라는, 정괌님이 요구가 있었던 것을 [꼭] 동래부사에게 요구하려고 생각하고 있습니다. [다시 거듭해서] 주진해야 한다고 [정관님이 다시] 말씀하시고 계시는 일에 대해서도 [동래부사에게 요구하려고 생각하고 있습니다.] 다행히 아직 주진의 길은 남아 있습니다. 그러므로 어떻게든 상신하는 일은 가능하다. 이 같이 [불행한] 시절인데도 귀국할 수 없다는 것은, 도성에서도 [그 충근에 대해] 감동하는 일이겠지요. [이참에] 정관님의 명을 듣지 않고 동래로 돌아가, [이러한 보고만] 하는 것은 어떨까요. [모처럼] 불러[주셔서] 찾아서 [이렇게] 입관하였습니다. 그러니 위와 같이 [다시 정관님의 생각을 이쪽에] 들려 주십시오. [동래부사에게 그 뜻을] 보고하겠습니다. [생각이 전해지면] 상황은 좋게 될 것이라고 생각합니다. 그렇게 정관님에게 전하여 [꼭 생각을 들려] 주세요. 그처럼 [박동지가 이쪽에] 요구해 왔다. 그러한 취지를 도선주가 듣고, 전부터 이쪽도 [반한이 내려오도록] 그렇게 [몇 번이나] 요구하고 있었다. 이쪽의 생각도 그대로이므로 서둘러 돌아가 [그것만을] 동래부사에게 전해달라고 반답했다. 박동지는 자세히 들었습니다. 서둘러 오늘밤이라도 비각을 보내게 하고 싶다고 생각합니다. 그렇기 때문에 지금 즉시 동래부를 찾아가 [그 뜻을 부사에게] 전하도록 하겠습니다라고, 이렇게 말하고 돌아갔다.

【大綱三一段(元禄八年一月①)】

(31-00)

○乙亥元禄八年正月九日　　天竜院公州務御再任被蒙仰候段与左衛門方より訓導別差を以東莱府使^江申達候

【대강 31단(겐로쿠 8년 1월 ①)】

(31-00)

○을해년, 겐로쿠 8년 정월 9일에 텐류우인 공(소우 요시자네)이 [장군의 명으로] 주의 일을 재임하게 되었다. 그 일을 요자에몬 쪽에서 훈도별차를 보내 동래부사에게 전했다.

【大綱三二段(元禄八年一月②)】

(32-00)

○同八年正月与左衛門一行之差備訳官朴同知帰京仕候

【대강 32단(겐로쿠 8년 1월 ②)】

(32-00)

○겐로쿠 8년 정월에 요자에몬 일행의 차비역관을 명받은 박동지에게 귀경하라는 명령이 내려졌다.

(32-01)

〃正月七日朴同知入館都船主方^江罷出申聞候ハ朴僉知方より飛脚到来朴同知儀急度罷登候へと内証申参候付近日可罷登由申達候由段々都船主被申聞候故明日入館候様^二与申聞差返ス

(32-01)

〃1월 7일에 박동지가 입관하여 도선주 쪽에 나가서 말하기를 [도성에 있는] 박첨지가 보낸 비각이 도래하여 박동지는 틀림없이 상경을 명받을 것이라고 [그러한 정보를] 비밀리 알려왔다. 그렇기 때문에 근일 중에 상경할 예정이라고, 그렇게 말해 왔다. 그러한 사정을 도선주가 들었기 때문에 내일 또 입관하도록 하라고 말하고 [이날은] 돌려 보냈다.

(32-02)

〃同月八日朴同知入館都船主方^江罷出候付正官方^江相招様体為咄候処都より朴僉知飛脚差越密陽^二罷在候儀飛脚之者不存候而直^二東莱^江去ル二日参着東莱より書状送来三日^二相達四日密陽発足五日東莱^江致参着候旧臘廿三日之日付^二而朴僉知方より申越候ハ被致帰京候接慰官朝廷一番目^江被見舞候之処一番目被申候ハ御使者于

今滞留之由聞伝候返簡不遣候而不叶事ニ候ハ、蔚陵嶋江罷越候者
とも申分之趣真書ニ可申遣より外無之候乍然此返簡之儀遣し候筈
無之候ヘハ如何程滞留有之而も構無之候然処朴同知儀公儀之宛
行を請永々唯今迄致逗留候段難心得候朴同知儀者密陽釜山浦両
所ニ居宅を構妻子有之由聞届候左様之得方成儀ニ而不致帰京候与
相見へ候此上致滞留候ハ、急度申付候様有之与之事ニ候間御使者
江者公儀向より与不申御使者永々御滞留ニ而此上御帰国之程も不
相知候之処私爰元滞留都之首尾殊外気遣敷存候付罷登り候由内
証向ニ申成シ早々罷登り候様ニ朴僉知方より可申遣旨接慰官被申
付候間此書状届次第一刻も早ク罷登り可然旨申越候通朴僉知書
状講釈候而此通ニ御座候故何共可仕様無御座候何とそ私罷在候内
首尾能返簡参候様ニ与致念願候之処右之次第無是非仕合ニ御座候然
共右之通ニ御座候ヘハ一両日中発足不仕候ハ而ハ不罷成候乍此上
旧冬東莱巡察使より之注進昨今都江参着之積ニ御座候間此返答御
待可被成候去比一番目引込被申候処当月五日唐より之使者参着
之筈故達而被呼出候ヘ者二番目又被引込三番目者前より役目断ニ
而此節猶又達而被申都合七十三度之断ニ而役目被差免候由申来候
唯今一番目一人ニ而諸事難済其上此一番目始より蔚陵嶋江参候者
共之伯耆ニ而竹嶋ハ日本之内ニ而無之候ニ朝鮮人捕来候与有之而
捕候日本人成敗ニ逢候儀彼方ニ而承又長崎江被送遣候ニも結構ニ乗
物ニ而道中水迄打其上ニ金子等もらひ候を御国之者押ヘ取返し候
様成儀細々致訴状候趣尤ニ被存込江戸向者無別条候得共兎角御国
之御心入ニ而何角与被仰掛候与偏ニ存入被居候故一筋ニ返答被申
切候致帰京候ハ、命ニ掛段々可申達候尤都表様子之儀第世倅方迄

以飛脚都船主迄具ニ内証可申入候唯今一番目諸事不宜候ヘハ永く
勤被申人ニ而無之候唐より之使者滞留常十日程ニ而候間唐使帰次
第追付引込被申ニ而可有御座候左候ハヽ弥善事ニ可罷成候間心永
く相待候様ニ与申候付扨々不存寄儀を承候内証ニ而登り候ヘと
申来候段猶以合点不参候朴同知居候間御用向兎角埒明可申与申ニ
而無之候又帰京候とて両国之儀埒明申間敷ニ而ハ無之候儀共馳走
判事を引取候与申様成非法成儀不及覚悟候左様候とて朴同知儀
是非与可留様無之候兼而申聞候様此返翰不請取候ハヽ如何様ニ有
之候而も帰国之儀無之事ニ候此上ハ乗り船等召置候も如何ニ候間
兎角返簡申請候滞留之証拠ニ急度差返し候間左様可相心得候いつ
れ東莱ニ申達候了簡有之由挨拶候而差返ス

(32 - 02)

〃同月(1월) 8일에 박동지가 입관하여 도선주에게 갔는데, 정관이
불러들여, 그 사정을 설명하게 했다. 그러자 도성에서 박첨지가
비각으로 연락해 왔다 한다. [그때 박동지는] 밀양에 있었으나
이 일을 비각은 알지 못하고 곧바로 동래로 향해 지난 2일에
[비각이 동래에] 도착했다. 동래에서 [또 밀양으로] 서장을 보내
3일에 [그 통지가 밀양에] 도착했다. 그래서 4일에 밀양을 출발
하여 5일에 동래에 도착했다 한다. 서장은 구랍(작년 12월) 23
일부였다. 박첨지가 전해 온 것은, 귀경하신 접위관이 조정 첫
번째[의 영의정 지위에 있는 분에게 문안을 드리기 위해] 찾아
가 인사를 하였을 때, 그 첫 번째의 분(남구만)이 말씀하시길,
사자가 지금도 체류하고 있다는 것으로 듣고 있다. 반한을 보내

지 않으면 안 되는 일이라면 울릉도에 건너갔던 자들이 이야기하는 것, 그 [조선의 울릉도에 건넜다고] 말하는 취지를 그대로 한문으로 해서 보낼 수 밖에 없을 것이다. 그러나 이 같은 서간이라면 보낼 필요도 없는 일이다. 그렇기 때문에 아무리 [사자가] 계속해서 체류한다 해도 [더 이상] 상관할 것은 없다. 그러한 상황에서 [계속] 박동지가 조정의 급여를 받으며 계속해서 지금까지 두류하고 있는 것은 이해할 수 없는 일이다. 박동지는 밀양과 부산포의 두 곳에 거주지를 마련하고, 그곳에 처자가 있다는 것을 듣고 있다. 그 같은 사정으로 [두류가] 득책이라고 생각하여 귀경하지 않는 것일 것이다. 이 이상 [더] 체류를 계속한다면 반드시 [벌을] 명하겠다고, 그 같은 일을 [박첨지가] 연락해 왔다. 또 박첨지는 이 일에 대해 [추가한] 전달이 있었다. 즉 사자에게는 [조선] 조정의 [명령이라고] 말하지 말고 사자가 장기간 체류했고, 그리고 귀국할 예정도 알 수 없으므로 저 [박동지]가 이곳에 체류하면 도성의 상황이 의외로 어렵다고 생각한다. 그래서 상경하고 싶다라고, 그렇게 비밀리 말하고 서둘러 [도성으로] 올라오도록 하라고 박첨지 쪽에서 그러한 전언이 있었습니다. 그 뜻을 [재경의] 접위관한테 명받았다는 것입니다. 이 서장이 도착하는 대로 일각이라도 빨리 [도성으로] 올라가 그러한 내용을 보고하도록 하라고 [그렇지 않으면 입장이 곤란하게 된다라고] 그 같은 일이 박첨지의 서장이 말하는 강석(도리가 있는 설명)입니다. 이렇기 때문에 어떻게 할 수 없습니다. 어쨌든 제가 [이곳에] 체재하는 중에 무난히 반한이 내려올 수 있도록 [지금까지 한결같이] 염원하고 있었습니다. 그러나 위와 같은 상황으로 참으로 유감스러운 일이 되고 말았습니다. 위와 같은 사정이기 때문에 하루 이틀 중에는 [이곳을] 출발하지 않으면 안 됩니다. 그런데 이 외에도, 또 지난 겨울에는 동래를 도는 순찰사(경상감사 이인환)가 주진한 일이 있습니다. 지금쯤 [그것이] 도성에 도착할 예정입니다. 이 반답을 기다리시는 것이 좋을 것이라고 생각합니다. 지난번에 첫 번째[의 지위에 있는 분(남구만)이 [그 지위를] 물러날 예정이었습니다. 그러나 당월 5일에 당(대청제국)의 사자가 오게 되는 일이 있어, 특별히 호출되는 일이 있습니다. 두 번째[의 지위에 있는 분(박세채) 역시 [그 지위를] 물러나 은퇴하고 계십니다. 세 번째[의 지위에 계시는 분(윤지완)은 이전부터 [그 지위에 따르는] 역할을 거절하고 계셨습니다. 그러나 요즘의 일로 또다시, 특별히 [역할을 수행하라고] 명받고 말았습니다. 그러나 도합 73회에 걸쳐 거절하였으므로 이 역할을 면제받았다는 것도 듣고 있습니다. 바로 지금은, 이 첫 번째[의 지위에 있는 분 혼자만이 [정무를 집행하고 계십니다. 그러나 역시] 만사가 [원활하게는] 진행되기 어렵습니다. 그 위에 이 첫 번째 분은 처음부터 울릉도에 간 자들의 증언 모두를 믿고 계셨습니다. 그들이 호우키에서 경험한 일, 죽도는 일본의 역내에 있는 섬이 아닌데 [이곳에서 두 사람의] 조선인을 붙잡아 [호우키에] 끌고 간 일, 그 납치를 한 일본인이 처벌을 받았다는 것을 그곳(에도)에서 들었다는 것, 또 나가사키에 보내졌을 때, 좋은 탈 것을 타고, 도중에서는 [더운 가운데, 길에] 물까지 뿌리고, 그 위에 돈을 받았다는 일, 그것을 본국 사람이 압수했기 때문에 돌려 받고 싶다고 자세히 소송한 일

등, 그러한 발언 취지를 [모두] 당연하다고 생각하고 계십니다. 에도에 대해서는 각별[한 유감이] 없습니다만 어쨌든 본국(쓰시마)에 대해서는 [약간 불쾌하게 느끼는] 생각이 있는 것 같습니다. 여러 가지 말을 해도 일방적으로 생각하고 계시기 때문에 한결같이 반답을 거절해버립니다. 귀경하셨다면 목숨을 걸고라도 그 하나하나에 대해 [조정에] 사정을 설명하고 싶다고 생각하고 있습니다. 원래 도성의 상황[에 대해서는 더 살펴 알고 싶은 것이 있으므로, 아는 대로] 그 사정을, 그저 한결같이 세간에서 이야기되고 있는 것을, 병졸들에게 비각으로 [전하겠습니다. 그리고 더 나가] 도선주 쪽에 자세히 비밀 이야기기를 알려드리려고 생각하고 있습니다. 바로 지금 첫 번째[의 지위에 있는 분]은 [정무의] 모든 일을 [처리하는 것]이 좋지 않기 때문에 [금후] 오랫동안 근무할 사람이 아니다. 중국의 사자가 체류하는 것은 보통 10일 정도로, 그 당의 사자가 돌아가는 대로 곧바로 [그 지위를] 내놓고 물러나고 싶다고 말하실 것입니다. 만일 그렇게 되면 [정무를 주재하는 분을 교대하게 되어] 결국 [쓰시마에게는] 좋은 일이 되겠지요. 마음을 길게 잡고 기다려 주세요. 그렇게 [박동지가] 말해왔다. 그것을 듣고, 참으로 생각도 못할 일을 언급한 것이라고 생각했다. 비밀리 상경하는 것처럼 하라고 [도성에서] 말을 전해왔는데 [그것을 이쪽에 말한다는 것은, 과연 그 진의는 무엇일까.] 더욱 이해할 수 없다. 박동지가 [이곳에] 있으면 용무는 어찌되었든 해결된다고 그렇게 [스스로의 일처리를 자랑하여] 말하는 것은 아닌 것 같다. 또 귀경한다 해서 [자기가 없기 때문에] 양국의 일이 처리가 안되는 것이라고

[그 같은 것을 주장하는] 것도 아닌 것 같다. 그리고 또 [조정의 생각도, 역시 그 진의를 알 수 없다.] 치주역의 판사를 철수시킨 다고 말하는 것과 같은 [그야말로 성신의 도를 벗어난 것과 같은] 비법의 행동을 한다는 것은, 참으로 생각도 할 수 없는 일이다. 그러나 그렇다고 해서 박동지를 [이곳에] 어떻게든 잡아 두어야 한다고, 그렇게 요구할 필요도 없는 일이다. 전부터 말씀드리고 있듯이 이 반한을 청취하지 않으면 [사태가] 어떻게 되어도 [우리들이] 귀국하는 일은 없다. 이 같은 사태에 이르게 되면 [언제 반한이 내려올지 알 수가 없다.] 타고 갈 배를 불러 두고 [바로 귀국이 가능하도록] 준비하고 있어도 과연] 어떡할지. [이미 의미가 없는 일일 것이다. 이쪽은 한결같이 기다리기 때문에] 어떻게든 반한을 받았으면 한다. 이렇게 체류를 계속하는 증거로 [준비된 배를] 확실하게 [본국으로] 돌려보내기로 한다. 그러니 그렇게 알아주었으면 합니다. 언젠가 동래부사에게도 [이 장기 체류의 일을] 전하려고 생각합니다. 이렇게 인사하고 [박동지를 동래부로] 돌려보냈다.

(32-03)

〃同月九日訓導卜同知別差呉正相招正官対面之上申渡候者昨日朴同知入館候而申聞候ハ使者永々滞留ニ而此上帰国之程も不相知候之処久々罷在候段都之首尾殊外気遣敷存候付近日可罷登旨申聞候左様申出候上者是非与留可申様無之候〻然馳走判事之儀者使者帰国之節浜迄見送る先例ニ候処唯今之申分難心得候ヶ様之作法茂御座候哉例も有之事ニ候哉朴同知帰京自分ニハ罷成間敷候間定

而東莱〻案内申〻而可有之候東莱も御同意〻候哉都之首尾無心元
可致帰京与朴同知申候得共曾而其身存寄〻而ハ無之都より之御差
図与存候唯今之御仕方東武より之命を以参候使者与ハ曾而不思
召御心入与存候乍然質人被差返候時東武より之仰与書簡〻有之上
ハ爰〻御疑者有之間敷候然上ハ唯今之御仕方東武〻对シ御不礼千
万〻候此段ハ事済追而申入様も可有之候朴同知致帰京両国之用事
埒不埒与申儀無之事〻候得共馳走判事為御引法式欠キ申儀決而不
罷成候間朴同知被差留候歟又者首訳之儀被仰登下り之刻交代候
而被差登候か兎角東莱御了簡可有之候判事人柄〻望無之候間首訳
壱人ハ帰国迄罷下り居候様可被成候唯今之御仕方不及覚悟候故
乗り船をも差戻シ候御返簡之儀如何様〻有之而も不申請候而者不
罷成候間急度埒明候様〻御注進可被成候右之趣具〻東莱〻申達候様〻
与請岡助左衛門を以両判事〻申聞候処委細承候直〻東莱〻罷越可
申達由申聞候

(32-03)

〃동월(1월) 9일에 훈도 변동지와 별차 오정을 불러 정관이 대면
하여 그들에게 말한 일이 있다. 어제 박동지가 입관해서 말한
것은 사자가 오랫동안 체류하고 그 위에 귀국의 일정도 정해지
지 않은 곳에 오랫동안 머물렀다. 최근 도성의 상황은 의외로
문제되는 일이 있다. 그러하니 근일 중에 상경했으면 한다. 그
러한 취지를 이야기했다. 그렇게 말한 이상 어떻게든 [남아 달
라고] 말리는 것과 같은 일도 할 수 없었다. 그러나 치주역으로
서의 판사 역할은 사자가 귀국할 때는 해변까지 전송하는 것이

선례이다. 그러한데 지금처럼 [전송은커녕 자기가 먼저 귀경한 다는 것과 같은] 요구를 한다는 것은 [이쪽에게는 참으로] 이해 하기 어려운 일이다. 이 같은 작법이 [조선에서는] 통하는 일입 니까. [지금까지의] 예로 보아서는 이 같은 [사자 송영의 작법에 벗어나는 것과 같은] 사례는 없다고 생각한다. 박동지의 귀경 이란, 더 이상 자신은 취급하기 어렵다는 것으로, 아마도 [금후 에는] 동래부사에게 [말을 하는 일이 되어 그] 중개를 하게 될 것이다. 동래부사도 [이 일에 대해서는] 동의하는 것인가. 도성 의 상황이 불안하기 때문에 귀경하지 않으면 안 된다고 박동지 는 말하고 있었는데, 그 자신의 생각에서 나온 것이 아니라 모 두 도성의 지시라고 [이쪽은] 생각하고 있다. 지금과 같은 처리 는 [우리들을] 동무의 명에 따라 파견된 사자라고 전혀 생각하 지 않는 것 같다. 그렇게 생각하는 것이 전혀 없는 것처럼 여겨 진다. 그러나 인질을 돌려보냈을 시점에서 동무의 명령이라는 것을 [분명히] 서간에 기재하였으므로, 이 점에 대해서는 의문 이 있을 리 없을 것이다. 그렇다면 지금의 처사는 동무에 대한 불례 천만한 작법이다. 이 문제는 [반한의] 일이 처리되는 대로 또 그것을 [엄중하게] 요구할 생각이다. 박동지가 귀경하여 양 국의 용건에 대해 [그것을] 바르게 혹은 다르게 보고하는 것에 대해서는 이쪽이 어떻게 할 일은 아니다. 그러나 치주역의 판사 를 [도중에] 철수하여 [지금까지의] 법식을 어겨 [예를 잃어버리 는 것과 같은] 처리는 결코 용서할 수 있는 일이 아니다. 그렇 기 때문에 박동지[의 귀경을 일단] 정지시키시거나, 또는 수역 [이 될 새 인물을] 경으로 불러들여, 그 [동래 및 부산으로] 내려보낼 때 [박동지를] 교대시켜 상경시키거나 [그 어느 쪽이어야 할 것이다.] 어쨌든 동래부사에게는 이 일에 대한 [바른] 생각이 있어야 한다. 판사에 대해서는 그 사람의 인격에 대해 [이쪽에] 특별한 요망이 있을 리 없다. 다만 수역 한 사람은 귀국할 때까지 [이곳에] 내려와 있어야 할 것이다. [그렇게 생각할 뿐이다.] 지금과 같은 처리는 생각할 수도 없는 일이기 때문에 [지금은 이미 본국에] 타고 갈 배도 돌려보내고 말았다. 반한의 일은 어떤 일이 있어도 받지 않으면 안 되는 일이기 때문에 반드시 잘 되도록 주진해 주었으면 좋겠다. 위의 취지를 자세히 동래부에 전달해달라고, 모로오카 스케자에몬을 양 판사에 보내 전언했다. 그러자 자세히 알아 들었습니다. 바로 동래에 가서 이 뜻을 전하겠습니다라고, 그들이 답했다.

(32－04)

〃同月十日訓導別差入館都船主江罷出昨日申遣候東莱之返答申候ハ
被仰聞候趣具ニ承届候被仰下候通朴同知頃日東莱江申候ハ爰元逗
留纏与存其上裁判中戻り渡海も四五日中ニ而裁判渡海候ハヽ埒明
事与存居候処裁判渡海も無之御使者帰国も不相知唯今迄二三月
致滞留候儀日本之贔屓をも仕滞留仕与有之而必定科ニ逢可申候御
存之通老之母も罷在子共数多私一人故ニ科ニ為遭候段何共難儀仕
候付可致帰京由申候故不届千万ニ者存候得共接慰官より被残候判
事之事ニ候得者留り候得共又登り候得共差図難仕心次第仕候様ニ
与申付候御帰国迄居不申候而不叶儀ニ御座候処右之通候故科ニ被
申付候様ニ与書簡相附為差登候朴同知代首訳之儀被仰下候趣御尤

ニ存候然共出宴席をも被成たる儀ニ御座候へゝハ代被差下候様ニ与
ハ注進難仕候然共仰之通御尤存候間御使者段々如此被仰聞候と
ハ注進可仕候返簡注進之儀も接慰官上京之節為申登候付還而推
考之科ニ被申付候故如何様之儀をも注進不罷成候処不存寄旧冬巡
察使東莱江被廻候節御使者之入館疾与被承付尤ニ候間具ニ巡察使
より可申登候条東莱より茂注進候様ニ与之差図故委細致注進置候
返答如何可申参ハ不存候得共兎角此返答無之候而不叶事ニ候間御
待可被成候由返答之趣都船主被申聞候故具ニ承届候東莱御返答御
尤存候兎角首訳下り不申候而者法式欠申事ニ候間如何様有之候而
も下り不申候而者不罷成旨再返申進候通慥ニ御注進可被成候巡察
使御同前御注進返答相待候様ニ与之儀得其意存候参次第早々為御
知候様明日罷越東莱江可申達旨再答申遣ス

(32-04)

〃동월(1월) 10일에 훈도와 별차가 입관했다. 도선주 쪽에 가서,
어제 말해 보낸, 동래부사에게 전언한 것에 대해 그 반답을 가
져왔다. [동래부사의 반답은 이하와 같은 것이다.] 말씀하신 취
지에 대해서는 자세히 들었다. 말씀하신 대로라고 생각한다. 박
동지가 근래 동래부사에게 말한 것은, 이곳에 두류하는 것도 앞
으로 불과 얼마 남지 않은 것으로 생각하고 있다고, 그러한 이
야기를 한다. 그 위에 [교섭 상대인] 재판이 [쓰시마로] 도중에
돌아가는 [일이 되어, 그 본국으로] 도해하는 것도 4, 5일 중의
일이라고 [그러한 예정을 듣고 있다.] 재판이 도해하셨다면 [본
국의 이해를 얻어, 교섭은] 잘 될 것이라고, 그렇게 [이쪽은] 생

각하고 있었다. 그러나 그러했었는데 [결국] 재판의 도해도 없고 또 사자의 귀국도 [언제라고는] 알 수 없게 되었다. 바로 지금까지 2, 3개월이나 [예정을 넘어서] 체류하시는 일이 되고 말았다. [그 사이 박동지는 시종] 일본의 후원을 받으며, 역시 체류를 지속하고 있게 되었다. 이렇게 [일본과 깊게 관계하는 일이] 되어서는 반드시 벌을 받게 된다고, 그러한 [걱정을] 말하고 있었다. 아시는 대로 [박동지에게는] 늙은 어머니가 있고 자식도 많이 있다. [접위관이 귀경하시고] 나 혼자 [이곳에 남으면 그것 때문에] 벌을 받게 된다. 그러한 일은 참으로 어려운 일이라고, 이렇게 귀경하는 이유를 말하고 있었다. 참으로 말씀드리기 어려운 일이라고 생각합니다만, 접위관보다 [오랫동안 이곳에] 남은 판사의 일이기 때문에 [다시 더] 남으라고도 또 귀경하라고도 지시하는 일을 할 수 없었다. 그 마음 여하에 맡긴다고 지시해 두었다. [본래라면 사자가] 귀국할 때까지 [이곳에] 있지 않으면 안 되는 일이나. 그러한데 위와 같은 사정으로 벌을 명받을 것 같다고, 서간을 보내 상경을 재촉해 왔다. [그렇기 때문에 이쪽에서 말리는 것도 어렵다.] 박동지를 대신하는 수역 [을 선택하여 이쪽에 보내는 일]에 대해서는 [그렇게] 말씀해주신 취지는 [그야말로] 당연하다고 생각하는 바입니다. 그러나 [지금은] 출연석을 마쳤으므로 [사자는 출선해야 하는 단계이다. 교섭을 계속하기 위한] 대리를 보내주기를 바란다고, 그러한 주진도 도성에 하기 어려운 일이다. 그러나 그렇게 말은 해도 말씀하신 대로 당연하다고 생각하는 바이므로 사자의 여러 사정을 전달하기 위해 [일부러] 주진하고 싶다고 생각한다. [이

전부터 희망하는] 반한이 내려오도록 주진하는 일도 접위관이 상경할 때에 [조정에] 말씀드려 두고 있으나 오히려 [접위관은] 추고의 벌을 명받고 말았다. 그렇기 때문에 어떠한 일도 다시는 주진할 수 없게 되어 있다. 그러한 때에 생각지도 못한, 지난 겨울에 순찰사가 동래를 둘러보신 일이 있었다. 그때, 사자가 입관한 채로 있다는 사정을 들으시고, 당연하다고 생각하시고, 순찰사가 자세히 [이 일에 대해] 보고를 올린다고, 그렇게 말씀하여 주셨다. 또 동래부사도 주진을 올리도록 하라고, 그러한 지시도 있었다. 그렇기 때문에 [도성에] 자세한 것을 주진해 두었다. 반답이 어떤 문언으로 내려올지는 모르지만, 어쨌든 이 반답이 없어서는 안 되는 일이 되었다. 이 반답을 [사자는] 기다려 주었으면 한다. 그와 같은 [동래부사의] 반답이 있어, 그 취지를 도선주는 [훈도와 별차한테] 듣고 자세히 알았다. 동래부사의 반답은 참으로 당연하다고 생각하는 바이다. 어쨌든 수역이 [당지에] 내려오지 않으면 [교섭의] 법식에 어긋난다. 어떠한 이유가 있든 수역이 내려오지 않으면 이야기가 되지 않는다. 이러한 취지를 다시 반답해 두었다. [그리고 다시 부언한 것은] 말씀드린 대로 [수역이 내려오도록] 분명히 주진해 주었으면 한다. 또 순찰사와 마찬가지로 [반한에 대해서도 또] 주진해 주었으면 한다. 그 반답을 기다리도록 하라는 의견에 대해서는 이쪽도 동의하는 바이다. [반한이] 오는 대로 서둘러 [이쪽에] 알려주었으면 한다. [이쪽으로서는] 그러한 것을 내일이라도 찾아가 동래부사에게 [직접] 말하고 싶을 뿐이다라고, 그런 뜻을 전하는 재차의 반답을 [훈도와 별차에게] 말하여 보냈다.

(32−05)

〃三月廿八日東莱より訓導別差を以申来候者持渡り返簡之儀被差
下候様ニ与致注進候都より之返答漸参候而此返答仕儀決而不罷成
与申切候而申来其上不入致注進候与之事ニ而東莱ゟ科被申付候何
共難申入候得共可差控様無之致迷惑候余ニ難儀ニ存候付都より東
莱ゟ申来候書付見せ候由ニ而両判事致持参候被仰聞候趣承届候兎
角此返簡不申請候而者帰国之道無御座候存寄御座候間追而可申
入旨返答申遣之

(32−05)

〃3월 28일에 동래부사가 훈도 별차를 보내 [다음과 같이] 전해왔
다. 가지고 건너온 [서간에 대한] 반한이 내려오도록 주진했었
다. 겨우 도성에서 반답이 왔다. [그 반답이라는 것은 엄한 것으
로 이미] 반한을 내려보내는 일은 결코 할 수 없는 일이라고,
그렇게 단언한 전언이 있었다. 그 위에 [이전의 반한은 봉한 채
로] 불입이라는 상태에 있는 서간으로 [다시 수정하지 않겠다는
의미의 서간이다.] 그것을 또다시 주진했기 때문에 동래부사에
게는 벌을 내린다. [이렇게 전해왔다.] 무엇이라고 [이것은 설명
할 수가 없다. 도성에 주진을] 올리는 것은 참으로 어려운 일이
다. 그러나 [여러 사정을 생각하면 이 주진은] 삼가할 일이 아니
라 [당연히 하지 않으면 안 되는 일이었다. 그러나 이러한 결과
에 이르러, 이쪽도 참으로] 놀라고 있다. 다만 너무나 어려운 일
이라고 생각하기 때문에 도성에서 동래에 온 이 서부를 [사자에
게도] 보이겠다며, 이것을 양 판사가 지참하고 왔다. [그래서 이

쪽의 반답은] 말씀해주신 취지는 알았다. 어쨌든 이번의 반한을 받지 않으면 귀국할 길이 없다. 생각하는 것이 있기 때문에 즉시 다시 요구를 한다. 그 같은 내용의 반답을 [훈도와 별차에게] 전했다.

【大綱三三段(元禄八年五月①)】

(33－00)

○同八年五月天竜院公思召之旨在之与左衛門一行帰国被仰付依之裁判
　高勢八右衛門并陶山庄右衛門阿比留惣兵衛三人^江与左衛門請取置
　候返簡之内御不審有之所委細被仰含朝鮮^江被差渡与左衛門申談之
　疑問之書付東莱^江遺之彼方返答承り候上与左衛門儀令帰国候様ニ
　被仰渡也

【대강 33단(겐로쿠 8년 5월 ①)】

(33－00)

○동 8년 5월에 텐류우인 공(소우 요시자네)가, 그가 생각하는 취지를 말하여 요자에몬 일행에게 명하셨다. 그 취지에 의하면 재판 타카세 하치에몬 및 스야마 쇼우에몬 그리고 아비루 소우베에 3인에게 요자에몬이 받아두었던 반한 중, 이상한 곳을 자세히 검토시켜 그 문제점을 적기하게 했다. [그들 3인은] 조선에 파견되게 되었다. 요자에몬과 상담하여 그 의문의 서부를 동래에 보내도록 하라쓴 것이다. 저쪽의 반답을 받은 후에 요자에몬을 귀국시키도록 하라고 하는 [그러한 텐류우인 공의] 명령이었다.

(33-01)

〃此度疑問之書を被送候次第者元来朝鮮国明白^ニ日本人七八十年来
蔚陵嶋^江罷越漁いたし候事を存知なから只今迄終^ニ日本人境を越
候而蔚陵嶋^江罷越候与申事を不申聞置儀元来彼国之不吟味^ニ候故
竹嶋一件之事起り候節彼方より最初^ニ者主なき嶋之様^ニ申成し置
後^ニ至急度我国之蔚陵嶋与被申候段前後不都合之事^ニ候然者朝鮮
より其節先可被申出候ハ蔚陵嶋者元来我国之嶋^ニ候得共七八十年
不吟味^ニ仕置他国之人漁^ニ参り候をも不存段不念之至^ニ候併此嶋
ハ元来我国之土地与申証拠是々之訳^ニ候与其由来を申立此節境を
正しく致度候間以来日本人蔚陵嶋^江漁^ニ参候事を被禁被下候様^ニ
与彼方より懇情可被致事^ニ候所最初^ニ者主なき嶋之様^ニ申置使者
再度^ニ至俄^ニ申分をかへ日本人境を犯し我国之蔚陵嶋^江参候与専
ラ此方を咎め無礼なる申分^ニ而者八十年来無念^ニいたし被置候所
を毛頭自ら咎る之意不相見候故其所を疑問を以被仰断元来彼方
無念^ニ有之所より事起り候段思ひ当られ再度之返簡之内犯越侵渉
欠誠信等之文字を被相除候様^ニ可被成与議論^ニ而此段被仰達也

(33-01)

〃이번에 의문서를 보내는 이유는 [다음과 같은 일 때문이다. 즉]
원래 조선국은 일본인이 7, 80년이래 울릉도에 가서 어렵을 하
고 있었던 것을 명백히 알고 있었다. 알고 있으면서 지금까지
일본인이 경역을 넘어 울릉도에 건넜다고 하는 것을 [책망하는
일 없이, 그것을 이쪽에 일체] 알려오지 않았다. 그러한 것은 원
래부터 그 나라의 [섬에 대한] 조사 탐색의 태만이었다. 그렇기

때문에 죽도일건의 사태가 일어난 것이다. 그러할 때, 저쪽은 최초에 주인이 없는 섬처럼 취급하고 있다가 후에서야 분명히 우리나라의 울릉도라고, 그렇게 말해왔다. 그 같은 발언은 전후의 [맥락이] 맞지 않는다. 그러면서 조선에서 이러할 때에 쉽게 말하는 것은, 울릉도는 원래 우리나라의 섬이었으나 7, 80년, 섬에 대한 조사에 태만하여 타국인이 어렵하는 것을 알지 못했다. [참으로 우활하게] 생각하지 못한 일이었다라고 [사과해야 할 일이다.] 아울러 이 섬은 원래 우리나라의 국토이다. 그 증거는 이러한 이유라고 그 유래를 주장하고 그런 후에 이 기회에 경역을 바르게 하고싶다고 주장해야 할 것이다. [경역을 확정한] 이후에는 일본인이 울릉도의 어렵을 금지해야 한다고, 저쪽에서 간청을 해야 할 것이다. 그러한 일인데도 처음에는 주인 없는 섬처럼 말했다가, 사자가 다시 도해하자 갑자기 말을 바꾸어 일본인이 경역을 침범하여 우리나라 울릉도에 왔다라고, 한결같이 이쪽을 질책하고 있다. 이것은 무례한 이야기이다. 80년 이래 우활하게 방치하고 있던 섬이라는 것을 [저쪽은] 조금도 [반성하는 일이 없다. 그리고] 스스로를 질책할 의사도 없다. 그렇기 때문에 그 점을 [이쪽에서] 의문으로 해서 지적하는 것이다. 원래 저쪽이 [관리하지 않아서, 즉] 태만으로 일어난 일로 여기고, 두 번째의 반한 속에 침월, 침섭, 결성신 등 [무례한] 문자를 사용한 것은 제거해야 한다. 이 같은 의논이 [본국에서] 있었기 때문에 이 일을 [재판을 통해 정관에게] 전달하는 것이다.

〃裁判儀此時御書簡不持渡

〃재판은 이때, 이 서간을 소지하지 않고 [구답으로 전하기로 하고 조선으로] 건너갔다.

(33-02)
〃高勢八右衛門[江]御渡被成候御書付左記之

(33-02)
〃타카세 하치에몬에게 건네주신 서부를 아래에 기록한다.

覚

一、与左衛門儀今度御隠居様より御差図[ニ]付帰国被仰付候就夫与左衛門自分之了簡[ニ]仕今度之御返簡之内[ニ]三ヶ条之不審之趣を真文[ニ]被成被差渡候間東莱[江]被相渡口上[ニ]而も可被申達者今度拙子儀刑部大輔方より帰国可仕之旨被申越候間追付帰国仕候就夫右[ニ]請取置候御返翰之内[ニ]難心得儀共数ヶ条御座候得共再渡之御返簡之儀申請候上[ニ]而御返翰両通之趣を考合候而御尋可申与存罷在候得共再度之御返簡決而被成間敷由被仰聞候故則右請取置候御返簡之内落着不申儀以書付御尋申候之旨申達疑問三ヶ条之真文可被相渡事

각

1. 요자에몬은 이번에 은거하신 분의 지시로 귀국을 명받았다. 그것에 대해서 요자에몬은 자신의 생각[을 말씀드렸다.] 이번 반한 속에 3개조의 이상한 점이 있다고 한다. 그 취지를 한문으

로 기록하여 [저쪽에] 전달했다면, 그것이 동래부사에게 건너가 구상으로로라도 전해질 것이다. [그 결과를 보고 나서 귀국하고 싶다 한다. 그 요구라는 것은] 이번에 졸자는 교우부 타유우(소우 요시자네)로부터 귀국하라는 명을 받았다. 그래서 곧 귀국하게 된다. 그것에 대해 [약간 생각하는 것이 있어 귀국하기 전에 조금 말해 두고 싶은 것이 있다. 즉] 수취한 서한 안에는 [이쪽에서] 이해하기 어려운 일이 기록되어 있다. 그것이 수 개조 정도 있다. 그리고 다시 도해하여 그쪽에 넘겨준 서간이 있다. 이것에 대해 또 반한을 요구하고 있었다. 그 반한을 받은 후에 이것들 2통의 반한을 다시 배독하고 그 취지를 비교하여 질문을 하려고 생각하고 있었다. 그러나 재도해할 때의 서간에 대해서는 결코 반한을 할 수 없다고, 그렇게 말하는 것을 들었다. 그래서 위의 수취해 두었던 반한 속에 [이해하기 어렵다고 생각하고, 그대로는] 낙착되지 않는 부분을 서부로 해서 질문하기로 했다. 이 같은 취지를 [저쪽에] 전하여 그 의문 3개조의 한문을 건네야 한다고 [이 같은 요구가 타다 요자에몬 쪽에서 왔다.]

一、右之趣俄ニ埒明不申事も可有之候間大既等都江之往来之日数積り仕返事可参時分ニ又々与左衛門方より可被申達ハ右ニも申達候様刑部大輔方より拙子儀帰国仕候様ニ与被申付候故帰国仕候付而拙子請取置候返簡之儀ニ候得者御紙面之内難心得事を御尋不申候而請取帰国可仕様も無之儀ニ候故以書付申達候得共未御返事不被仰聞候然者拙子儀帰国仕候様ニ与主人より被申付候を

緩々逗留難仕ニ付拙子儀者最早帰国仕候就夫段々申伸候趣難心
得御紙面ニ候得者請取帰国候而万一従刑部大輔右之三ヶ条之内
難心得之旨被相尋候而ハ申分ケ之一分茂不相立儀ニ御座候故則
右請取置候御返簡者訓導別差^江封之印為押館守^江渡置候間兎角
者重而此儀ニ付別使罷渡候節可被仰談候且又右御返簡請取候節
去々年去年両度分之御馳走をも請置申候得共此一件落着不仕御
返簡をも請取不申帰国仕候上者使者都合不仕事ニ候故御馳走を
も可申談様も無之儀ニ候条則両度分之御馳走も返進仕候旨申達
帰国被仕候様ニ可被仕事

1. 위의 취지[에 대한 저쪽의 회답]은 바로는 [이쪽에 오지 않는
다. 그렇기 때문에 곧바로] 해결되지 않는다. [어쨌든] 도성에
사자가 왕래하는 일수를 대강 마음으로 계산해 두고 답이 올
시기에 또다시 요자에몬 쪽에서 [최촉을] 말하는 것이 좋을 것
이다. 위에서도 말씀드린 것처럼 [그 요구는 다음처럼 하는 것
이 좋을 것이다. 즉] 교우부 타유우 쪽에서 졸자가 귀국할 것을
명하였다. 귀국에 임하여 졸자가 [맡아] 두었던 반한의 일인데,
그 지면에 [이쪽에서] 이해하기 어려운 내용의 기록이 있다. 이
것이 [어떠한 사정 하에 있는가, 그 이유를] 묻고 답을 받은 후
에 귀국하려고 생각한다. 그러나 [이 질문에 대한] 답이 올 리
가 없다고 한다. 그렇기 때문에 [의문의 곳을] 서부로 해서 [다
시] 전하기로 했다. 그러나 아직까지 그 답도 듣지 못했다. 그
러한데 졸자는 [바로라도] 귀국하도록 하라고 주인의 명을 받
고 있다. 이제는 느긋이 두류를 계속하는 일은 하기 어렵다. 졸

자는 이미 귀국을 명받고 있어, 그러한 일에 대해 [다시] 여러 가지를 이야기하여 [그쪽과 주고받을 시간적 여유가 없다. 그러나 수취한 서간의] 취지에 대해서는 아직도 이해할 수 없는 지면도 있기 때문에, 이것을 수취할 수는 없다. 귀국하여 만일이라도 [주인] 교우부 타유우가, 위의 의문 3개소 중에서 [그 하나하나에 대해] 이해하기 어려운데 [어떻게 된 일인가라고] 그렇게 취지를 질문 받아도 [지금의 단계에서는 전혀 설명할 수 없다.] 설명하려 해도 [그쪽의 회답이 없기 때문에] 그 일부라도 이야기할 수 없다. 그렇기 때문에 [수취하여 본국으로 가지고 갈 수 없는 것이다.] 위에 받아서 맡아두었던 반한은 [그쪽의] 훈도와 별차에게 봉인을 찍게 하여 관수에게 건네 [이 조선 땅에 맡겨] 두는 것으로 했다. 어쨌든 [이 건에 관해서는] 거듭 [계속해서 교섭을 해야 하는 것으로] 이 일에 대해서는 또 [다시] 다른 사자가 파견될 것이다. [그 다른 사자가] 도해했을 때 [이 대화를 계속하여 다시] 의논하시는 것이 좋을 것이다. 또 위의 반한을 수취했을 때, 재작년과 작년 두 번은 어치주를 수취했으나 [잘 생각해 보면] 이 일건은 낙착되지 않아 아직 남은 반한도 받지 않고 있다. 그러한 단계에서 귀국한다고 하는 것은 사자로서의 역할을 수행한 것이 되지 못한다. 그렇기 때문에 [사자에 대한 보수라는] 어치주를 받는다는 일 등은 [도저히] 있을 수 없는 일이다. 즉 두 번의 치주를 [이참에] 돌려주려고 생각한다. 그 같은 취지를 [저쪽에] 전하고 [그런 후에] 귀국하시도록 하고 싶다.

一 為弔礼訳官可差渡之旨東莱より館守迄被申聞候然処御隠居様追
　付御参府被遊御事ニ候ヘハ御留守ニ訳官差渡候例も無之候縦先
　例有之候而も御留守ニ罷渡り年寄中対面之首尾公儀江之聞ヘ旁
　不宜儀与被思召上候殊御隠居様御事朝鮮筋御用向被蒙仰たる御
　事ニ候故御下向被遊候刻訳官可差渡儀ニ候其節弔礼之書簡も相
　添差渡可然候此儀館守方江申遣候処与左衛門存寄有之而館守返
　答差留置被申候雖然先例も右之通ニ候此段貴殿存知之事ニ候間
　弥先例之通可被申渡候事

1. [레이코우인 공(소우 요시쓰구)의 서거가 있어] 조례를 위해,
　역관을 [쓰시마에] 보내고 싶다고 동래부사가 관수에게 요구했
　다. 그러나 은거하신 분은 서둘러 참부하실 예정이다. 그래서
　자리에 없을 때 [조선에서] 역관을 보내는 것과 같은 예가 없
　다. 설령 선례가 있다 해도 공석일 때 도해하여 가신들이 대면
　하는 것과 같은 상황은 장군이 듣는 것도, 어쩐지 좋지 않다.
　특히 조선 관계의 용건은 은거하신 분이 [모두 취급하시는] 일
　이고 [그것도 장군이, 그 역할을 정식으로] 임명한 것이다. 그
　렇기 때문에 [에도에 갔다, 후에 본국으로] 하향하실 때쯤에 역
　관을 건너 보내도록 하라고 [동래부사에게 전해야 한다.] 그때
　는 조례의 서간도 첨가하여 보내도록 하라고 그렇게 전해야 한
　다. 이 일을 관수 쪽에 전했더니 요자에몬도 [이 같은 사정을]
　잘 알고 있어 관수가 [동래부사에게] 보내는 [승낙의] 답을 [이
　미] 보류해 두었다고, 그 같은 일을 말해 왔다. 그렇기는 하지
　만 [조례의 사자파견은] 선례도 있어 [모든 것을 금지시킬 수

도 없다.] 위와 같[은 사정이 있어 은거하신 분의 귀국을 기다
렸다가 역시 행해야 할 것이다.] 이 일은 귀하도 아시는 일이
기 때문에 선례에 따라 [저쪽에 전하여, 그 시기에 대해서는]
다시 별도로] 전해주어야 한다.

一 殿樣御家督被蒙仰候得共御幼少ニ被成御座候付乍当分朝鮮筋御用
　向御隱居樣江被蒙仰候御通交御印之儀御隱居樣御印替へ可被申
　候哉又者唯今迄渡り居候彦滿之御印を以御通用可被遊候哉此段
　者彼国之心入次第右之趣古川藏人被差渡茶礼相済候已後藏人真
　案ニ被仕接慰官東莱江貴殿方より訓導別差を以相渡候樣可被仕候

1. 토노사마(소우 요시미치)가 가독을 계승하는 것으로 [장군의]
   허가를 받았다. 그러나 유소하시기 때문에 당분간 조선 관계의
   용건은 은거하신 분이 [담당하도록 하라는 장군의] 명이 있었
   다. 조선과의 통교(통상교역)에 사용하는 어인(송사를 파견할
   때의 동인, 즉 즈쇼)의 일은 [토노사마의 인이 아니라] 은거하
   신 분의 인으로 대신해야 하는 것인가, 아니면 지금까지 계속
   사용하고 있는 히코미치(소우 요시자네의 유명)의 인(아명 송사
   의 감합인)으로 금후에도 통용하는 것이 좋을까. 통교의 일은
   그 나라가 생각하는 대로이겠으나, 위의 취지에 대해 후루카와
   쿠란도를 도해시켜 [교섭하게 하려고 생각한다.] 차례가 끝난
   후에 쿠란도가 한문의 사본을 [저쪽에 건넬] 예정으로 되어 있
   다. 접위관이나 동래부사에게는 귀하 쪽에서 훈도나 별차를 통
   해 [이 교섭의 원활한] 교량 역할을 해주도록 해주셨으면 한다.

一 与左衛門今度御返簡不請取候而帰国被仕儀ニ候ヘハ彼方より之
　馳走両度分共請候而者首尾不宜儀ニ被思召上ニ付返進仕可然与
　之御事ニ候若御返簡を改被請取首尾ニ候ハ、両度之馳走可被請
　候縦馳走返進被仕候とも両度之馳走員数之分者上より被成下与
　之御事ニ候以上
　　　　四月廿八日　　　　　　　　　田嶋十郎兵衛
　　　　　　　　　　　　　　　　　　杉村采女
　　　　　　　　　　　　　　　　　　平田隼人
　　　高勢八右衛門殿

1. 요자에몬은 이번에 반한을 받지 않은 채 귀국을 명받았다. 그렇기 때문에 저쪽이 주는 치주를 두 번에 걸쳐 모두 받아버리면 상황이 좋지 않다. 그렇게 [은거하신 분은] 생각하고 계신다. 그래서 [저쪽에] 돌려주도록 하라는 명령이다. 혹시라도 반한을 고쳐서 수취하게 되는 상황이 되면, 그 두 번의 치주는 받아도 좋다고 하는 [그러한 의향이다.] 설령 치주를 돌려주어도, 이 두 번의 치주에 관계한 인원에게는, 그 인수가 일한 것에 대해 위에서 각각 지급이 있다고 한다. 이상이다.

　4월 28일　　　　　　　　　타지마 쥬우로우베에
　　　　　　　　　　　　　　스기무라 우네메
　　　　　　　　　　　　　　히라타 하야토

　타카세 하치에몬 토노

(33-03)

〃陶山庄右衛門^江御渡被成候御書付左^ニ記之

(33-03)

〃[노직이] 스야마 쇼우에몬에게 건네주신 서부를 아래에 기록한다.

覚

貴殿儀今度朝鮮^江被差渡候多田与左衛門^江被仰付候御用向之儀附り
与左衛門帰国之首尾旁貴殿存寄之通申談冝様^ニ了簡仕候様^ニ与之御意
候以上

　　四月廿七日　　　　　　　　　　田嶋十郎兵衛

　　　　　　　　　　　　　　　　　杉村采女

　　　　　　　　　　　　　　　　　平田隼人

陶山庄右衛門殿

각

　귀하를 이번 [역할로 해서] 조선에 건너 보내기로 했다. [그 역할이라는 것은] 타다 요자에몬에게 [지금까지] 명해 두었던 용건[의 죽도일건]에 대한 것이다. 요자에몬에 대해서는 [아시는 바와 같이 그 교섭이 교착상태에 빠지고 말았다. 어쩔 수 없이] 귀국할 상황이 되었다. 그러나 [아직 현안은 남은 채로 해결에 이르지 않았다. 그래서] 여러 가지로 귀하가 생각하고 있는 것을 [요자에몬에게] 그대로 이야기하여 [전후를 잘] 상담하여 [이번에] 잘 되도록 처리해주었으면 한다. 그와 같은 [은거하신 분의] 생각이시다. 이상.

4월 27일　　　　　　　　　타지마 쥬우로우베에

　　　　　　　　　　　　　스기무라 우네메

　　　　　　　　　　　　　히라타 하야토

스야마 쇼우에몬 토노

(33 - 04)

〃陶山庄右衛門船中より相伺候書付則御返答之趣左ニ記之

(33 - 04)

〃스야마 쇼우에몬 님이 [조선행] 선중에서 [보낸] 질문의 서부이
다. 그것에 대한 [은거하신 분의 뜻을 담은 가로의] 반답이 있
다. 그 취지를 아래에 기록한다.

覚

一　　与左衛門殿御帰国之儀彼方ニ被仰渡候而後万一彼方より御返簡改
　　　可申候間御返シ被成候へと被申懸其御返答ニ御改被成候御返簡を
　　　此方ニ御為見被下候へ某心ニ此分ニ而者対馬より東武ニ差出候而も苦
　　　かる間敷与奉存候程ニ改候者直ニ申請候而先頃受取置候御返簡返進
　　　可仕候左様無御座候而者返進仕儀不罷成与御申候段可然哉与奉存
　　　候

각(질문의 서부)

1. 요자에몬 님이 귀국하게 된다는 것을 저쪽에 전달하신 후, 만
　일에 저쪽에서 반한을 수정할 것이니 [이번에 건넨 반한을] 돌

려 주세요라고 말을 하면, 그 반답에 대해서는 먼저 수정한 반한을 이쪽에 보여 주세요[라고 말할 예정이다.] 졸자의 생각에 [비추어 보아] 이 정도라면 쓰시마가 동무에 올려도 지장이 없다고, 그렇게 판단할 수 있는 정도로 [혹시 문언이 고쳐져 있으면 바로 받]을 생각이다. 그리고] 지난번에 수취해 두었던 반한을 [바로] 반각할 생각이다. 그렇지 않으면 [반한을] 반각하는 일을 할 수 없다라고, 그렇게 이야기할 계획이다. 그렇게 해서 좋을까요.

返答

一 右之趣成程尤ニ候間其通ニ可仕候必改候御返簡を不見届ニ右ニ請取置候御返簡差返シ被申間敷事

[이것에 대한] 반답

1. 위의 [말하는] 취지는 참으로 당연한 일이다. 그대로 하면 지장이 없다. 수정된 반한을 확인하지 않으면 위의 받아두었던 반한을 [저쪽에] 돌려줄 필요가 없다.

一 先頃御請取置候御返簡を彼方より改り之御返簡持下らさる前ニ御返し被成候者只犯越侵渉与申不有欠誠信之道乎与申候類之所のミ除候而文体をやわらけ被申たる迄ニ而八十年以来彼嶋を日本之属嶋与被成たる様体御使者申分ニ而承り候与申儀者決而書入被申間敷与奉存候彼方より御返シ被成候得与被申候而も御返シ不被成館守ニ御預ケ置候而御帰国之後御改之御使者彼御返簡付

段々与被仰懸旨有之候者八十年以来彼嶋を日本之属嶋与被成た
る様体を御使者申分ニ而承り候与申儀を書入られ候事も可有御
座哉与奉存候

[질문의 서부]
1. 지난번에 수취해 두었던 반한을, 저쪽에서 수정한 반한이 오기
   전에 [저쪽에] 반각하게 되는 일은 [교섭으로서는 졸렬한 일이
   다. 저쪽이 수정에 응한다고 말하는 것은] 그저, 범월, 침섭, 결
   성신이라고 말하는 류의 곳만을 삭제하고 [전체의] 문체를 부
   드럽게 하는 것일 뿐이다. 80년래, 그 섬이 일본의 속도로 되어
   있었다고 하는 상태는 [이쪽의] 사자가 말하는 것일 뿐이다.
   [그것을 저쪽이] 알았다고 말하는 것과 같은 일은 아니다. [그
   러므로 그 같은 문언을 저쪽이] 결코 기입하는 일은 없다고 생
   각한다. 저쪽에서 [반한을] 돌려주세요라고 분명히 말해도 돌
   려주지 말고 관수에게 맡겨 두[어야 할 것이다. 요자에몬이] 귀
   국한 후에 다시 수정을 요구하는 사자를 [다시 파견하여] 저쪽
   의 반한[을 담보로 해서 여러 가지로 명령받을 것 같은 내용
   [의 교섭을 할 수 있으면 좋다고 생각한다. 그렇지 않으면] 80
   년래로, 그 섬이 일본의 속도였다는 상태를, 사자가 요구하는
   것을 알았다고 말하는 것과 같은 일을 [저쪽이, 어쩌면] 기입하
   는 일이 될지도 모른다. [이 같은 생각으로 일을 진행하고 싶은
   데 그것으로 좋은 것인지.]

返答

一　如被申越候書改之御書簡不見届前ニ右ニ請取置候御返簡彼方へ被
　　相渡候ハヽ、必定書改候御返簡直り様冝ケル間敷候間万一可書改
　　之旨申候ハヽ、下書ニ而得与被見届不冝与被存所も有之候ハヽ、幾
　　重にも被申談為書改本書請取被申候而後ニ弥右之御返簡者可被
　　差返事

[이것에 대한] 반답

1. [귀하가] 생각하시는 것 그대로이다. 수정된 반한을 확인하기
　　전에 전에 받아 두었던 반한을 저쪽에 건네주고 말면 [그 후에
　　는 도대체] 어떻게 수정된 반한이 도착하게 될 것인가. 아마도
　　그 고친 내용은 [더] 좋지 않은 것이 되어 있을 것이다. 만일
　　[저쪽이] 개서한다고 그러한 취지를 말하는 일이 있으면 [먼저]
　　사본을 충분히 확인하는 것이 좋을 것이다. 그런 후에 좋지 않
　　다고 생각하는 부분이 있으면 몇 번이고 [그쪽과] 상담하여 다
　　시 기록하여 받는 것이 좋을 것이다. 그리고 [그것을 확인한 후
　　에] 정본의 서한이 된 것을 청취해야 한다. 그런 후에 위의 반
　　한을 돌려준다고 하는 순서가 된다.

一　与左衛門殿御帰国之首尾も彼御返簡を東莱ニ江御返し候迄ニ而御帰
　　り候より者館守ニ御預ケ置候而御帰り候歟増にて可有御座哉与
　　奉存候

[질문의 서부]

1. 요자에몬이 귀국하는 상황에 대해 [그때] 저쪽이 보낸 반한을 [그대로] 동래에 [바로] 돌려주고 돌아오는 것보다, 관수에게 [일단 반한을] 맡겨둔 상태로 하고 돌아오시면 어떨까요. 이렇게 하는 것이 [교섭이 계속하고 있는 형태가 되어, 금후의 일을 생각하면 훨씬] 좋[은 방법이] 아닐까요라고, 그렇게 생각하는 바이다. [어떨까요.]

返答

一 此趣者高勢八右衛門江家之中より以書付申達候様ニ与左衛門帰国之首尾従御隠居様御差図ニ付帰国被仕候就夫右ニ請取置候御返簡之内難心得与存候御書面を御尋不申候而請取帰国者難仕候故不審ニ存候所御尋申入候由ニ而真文被相渡不取合様子か又ハ段々与可及延引勢イに候ハ、右之御返簡請取帰国難仕由ニ而館守江被相渡置帰国之筈ニ候万ニ一可書改由申候ハ、前二ヶ条之返答ニ申述候様ニ可被仕事与左衛門帰国之首尾之儀者委細八右衛門江相渡候覚書ニ書載有之候故不能詳候

[이것에 대한] 반답

1. 이 [제안의] 취지에 대해서는 타카세 하치에몬에게 가신 중의 한 사람이 서부로 전해 두었다. 그것에 기록되어 있듯이 요자에몬 귀국의 상황에 대해서는, 은거하신 분의 지시에 따라 그 귀국이 허가된 것이다. 그러나 그것에 대해 [부언해 두자면 요자에몬이] 수취해 두었던 반한 중에는 이해하기 어렵다고 생각

하는 서면[의 개소가 있다. 그래서 이상하게 생각하는 것을 [들어서] 질문하여 [저쪽에] 해명을 요구하라고 [명한 것이다.] 그 취지를 한문으로 해서 [저쪽에] 건네라고 [지시했다. 그 결과, 저쪽이 계속] 상대하지 않으려고 하는 상황이거나, 또는 여러 가지 [이유를 붙여서 회답을] 연기하려고 하는 태도를 보이면, 위의 반한을 [바르게] 수취하여 귀국하는 일 등은 이미 어렵게 된다. 그렇기 때문에 [반한은] 관수에게 건네주고 그대로 귀국해야 한다. 만일에 개서한다고 하는 내용을 [저쪽이] 말한다면, 전에 2개의 반답으로 말한 것처럼 [그것에 따른 대응이] 이루어질 수 있다. 요자에몬이 귀국한다는 상황에 대해서는, 그 자세한 것을 타카세 하치에몬에게 건네준 각서에 기재해 두었다. 그러니 [그것을 참조했으면 한다. 지금 여기서 하나하나] 자세히는 말하지 않겠다.

一 御返翰を御返し被成候へ改進可申与彼方より被申出候段可有儀
　二而無御座候得共万一左様之儀御座候時彼御返簡を御返し被成
　候段者此度之御用之大節成所与奉存候故存寄之趣申上候御相談
　之上二而御決定之通を与左衛門殿江可被仰遣御事二ケ惲奉存候此
　段為可申上如斯御座候

[질문의 서부]

1. [저쪽이] 반한을 돌려주세요, 수정할 테니까라고 그렇게 말할 가능성은 없다. 그러나 만일 그러한 일이 있으면 저쪽의 [요망에 따라] 반한을 돌려준다는 일이 되지 않을 수 없다. 그러한

[반각의] 단계란, 이번 용건에 있어 [가장] 중요한 일이라고 생각한다. 그렇기 때문에 [졸자가] 생각하는 것의 취지를 [일단 이곳에] 말씀드려 둔다. [신중하게 노직 분들이] 상담한 후에 결정한 것을 [바르게] 요자에몬 님에게 전해주었으면 한다. 그러한 일이 황송한 일이기는 하나 [이참에 필요한 일이라고] 이렇게 생각하기 때문에 이 일을 여기서 말씀드렸습니다.

返答

一 被申越候様ニ書改之御返簡不見届前ニ彼方江右之御返簡被相渡候
　段者決而不宜候間左様可被相心得事
　　右之通夫々ニ御了簡之通返答書ニして差越候条則此書付与左衛門
　　八右衛門江も申達幾重ニも後々仕克様ニ双談可被仕候爰元より被
　　思召上候与者朝鮮表之様子勢等違申事可有之候間たとへ此方よ
　　り御差図被仰越候儀ニ而茂朝鮮之勢ニよって決而不宜以後難被成
　　儀者幾重ニも宜双談可仕候様ニ与之御意ニ御座候以上

　　　　五月九日　　　　　　　田嶋十郎兵衛

　　　　　　　　　　　　　　　杉村采女

　　　　　　　　　　　　　　　平田隼人

陶山庄右衛門殿

[이것에 대한] 반답

1. [그쪽이] 말한 대로 [이쪽도 생각하고 있다.] 수정된 반한을 보기 전에 저쪽에 위 반한을 건네주고 말면 결코 좋은 결과가 되지 않는다. [요자에몬에게는 그 일을 전했다.] 그 같은 일이므

로 잘 생각해서 [일을 하시도록] 하셨으면 합니다. 위와 같이 그것들에 대해 [노직들이] 이해하는 그대로를 [여기서] 답서로 해서 건네둔다. 그것도 이 서부는 요자에몬과 하치에몬에게도 건네 [일의 취지를 충분히] 알려 둔다. [그들과] 몇 번이고 [타협을 해서] 훗날까지도 [명백하게 될 수 있도록 그렇게 문제를] 극복할 수 있도록 [잘] 상담해 주었으면 한다. 이쪽에서 [이것 저것을] 생각하는 일과 조선의 [실제] 상황이나 그 [현장의] 분위기 등은 [당연히] 틀리기 마련이다. [그와 같은 차이가 있는 가운데서는] 설령 이쪽에서 지시를 전해도 조선의 흐름에 따라서는 [그 지시대로는] 결코 좋은 결과를 낳지 않는다. 지금 이후로 만일에 곤란한 일이 일어나게 되면 [모두가] 몇 번이고 [협의하여] 좋은 [결과를 얻을 수 있도록 잘] 상담에 [대응해] 주었으면 한다. 그와 같은 [은거하신 분의] 생각이다. 전하는 일은 이상이다.

5월 9일 　　　　　　　　　타지마 쥬우로우베에

　　　　　　　　　　　　　스기무라 우네메

　　　　　　　　　　　　　히라타 하야토

　스야마 쇼우에몬 토노

(33-05)

〃五月十一日高勢八右衛門陶山庄右衛門阿比留惣兵衛渡海館着

(33-05)

〃5월 11일에 타카세 하치에몬, 스야마 쇼우에몬, 아비루 소우베

에가 도해하여 초량화관에 도착했다.

【大綱三四段(元禄八年五月②)】

(34－00)

○同八年五月十五日与左衛門方^江訓導別差召寄せ与左衛門僉官中館
守裁判同然^ニ対面之上此度与左衛門儀天竜院公より帰国可仕旨被
仰付候^ニ付請取置候返簡之内不審之所東莱^江申達シ御返答承届帰
国不仕候而ハ不罷成事与存候付其趣書付^ニ相認東莱府使^江進之候
且又僉官中両度渡海^ニ付御馳走を受^ケ置候得共此節帰国^ニ付御馳
走之品不残致返進候都表^江右之段早々被及啓聞候様^ニ東莱^江可申
達旨申渡也

【대강 34단(겐로쿠 8년 5월 ②)】

(34－00)

○겐로쿠 8년 5월 15일에 요자에몬 쪽에 훈도와 별차를 불러들였
다. 요자에몬은 검관옥(초량화관 내 서관의 하나) 안에서 관수
나 재판을 만나듯이 [직접] 대면하여 [그들과 이야기했다.] 이번
에 졸자 요자에몬은 텐류우인(소우 요시자네) 공한테 귀국을 명
받았다. 수취해 두었던 반한 중에는 이상한 곳이 있다. 그것을
동래부사에게 전하여 그 반답을 받지 않으면 귀국은 하기 어렵
다. 그렇게 생각하기 때문에 그 취지를 서부로 적어 두었다. 그
것을 동래부사에게 건네고 싶다. 그리고 또 검관옥에 [오랫동
안] 체재하는 가운데 두 번 도해하여 그 [두 번의 역할]에 대해
[그쪽에서] 어치주를 받았다. [그 어치주품을 다시] 이곳에 남겨

두었다. [교섭이 진행되는] 이러한 시기에 [사자가] 귀국하게 되어서 [유감스럽게도 사자의 역할을 다하지 못하였다. 그래서] 어치주품은 남김없이 [이번에] 돌려주기로 한다. 도성에 위의 사정을 빨리 알려 [국왕의] 귀에 들어가도록 동래부사에게 전언해주기를 원한다. 그러한 취지를 [그들에게] 전했다.

(34-01)

〃 与左衛門方より訓導別差江申渡候口上之趣書付左ニ記之

(34-01)

〃 요자에몬 측에서 훈도와 별차에 전한 구상이 있다. 그 구상의 취지를 서부로 해서 아래에 기록해 둔다.

一 拙子儀今度早々引取候様ニ与従刑部大輔殿被申越候付追付致帰
　国候就夫唯今請取置候御返簡之内難心得儀共数ヶ条御座候得共
　拙子再渡之御返簡申請候上ニ而御返簡両通之趣を考合候而御尋
　可申与存罷在候之処再渡之御返簡決而被成間敷由被仰切候然共
　落着不申儀を其内ニ而罷帰刑部大輔殿江可申達様無御座候依之不
　審ニ存候趣書付進之候道中往来定而廿五六日ニ者御返答可参候間
　日限余斗候而今日より三十日相待可申候縦御返答無御座候共右
　之日数過候而者一日も滞留不罷成候御返答不承致帰国候ニ者心
　入も有之事候今度帰国ニ付致受納置候両度分之御馳走致返進候
　心入之儀者別紙書付進之候拙子儀両度迄罷渡剰三年ニ及候迄致
　滞留御用不相済致帰国候段誠以残念至極存候度々申達候通去年

之秋以来朝鮮国より拙子ˮ被対候而之被成方難心得事而已御座
候首訳之儀をも兼而申達候得共于今否之御返答も不承候来月十
六日ˮ者乗船仕儀ˮ候間法例之通為見送首訳罷下候様旁早々御注
進可被成候

1. 졸자는 이번에 서둘러 [조선에서] 철수하도록 하라는 교우부
   (소우 요시자네) 님의 명을 받았다. 그렇기 때문에 곧 귀국합니
   다. 그것에 대해 [말해둘 일이 있다.] 지금 청취해 두고 있는
   반한에는 납득이 가지 않는 문언이 수 개조 정도가 있다. [그
   것을 수정해 주지 않으면 안 된다.] 또 졸자가 다시 도해하며
   [새로 조선] 가져온 서간이 있는데, 이것에 대한 반한을 받지
   않으면 안 된다. 그러므로 [이쪽에 건네주실] 반한은 [이전의
   것과 합하여] 2통이라는 것이 된다. 그 [2통의 반한이 내려오
   면 이것에 대해] 검토하여 질문할 것이 있어 [이렇게] 요구를
   하고 있었다. 그러나 다시 가지고 건너온 서간에 대해서는 반
   한은 없다고 말한다. 그렇게 [그쪽에서] 단언해 버렸다. 그러나
   낙착되지 않은 것을 그대로 가지고 돌아가 교우부 타유우 님에
   게 말씀드리는 일도 하기 어렵다. 그러니 [청취해 둔 반한 중
   에서] 이상하게 생각하는 곳을 [개조의] 서부로 해서 [그쪽에]
   질문하기로 한다. [도성에 보고하게 되면] 도중의 왕래도 있어,
   아마 25, 26일이나 지나야 [이쪽에] 반답이 오게 될 것이다. 날
   짜의 여분으로 보아 오늘부터 30일 정도 기다려야 한다. 설사
   반답이 내려오지 않는다 해도 위의 일수가 지나버리면, 그 이
   후 [졸자는] 하루라도 체류를 계속하는 것과 같은 일은 하지

않는다. 반답을 받는 일 없이 [사자가] 귀국한다고 하는 일이 된다면 [교섭은 파탄이다. 그렇게 되면 이쪽도 그것에 대응하는] 생각이 있다. 이번에 귀국하는 것에 대해 수납해 두었던 두 번의 어치주를 이참에 반각하는 것으로 한다. 그리고 [이쪽의] 생각에 대해서는 별지의 서부로 해서 요구하기로 한다. 졸자는 [조선에] 두 번이나 건너와 3년에 이르도록 오랫동안 체류하고 있었다. 그러나 용건을 해결하는 일을 하지 못하고 귀국하게 되었다. 이 일은 그야말로 유감스럽기 짝이 없다고 생각하는 바이다. 여러 번에 걸쳐 [그쪽에] 말씀드린 대로 작년 가을 이래로 조선국에서 졸자에 대해서, 그 대응, 그 하는 처사는 참으로 참을 수 없는 일이 있었다. 수역을 [재파견하는] 일도 전부터 말씀드려 두었으나 지금까지 안 된다는 답조차 받지 못했다. 그야말로 [완전히 무시당한 형태로 일은] 경과하고 말았다. 내월(6월) 16일에 [결국 졸자는 귀국하게 되어] 승선하게 될 예정이다. 그러나 법과 전례대로 [이때] 전송해야 하는 수역이 [없다. 그때 이곳에] 내려와 있지 않으면 [안 되는데, 그렇게 되어 있지 않다.] 그와 같은 [법례의 준수가] 지켜지도록 이것저것 [수배해 주었으면 한다. 준비도 필요할 것이므로] 서둘러 [도성에 이 일을] 주진해 주었으면 한다.

(34－02)

疑問四箇条

[真文]

疑問四条奉呈東莱府使大人以請転達于京都回答書中時遣公差往来

搜撿云謹按因幡伯耆二州辺民年年徃竹島淹留以漁採因幡伯耆二州牧
年年献彼島鰒魚於東都彼島在大海中而風涛危険故非海上安穩之時則
不淂徃来于彼島貴国若実有遣公差之事亦当海上安穩之時自大神君統
合域内至于今八十一年我民未曾奏与貴国公差相遇于彼島之事貴国公
差若与我民相遇于彼島則当告我民来居事狀於本邦而貴国未曾告其事
也而今回答書中言時遣公差徃来搜撿者不知何意也伏希開示

(34－02)

　의문으로 생각하는 4개조가 있어 [여기에 기록하여] 동래부사 대
인에게 정한다. 경도에 전송하여 [이 의문에 대해 각각을 분명히 해]
주셨으면 한다. [이번에 내려온] 회답서 중에 [조선에서는] 자주 정
부의 사자를 [당해의] 섬에 파견한다고 있다. 이 섬에 왕래하며 [내
부를] 수색 검사한다고 한다. 이것을 삼가 생각해보기로 한다. 이나
바와 호우키 2주의 변민이 매년 죽도에 가서 이곳에 체류하며 어채
한다. 그리고 이나바 호우키 2주의 태수는 매년 그 섬에서 잡은 전
복을 동도(에도) 에 헌상한다. 그 섬은 대해 중에 있어 풍도의 위험
이 있기 때문에 해상이 안온한 시기가 아니면 섬에 왕래하는 일을
할 수 없다. 귀국에서도 만일 정부가 사자를 섬에 파견한다면 그것
은 해상이 안온한 시기에 [배를] 왕복시킬 것이다. 대군(德川家康公)
이 [일본국의] 역내를 통합하고 지금에 이르기까지, 이미 81년이 경
과했다. [이 사이에] 우리나라 어민은 아직까지 귀국 정부의 사자와
그 섬에서 조우한 사실이 없다. 그와 같은 일을 [과거에 장군에게]
보고해 온 예가 없다. 귀국 정부의 사자가 만일 우리나라 어민과 그
섬에서 조우했다면 당연히 우리 어민이 가서 살고 있는 일을, 그 사

실을 우리나라에 알려왔을 것이다. 그러나 귀국은 지금까지 그러한 사실을 알려온 적이 없다. 그러한데 이번의 회답서 중에 때때로 정부의 사자를 파견하여, 그 섬에 왕래하여 수색 및 탐검을 해왔다고 말한다. 이것은 어찌 된 일인가. [사자의 파견이라는 기재는 그동안의 사실에 맞지 않는다. 이것은] 이해할 수 없는 일이다. 이 의문의 시비를 답하여 주실 것을 여기에 엎드려 개시를 원한다.

回答書中不意貴国人自為犯越云貴国人侵渉我境云謹按両国通好之後徃来于竹島之漁民漂到于貴国地礼曹参議与書於弊州以送返漂民之事総三度矣其中七十八年前書云倭人馬多三伊等住居三尾関而徃漁于欝陵島五十九年前書云伯耆州八木子村市兵衛家丁為捉魚取油来到竹島^(三十年前書＝云フ伯耆州米子村ノ居民入リ徃テ竹島)漁採由是考之本邦辺民徃漁于彼島之事状貴国所曾知也以上上年我民徃漁于彼島為犯越侵渉則七十八年前五十九年前三十年前三度書中何不言犯越侵渉之意乎三度書中無犯越侵渉之辞意而今回答書中言為犯越言侵渉我境者不知何意也伏希開示

[이번에 내려온] 회답서 중에는 [이쪽을 향해 범월 침섭이라는 비난의 말을 한 부분이 있다. 즉] 귀국(일본) 사람이 갑자기 와서 스스로 월경의 죄를 범했다고, 그리고 귀국 사람이 우리 경역을 침입하여 이 섬에 건너왔다고, 그러한 문언이다. 이것을 삼가 생각해 보기로 한다. 양국 통호의 [길이 케이쵸우 14년, 즉 기유년의 조약으로 재개했다. 그] 후 죽도에 왕래하는 [우리나라의] 어민이 귀국(조선) 땅에 흘러 표착한 일이 있다. 예조참의가 서간을 폐주(쓰시마)에 주어 표민을 송환한 일이 있었다. 그것은 총계 3회였다. 그중 78년 전

의 일은 그 당시의 서류에 왜인 마타자이(마타조우, 혹은 마타자에 몬) 등이 표착했는데, 그들은 미호노세키(이즈모노쿠니 미호노세키)에 거주하며 울릉도에 왕래하며 어렵했다는 기재가 있다. 또 59년 전의 일은 그 당시의 서류에 호우키노쿠니 요나고의 이치베에의 부하가 표착했는데 그들은 강치(海魚:海獸)를 잡아 그것에서 기름을 취하기 위해 죽도에 도래했다는 기재가 있다. 그리고 또 30년 전의 일은 그 당시의 서류에 호우키노쿠니 요나고 거민이 죽도에 들어가 이곳에서 표착했는데, 그들은 왕래하며 어채하고 있었다는 기재가 있다. 이러한 일로 생각하면 본방의 변민이 그 섬에 왕래하며 어채하고 있었던 사실을 귀국은 원래 알고 있었던 것이다. 재작년(원록 6년)에 우리 어민이 그 섬에 왕래하며 어채하고 있었던 사실을 범월 침섭(월경의 죄를 범하며 침입하여 섬으로 건너간다)이라고 비난한다면, 78년 전, 59년 전, 30년 전의 세 서류 중에는 어찌하여 범월 침섭이라는 말이 없고, 어째서 지금 [이번의] 회답서 중에 범월했다고 말하고, 우리 경계를 침섭한다고 말하는 것인가. 이것은 어떤 의미일까. 이해할 수 없는 일이다. 이 의문에 꼭 답하여 주시도록 엎드려 개시를 원한다.

回答書中一島二名之狀非徒我国書籍之所記貴州之人亦皆知之云謹按初度答書以竹島蔚陵島為二島貴界竹島弊境蔚陵島云蔚陵島名我書中所不載也故再遣使呈書以請除却弊境蔚陵島一句且令使者口請若不除却彼一句則開示不除却之曲折去年春先太守赴東都時帶初度答書写本貴国曾考一島二名之狀載于書籍之中而又為一島二名之狀弊州之人亦皆知之則初度答書何言貴界竹島弊境蔚陵島乎若初不知竹島即蔚陵

島而為二島二名則今之答書何言一島二名之狀非徒我国書籍之所記貴
州之人亦皆知之乎是乃可疑者也伏希開示

　[이번에 주신] 회답서 중에 [이 섬이] 1도이면서 2개의 이름을 가
지는 상태라는 것을 [명백하게 지적하는 문언이 있다.] 그것은 우리
나라(조선)의 서적에 기록되어 있을 뿐만이 아니다. 귀주(쓰시마)의
사람들도 역시 이 일을 알고 있다라고 그렇게 기록해둔 것이다. 이것
을 삼가 생각해보기로 한다. 처음의 회답서 중에서는 죽도와 울릉도
는 2도로 표현하고 귀계의 죽도 폐방의 울릉도라고 [그러한 문언이
같이] 기록되어 있었다. 울릉도의 이름은 이쪽 사자가 [최초로 드린]
서간 중에는 실려 있지 않은 도명이다. [이쪽은 1도 1명으로 하여 원
래 죽도라는 도명만 기록했을 뿐이다.] 그렇기 때문에 다시 사자를
파견하여 서간을 드렸을 때 [2도처럼 들려서 혼란하기 때문에] 폐경
의 울릉도 1구를 제거하여 이곳에 기재하지 말 것을 서중에서]요청
했다. 그리고 사자도 구두로 제거에 관한 일을 요청하도록 [이쪽은
말을 전하는 역관에게] 명을 내렸다. 만일 울릉도라는 1구를 삭제하
지 않을 때는, 삭제하지 않는 이유가 있을 것으로 이것을 알려 주실
것을 [이쪽이 요청하고 있었다.] 거년(원록 7년)에 태수(소우 요시쓰
구)가 동도(에도)에 갔을 때, 첫 회답서의 사본을 대동하고 출발했다.
[그래서 동도에는 귀계의 죽도 폐경의 울릉도라고, 2도2명의 형태로
보고를 하였던 것이다.] 귀국(조선)은 말한다. 1도2명의 상태가 서적
중에 기재되고, 또 1도2명의 상태를 폐주(쓰시마) 사람도 모두 알고
있다고 했다. 그렇게 말하는데 어째서 첫 회답서에서는 귀계의 죽도
폐경의 울릉도라고 [일부러 병렬하여 이것을] 기재했던 것인가. 만일

첫회답서에서 죽도는 곧 울릉도라고, 그러한 사실을 몰랐다고 한다면 2도가 있고 2명이라고 [믿고 기록하고 있었다고] 한다면 이번의 회답서 중에서 왜 1도이면서 2명의 상태이고, 이것은 오직 우리나라의 서적에 기록된 것만이 아니라 귀주의 사람들도 모두 이것을 알고 있다고 말하는 것인가. 이것이 곧 의문의 곳이다. [이 의문에 꼭 답하여 주실 것을] 여기에 엎드려 가르침을 원한다.

謹按八十二年前弊州寄書於東莱府以告看審礒竹島之事府使答書云本島即我国所謂欝陵島者也今雖荒廃豈可容他人之冒占以啓闢寡耶再答書亦云所謂礒竹島者実我国之欝陵島也今雖廃棄豈可容許他人之冒居以啓闢寡耶此二書転写以伝之此時大神君台徳君攻大坂城而不暇聞邉徼之事弊州不転啓彼二書者即是待大坂平夷之日也吾先君以八十一年前正月三日溟于州府胤子年僅十二而襲封爵掌両国通交事自是以後柳川調興党当両国通交之路上欺執政内罔幼主偽言妄行無所不至積悪終呈露党類悉刑戮八十一年前大坂平夷之日不転啓彼二書者由調興党務詐誕以失誠実也七十八年前本邦辺民徃漁于彼島以漂到于貴国地之時礼曹叅議与弊州書云倭人馬多三伊等柒名被獲於辺吏問其情由則乃住居三尾関而徃漁于欝陵島遇風漂到者也茲付順帰倭船送回貴島盖八十二年前言可容許他人之冒居以啓闢寡耶則無七十八年前聞他人徃漁而容許之之理矣当時若以両国相歓之故不禁止我㟔徃漁則無書中不述其情由之理矣以彼島為貴国属島則他人之在彼島多年住居亦冒也一時徃漁亦冒也然則無只禁多年住居而不禁一時徃漁之理矣是誠可疑者也故上上年弊州受東都命時不転 啓東莱府二書写本也今回答書中言一島二名之状貴州之人亦皆知之者以八十二年前東莱府答書有礒竹島者実

我国之欝陵島也之句乎貴国若終不改慮而今之答書転啓于東都則八十二年前二書写本亦当転啓之然則八十二年前書七十八年前書辞意不相合者今不可不請問之伏希開示

　　乙亥五月日　　　　　　　　差使 橘真重 拝書

　　삼가 생각하여 보니, 82년 전에 폐주(쓰시마)가 서간을 동래부에 보내 이소타케시마(礒竹嶋)를 자세히 조사하고 싶다고 요청한 일이 있다. [그때] 동래부사의 답서는, 이 섬은 우리나라에서 말하는 울릉도이다. 지금은 황폐해 있으나 어찌 타국인의 출입과 점거를 용인하여 섬의 요과(鬧寡: 시끄러웠다가 조용해지는 일상생활)의 단서를 열게 하는 일이 있겠는가라고 있었다. 재답의 서간에도 역시 같은 일이 기록되어 있다. 즉 소위 이소타케시마란 실은 우리나라의 울릉도를 말한다. 지금 [섬은] 폐기의 상태에 있다고 하나 어찌 타국인의 모거(冒居)를 허용하여 분쟁의 단서를 만들겠는가라고 있었다. 이 [82년 전의 답서] 2서를 전사하여 [이번에 이쪽에] 전해왔다. 이때 [의 일을 말하자면] 대신궁(토쿠가와 이에야스)과 타이토쿠노키미(德川秀忠)란, 당시 오오사카성을 공격하고 [이소타케시마와 같은] 변요(邊徼: 국경의 순찰)의 일을 들을 여유가 없었다. 폐주(쓰시마)가 이 두 서간을 [동무에] 전계하지 않았던 것은, 곧 이 오오사가 평정일을 기다리기 위해서였다. 그러나 우리의 선군(소우 요시미치)은 81년 전의 정월 3일에 이 [쓰시마의] 주부에서 사거하고 말았다. 그 윤자(제2대 번주 소우 요시나리)는 [이때] 겨우 12세였다. 가독을 이어 양국 통교의 일을 맡았으나, 이 후에는 야나가와 시게오키(柳川調興) 일당이 양국통교의 요로에 관계하게 되었다. [야나가와 일당은] 위로는 집정을 속이고 안으로는 유주를 속여, 그 거짓과 만행이 미치지 않는 곳이 없었다. 그러나 그 적악은 결국 노정되어 일당은 모두 형륙(刑戮)되었다. 81년 전에 오오사카 평정일에, 그 2통의 서간을 [동무에] 전계하지 않았던 것은, 이 시게오키 일당[의 짓]이다. 그들은 사탄을 행하여 [결국] 성과 실을 잃게 되었다. 이러한 경과가 있다. [그로부터 불과 3년이 지난] 78년 전에 본방의 변민이 섬에 가서 어로하다 귀국에 표류하는 일이 되었다. 그때 예조참의가 폐주에 보낸 서간에는 [다음과 같이 기록되어 있다.] 즉 왜인 마타자이(馬多三伊) 등 7인이 변리에 붙잡혔다. [표도한] 사정을 물었더니, 그들은 미오노세키(三尾関)에 사는 자들로 울릉도에 가서 어렵하고 있다가 강풍을 만나 표도했다는 것이었다. 그래서 이곳에서 돌아가는 왜선에 순부(順付)시켜 [그들을] 귀도(쓰시마)에 돌려보내기로 했다라고, 이러한 기재였다. 그렇다면 82년 전[에도 이미] 타국인의 모거(冒居)를 허용하여, 그것으로 섬의 요과(闖寡: 日常生活)를 이미 열어 놓은 것 아닌가. 즉 78년 전에 타국인이 섬에 가서 어렵하는 것을 [귀국인은] 듣고 있었다. 그러나 이것을 허용했다. [이곳에는 금지한다고 하는 문언이 없고 또 그 금지의] 조리[를 나타내는 것 같은 것이] 없다. 당시 혹시 [섬의 일상생활을 열게 하는 일, 즉 섬에서의 생활이나 노동을 허가하는 일이] 양국 모두가 기뻐하는 일 [즉 평화를 유지할 수 있는 일]이었다고 하면 [그 일로] 이것을 금지하지 않았던 것이 아닌가. [그렇지 않다면] 우리나라 어민이 섬에 가서 어렵하는 일이 있으면 곧 서중에 그 [금지를 알리고 그 금지]의 이유를 말하지 않을 리 없다. 그 섬이 [만일] 귀국의 속도라면 타국인이 그 섬에서 다년에 걸쳐 거주하는 일은 그야말로 모점(冒占)이라고 말할 수 있는 일이 될 것이다. 또 한 시기, 섬에 가서 이곳에서 어렵을 한다고 하는 것도 역시 모점이라고 해야 할 일이다. 그렇다면 단지 다년의 거주를 금하고, 그리고 한 시기 이곳에 가서 어렵하는 것도 금한다는 것을 [귀국이] 하지 않았다는 것은 이치에 통하지 않는 일이다. 이러한 일을 보면 [이 섬이 귀국의 속도였다고 말하는 것은] 참으로 의심스러운 일이다. [섬은 실제로 귀국에 속하지 않았던 것 아닌가.] 그래서 재작년(원록 6년)에 폐주가 동도의 명을 받았을 때, 동래부가 보낸 [과거] 2서의 사본을 [장군에게] 전계하지 않았다. 지금 회답서 중에 1도2명의 사정은 귀주인들도 모두 알고 있다고 하나, 이것은 82년 전의 동래부의 답서에 의한 것으로 이소타케시마는 우리나라의 울릉도라고, 그러한 문언이 있다는 것을 가리키는 것일 것이다. [그러나 그것은 82년 전, 오오사카 평정 시에 생긴 일로 착종의 시기로 그 문언 자체를 우리 장군이 정식으로 승인한 것도 아니다. 그래서 의미를 가지는 것이 아니다.] 귀국이 만일 어떻게든 그러한 생각을 바꾸지 않으면 지금의 답서를 동도에 전계하는 일이 된다. 그때는 82년 전의 2서의 사본과 같이, 또 [78년 전의 서간도 같이 동도에 그 상위하는 내용을] 전계하는 일이 된다. 그러면 그때 이 82년 전의 서간이나 78년 전의 서간이 [막부에서 비교되어] 그 문언도 의미도 합치하지 않는 [일이 분명해진다. 그렇기 때문에 미리] 지금 이 일을 [그쪽에] 묻지 않을 수 없는 것이다. [이 합치하지 않는 의문에 반드시 답하려 주실 것을] 여기에 엎드려 개시를 원한다.

　　을해(겐로쿠 8년) 5월 일　　　차사 타치바나 마사시게 배서

(34－03)

〃馳走前返進之書付左゠記之

(34－03)

〃이전에 받은 치주를 돌려주는 것에 대한 서부, 이것을 아래에 기록한다.

返進の書付

[真文]

今番吾刑部君使裁判平成常命某以帰州之事也、某因竹島一件而両度超海其始自以為雖屢更裘涉星霜使事能成回翰能改而後方可帰乎敞邑焉以故不曠、朝廷之恩意両度接応日供不辞讓而拝受焉、今則不然吾事不成吾行已決矣如是而猶受恩典去者豈使臣之義也乎乃両回五日次之雑物燕席三賜之礼単及渡海粮總而作箅計壱千八百六十石今茲返呈代官等漸次須入送於莱府伏請収納焉

差使橘真重

이번에 나의 [주군인] 교우부군(소우 요시자네)이 재판 타이라 나리쓰네(타카세 하치에몬)를 사자로 해서 [초량화관에] 파견하여 본인에게 명한 것은 귀주하도록 하라는 것이다. 본인은 이 죽도일건으로 두 번이나 도해했다. 그 첫 번째 도해에서는 스스로 [교섭의 진두에 서서] 행동하며 자주 한서의 의복을 차리고 [전례의식에 참열하여] 자주 성상[의 나날을 거듭]했으나 사자로서의 맡은 일은 잘 성립하고, 회한을 잘 고쳐, 그래서 후방의 폐읍(넓은 쓰시마의 촌읍)으로 돌아갈 수 있었다. 그러나 [나름대로의] 이유가 있어 [다시 도해하게 되었다.] 조정의 은혜로운 뜻을 펴는 일 없이, 이 두 번의 응접(매일 같은 응접)을 [나는] 거절하지 못하고 [감사하게] 받았다. 그러나 이번[의 사정은] 그렇지 않다. 나의 일은 되지 않고 내가 가는 길은 이미 결정되고 말았다. [즉 사자로서의 역할을 결국 수행하지 못했다.] 이렇다면 은전을 받지 않고 가는 것이, 사신으로서의 의리라고 생각한다. 여기서 2회에 5일속으로 해서 받았던 잡물, 연석 삼사의 예단 및 도해의 여량, 모든 것을 주판으로 계산하면 1,860석이 된다. 지금 여기에 [모든 것을] 반정한다. 대관 등이 점차 당연한 일로 해서 이것을 동래부내에 보낸다. 엎드려 이것의 수납을 원한다. 차사인 타치바나 마사시게가 여기서 아룁니다.

(34-04)

〃五月十六日訓導韓僉知入館裁判方へ罷出八右衛門并都船主柳左衛門江東莱より之返答申聞候ハ返簡之内御合点難被成四ヶ条之趣御書付被下致拝見則今昼注進仕候被仰聞候由口上之通承届候由申来候

(34-04)

〃5월 16일에 훈도 한첨지가 입관하여 재판 쪽에 왔다. 그리고 하치에몬 및 도선주 야나기자에몬에게 동래부사의 반답을 전했다. 즉 반한 내에 합의하기 어려운 곳이 있다며 그것을 4개조의 서부로 해서 건네주셨다. 그것을 배견하였다, 그 취지를 [서둘러] 오늘 낮에 [도성에] 주진했다. 말하신 구상을 [그대로] 듣고 [도

성에] 보고하기로 했다. 그렇게 [훈도 한첨지가] 전해왔다.

〃韓僉知中候者御書付昨日致持参東莱被申候者先頃御使者再渡之
返簡御乞被成候取次仕候付科被申付候故ヶ様之儀者取次候儀難
成与被申候得共韓僉知中候ハ仰御尤ニ存候得共此書付之儀者返簡
之内合点不参所有之其不審成所聞届致帰国度与之事ニ候得者各別
成儀候其上往来日数三十日相待返事可聞届与之事ニ候ヘハ間延に
被成三十日之日数相済候者定而急度帰国可有之候御注進不被成
候而不叶事之由達而申入候処東莱能被致合点今日注進被仕候

〃한첨지가 말한 것은, 서부를 어제 [동래부사에게] 지참했다 한
다. 그때 동래부사가 말씀하신 것은, 지난번에 사자가 다시 도
해[하면서 지참한 서간에 대해 조정의] 반한을 내려주어야 한다
고 [그렇게] 원하는 일이 있어 주선한 일이 있었다. 그러나 [조
정은] 그것에 대해 [필요 없는 일이라고] 처벌을 명하고 말았다.
그렇기 때문에 금후로 이와 같은 일을 다시 주선하기 어렵다라
고 그렇게 말하고 계셨다. 그래서 한첨지가 [다시 동래부사에
게] 이야기한 것은 말씀하시는 것은 당연하다고 생각합니다만
이 서부에 대해서는 반한 내에 납득이 가지 않는 곳이 있어 [사
자는] 그 이상한 곳을 들은 후에 귀국하고 싶다고 말할 뿐입니
다. 그 같은 일은 [특별히 말할 정도로] 각별한 일이 아닙니다.
그리고 왕래의 일수를 [감안하여] 30일 정도 기다렸다가, 그
[도래하는] 답을 듣고 싶다고 말하고 있었습니다. 만일 그렇다
면 시간이 걸려 30일의 일수가 지나게 되면 아마도 [사자는 그

후에] 반드시 귀국하겠지요. [그러므로 이 정도의 일은 도성에] 주진하지 않으면 안 되는 일입니다. 그렇게 무리해서 말씀드렸더니 동래부사가 납득하시고 오늘 [도성에] 주진하신 것입니다. 이렇게 [한첨지가] 전해왔다.

〃五日次雑物御返進被成候御書付東莱江被遣候路次ニ而存当り候者返簡之不審書被遣候節五日次馳走向御返進之御書付同前ニ差出候ハハ両様之儀都江被致注進候儀如何可有之候哉何角致遠慮注進延々ニ罷成候而者如何与存御馳走御返進之書付者拙子方江抱置東莱江も為見不申唯今此方江致約束候願者御請被成候御馳走之儀ニ候間御請被成候へハ無別条事与存御理申候間此段正官使江被仰達被下候様ニ与申候趣八右衛門柳左衛門同道ニ而入来与左衛門江申聞候付返答申遣候者昨日進し申候書付今日都江御注進被成候由御尤ニ存候ヘ其上御返簡早々参候様ニ折々被仰登候得与申遣ス訓導江者御馳走之品返進之書付了簡を以東莱江も不差出此方江持参候由段々聞届候得共昨日申渡候通用事をも不相済半途ニ而帰国候上者朝廷方より御理ニ候共受用候儀決而不罷成候間書付之趣急度東莱江差出し候様ニ与堅申渡候様ニ与両人江申渡ス

〃[한첨지가 말하기를, 이번] 5일차(5일마다 지급되는 체재수당)의 잡물을 반각하셨습니다. [이번 반한의 이상함을 전하는 의문 4개조의] 서부를 동래부사에게 [지참하도록 나를] 보냈습니다. 그 [동래부로 가는] 길에서 [내가] 생각한 것은 [이하와 같은 일입니다. 즉] 반한에 대한 의문서를 보낼 때, 5일차의 어치주를

반각하는 서부를 동시에 보냈다면, 이 두 분의 [서부]를 [동시에] 도성에 주진하게 되는 일이 되겠지요. 그렇게 되면 [도대체] 어떻게 되는 것일까요. [어치주의 반각이라고 하는 교섭이 잘 진행되지 않았다는 것을 나타내는 서간이 있으면 이미 의문 4개조의 회답 등, 당연히 좋지 않은 상황이 되겠지요.] 그렇다면 [동래부사는] 아무래도 염려하여 [이번에 도성에] 주진하는 일이 그냥 늦어지게 될지도 모릅니다. 그렇게 되면 좋지 않다고 생각하여 어치주를 반각한다는 서부는 [일단] 저에게 맡겨두고 동래부사에게는 보이지 않는 것으로 하였습니다. 지금 이쪽에 약속한 것은 [의문 4개조의 서간을 도성에 주진한다고 하는] 소원입니다. 이것을 [우선 동래부사에게 전했습니다. 그리고 동래부사는 이것을] 받으셨습니다. 그런데 어치주의 일입니다만 [이것은 사자가 그대로] 수취하시는 것이 [좋다고 생각합니다. 수취하셔도 전혀] 문제가 없을 것이라고 생각합니다. [이렇게 한 첨지는 말하며 여러 가지] 도리를 이야기하여, 그 일을 정관님에게 전해달라고 요구했다. 그래서 하치에몬과 야나기자에몬이 [한첨지를] 동도하여 [정관 쪽으로] 입래하여 요자에몬에게 이 일을 아뢰었다. 그러자 [요자에몬은 그들에게 다음과 같은] 반답을 보냈다. 어제 건넨 서부를 [동래부사는] 오늘 도성에 주진하셨다는 것, 당연하다고 생각하는 바이다. 그것에 관한 일인데, 반한이 빨리 올 수 있도록 자주 [도성에] 연락하실 것을 [동래부사에게 전해주었으면 한다. 그렇게] 말하였다. 훈도 [한첨지]에 대해서는 어치주 물품이나 반진의 서부를 생각이 있어 동래부사에게 바치지 않고 이쪽으로 [다시] 가지고 왔다는 것인데

[도대체 어떤 이유인가라고] 여러 가지를 물었다. 그러나 [지금은 명백하지 않다. 그래서 요자에몬이 말한 것은] 어제도 말한 것처럼 [이번에 졸자는] 용무를 처리하지 못하고 [임무도] 어중간한 단계로 [뜻하지도 않게] 귀국하게 되었다. 그래서 [역할과 관계되는 어치주를 반각하는 것이다.] 설령 조정에서 [이 어치주 반각에 대해서는 필요 없는 일이라며] 거절한다고 해도 [역시 그 어치주를] 받을 수는 없다. [이 어치주 반각에 대한] 서부의 취지를 [이해하고 이것을] 분명히 동래부사에게 제출하도록 하라고 했다. 이 일을 [한첨지에게] 강하게 전달하도록 하라고 [하치에몬과 야나기자에몬] 두 사람에게 [요자에몬이] 말했다.

(34 - 05)

〃同月十七日韓僉知入館裁判方江罷出申聞候者昨日被仰聞候参判使江御馳走音物等被差返候御書付東莱江相達候得者御使者御心入有之而被仰聞事ニ候得者東莱より何角申筈ニも無之候間御書付之趣致注進否之儀者都より差図可有之由被申候而被致注進候由申聞候

(34 - 05)

〃5월 17일에 한첨지가 입관했다. 재판 쪽에 나가서 이야기한 것은 어제 말씀하신 대로 참판사 [정관]의 어치주와 증답물 등의 반각이 있었고 [그것에 따른] 서부에 대해서도 [지시한 대로] 동래부사가 있는 곳에 가져다 두었습니다. [이것에 대해서는] 사자의 생각이 있다고 듣고 있었으므로 [지금 새삼스럽게] 동래부사가 무엇이라고 [불만 등을] 말할 리도 없습니다. [의문 4개

조를 전하는] 서부에 대해서는 그 취지를 [서둘러, 동래부사는
도성에] 주진하고 계셨습니다. [동래부사가 말하기를, 회답에
대해서는 어쩌면] 부정하는 것과 같은 답이 [도성에서 내려올지
도 모른다. 그러나 그렇다 해도 무엇인가] 도성의 지시가 있을
것이라고 생각한다고 [그렇게] 말씀하고 계셨습니다. 그렇게 분
명히] 주진이 있었다는 상황을 [한첨지가 이쪽에] 말해 주었다.

(34-06)

〃同月廿三日韓僉知入館裁判方へ罷出裁判八右衛門并庄右衛門対
談之上韓僉知申候ハ一昨日申入候返簡改り様之思召寄書付為御
見候様ニ与望候付庄右衛門書付差出シ候処訓導無遠慮段々申談庄
右衛門差出候書付両人相談を以文字増減候而相極候上韓僉知申
候ハ竹嶋江重而朝鮮人不参候様被仰渡候儀者東武之仰与者不被
存偏ニ御国より之御添事与朝廷方疑深く御座候故先頃被書改候返
簡不宜儀をヶ存御国を御恨申候而被認様子ニ御座候此書付被致披
見候ハハ疑心必定晴可申候然共右之通疑強御座候ヘハ韓僉知写
候而参候者慥ニ無御座得与被致合点間敷候間日本人之手跡ニ而其
上正官より御口上書被相添候而者明白成儀御座候左様被成候ハ
ハ疑敷残心有之間敷候間此趣ニ被成可然旨申候通庄右衛門入来申
聞候付弥其通可申遣与相極口上書為認朱印押之八右衛門庄右衛
門を以訓導へ相渡ス此書付両国宜儀与申其上今度之一件御国ニ対
し疑心有之をヒ申事ニ候間東萊より被致注進候ハハ朝廷方合点
被仕返翰下り可申由申候而帰候

〃5월 23일에 한첨지가 입관했다. 재판 쪽에 나가서 재판 하치에
몬 및 쇼우에몬과 대담했다. 그 석상에서 한첨지가 이야기한 것
은, 그저께 요구했던 반한의 수정을 요망하는 서부를 [이번에
한첨지에게도] 보여주세요. 그렇게 원했기 때문에 쇼우에몬이
이 서부를 내놓았다. 그러자 이 훈도는 거리낌 없이 여러 가지
로 [그 의견을] 이야기했다. 그렇기 때문에 쇼우에몬은 제출해
둔 서부를 [이 한첨지의 의견도 반영하여 하치에몬과] 둘이서
상담하며 [다시] 문자를 증멸시켜 [새로운 문장을 만들며] 결정
해 갔다. 그러면서 한첨지가 말한 것은 [다음과 같은 것이었다.
즉] 죽도에 다시 조선인이 가지 않도록 해달라고 연락하신 것
은, 동무의 명령이라고는 도저히 생각할 수 없다. 이것은 오로
지 나라(쓰시마)에서 나온 [동무에 아첨하기 위해] 덧붙이는 일
일 것이라고, 그렇게 조정 쪽에서는 강하게 의심하고 있습니다.
지난번에 다시 써서 내려준 반한은 [양국의 우의 교류라는 점에
서 말하자면 결코] 좋지 않다고 [조정 쪽은 잘] 알고 계십니다.
그러나 [그럼에도] 나라(쓰시마)를 원망한 결과 [그와 같은] 기
록을 한 것입니다. [그러나 이번에 이] 서부를 [조정 쪽이] 보시
게 되면 [그렇게] 의심하는 마음은 어쩌면 걷히게 되겠지요. 그
러나 [조정 쪽은] 위와 같이 [이미] 의심이 많아져 있기 때문에
[이 서부를] 한첨지가 복사하여 가지고 돌아가도 분명한 [증거
는] 되지 않아, 완전히 납득하는 것과 같은 일에는 [도저히] 이
를 수 없습니다. [이것은 필히] 일본인의 손으로 [복사하고] 그
위에 정관의 구상서를 첨부하여 [이쪽에] 맡겨주면 [증거는] 명

백하게 되겠지요. 만일 그렇게 [서간을] 만드신다면 [조정 쪽에서] 의심하는 마음도 더 이상 남는 일이 없겠지요. 이 같은 취지를 [한첨지가] 말하며 [이쪽의] 선처를 요청했다. 그래서 말한 그대로를 쇼우에몬이 [정관옥]에 입래하여 [요자에몬에게] 전달했다. 그 결과, 결국 그대로 말을 전해야 한다고 [절차를] 결정하고 [정관의] 구상서를 기록하여, 그것에 주인을 찍어 하치에몬과 쇼우에몬이 훈도 [한첨지]에게 건네주었다. 그 서부로 [금후] 양국은 바람직한 방향으로 나아가 [우호적인] 관계가 될 것이다라고 [그렇게] 한첨지는 말하고 있었다. 그런 후에 이번의 일건은 나라(쓰시마)에 대한 [조정 측의] 의심을 키우는 일이 되었으나 동래부사가 [이 서부를 첨부하여] 주진하셨다면 조정 측은 잘 납득하여 [의심을 풀어 빨리] 반한이 내려오는 일이 되겠지요라고 그렇게 말하고 돌아갔다.

(34 - 07)

〃 与左衛門方より東莱〓遺候短簡左〓記之

(34 - 07)

〃 요자에몬 측이 동래부사에게 보낸 단간을 아래에 기록한다.

[真文]

回答書中有可疑者故向呈一本書以待開示因惟回答書若終転達于東都則両国恐失和好某今於回答書中或減或増録為一本敢呈于府使大人以請伝達于都下是乃非知東都与弊州之情也只以某之意見謀両国俱便

之事也伏冀量察不宣

乙亥五月日　　　　　　　　　　差使 橘真重

　　회답(반한)의 서중에 의문나는 부분 [4개조가] 있어, 그것 때문에 먼저 1통의 서를 바치기로 했다. [이 의문에 대한] 반답을 기다리겠다. 이 일을 잘 생각해 보면, 만일 [이번의] 회답서가 결국 동도에 전달되었을 경우, 양국은 아마도 [지금과 같은] 우호[의 관계]를 잃어버리게 될 것이다. 본인은 지금 회답서 속의 문자를 혹은 지우고 혹은 더하여 기록으로 해서 1통의 것으로 정리하여, 일부러 부사 대인에게 이것을 보내는 것으로 했다. 이것을 도하에 전달하여 [상신하]여 줄 것을 여기에 원한다. 이 일은 동도와 폐주가 [생각하는] 사정을 [조정에] 알리는 일이 아니다. 그저 본인만의 의견으로 양국이 같이 [우호의 희망을 가지고, 그 교류의] 편이 있고, 그 [우호 달성을 위해, 더욱] 지혜를 사용해야 한다고, [그렇게 조정에] 알리는 것이다. 그렇기 때문에 그 [조정에] 전달해줄 것을 엎드려 빈다. 이 사정을 양찰하여 주실 것을 원한다. [그러나 충분히 의견 모두를] 말씀드리지 못하고 끝나고 말았다. [이해하여 주길 바란다.]

　　을해 5월 일　　　　　　　　　　차사 타치바나 마사시게

(34-08)
　〃返簡文句增減之書付左記之

(34-08)
　〃반한의 문구, 그 증감의 서부를 아래에 기록한다.

文句増減の書付

[真文]

朝鮮国礼曹参判日本国対馬州刑部大輔平公先太守在世之日差使帯
書備悉示意我国海辺漁氓往竹島而貴国人与之相値拘執二氓転到因幡
州府幸蒙貴国優加資遣此可見交隣之情出於尋常欽歎高義感激何言第
所謂竹島即我国欝陵島者而属于江原道蔚珎県在本県東海中而風涛危
険船路無便故中年移其民空其地彼島廃棄既久則貴国以是為属島送回
我氓欲令禁止漁船更往者固其宜也而彼島峯巒樹木自陸地歴々望見而
凡其山川紆曲地形闊狭民居遺址土物所産俱載於我国輿地勝覧書歴代
相伝事跡照然近聞足下再掌両国通交事深望将此辞伝報東武以為永久
相好之誼不勝幸甚佳貺謹領薄物侑緘統惟照亮不宣

乙亥月日

조선국 예조참판이 일본국 타이슈우 교우부 타유우 타이라 공(소
우요시자네)에게 보낸다. 앞의 태수(소우 요시쓰구)가 재세할 때에
[귀주의] 사자가 서간을 대동하여, 그 뜻을 충분히 준비하여 전해왔
다. [그곳에 기록되어 있었던 것은] 우리나라 해변의 어민이 죽도에
가서 그곳에서 귀국인과 조우[한 결과] 두 어민이 구집되어 이나바
의 주부에 전송되었다. 다행히 귀국은 [두 어민에 대해] 친절하게 물
자를 보내 주시어 가호를 입는 일이 되었다. 이것에 교린의 정[을 인
정하고] 그것이 보통 일이 아니라고 생각한다. 삼가 고의에 감사한
다. 그 감격은 말로는 표현하지 못할 정도이다. 다만 [두 어민이 건
넌] 소위 죽도란, 실은 우리나라의 울릉도라고 하는 섬을 말하는 것
으로, 그것은 강원도 울진현에 속하는 섬이다. 본현의 동해 가운데

있고 풍도의 위험이 있어 항로의 편을 여기까지 보내지 않고 있었다. 그래서 [그 옛날] 중경의 연월에 그 섬에 사는 사람들을 [본토로] 옮기고 그 땅을 비웠다. 그 섬을 폐기한 것과 [같이 하여] 이미 많은 시간이 지났다. 그때 귀국이 그것을 이유로 해서 속도로 했다. 우리 어민을 회송하며, 다시는 [우리나라] 어선이 [섬에] 왕래하는 일을 금지시키록 하라고 했다. 그것은 참으로 당연한 일이지만, 그 섬의 봉우리 및 수목은 [우리나라의] 육지에서 역력히 바라볼 수가 있을 [정도로 우리나라에 가까운 섬이다.] 그것도 그 섬의 개략, 즉 산천의 우곡, 지형의 활협, 민거의 유지, 토산의 소산 등등이 우리나라 여지승람이라고 하는 서물에 기재되어 있다. [이 섬의 소속이 우리나라에 있어] 역대에 걸쳐 [우리나라 것으로] 전해오고 있었던 사적이 분명하다. 근래에 들은 일이기는 하나 족하(소우 요시자네)가 다시 양국 통교의 일을 [동무에서 받아] 장악하게 되었다 한다. [그렇다면 이쪽이] 깊이 원하는 것은 [이러한 이쪽의 의견을 이참에 들어주었으면 한다.] 이 말이 의미하는 것을 받아들여 동무에 보고하여 [이해시켜] 주었으면 한다. 그래서 영구한 우호를 구축하면, 기쁘기 그지없는 일이다. 여기에 가황(상당히 좋은 증물)을 삼가 받았다. [크게 감사하는 바이다.] 그 박물[의 물건들은] 혜송의 서간[에 있는 성의]를 더해주는 것이다. [이곳에 기록한 문의가] 모두 명료하게 이해되는 것을 바랄 뿐이다. 다만 생각을 충분히는 말하지 못하고 끝나고 말았다. 이해하여 주었으면 한다.

  을해(겐로쿠 8년) 월 일

(34-09)

〃右返簡文句増減之書付并与左衛門方より遣候短簡文意之模様緊
緩之違ありて疑問の書付のことくならさる故ハ疑問之書付ハ彼
国自分検点を被失候過を被心付候へかしとの事故其言葉を厳峻ニ
し此一紙江彼国其過を心付たる後犯越侵渉なといへり当たる文字
を除キ只蔚陵の其国の境界たる事のミを記し日本人の認て我属
嶋とせるも尤なるとの趣を書載し此嶋の旧きに復し候へかしと
求請の意を我州に致さる之趣ニ返簡相改め彼国に存てハこれに処
して義あり我州是を受て愧なく転啓に碍りなき様ニ被致候へかし
との事ニ而導諭の心を主として其言葉を巽柔にせんと見へたり既
にして東莱の返答不宜を以て右の書付を庄右衛門取戻し犬猫に
物いふことくなると粗々たる言葉をいへるは朝鮮之事情にうと
く速ならん事を欲するの心より憤懣を生したるにはあらず既に
強弩の末勢となり後使を被差渡之時を待ち再ひ右之導諭に及ふ
べきとおもへるなるべしされと後使の議中間にてやみ其事も空
敷なりぬ

(34-09)

〃위에 기록한 반간, 즉 문구를 증감한 서부와 요자에몬 측이 보
낸 단간에 대해서는, 그 문의의 상태에 긴장과 이완이 있다. 그
렇기 때문에 의문의 서부처럼 되어 있지 않다. 그 원인에 대해
말하자면 의문의 서부라는 것은 [원래] 그 나라에 대해 [의문의
개소를 명백하게 정시하는 것이다.] 자기가 [하나하나] 점검해
야 하는 것을 그만 망실했다고 하는 과오에 대해 [지금 다시]

알아차려 주었으면 해서 [그 빠진 부분을] 정시하는 것이다. [한편, 문구를 증감하는 방법은 그저] 그 언어 사용을 엄준하게 고른 것일 뿐으로, [그 결과] 이 [수정을 가한] 일부분에 [눈을 돌린 일로], 그 나라가 그 과오를 알아차리면 좋다고 하는 것이다. [그렇게 되면] 그 후에는 범월, 침섭 등으로 말하는 [부당한 표현에] 해당하는 문자는 [모두] 제외되기 마련이다. 그리고 다만 울릉도가 조선의 경계 안에 있다는 일만을 기록하고 일본인이 인정하는 우리 속도라고 하는 [사고도] 당연하다고, 그러한 취지도 기재하면 [참으로 온당하다.] 그 위에 이 섬의 소재를 과거의 예에 따랐으면 좋겠다라고, 요청하는 뜻을 가지고 우리 주에 서간을 송치하면, 즉 그러한 취지의 반간으로 바꾸면 [교섭은 원할히 진행될 것이다.] 그 나라에서는 이와 같은 [이쪽의 서간 수정의 요구를] 처리하는데, 어디까지나 사의를 표하는 [생각으로 임]할 것이다. 우리 주는 이것을 받고 기죽는 일 없이 머뭇거리는 일 없이, [이 문안을] 전계하여 주었으면 좋겠다고 [다시 요구하게 된다. 그럴 경우 그 나라에 대해] 인도하고 깨우친다는 마음을 가지고 [어디까지나] 그 언어를 온순하게 해서, 비하한 것으로 해서 [교섭 타개를 꾀하려고 하면 된다. 그와 같은 의도가 이 문구를 증감한 서부 및 요자에몬이 동래부사에 보낸 단간에서는] 찾아볼 수 있다. 그러나 이미 동래부사가 보낸 반한은 있고 [그것은 이쪽의 의도를 받아들이는 것은 아니었다. 오히려 문답무용의 거부라고 하는] 좋지 않은 결과였다. 그래서 위의 서부를 쇼우에몬은 [저쪽에서] 되찾아 [그 동래부사의 반답을] 개 고양이에게 말하는 것과 같다고 거칠게 [내뱉는 듯한]

말로 표현했다. 그것은 조선의 사정에 어둡고 재빨리 [해결하려고] 욕심을 부렸다가 [그렇게 되지 않은] 마음에서 어쩌다 불만이 생겼다고 하는 것과 같은 것이 아니다. [그와 같은 단순한 일시의 분노에 의한 것이 아니라 피아의 교섭에 있어] 이미 강노[처럼 강한 기세였던 우리 쪽이, 그 교섭의 긴 경과 속에서] 열세가 되어 [결국 힘을 잃어버렸다고 하는 비애에서 나온 것이다.] 개 고양이에 필적할 정도의 힘밖에 남아 있지 않게 되고 말았다고, 그러한 쓰라린 자각에서 나온 것이다. 이 이후에 할 수 있는 수단을 말하자면, 나라에서 다시] 다음 사자가 파견되어 [다시 교섭하]는 기회를 기다려야 할 것이다. 그리고 다시 위와 같은 유도의 형태로 합의에 이르도록 해야 할 것이라고, 그렇게 생각하고 있었다. 그러나 사자[를 파견한다고 하는] 의논은 도중에 중지되어, 그러한 교섭합의의 의도도 [어느새] 공허하게 되고 말았다.

(34-10)

〃五月廿六日韓僉知金判事入館裁判方江罷出八右衛門庄右衛門対面
之上韓僉知申候ハ一昨日之書付即晩東莱江持参為見申候処成程恰
合能被存可致注進之由被申候然所翌朝呼ニ参罷越候へハ書物之儀
夜前より疾与思案候得者不宜所有之候此侭差登せ候ハ、朝廷方
合点無之返答有之間敷候其上先頃推考被申付候上心掛成儀不申
談致注進候者弥科ニ可罷成候今度注進之儀存寄候儀御座候間成程
注進者可仕候得共存寄之趣御直し不被下候而者為申登かたく候
由ニ而書付持返り候付東莱御了簡如何様ニ而候哉与庄右衛門相尋

候ヘ〳書簡之書出し候音物受用支干乞御書載被成候御書付〓而者
注進難仕由被申候与申候時庄右衛門申候者是ハ不聞儀を申聞候
前書者対馬州太守与有之故対馬州刑部大輔与被改候儀為御知書
出し候終ハ先太守より之送物〓候ヘ〳唯御受用被成候儀斗を御書
載被成候儀支干ハ今年之〓御改被成候儀を為御知為書付事〓候除
候へと有之候得者此段者無別条事〓候除之候得ハ注進有之事〓候
哉与相尋候之処中々御注文之内〓も如斯候而者都之首尾宜ケル間
敷候由被申候与訓導申〓付如何様〓可直御了簡〓候哉与硯紙出し
候得ハ貴国欲ㇳ以レ是ㇰ為二属島ㇳ一送リ二回ㇰ我氓ㇰ一令禁二止ㇲ
漁船ㇰ更ㇰ徃者ㇰ一豈其ㇱ然ㇱ乎ケ様之儀〓而候ハ〻可致注進与被
申候由申〓付扨々此返答絶言語候更〓犬猫なと〓物申様成儀兎角
相談有之間敷与之心入〓而候東莱合点〓而被致注進候而さへ都之
御合点難斗候右之御返答之趣〓而者迚も御相談申候而も不埒明事
〓候間此上ハ何角不入候与挨拶候而返進之書物二通庄右衛門請取
早速立退く東莱〓被仰聞御返答之趣承届候然上者御相談之心入無
御座候正官使〓者折を以可申達旨裁判返答判事〓申渡ス此上者可
仕様無御座候間被仰聞候趣東莱〓可申入由申候而帰候

(34-10)

〃5월 26일에 한첨지와 김판사가 입관하여 재판 쪽에 왔다. 하치
에몬과 쇼우에몬이 이 두 사람을 대면했다. 그 자리에서 한첨지
가 말한 것은, 그저께의 서부는 그날밤에 동래부사의 곳에 지참
하여 보여드렸다. 그러자 역시 적당히 되어 있다고 생각하기 때
문에 이것을 주진하려고1 생각한다. 그렇게 말씀하시고 계셨다.

그러나 다음 날 아침에 부름이 있어 찾아뵈었다. 그러자 이 서물의 일에 대해 어젯밤부터 차분히 생각했으나 [이 안에는] 좋지 않은 곳이 있다. 이대로 [도성에] 보고하면 조정 측의 이해가 없어 반답이 있을 리 없다. 그 위에 전번에는 [별로 해서] 추고를 명받았다. 그러한 상황에서 [또 조정에 순종하는] 마음가짐이 없으면 안 된다. 그것을 미리 상담도 하지 않고, 곧바로 주진하는 것은 결국 벌을 받게 되고 만다. 이번에 주진하는 것에 대해서는 이쪽도 생각하는 것이 있어 될 수 있는 대로 주진하고 싶다고 생각하고 있다. 그러나 걸리는 것이 있어 이것을 고치지 않으면 [도성에] 보고하는 일은 어렵다. [그 같은 일을 동래부사가 말하고 있었다. 이렇게 말하고] 서부를 [그대로 이쪽으로] 가지고 돌아왔다. 그래서 동래부사의 생각은 어떠한 것인가라고, 쇼우에몬에게 물었더니, [우선은] 서간의 처음 [부분부터가 문제라 한다. 서간의 상대가 대등한 상대가 아니라고 한다. 즉] 선물(진상품) 수용의 대상이 다르다 한다. 그리고 간지의 사용 등이 [서간의 예식 상, 요구를] 하는 형식에 [맞지 않는다고 한다. 이와 같은 기재 형식으로는 [도성에] 주진하는 것은 어렵다고 말한다. 그렇게 [한첨지는] 말했다. 그래서 그때 쇼우에몬이 말한 것은, 이것은 들어넘길 수 없는 말을 듣고 말았다. 전의 문서에서는 [그것을 쓰기 시작한 부분이 예조참판과 동격인] 쓰시마 슈우의 태수[였다. 그러나 이번의 문서에서는 교우부 타유우 타이라 공]이라고 있기 때문일 것이다. 그러나 [전 번주는 이미 사거하고 지금은 어린 태수가 그 뒤를 잇고 있다. 유주이기 때문에 은거하신 분의 후견이 있어 이번의 문서에서는 그 어린 태수를 후견하는 분의 칭호로 해서] 쓰시마슈우의 교우부 타유우 공이라고 고쳤을 뿐이다. 이 일을 [어째서 문제시하는 것일까. 이쪽은 일부러] 알리기 위해 [이렇게] 쓰기 시작했을 뿐이다. [또 이쪽에서 보낸 선물이란, 이쪽에서 보내는 서간에 부수시킨 단순한 물품일 뿐이다. 그것은] 결국 전 태수가 보낸 송물이라고 하는 것이 되지만, [그것에 대한 반한의 대상은 어린 신태수이건 그 후견역인 쓰시마슈우의 교우부 타유우이건 어느 쪽이라 해도 상관없는 일이다.] 그저 수용할 수 있도록 하라고, 그것만을 기재했을 [뿐으로 선물 수용의 대상이 태수로 할 수 없다는 것을 이번에 문제시하는 것은 트집 이외에 아무것도 아니다.] 또 간지에 대해서 말하자면 [전 태수 때의 서간으로 해서 그 서간을 왕복한 계유나 갑오년으로 과연 정해야 하는 것일까.] 분명 그때 서간의 수정이기는 하지만 이미 교섭은 연기되고 있어, 그 같은 현실을 감안하면] 금년의 [을해로] 이것을 개정하게 되어도 [지장은 없기 마련이다.] 이 일을 알리고 서부로 했을 뿐이다. 삭제해줄 것을 바란다면 이 같은 일은 특별한 사정이 있는 이야기가 아니므로 삭제하는 일도 가능하다. 만일 삭제하면 [도성에] 주진하여 줄 것인가라고 물었더니, 좀처럼 [그렇게 하기는 어렵다고 한다.] 주진하는 문서[를 미리 작성하는 중이라 해도] 이렇게 [세세한] 배려가 필요하므로 [도성에 보고를 올린 후의 일 등은 일체 알지 못한다. 아마도 그] 상황은 좋지 않을 것이다. 그와 같은 일을 [동래부사는] 말하고 있었다. 이렇게 훈도가 말하기 때문에 그것에 대해 어떻게 서간을 고쳐야 하는 것일까. 생각은 있는 것인가라며 벼루를 꺼내어 [문안을 써보라고 의뢰하자] 써낸 것은 [貴国欲以是為属島送回我氓令禁止漁船更往者豈其然乎(귀국은 이것을 속도로 하고 우리 인민을 회송하고 어선이 또 가는 것은 금지시켜주었으면 한다. 어떻게 그렇게 할 수 있는가).] 즉 [귀국은 이 섬을 속도라며 우리 인민을 붙잡아 돌려 보냈다. 다시 우리 어선이 섬에 건너는 일을 시키려고 한다. 과연 이러한 일이 바른 일인가]라는 것이었다. 이러한 것이라면 주진을 하겠지만이라고 [동래부사는] 말하고 있었다고 [훈도가] 말하는 것이었다. 그런데 이처럼 [이쪽을 책망하는 것과 같은] 반답은 듣고 감당할 수 없는 일이다. 차라리 개 고양이에게 말하는 것과 같은 일이다. 어쨌든 이미 상담 따위는 일체 할 의사가 없다는 생각일 것이다. 설령 동래부사가 납득하고 주진해도, 도성에서 납득할 것인가 어쩔것인가가, 예측하기 어려운 일이다. 위와 같은 반답의 취지라면 도성에 상담을 해도 도저히 해결되지 않을 것이다. 이런 이상은 무어라고 [요구를 해도 더 이상] 받아들이는 것과 같은 일은 없을 것이다. 그렇게 이야기하고 반진의 서물 2통을 쇼우에몬은 수취했다. 서둘러 [이곳을] 떠난다고, 그러한 반답의 취지를 동래부사에게 전하도록 하라고 [두 사람의 판사에게] 말했다. 이렇게 된 이상 [다시 동래부사와] 상담하는 등의 생각은 없어졌다. 정관님에게는 때를 보아 이 [교섭 결렬의] 이야기를 전하겠다. 그 같은 취지를 재판이 반답으로 해서 [두 사람의] 판사에게 말했다. 이런 이상은 [더 이상 교섭 타개를 위한 어떤] 방법도 없다. 그러한 취지의 일을 [이쪽에서는] 이야기하고 있었다고, 그것을 동래부사에게 전하겠다고 말하고 [두 판사는] 돌아갔다.

(34-11)

〃同月廿八日訓導別差入館裁判方江罷出申聞候ハ昨日被仰聞候趣東

莱江申達候之処一昨日被仰聞候御書付存寄之趣申入候得者御心ニ

背候由承候御書付之通ニ而者注進難仕候間跡先を御除被成御書付

被差越候ハ丶注進仕見可申候都之首尾冝ケル間敷与存候儀者御

請難申候幾重ニ茂冝様ニ与存申入候得とも無御承引上者可仕様無

御座候与東莱返答申来候付唯今東莱之御心入ニ而者書付跡先除候

而進候共首尾可仕存寄無御座上者兎角御相談不罷成候由裁判返

答申聞両訳帰候

(34-11)

〃동월(5월) 28일에 훈도와 별차가 입관하여 재판 쪽에 가서 말한
것은 [다음과 같은 일이다. 즉] 그저께 말씀하신 취지를 동래부
사에게 전했습니다. 그러자 [동래부사가 말씀하시길] 그저께 말
씀해주신 서부에 대해서는 [약간 이쪽에서도] 생각하는 것이 있
어, 그 취지를 [그쪽에] 요구했다. 그러나 마음에 들지 않아 기
대를 저버리고 말았다. 서부 그대로 해서는 주진하기 어렵기 때
문에 [문제가 되는] 전후 부분을 삭제한 형태로 서부를 제출해
주면 주진해 보기로 한다. 그러나 도성의 [정세를 판단하여] 상
황이 좋지 않다고 생각하면 [이 주진조차도] 하기 어려운 점이
있다. 몇번이고 [걱정하며] 잘되게 할 생각으로 [도성에] 요구하
는 것이나 [조정의] 승인이 없는 일에는 어떻게 할 수가 없는
것이라고 [그러한] 동래부사의 반답을 [훈도와 별차가] 전해왔
다. 그것에 대해 [이쪽이 반답한 것은] 지금 동래부사의 생각을

들었다. 서부의 전후 부분을 삭제하고 일을 진행하면 어떻겠는
가라는 것인데, 그렇게 해도 상황이 좋게 되는 것은 아니라 한
다. 그렇다면 더 이상 이것저것 상담한다 해도 [의미가 없다. 교
섭은 이미] 끝났다라고, 이렇게 재판이 답했다. 그것을 듣고 양
역은 돌아갔다.

〃此時訳官之内より密ニ日本人ㇱ噂仕候ハ以前阿蘭陀人朝鮮之済州
を掠め取り泊船之地与可致与仕候所貴大君被聞召朝鮮者隣好之
国ニ候所ニ阿蘭陀人ニ左様之押領可為致置筈無之候与之御儀にて
早速阿蘭陀人ㇱ貴大君より被仰論候処彼人厳命を省キ置不申済州
兵禍を免かれ只今ニ至彼地之百姓安堵仕居候段誠ニ貴大君之御恩
沢ニ候故此段古来より申儀朝鮮国中之人感心仕候然者竹嶋ハ誠ニ
海中之小嶋ニ候へハ日本大国之御心ニ而貴大君此小嶋を被争候思
召ニハ在之間敷候定而対州より竹嶋を以江戸ㇱ之御会釈ニ可被成
与之事ニ而可在之候たとへハ道ニ而物を拾ひ候時其主相知候ハ、
其人ニ返し申ス道理ニ候故竹嶋之儀も此筋ニ可被成事ニ候旨申候而
日本人返答不罷成候所一人答申候ハたとへハ我扇子を道ニ而落し
候時拾ひ候人ヲ承出し候ハ、落シ候者より先振ㇱ断りを申何とそ
返し被下候様ニ与懇情可致道理ニ候所却而拾ひ候人より奪ひ取り
此扇子ハ元来我扇子ニ而候を何とて押領被致候哉非道之至ニ候与
却而拾ひ候人を叱責いたし候時礼義ニ而可有之哉与答候へハ訳官
言語塞り候由也

〃이때, 역관들 중에서 은밀하게 일본인에게 소문이 흘러들었다.

[그가 말하는 것은] 이전에 네덜란드인이 조선의 제주도를 약취하여 배의 정박지로 삼으려고 한 [사건이 있었습니다.] 이것을 귀국의 대군이 들으시고 조선은 인호의 나라인데, 그러한 곳에 네덜란드인이 그렇게 압령을 계획하는 것은 [괘씸하다.] 그대로 놓아두는 일은 할 수 없다라고, 그러한 의논이 있었던 것 같습니다. 서둘러 네덜란드인에게 귀국의 대군이 깨우쳐주는 일이 있어, 그 네덜란드인은 [대군의] 엄명을 [모두] 생략하는 일 없이 [받아들였다 합니다. 그 덕택으로] 제주도는 병화를 면하여 지금에 이르렀다는 것으로, 그 지역의 백성은 안도하고 있습니다. 이것은 그야말로 귀국 대군의 은택에 의한 일입니다. 그래서 이 일은 고래부터 말하는 것과 같은 [선린우호의 증거로 해서] 조선국의 모든 사람이 감탄하고 있습니다. 그렇다면 죽도는 그야말로 [작은] 소도이기 때문에 일본은 대국의 마음으로 [판단]하시면 [좋지 않을가라고 생각합니다. 그렇게 하면] 귀국의 대군은 이 작은 소도를 다투려고 하는 생각은 가지시지 않겠지요. 아마도 타이슈우에서 죽도에 대해 [보고를 올려] 에도에 [사정을 설명하고 인사하며] 해설해주시면 일은 해결되지 않겠습니까. 가령 길에서 물건을 주웠을 때, 주인을 알고 있으면 그 사람에게 돌려주는 것이 도리입니다. 그렇기 때문에 죽도의 일도, 그러한 사리로 생각하면 좋은 일이라고 생각합니다. 이처럼 [역관이] 말했기 때문에 일본인은 답이 궁해지고 말았다. 그러할 때 한 사람만이 답을 했다. 그자가 말하기를, 설령 자신의 부채를 길에 떨어뜨렸을 때, 그것을 주은 사람을 발견했을 때, 떨어뜨린 자 쪽에서 먼저 [인사하는] 예를 차리고 미리 양해를 구하

며 제발 되돌려주십시오라고, 간청하며 원하는 것이 도리이다. 그러한데 오히려 그 줏은 사람한테서 이것을 탈취하여 이 부채는 원래 자기의 부채이다. 어째서 압령한 것인가, 도리에 어긋난 것 아닌가라고, 오히려 줏은 사람을 질책하는 것은 예의상으로 있을 수 있는 일인가라고, 이처럼 답했기 때문에 역관은 말문이 막히고 말았다.

【大綱三五段(元禄八年六月①)】

(35-00)

○同八年六月十日与左衛門方より東莱ᴶ遣し置候疑問之返答未無之候ᴺ付与左衛門方より東莱ᴶ遣候一通之書付を館守裁判ᴶ相渡シ置与左衛門一行上船仕ル也

【대강 35단(겐로쿠 8년 6월 ①)】

(35-00)

○겐로쿠 6년 10일에 요자에몬 측에서 동래부사에게 보내 두었던 의문 [4개조의 서부]에 대해 그 반답이 아직 오지 않았다. 그래서 요자에몬이 동래부사 앞으로 보내는 1통의 서부를 관수 재판에게 건네두고 요자에몬 일행은 [드디어 귀국하기 위해] 승선하게 되었다.

(35-01)

〃是より前六月二日正官方ᴶ訓導韓僉知別差金判事相招与左衛門僉官中裁判高勢八右衛門并陶山庄右衛門遂対面申渡候ハ拙子爰元

滞留之儀疑問之書付御渡し申候日より三十日当月十五日迄相待
可申与申達置候得共日限縮〆候而十日ニ乗船候筈ニ相定候定而東
莱御不審ニ可被思召候得共此段者兼而心入有之儀ニ候三十日与兼
而申入候儀者疑問之御返答為可承斗ニ而無之候疑問之御返答相待
斗之心入ニ候ハヽ早以飛脚御注進三日ニ者都江可相達候御返答到
来之日数も又其通ニ候ヘハ往来六日ニ埒明事ニ候都ニ而も御返答之
御相談も可有御座候得ハ広ク取十五日ニ者御返事承事ニ候故其通ニ
日数可相極儀ニ候得共疑問之書付朝廷方御覧被成候ハヽ必定御返
簡御書改可被成与存候左候ヘハ十五日之日数余慶可有之儀与存
間延成日切仕申進候然所訓導心入ニ付而此方存寄書付を以申達候
之処雲泥相違成儀被仰聞兎角者御相続之御心入無之与見極候然
上者右三十日之日切ニ滞留可仕様無之候殊刑部大輔殿未出航無之
由ニ候間早々致帰国段々与申達度候右之通ニ候ヘバ今日ニも可致
乗船儀ニ候ヘ共若疑問之御返答有之儀も可有御座哉与兼而之心底
より者日限差延来十日ニ乗船ニ相極候此旨東莱江申達候得共両判
事江申聞候処助左衛門を以訓導返答申候ハ被仰聞候趣承一々御尤
存候去比東莱江被遺候御書付注進往来六日程ニ者可相達与被思召
候由日本ニ而者左様可有御座候得共爰元之儀ニ御座候ヘハ被思召
候様ニ者無御座疑問之御書付之注進も片道ニ七日切候而為申登候
其上ニ大丘郡江も申遣し彼方よりも添状等被仕儀ニ御座候得者爰ニ
而も手間入都ニ而も五三日ニハ相談相極間敷候間未到来無御座候
儀ハケ様も可有之事与存候永々御滞留被成色々被仰詰候得共一
として御快茂無之右被仰聞趣御腹立ニ而日限御縮〆被成十日ニ御
乗船御極被成候与之儀成程御尤存候間御帰国被成可然存候右之

趣委曲東莱^江可申達由申聞候

(35-01)

〃이보다 전인 6월 2일에 정관 쪽에 훈도 한첨지와 별차 김판사를 불러 요자에몬과 그 첨관(모든 하료) 중에서 재판 타카세 하치에몬과 스야마 쇼우에몬이 동좌하여 그들과 대좌했다. 그 석상에서 [요자에몬이 두 사람에게] 말한 것은 [이하와 같은 일이다.] 졸자가 이쪽에 체재하는 기간은 의문 [4개조]의 서부를 건네준 날(5월 15일)부터 30일이다. 즉 당국에 6월 15일까지는 기다린다고 말해 두었다. 그러나 날자를 당겨 10일에는 승선하는 것으로 정했다. 아마도 동래부사는 이상하게 생각하시는 일일 것이다. 그러나 이것은 전부터 생각하고 있었던 일이다. 30일이라고 전부터 말해 두고 있었던 것은 의문의 반답을 받으려고 기다린 것만은 아니다. 의문의 반답만을 기다릴 생각이라면 빠른 비각으로 주진하시면 3일에는 도성에 도착하기 마련이다. 반답의 도래일수도 또 그대로라면 왕래는 6일만 있으면 [충분히] 해결되는 일일 것이다. 도성에서는 반답의 상담도 있을 것이므로 [그 상담의 날짜를] 길게 잡아 15일 있으면 충분히 반답을 받을 수 있을 것이다. 그렇기 때문에 그것에 따라 일정을 결정하게 된다. 그러나 의문의 서부를 조정 측이 보시게 되면 아마도 반답을 [지금 다시 한 번 확인하고] 고쳐쓰게 될 것이라고 [이쪽은] 생각했다. 만일 그렇게 되면 15일의 일수에서 다시 여분으로 [일수를 잡아] 경사의 반답을 기대하며 [조금 더] 기간을 늘리는 일자를 설정하여 [도합 30일로 해] 두었다. 그러한 상황에

서 훈도 [한첨지의] 배려로 이쪽이 생각하는 것을 서부로 해서 [문구를 증멸하는 서부로 해서 그쪽에] 전하는 것으로 했다. 그러나 [이쪽과 그쪽 쌍방의 생각에는 그야말로] 운니의 차이가 있었다. 그 일을 [이번, 이 문구 증멸의 서부를 통해] 알아버리고 말았다. 이렇게 되면 [교섭을] 계속해서 [타결을 목적으로 하는 대화]라고 하는 사고가 [그쪽에는] 없는 것이라고 단정하지 않을 수 없다. 그렇다면 위의 30일의 마감날까지 [이쪽에] 체류할 이유는 없다. 특히 교우부 타유우(소우 요사자네) 님이 [동무를 향해] 아직 출항하지 않았기 때문에, 그 사이에 서둘러 귀국하여 여러 가지를 보고하고 싶다고 생각하고 있다. 위와 같은 일이므로 오늘이라도 승선하려고 생각했다. 그러나 의문 [4개조의 서간에 대한] 반답이 [금방이라도 도착하는 것과 같은 일이] 혹시라도 있으면이라고, 전부터 생각하는 것도 있어 [조금만] 날짜를 늦추어 오는 10일에 승선하는 것으로 결정했었다. 이 뜻을 동래부사에게 전해주었으면 한다. 그렇게 양 판사에게 말했더니 [통사 모로오카] 스케자에몬을 통해 훈도가 반답을 했다. 말씀하신 취지를 들었습니다. 그 하나하나가 [정말] 당연하다고 생각합니다. 그러나 지난번에 동래부사 앞으로 보내신 [의문 4개조의] 서부에 대한 일입니다만 [이쪽의 생각과는 약간 다릅니다.] 그 주진과 왕복을 6일 정도는 걸린다고 생각하시고 계십니다만 일본에서는 그러할지 모르겠으나 이쪽에서는 그렇게는 도달하지 못합니다. 의문의 서부를 주진하는 일도 편도 7일 내에는 보고할 수 없습니다. 그 위에 [도중의] 대구군에도 [들러, 이곳에 재주하시는 경상도 관찰사에게 이 일의 보고를] 말씀드리지 않으면 안 됩니다. 그리고 대구에서도 첨장하는 일 등도 필요하게 되기 때문에 이곳에서도 시간이 걸립니다. 도성에도 5, 3일, 즉 15일이라는 일정 안에는 상담이 결정하기 어려워 아직 도래가 없는 것도 [당연한 일]입니다. 오랫동안 체류하시며 여러 가지를 교섭하여 오셨습니다만 하나같이 상쾌한 결과가 없어 위와 같이 말씀하신 취지는 그야말로 화가 나서 [나온 것이겠죠. 그것으로] 기한을 단축하셨겠지요. 그리고 10일의 승선을 결정하셨다는 것, 참으로 당연하다고 생각합니다. 이런 이상 귀국하시어 [나라에] 잘 보고하여 주세요. 위의 취지를 자세히 동래부사에게 전하겠습니다라고 [이렇게 양 판사는 반답을] 말했다.

〃 両判事江重而対面候儀有之間敷候間返簡之上封仕候様ニ与申掛則返簡式箱封進持出両判事前ニ差置く別差印判不持参候間訓導印判斗突可申由申ニ付先例者与問候時先例者両人突申筈ニ候得共近年者訓導斗も突候儀有之由申ニ付各別成御返簡ニ候得ハ少も先例ニ不違様ニ可仕旨申渡し則坂之下江取ニ遣し則時来候上封別差包候而書付も同人相認候上ニ別差印判壱中下訓導印判合三突之

〃 양 판사를 향해 다시 대면하는 일은 없을 것이라며 [관수에게 맡겨둔] 반한에 봉을 하라고 말했다. 즉시 반한과 두 상자의 봉진물을 꺼내어 양 판사 앞에 놓았다. 그러자 별차는 인판을 지참하지 않았으므로 훈도의 인판만 찍는 것으로 합니다. 그것으로 좋습니까라고 말하기 때문에, 선례는 어떻게 되어 있는가라고 물었을 때, 선례는 두 사람이 찍는 것입니다만 근년은 훈도

만 찍는 일도 있습니다. 그렇게 말하자 [이번은] 각별한 반한이기 때문에 조금도 선례와 다르지 않도록 행해야 한다고 [그들에게] 말했다. 그래서 사카노시타에 [판인]을 가지러 보내 결국 [인판을 지참하고] 돌아왔다. 상봉을 별차가 싸고 [그 봉한] 서부도 동인이 기록했다. 그 상봉에 별차가 인판을 가운데와 아래에 하나씩 찍고 또 훈도도 인판[을 그 위에 하나 찍어] 맞추어 이것을 3돌의 인영으로 해서 [봉인을] 했다.

(35-02)

〃同月四日訓導別差入館裁判方へ罷出東萊より之口上申聞候ハ頃日参判使より被仰聞候趣承届候日切之日限御縮〆被成来ル十日御乗船ニ御極被成候由御残多存候永々御滞留被成候得共不首尾ニ而御帰被成候段御相手ニ罷成候東萊迄迷惑致難儀候此程申入候様ニ先頃被仰聞候御書付前跡御除被成候而被遣候へ今一応注進仕若宜儀も御座候而ハ御使者御帰国之首尾宜御座候へハ両国も首尾能儀ニ御座候此段御聞届被成御書付被遣御帰国今少御待被成候様ニ与東萊より之口上之趣申聞候付八右衛門致返答候ハ被仰聞候趣承届候此段正官使ᵉ申達ニ不及候一々心入有之而日切を縮十日ニ乗船被相極候上ハ如何様之儀有之而も乗船被相延候儀無之事ニ候乍然御相談之趣御注進被成曾而違変有之間敷与東萊懇成思召寄有之候者被仰聞候通不首尾ニ而被致帰国候儀使者不首尾之帰国者小事ニ而両国大事ニ存候御返簡被書改候ハ、無其上事ニ候間書物差越注進被成候ハ、毛頭違変有之間敷候相談之通必定可被書改旨正官使ᵉ東萊より書簡被遣候ハ、爰ハ裁判書役ニ差当りたる事ニ

候間何とそ帰国被相延候様取あつかひ見可申候乍然東萊御了簡
可有之候刑部大輔殿より急度致帰国候へと被申付候得共疑問御
返答可被聞ため三十日之日切を極被致滞留最早日数も差詰り候
上東萊之依仰出船被相延御注進之御返答致相違候時者決而帰国
難成儀ニ候其上者都迄も被通不被乞請候而者不罷成首尾にて候此
段至而大切千万成儀ニ御座候間能御了簡被成候様ニ与申達候へハ
仰御尤ニ候然共書簡可遣与ハ被申間敷候哉我々両人ニ東萊之十人
之内より相添差越与申候而ハ慍成儀ニ候由挨拶申候時中々左様ニ
後日証拠ニ難成儀ニ而ハ取次も不罷成候間右之趣委細ニ申達東萊
御合点ニ候ハヽ何とそ取あつかひ見可申由八右衛門申渡候時具ニ
承り候従是直ニ東萊江罷越一々可申達候是ニ而東萊心底相知事候
間返答之儀追而御返事可申入候間正官使江被仰入候儀御扣被成候
様ニ与申候而帰候

(35-02)

〃동월(6월) 4일에 훈도와 별차가 입관하여 재판 측에 나가 동래
부사의 구상서를 전했다. 지난날에 참판사가 이야기했던 취지
에 대해서 들었습니다. 정한 기한을 단축하시어 오는 10일에 승
선하기로 결정하신 것을 섭섭하게 생각합니다. 오랫동안 체류
하셨는데 좋지 않다[고 하는 결과에 이르러서] 귀국하신다고 하
는 것은, 그 상대였던 동래부사로서도 [역시 좋지 않았다고 하
는] 어려운 일로 곤란하게 생각하고 있는 바입니다. 이번에 요
구해 두었던 것처럼, 지난번에 말씀해주신 [문구 증멸의] 서부
에 대한 것입니다만 그 전후를 삭제하시어 [그 수정한 것을 이

쪽에] 보내주세요. 다시 한 번 [도성에] 주진하려고 생각합니다. 그것으로 좋은 결과를 얻으면 사자가 귀국하는 입장도 좋다고 할 수 있는 일이 되어, [동래부사에게도 입장이 좋다고 할 수 있는 것이 됩]니다. 더 말하자면 양국의 입장도 좋게 되는 것입니다. 이 일을 들으시고, 서부를 [이쪽으로] 보내주시고, 귀국을 조금 기다려 주실 것을 [원합니다]라고, 이러한 동래부사가 보낸 구상의 취지를 [양 판사가] 전해왔다. 그것을 들은 하치에몬은 다음처럼 답했다. 이야기해 주신 취지를 들었다. 이 일은 정관에 전할 수는 없는 일이다. [정관에게는 그] 하나하나에 생각이 있고, 그래서 기한을 당겨 6월 10일에 승선할 것을 정하셨다. 이 이상은 어떠한 일이 있어도 승선을 연기하는 것과 같은 일은 없다. 그러나 상담의 취지를 [도성에] 주진하시어 [그것에 따른 반한이 내려오고, 그 내용도] 대개 위배하지 않을 것이라고, 동래부사는 분명히 그렇게 [교섭의 결착을] 생각하고 계셨다. 그러나 [현실은 동래부사가, 그 후에] 말씀하신 대로 [이번에는] 좋지 않은 [결과에] 이르렀다. 그렇기 때문에 [정관은] 귀국하는 것이다. 사자의 잘못에 의한 귀국은 작은 일이지만 양국에게 이것은 큰일에 이르는 [중대한] 사태이다. 반한이 개서되었다면 이 이상 없이 [좋은] 일이나 [과연 그렇게 될지 어떨지 약간 으심스럽다. 혹시라도] 이쪽이 쓴 것을 [동래까지] 보내 그것을 [그대로] 주진하셨다면, 적어도, 위배라는 등 [이쪽이] 말할 리 없다. 상담한 대로 반드시 개서되면, 그 같은 취지를 동래부사가 정관 앞으로 서간으로 말을 전해주면, 그 서간은, 이 재판역에게 [먼저] 오게 된다. 그렇게 되면 제발 귀국을 연기하도록 하시라고 [정관에게] 주선할 생각이다. 그러나 동래부사의 생각은 [과연] 그러한 것일까. 교우부 타유우(소우 요시자네) 님이 [정관은] 반드시 귀국하도록 하라고 [이미 강하게] 명했다. 그러나 의문의 반답을 듣기 위해 [그 명에 반하며] 30일의 한계를 설정하고 [아직도] 체류를 계속하고 계신다. 이미 일시도 다가와서 [어떻게 할 수 없다.] 그 위에 동래부사의 명으로 [만일] 출선을 연기했을 경우, 주진의 반답이 [예상과 반해서] 다르면 이미 [정관은] 결코 귀국할 수 없다. 그렇게 되면 [정관은] 도성까지 오가며 반한을 [어떻게 해서라도] 간청하지 않으면 안 되게 된다. 그와 같은 사태에 이르면 [아주] 위함하기 짝이 없는 일이 일어나게 된다. 이 일은 잘 생각하여 주었으면 한다. 이렇게 전했더니, 말씀하시는 것이 당연하다고 생각합니다. 그러나 [정관님에게 물으시면, 어쩌면 전후를 삭제한] 서간을 [이참에] 보내도 좋다고 [그렇게는] 말씀하시지 않을까요. 우리 두 사람에게 동래 10인[을 더한 인원] 중에서 [누군가를] 딸려서 [도성에] 보고를 올려 보냅니다. 그렇게 말하고, 분명한 일이라는 내용의 교섭을 하기 때문에, 그때 [이쪽에서] 어렵게 그렇게 말해도 그것은 후일의 증거가 되기 어려운 일이다. 그러한 정도로는 [정괸에게] 주선할 수 없다. 위의 취지를 자세히 동래부사에게 전하여 만일 [분명한 일이라고 하는 취지의 서간을 보내준다면, 그러한 일에] 납득해 준다면 어떻게 주선을 생각해 본다고, [그렇게] 하치에몬이 [양 판사에게] 말을 전했다. 그러자 자세히 알았습니다. 지금부터 즉시 동래부에 가서, 이 일을 일일이 [동래부사에게] 전하는 것으로 하겠습니다. 이것으로 동래부사의 [해결을 원하는] 마음을 [이쪽의 모든 사람이] 알게 되겠지요. 그렇기 때문에 반답의 건은 곧바로 답을 올리겠습니다. 정관님에게 말씀해주실 것은 [이 답을 기다리는 동안, 잠시] 기다려 주실 것을 원합니다. 이렇게 말하고 돌아갔다.

(35－03)

〃同月五日訓導別差入館裁判方〈江〉罷出東萊返答申聞候ハ返答被仰聞候趣御尤〈ニ〉候得共昨日申進候通御使者御出船之日限御縮来ル十日御乗船候由被仰聞候永々御滞留〈ニ〉而候得共御用向不相済不首尾〈ニ〉而御帰国笑止〈ニ〉存候故此程之御書付前後御除御書付被下候ハ、注進をも仕若宜返簡も有之候ハ、宜儀与存申入候書簡を以申入候儀者此方より御相談申候而書付掛御目候首尾〈ニ〉候ハ、左様可仕事も可有之候得共其元より之御書付是非被遣候へ与望候而違変有之間敷与慥成書簡東萊より可遣事〈ニ〉候哉御了簡〈ニ〉可有御座儀〈ニ〉候首尾宜様〈ニ〉与存候東萊心入者両判事〈江〉遣候伝令有之候書簡を以申達候儀者難成儀〈ニ〉候間左様御心得被成候様〈ニ〉与申来候付其上者御相談可申様無之事〈ニ〉候両判事ハ不及申東萊〈ニ〉も御使者出船之儀十日〈ニ〉相極〆候得共左様〈ニ〉而者有之間敷候又此上何そ此方より申達候儀も可有之哉なと、被疑候儀も可有之候此段曾而毛頭無相違事〈ニ〉候間東萊〈江〉能申達候へ与裁判返答申両判事帰候

(35－03)

〃동월(6월) 5일에 훈도와 별차가 입관하여 재판 측에 나가 동래부사의 반답을 [다음처럼] 전해 왔다. 반답을 전해 들었다. 그

취지에 대해서는 당연하다고 생각하는 바이다. 그러나 어제도 [양 판사가] 말한대로 [지금 다시 검토할 것을 원한다.] 사자의 출선의 일정을 단축하시어 오는 10일에 승선하신다고 하는 것을 [이번에] 들었습니다. 오랫동안 체류하였음에도 불구하고 용건은 결착되지 않아 미진한 채로 귀국하게 된 것은 참으로 안타깝게 생각하는 바이다. 그렇기 때문에 이번의 서부에서 전후를 삭제한 서부를 [이쪽에] 보내주었으면 한다. [그것을 도성에] 주진하고 싶다고 생각하기 때문이다. 혹시라도 좋은 반한이 내려오면 그것은 [정관에게도 졸자에게도, 그리고 양국에게도] 좋은 일이다. 그래서 이와 같은 요구를 하는 것이다. 다만 서간으로 [이쪽에서] 요구하는 일은, 이쪽에서 상담을 요구하여 [수정된 반한의 요구를], 이쪽에서 하는 형식이 되어, 참으로 이상한 도리의] 서부를 보는 상황이 된다. 그렇게 하는 일도 [드물게는] 있는 일이나 [역시 변칙이다. 그러므로] 그쪽에서 서부를 필히 [이쪽에] 보내주었으면 한다고, 이와 같은 요망을 [재판 측에 전해 왔다. 그러나 전후를 삭제한 문구증멸의 서부를 이쪽에서 보낸다 해도 그 내용을 왜곡하거나 혹은] 위배하거나 하는 것과 같은 일은 없다고, 그와 같은 확실한 [증거가 되는] 서간을 동래부사 쪽에서 [먼저 이쪽으로] 보내야 할 것이다. [그렇지 않으면 보낼 수는 없는 일이다. 이쪽은] 그와 같은 생각을 해야 한다. [분명히] 상황이 좋도록 하려고 원하는 동래부사의 심려가 있어 [그러한 생각에서, 이것은] 양 판사를 통해 전달한 [이쪽에게 하는 최대한의] 전령일 것이다. 그러나 그러한 서간으로 [이쪽에] 연락하는 것도 [그것뿐으로 도성에서는 이미 수정 따위를] 하기 어려운 일이다. [이 단계에서는 이미] 그렇게 생각하여 주셨으면 한다고 [실제로는] 그렇게 전하는 것일 것이다. 이렇게 되면 [동래부사와] 상담하는 것과 같은 일은 [이미] 아무것도 없다. 양 판사는 말할 것도 없이 동래부사에게도 사자가 출선하는 것은 [확실한 일이라고 그렇게 전하지 않으면 안 된다. 그것은] 10일로 결정했으나, 그렇기 때문에 [이미 연기 등은] 있을 수 없는 일이다. 또 이 이상 [연기를 허가하면] 무언가 이쪽에서 [다시 양보를] 말하는 일도 있을 것이다라는 식으로 [저쪽에서] 의심하고 만다. 이 출선은 처음부터 틀림없는 일이므로, 이것을 동래부사에게 잘 전해 두었으면 한다. 그렇게 재판은 반답을 전했고, 양 판사는 돌아갔다.

(35-04)

〃同月七日訓導病気ニ付通詞諸岡助左衛門儀坂ノ下江差越申遣候ハ疑問之返答敏到来可在之日積りニ候所今日迄其儀無之候若ハ東莱ニ而扣被申候事与存候旨申達させ候所返答ニ申聞候ハ被仰聞候趣御尤ニ候乍然返答参候を東莱ニ而可被扣様曾而無御座事ニ候疑問之様子六ヶ敷事ニ御座候間俄難埒明夫故致延引候与致推量候返答参候ヘハ油断無之儀ニ御座候得共被仰趣則別差金判事申付東莱江差越候間帰次第東莱之御返答可申入候訓導儀者病気ニ付別差遣し候由返事之趣助左衛門来り申聞

(35-04)

〃동월(6월) 7일에 훈도 [한첨지]가 병에 걸려 [움직이지 못하게

되었기 때문에, 이쪽에서] 통사 모로오카 스케자에몬이 사카노시타에 가서 전하는 말이 있었다. [즉] 의문 [4개조에 대한] 반답이 민속하게 도래한다고 하는, 그와 같은 예정일이었다. 그러나 오늘까지 그렇게 도래한 사실이 없다. 혹시 동래부에서 보류하여 받아두고 있는 것은 아닌가라고, 그렇게도 생각하고, 그 내용을 말로 전해주기로 했다. 이렇게 말하자 [저쪽에서] 반답하여, 말씀하신 취지는 당연하다고 생각하는 바이다. 그러나 반답이 온 것을 동래부에 놓아두고, 우리의 곳에 보관하는 것과 같은 일은 결코 없다. 의문 [4개조에 대한 반답이, 지연되는] 것 같다는 것은 [그 반답이] 곤란하다는 것이 원인일 것이다. 바로는 반답하기 어려워서, 그래서 연기되고 있는 것으로 추량한다. 반답이 왔다면 유단 없이 [기다리고 있으므로 바로 전달해] 주게 되어 있었다. 그러나 말씀하신 취지에 대해서는 서둘러 차사 김판사에게 명하여, 동래부에 보내 [회답 도래의 유무를 확인하고 싶다고 생각한다. 그렇게 하여 김판사가] 돌아오는 대로, 동래부사의 반답을 [그쪽에] 전하려고 생각한다. [그렇게 훈도가 말해 왔다. 즉] 훈도는 병이기 때문에 별차를 [동래부에] 보낸다는 것이다. 그러한 반답의 취지를 스케자에몬이 돌아와서 [이쪽에] 전했다.

(35－05)

〃同月八日別差金判事入館裁判方^江罷出申聞候ハ昨日諸岡助左衛門を以被仰聞候趣則東萊^江罷越申達候之処疑問返答之儀如仰日数積候而者最早参時分^ニ候得共唯今迄不参儀ハ御不審之様子為入組事

゠候故返事致延引候与存候殊゠初〆十五日迄之日切与為申登候故
十五日之筈゠合候へゝ能与被存遅り候共致推量候到来候ハゝ夜中
゠而も可申進由被申候由返答之趣申候而東萊被申候ハ御使者弥十日
゠御乗船候哉久々御滞留互゠申通たる事゠候得者御乗船之儀御付届
も可有之事与別差゠咄被申候由挨拶候故八右衛門返答候而差帰ス

(35-05)

〃 동월(6월) 8일에 별차 김판서가 입관했다. 재판 측에 나가서 전한 것은 [다음과 같은 일이다.] 어제 모로오카 스케자에몬이 [사카노시타까지 와서] 말씀하신 취지에 대해 [말씀드립니다.] 즉 동래에 넘어가서, 반한에 대해 어떠한가라고 말하였더니, 의문 [4개조에 대한] 반답에 대해서는 말씀하신 대로 날짜가 많이 지나고 있기 때문에 이미 슬슬 올 시기라고 한다. 그러나 지금까지 오지 않는 이유는 잘 알지 못하는 것 같다. [의문 4개조의 내용이] 뒤얽혀 [그 혼란 속에서 반답에 고생하고 있는] 것은 아닐까. 그래서 반답이 늦어지고 있는 것이라고 생각한다. 특히 처음에 15일까지라고 기한을 정하여 [도성에] 보고를 올렸기 때문에, 15일 예정에 맞추면 된다고 생각하여 [지금까지] 늦어지고 있는 것은 아닐까라고, 그렇게도 추량하고 있었다. 어쨌든 도래했다면 [이 회답의 서간을] 밤중이라도 지참할 예정이다. 이렇게 전해왔다. 그와 같은 반답의 취지를 전하고 [같이] 동래부사의 전언도 [이쪽에] 전해왔다. 즉 사자는 결국 10일에 승선하신다. 오랫동안 체류하시며 서로 이야기하여 마음을 통하던 [친한 사이가 되었다고, 그와 같은 이별의 말을 전해왔다.] 그러

나 [이때, 이 별차는] 승선하시게 되면 [동래부사가 보내는 전별
등을] 보내는 일도 있어야 하겠지요라고, 이야기하고 있었다 한
다. 그와 같은 [필요 없는] 인사가 있었기 때문에 하치에몬이
[적당히] 반답하여 [이 별차를] 돌려보내고 말았다.

(35 - 06)

〃同月十日与左衛門請取置候返簡両訳封之侭館守ニ渡置与左衛門方
より東莱ニ遺候短簡一通相認館守裁判ニ渡置与左衛門帰国以後東
莱ニ相達候様ニ与申置与左衛門一行上船仕候

(35 - 06)

〃동월(6월) 10일에 요자에몬은 청취했던 반한을 양역에게 봉하
게 해서 관수에게 전해 두었다. 요자에몬이 동래부사에게 보내
는 단간 1통을 여기서 기록하여, 이것을 다시 관수 재판에게 건
네 두었다. 요자에몬이 귀국한 이후 동래부사에 건네도록 하라
고, 그런 말을 남기고 요자에몬 일행은 상선했다.

(35 - 07)

〃右与左衛門より東莱ニ遺候短簡左ニ記之

(35 - 07)

〃위의 요자에몬이 동래부사에게 보낸 단간을 아래에 기록한다.

[真文]

去年所受回答書中有可疑之辞意然再度書契不為回答則貴国之意有
未可窮知者故只請再度答書而既受之答書不為疑問而五月十一日裁判
平成常越海入和館伝刑部君令某帰州之命某因以為回答書中可疑之辞
意不可不請問之五月十五日呈疑問書一本於府使大人以請転達于京都
以六月十五日為乗船之期某曾聞之東莱府報事於京都或二三日而達焉
或四五日而達焉然則疑問書伝達于京都京都作開示書以送下于東莱府
之日数不過十四五日也可知而某所期之日数至三十日者欲貴国閲疑問
書而察此事之情状某未乗船之前再改回答書契之微意也故五月廿三日
以某之意見増損答書文字録為一本呈府使大人以請伝達于京都其後訓
導持彼一本来以述府使大人之意其所言如不知是非者某聞之悟此事不
成而留彼一本訓導頻請持彼一本去以再謀于府使大人某不敢許之因減
所期之日数以六月十日為乗船之期府使大人比日又令訓導請伝啓彼一
本某察貴国之意而不従府使大人之請也自呈疑問書於府使大人至于今
二十五日而貴国未賜開示者即是無可開示之辞也既無可開示之辞則答
書不可不改作不為改作之而欲令帯去之者豈只軽侮弊州実是侵陵本邦
也貴国軽侮弊州侵陵本邦則某之処此事不可不直赴東莱府面接府使大
人以見不辱君命之節義然刑部君召某之意有不可量知者故含羞包憤以
帰弊州府使大人可以憐察某之情也某之帰州不帯回答書契使訓導別差
封之以授之館守是乃欲刑部君遣使之日館守授之使者使者継述某之志
事以決此事之成否也某若帯答書去則仮令使者持答書来而再請改作亦
其写本即不得不転啓于東都東都知貴国回答之意正本与写本何異之有
因惟両国之和好在留答書於和館之間答書一越海則両国恐失百年之和
好某之帰州欺刑部君以曰未受答書然則刑部君応将某之辞転啓于東都

貴国若終不改慮而他日転啓今之答書則某必受内欺弊州上欺東都之大
戮今番一件貴国深有疑于弊州則某不帯答書去以欺刑部君之意貴国今
応不信之刑部君遣使以決此事之時貴国終応悟某之誠意也帰期既迫今
将発船心緒千万不得詳述統希照亮不宣

　　乙亥六月十日　　　　　　　　　　　差使橘真重

　　거년(겐로쿠 7년)에 수취했던 회답서 중에는 의문이 드는 문언이
있었다. 그리고 다시 [금년에 수취했던] 서계는 회답을 하지 않을 뿐
만 아니라, 귀국의 의향조차도 아직 잘 알 수가 없다. 그래서 그저
다시 답서를 청하게 되었다. 이미 수취했던 답서는 이쪽의 의문에
답하는 것이 아니었기 때문이다. [그러한 상황에서] 5월 11일에 재
판 타이라 나리쓰네(타카세 하치에몬)가 도해하여 화관에 왔다. 교
우부군(소우 요시자네)의 명령을 전하는 [사자이다.] 졸자를 타이슈
우로 부르는 명령을 전해왔다. 졸자는 이 명령에 대해 잘 생각해 보
았다. 이번의 회답서 중에는 의문이 드는 문언이 있다. 이것을 질문
하여 [납득이 가는 설명을] 받지 않으면 [귀국하여 보고도] 할 수 없
는 일이다. 그래서 5월 15일에 의문서 1통을 부사 대인에게 정하
며 경도에 전달하여 줄 것을 원했다. 그리고 6월 5일을 [귀국하는
졸자의] 승선기한으로 했다. 전부터 졸자는 동래부에서 사건을 경도
에 보고할 때 혹은 2, 3일에 도착하거나, 혹은 4, 5일에 도착한다고,
그렇게 들은 일이 있다. 만일 그렇다면 의문서를 경도에 전달하여
경도에서 [의문에 대한 설명의] 개시서를 작성하여, 그리고 동래부
에 내려보내는 일수[를 감안하면] 14, 5일을 넘기지 않을 것이다. 이
같은 [기간을 기다려야야 한다는] 것을 알아두어야 한다. 그래서 졸

자는 예정했던 일수[를 다시 늘려] 30일이 되면 귀국이 보내는 의문[에 대한 개시서]를 [충분히] 열람할 수 [있는 것은 아닐까. 그 개시서를 보고] 사정을 살피는 일을 할 수 있으면 졸자가 배를 타기 전에 다시 회답의 서계를 고치는 일을 할 수 있는 것 아닐까. 그러한 일을 은근히 기대하고 있었다. 그래서 5월 23일에 졸자의 생각으로 회답서 중의 문자를 증멸하고 [수정하여] 1통의 기록으로 해서 부사 대인에게 정했다. 그것을 경도에 전달하여 줄 것을 요청했다. 그 후에 훈도가 이 1통의 기록을 지참하고 [이쪽에] 와서 부사 대인의 의견을 전해왔다. 그것이 말하는 것은 마치 도리를 알지 못하는 자가 말하는 것과 같은 [이치에 맞지 않는] 것이었다. 졸자는 이 말을 듣고, 이 교섭이 타결되는 일이 없다는 것을 깨달았다. 이 1통의 기록을 [경도에 전달해 준다는 사실의 기대를 단념하고, 이쪽에] 놓아두기로 했다. 훈도는 자꾸 이 1통의 기록을 [동래부에] 지참하여 다시 부사 대인과 상담할 것을 [졸자에게] 청했다. 그러나 졸자는 일부러 이것을 허가하지 않았다. 이 같은 일로, 예정하고 있는 일수를 줄여 6월 10일을 승선하는 기일로 했다. 부사 대인은 근래 다시 훈도에게 지령하여 이 1통의 기록을 [도성에] 전계하자고 [이쪽에 그 동의를] 요구했다. 그러나 졸자는 귀국의 진의를 알아, 그 같은 부사 대인의 청에는 따르지 않기로 했다. 의문서를 부사 대인에게 전하고 나서 지금에 이르기까지 [이미] 25일이 경과했다. 귀국이 아직 개시서를 하사하시지 않는 것은, 곧 개시할 수 있는 문사(논지)가 없기 때문일 것이다. [이쪽의 의문에 대해] 이미 개시할 정도의 문사가 없다고 할 때는 [의문을 담은 문서를 취하고] 여기에 다시 [새로운] 답서를 어떻게든 만들지 않으면 안 될 것이다. 답서를 새로 만드는 일을 하지 않고 [의문을 남기는 결함의 문서를 그대로 사자에게] 대동시켜 [이곳을] 떠나게 하려고 하는 것은, 그저 폐주를 경시하여 모독한다고 말할 수 있는 일만이 아니라, 그야말로 이것은 본방[의 위신]을 침릉하는 일에도 해당한다. [그와 같이] 귀국이 폐주를 경시하고 모독하여, 본방[의 위신]을 침릉하는 것과 같은 때[가 지금 이렇게 도래했다.] 즉 졸자는 [어쩔 수 없이 행동을 하지 않으면 안 된다.] 이일에 대처하려고 하면 바로 동래부에 가서, 부사 대인을 면접하고, 군명을 욕되게 하지 않는 절의를 여기서 보여드리지 않을 수 없는일이다. 그러나 교우부군(소우 요시자네)가 졸자를 소환하는 진의에 대해서는 헤아릴 수 없는 것이 있어, 그것 때문에 수치나 분노를 애써 참고, 폐주로 돌아가기로 했다. 부사 대인께서는 이 같은 졸자의심정을 살피시고, [충분히] 알아주었으면 한다. 졸자가 타이슈우에돌아갈 때, 회답의 서계를 대동하는 것과 같은 일은 없다. 훈도와 별차가 이 서계를 봉하여 이것을 관수에게 맡겨두기로 했다. 이것은교우부군이 [다시] 사자를 파견했을 때, 관수가 사자에게 [이 서계를] 맡기고 [그리고 나서] 사자는 [이 교섭을 다시] 계속할 수 있기때문이다. 졸자의 생각하는 것도 말로 전하는 일도 있을 것이다. [새로운 사자가 그것에 이어] 일의 성부를 결정하게 되는 것을 [졸자는강하게] 희망한다. 만일 졸자가 답서를 대동하고 [이곳을] 떠날 때가되면, 설령 [새로운] 사자가, 이 답서를 [다시] 지참하고 [이곳에] 와서 다시 개작의 답서를 요청하려고, 그 답서의 사본은, 그때 [가지고돌아간 타이슈우에서] 동도에 전계하지 않을 수 없게 되어 있다. 동도가 귀국이 회답한 의미를 알면, 양국의 우호는, 답서가 초량화관에 맡겨져 있을 동안만, 이것을 유지할 수 있다. 그러나 답서가 일단 바다를 건넜을 때, 그때, 양국은 아마도 100년의 우호를 잃게 될 것이다. [그렇기 때문에] 졸자는 타이슈우에 돌아가 교우부군을 속여, 아직 답서를 받지 않았다고 보고할 [생각이다.] 그렇게 되면, 그때 교우부군은 틀림없이 졸자의 언설을 받아 그것을 동도에 전계할 것이다. 귀국이 혹시라도 고려한 결과, 결국 이 답서를 고치치 않는 일이 되면, 타일에 지금의 답서를 [동도에] 전계하게 된다. 그때 졸자는 반드시 안으로는 폐주를 속이고 위로는 동도를 속였다고 하는 [죄로] 큰 살륙을 받게 될 것이다. 이번의 일건은 귀국이 깊이 폐주를 의심한 일이 [해결을 방해했다.] 졸자는 답서를 대동하지 않고 [이곳을] 떠나게 된다. 그리고 교우부군의 마음을 속이는 일이 된다. 귀국은 지금 확실히 [폐주에 대한 의문을 풀고 졸자의 진의를] 믿어야 한다. [결국] 교우부군은 [다시] 사자를 파견하여, 이 교섭을 해결하려고 한다. 그때 귀국은 졸자의 성의를 깨닫게 될 것이다. 이미 시기는 촉박하여 지금 배는 출발하려고 한다. 마음은 몇 천 가지로 흩어져 자세히 이야기할 수도 없을 정도이다. [지금은] 모든 것이 명료하게 이해하게 되는 것을 원할 뿐이다. [그러나 생각하는 핵심은 여기서 충분히] 말하지 못하고 끝나버렸다.

　　을해 6월 10일　　　　　　　　　　차사 타치바나 마사시게

(35-08)

　〃此短簡之内に不ルノレ辱シ二君命ヲ一之儀をしめすへきといへるハ
　　右竹嶋の一件最初ハ公命を憚るの故を以て此嶋八十年来のこと
　　く我国之属嶋となれかしと衆心同意にて恐喝の言葉ニも及ひたる
　　なれど与左衛門再渡之時彼国より一嶋二名の説を強拗に立て返

簡を書改相渡し候以後ハ重而いふべきの言葉もなく参判使帰国
の導も誠に古語に進退惟ﾙといへることくにて二年を過し所に
其後陶山庄右衛門ﾆ此事如何やと御尋ありし時庄右衛門いへるは
竹嶋を彼国の欝陵嶋といへる其来歴有事にてそれを改めよとハ
元来可被仰掛事ﾆあらすたとへ日本の属嶋に可被遊与　公儀之命
ありとも御役の上よりは幾重ﾆ茂御諫諍可被成事ならすやしかし
此返簡之内ﾆ犯越侵渉又ハ欠二誠信一ｦなといへる文字其国無念
の失を隠し専ラ我州をはつかしめたる言葉ﾆ而我州をはつかしむ
るなれハ使者の義理ﾆありて請取帰るへき事ﾆあらす今一たひ其
所をことわりすなをに改りなば其侭これを請取若も是非改めま
しきと不遜の言葉に及ひなば使者覚悟をきわめ死をいたし可申
事与申上たるに付キ衆議一決し庄右衛門を彼国ﾆ被差渡たる也依
之与左衛門ﾆ其趣を達し右之文句を書述候而と見へし杉村采女ﾆ
復使を仰せし時一行切腹に及ふ事茂可有之与申上たるも同一意
なるべし

(35-08)

〃이 단간 중에는 「군명을 부끄럽게 하지 않는 의」를 보여야 한다
고 말한 부분이 있다. 이것은 죽도일건에 대한 일로, 처음에 장
군의 명을 받고 [그 상세한 설명을 받는 것이] 어려워 [그저 명
령대로 조선에 요구를 했다.] 그러한 경위에서 이 섬이 80년이
래로 있었던 것처럼 [역시 금후에도] 우리나라의 속도여야 한다
고, 그렇게 모두가 동의하고 [교섭에 임했다. 그때] 공갈의 언어
도 사용했다. 그러나 요자에몬이 다시 도해했을 때, 그 나라에

서 1도2명설을 강하고 집요하게 주장하여 반한을 개서해서 건넨 이후에는, 이미 거듭해서 할 말도 없게 되었다. [결국] 참판사는 귀국한다고 하는 일이 되었으나, 그 도화선이 된 것은 그야말로 고어(『시경』대아·상유)에 있는「진퇴유곡(나가지도 못하고 물러나지도 못하여 곤란한 경우)」이라고 말할 수 있는 일이었다. 2년이 경과한 후에 스야마 쇼우에몬에게 이 일을 어떻게 생각하는가라고 [은거하신 분이] 묻는 일이 있었다. 그때 쇼우에몬이 말씀드린 것은 [다음과 같은 것이었다. 즉] 죽도는 그 나라에서 말하는 울릉도로, 그 내력에 대해 [특히] 문제가 있을 때, 그것을 고치라고 말하는 것과 같은 일은 원래 [무리한 이야기로, 이쪽에서] 요구할만한 일이 아닙니다. 설령 일본의 속도로 할 생각이라고 장군이 명령했다 해도 [조선통교의] 역할을 맡은 입장에서는, 몇 번이고 간쟁해야 하는 일이었습니다. 그러나 [이번의] 반간 안에는 범월 침섭이라는 문자나, 또 성신을 결한다는 등의 문자가 있습니다. 저쪽 나라가 무념의 실의를 감추고, 오직 우리 주를 욕되게 하는 언어입니다. 그와 같이 우리 주를 욕되게 하려고 하는 말이기 때문에, 이것은 사자의 입장에서는 청취하여 가지고 돌아올 수 있는 것이 아닙니다. 지금 다시 한 번 그것을 이치로 깨우쳐서 순수하게 고쳤다면, 그대로 이것을 청취하면 됩니다. 그러나 혹시, 또 불손한 말을 뱉을 것 같으면 사자는 각오를 정하고, 죽음을 걸고 항의해야 합니다. 이렇게 말씀드렸더니, 중의가 결정되어, 쇼우에몬을 그 나라에 파견하기로 했다. 그렇게 해서 [도해하는 쇼우에몬을 매개로 해서] 요자에몬에게, 그 취지를 전하여 위의 문구를 [의문 4개조 속에] 기록하게 되었다. 그렇게 듣고 있다. [은거하신 분은 교섭의 수습을 도모하기 위해] 스기무라 우네메에게 다시 사자가 될 것을 명령하셨다. 그때 사자 일행은 할복하게 될 경우를 각오하고, 이 임무를 받았다고 한다. 그와 같이 결의하는 것도 이「군명을 욕되게 하지 않는 것」과 동일한 의미이다.

(35-09)

〃同月十二日与左衛門一行不順゠付牧之嶋^江繫船之所去月十五日東莱^江遣置候疑問之返答書都より到来之由゠而来候委細令披見候処此方より之疑問之儀一ヶ条も彼方申開不相聞候故則又再答之真文相認是又与左衛門出船以後去ル十日゠渡し置候真文同前゠訓導別差を以東莱^江被相渡様にと申達館守裁判^江渡之

(35-09)

〃동월(6월) 12일에 [귀국의 길에 오른] 요자에몬 일행은 [천후] 불순으로 마키노 시마(절영도)에 [일단] 배를 계류했다. 그러한 곳에 지난 달(5월) 15일에 동래부에 보내두었던 의문 4개조에 대한 반답서가 도성에서 도래했다고, 그와 같은 일을 전해왔다. 그리고 [지금으로 정박 중인 선중에 그 반서가] 전달되었다. 그 자세한 것을 살펴보았더니, 이쪽에서 정시한 의문 1개조도 저쪽은 수긍하는 것이 없어, [그 답변이라는 것을] 들을 수는 없었다. 그래서 다시 요자에몬이 출발 이후에 [건네줄 수 있도록 미리] 기록해 두었던 서간, 즉 지난 10일에 [관수에게] 건네두었던 한문과 같이 [처리하라고 했다. 즉] 훈도와 별차를 통해 동래

부사에 건네주도록 하라고, 관수와 재판에게 전하고, 이 서간을
[초량화관에] 건네두었다.

(35－10)

〃疑問返答之書左ニ記之

(35－10)

〃의문 [4개조에 대해 동래에서 보낸] 반답서를 아래에 기록한다.

[真文]

所疑問四条事欲遂段弁破則殊渉瑣屑今姑撮其大畧而言曾在八十二
年前甲寅貴州頭倭一名格倭十三名以礒竹島大小形止探見事持書契出
来朝廷以為猥越而不許接待只令本府府使朴慶業答書其畧曰所謂礒竹
島実我国之蔚陵島介於慶尚江原両道海洋而載在輿図烏可誣也蓋自新
羅高麗以来曾有収取方物之事逮至我朝累有刷還逃民之挙今雖廃棄豈
可容他人冒居以啓闘寡耶貴州我国徃来通行唯有一路此外則無論漂船
真仮皆以賊船論断弊鎮及沿海将官唯厳守約束而已唯願貴州審区土之
有分知界限之難侵各守信義免致謬戻云今此書辞亦載於来書疑問第四
条詳畧雖異大旨則同若欲知此事源委此一書足矣安用許多葛藤之説乎
其後日本三度漂倭或称徃漁于欝陵島或称漁採于竹島而礼曹書契並付
漂倭於順帰船送回貴州云而不以犯越侵渉為責前後意義各有所在頭倭
之来責以信義者以探見形止有侵越之情也、漂船之泊只令順付者沈溺
余生乞得速還則資送是急不暇問他与国之礼有当然者夫豈有容許我土
之意乎朴慶業答書年月最久辞意最詳実為可拠之文今者不究前後事状

之各異只摘回答措語之差殊有若詰問而究覈者然此豈誠信相接之義耶
時遣公差徃来捜撿事我国輿地勝覧書詳記新羅高麗及本朝太宗世宗成
宗三朝屢遣官人於島中之事且前日接慰官洪重夏下去時貴州捻兵衛称
号人言於訳官朴再興曰以輿地勝覧観之蔚陵島果是貴国地云此書乃貴
州人所嘗見而丁寧言説於我人者也、近間公差之不常徃来漁氓之禁其
遠入蓋為海路之多險故也今者舎自前記載之書而不信乃反以彼我人之
不相逢値於島中為疑不亦異乎一島二名云者朴慶業書中既有礒竹島実
我国蔚陵島之語且朴再興与正官倭相見時正官乃発我国芝峯類説之説
類説曰礒竹即蔚陵島也然則一島二名之説雖本載於我国書今番発其言
端実自貴州正官之口回答書契中所謂一島二名之状非徒我国書籍之所
記貴州人亦皆知之者乃措此而言也此豈可疑而請問者乎癸酉年初度答
書所謂貴界竹島弊境蔚陵島云者有若以竹島与蔚陵島為二島者然此乃
其時南宮之官不詳故事之致朝廷方咎其失言矣此際貴州出送其書而請
改故朝廷因其請而改之以正初書之失到今唯当下一以改送之書考信而
已初書既以錯誤而改之則何足為今日憑問之端乎此外煩絮不能悉復并
惟諒之

　　　乙亥六月日　　　　　　　　　　東莱

　의문으로 하는 4개조의 일이나, 그 가설[에 근거하는 의문]을 [바
르게] 추구하여 논파하려고 하면 [그 해설은] 특히 사소(瑣末)하고
번잡함에 빠지게 된다. 그래서 잠시 그 대략을 들어 설명하기로 한
다. 과거 82년 전의 일, 갑인년(1614, 慶長19)의 일이었으나 귀주인
들이, 즉 두목의 왜인 1명과 그 부하 13명이 이소타케시마에 건너와
그 섬의 대소 상황을 탐색 망견하는 일이 있었다. [그 결과를 포함하

여] 서계를 [작성하여 섬에서의 생업의 계속을] 들고 나왔다. 조정은 이것을 멋대로 일으킨 소원(訴願)으로 간주하고 [그 일행에 대한 관의] 대응을 허가하지 않았다. 다만, 동래부의 부사 박경업에게 명하여 그 서계에 대한 답서를 했다. 그 [답서]의 개략을 말하자면, 소위 이소타케시마란 사실은 우리나라의 울릉도이다. 경사도와 강원도 양도의 [멀고 먼] 해양 상에 있는 섬이다. 그러한 일은 [이미] 우리나라의 여지승람의 지도에 실려 있어 처음부터 속이는 일이 아니다. 그야말로 신라나 고려시대부터 지금에 이르도록 [우리나라 영역 내에 있는 섬이다.] 옛날에 방물[의 헌상이 있었고, 조정은] 이것을 수취한 일이 있을 [정도였다.] 우리 조선조에 이르러 자주 도망치는 인민이 [섬에 숨어사는 일이 있었다. 그래서 그들을] 쇄환하여 [끌고 돌아오는]일이 있었다. 지금 [우리가 섬을] 폐기한다 해도, 타인이 멋대로 들어가서 거기에 거주하여 요과(鬧寡: 붐비거나 한적하거나 하는 일상생활)를 여는 일을 그대로 인정하는 것이 아니다. 귀주와 우리나라의 왕래, 그 통행은 [쓰시마가] 유일한 길로, 이외[의 항로 즉 울릉도를 매개로 하는 항로 등]을 인정할 수 없다. [그러므로 왜선이 이 섬에 들리면] 즉석에서 표선인가 아닌가를 논하는 일 없이 모두 적선으로 간주하고 처단한다. 폐방 [해변의] 진태(鎭台)나 연해의 장관은 그저 엄정하게 대처할 것을 약속하고 [이 지시]를 [엄중히] 지킬 뿐이다. 그저 원하는 것은 귀주 구역[의 한계를 알아] 촌토[에도 분령이라는 것]이 있다는 것을[이해하고, 그 일을] 소상하게 하여 경역의 한계는 침범하기 어려운 일이라는 것을 알았으면 한다. 그 위에 서로가 신의를 지켜 오류나 비리(乖戾)를 범하지 않도록 행동했으면 한다라고, 그러한 것을 [박경업은 답서에서] 말하고 있다.

지금 이 서한의 말(書辭)을 보내 온 서한의 의문 4개조에 대한 회답으로 해서 다시 실어 둔다. 자세한 경략은 다르다 하나 대개 이와 같다. 만일 [이번에 의문을 가진] 일의 대략을 알고 싶다고 생각한다면 이 [박경업의 답서] 하나(一書)로 [충분히] 만족할 것이다. 많은 갈등 [과 같은 착종의] 설을 [일부러 여기서] 인용할 필요는 없다. 그 후로 일본은 3회의 표류 왜인 건이 있어, [그때마다] 혹은 울릉도에 가서 어렵을 한다고 하고, 혹은 죽도에 건너가 어채한다고 말하고 있었다. [1도2명이었기 때문으로 우리나라의 울릉도라는 것이 틀림없다. 이 3회의 표류 왜인 건은, 타국 사람의 비참한 표착이라] 예조의 서계와 동등하게, 이 표류 왜인을 돌아가는 왜선에 실려 귀주로 돌려보내는 것으로 했다. [쇠약곤궁하기 때문에 더 이상] 그 범월 침섭 [의 죄를 물어] 그 책임을 추구하는 일은 하지 않았다. 전후의 사정은 각각 가지고 있어, 왜인의 두목(선두)이 내항한 책임에 대해서는 신의로 대응하여 섬의 형상을 탐색하여 침월의 의도가 있는가 어떤가를 판단했다. 다만 표류선은 [비참한 상태로] 흘러 왔다. 물에 빠져 지친 자들은 구조된 후에는 빨리 귀환할 것을 원하며 요구했다. 그들을 귀국하는 도항선에] 동승시킨 것은 [이 불쌍한 자들을 불쌍하게 여겼기 때문에] 이송을 서둘렀다. [이러할 때] 그 외의 [범월 침섭]을 묻는 것과 같은 여유 같은 것이 있을 리 없었다. [구조를 우선하게 했던 것은] 우호국으로서의 예의로 당연히 해야 하는 일이었다. 그것이 어찌 우리 영토를 [방기한 일이고, 우리나라가 그것을] 허용한 일이 되겠는가. 박경업의 답서는 연월이 가장 오래된 것으로 그 문언도 가장 자세한 것이다. 그야말로 [이 일에 관한] 전거가 되는 문장일 것이다. 지금 제 각각의 사례로 그 전후의 사정이 다르다는 것을 [일일이] 설명하는 일은 하지 않는다. 회답하는데 있어 그저 [그러한] 이야기 형식은 [이번에는] 제쳐 둔다. 차이나 특수한 예를 [일부러] 끌어내어 [그것을 예로 들어] 질문을 해명하기 위해, 엄밀히 조사하여(檢覈) 생각하는 것이 [적당한 일인가라고 생각되기 때문이다.] 그러한 일은 성신의 교류로 서로 접하는 [양국 교류의] 본질에 비추어보면 크게 어긋나는 일이 아닌가. 우리나라의 여지승람이라는 서물에는 때때로 사자를 섬에 파견하여, 그곳에 왕래하며 탐색하고 있었던 일이 자세히 기록되어 있었다. 즉 신라시대, 고려시대, 그리고 본조의 태종·세종·성종 3대에 걸쳐 때때(屢々)로 관인이 섬에 파견되었던 일이, 이곳에 명백하게 기록되어 있다. 더 이야기 하자면 이전에 접위관 홍중하가 [도성에서] 내려왔는데, [그 중하가 동래부를] 떠날 때, 귀주의 소우베에라고 칭하는 자가 역관 박재흥에게 이야기하는 것으로 해서, 여지승람을 참고하면 울릉도는 그야말로 귀국의 땅이라고, 그렇게 말하고 있었다. 이 서물은 귀주사람들도 이전부터 잘 알고 있는 것으로, 우리나라 사람이 [우리나라 토지를] 착실하게 언설한 서물이다. 근래에 공적인 사자가 항상 섬에 왕래[하는 일에 소홀하여], 어민이 그 원방의 섬에 들어가는 것을 금지시키지 않았던 것은, 아마도 그 [왕래하는 데 있어] 해로가 험했기 때문일 것이다. [왕래가 많지 않았던] 지금, 이전부터 기재되어 있는 이러한 여지승람의 내용은 [귀국에서는] 버려져 신용 받지 못하게 되고 말았다. 오히려 피아의 사람들이 섬 안에서 조우하지 않았던 것을 가지고 [우리 조선국의 섬이라고 하는 것을 귀국은] 의심까지 하게 되었다. 이것은 이상한 일이 아닌가. 하나의 섬이면서 2개의 이름이 있다고 말하는 것은 박경업의 서중에 이미 의죽도(礒竹

島: 이소타케시마)란 실은 우리나라의 울릉도라고, 그렇게 도명을 이야기하고 있다. 그리고 또 박재홍이 왜의 정관과 회담했을 때, 정관이 말하기를, 우리 조선국의 지봉유설이라는 서물에 실린 설을 이야기했다고, 그렇게 말하고 있다. 지봉유설은 의죽도는 곧 울릉도라고 [그러한 일을 서중에] 기록하고 있다. 그러한 일인데도 1도2명의 설은 우리나라의 책에 원래부터 실려 있는데, 이번에 그것을 언급하는 발언은, 그야말로 귀주 정관이 말한 것이다. 회답하는 서계 중에 소위 1도2명이라는 상태는 단지 우리나라의 서적이 기록하는 것만이 아니라 귀주인들도 모두 이 사실을 알고 있다고, 그렇게 말하는 부분이 있는데, 이것은 곧 이 일을 가리켜 말하는 것이다. 이것을 어떻게 의심하고, 이쪽에 질문할 수 있는 일인가. 계유년(원록 6년)에 처음으로 답서[를 보낸 일이 있었다. 그곳에는] 소위 귀계의 죽도 그리고 폐방의 울릉도라고 하는 [기재가 있었다. 그러나 이것은] 죽도와 울릉도를 2도[로 간주하는 듯한 표현]이었다. 그러나 이것은 그때의 남궁(예조)관이 고사에 있는 일을 자세히 알지 못하여 [그렇게 기재한 것으로] 조정은 그것이 [실언이기 때문에 그 남궁을] 처벌했다. 이때 귀주는 그 [이상한] 서계를 [우리 쪽에] 보내어, 이것의 개정을 요청해 왔다. 그렇기 때문에 조정은 그 요청에 따라, 이것을 개정하면서, 처음답서의 실언을 정정했다. 지금에 이르기까지 [두 번의 답서는] 그야말로 단 하나로 개정하여 송부한 답서가 되었다. 그 [개정하여 송부한] 답서의 [기재를] 신뢰해야 한다. 처음의 답서는 이미 착오하여 기재되었다. 이것을 개정한 오늘 어찌하여 이것을 근거로 [아직도] 의문의 발단으로 삼는다는 말인가. [이미 그럴 필요가 없다.] 이 외의 번잡한 서설(絮説: 구차한 이야기)에 대해 일일이 회답

할 수는 없다. 같은 [내용의 회답]이 되기 때문에 그렇게 생각하고,
이 일을 양해했으면 한다.

　　을해(겐로쿠 8년) 6월 일　　　　　　　　　동래

(35-11)
　〃右与左衛門方より再答書付左記之

(35-11)
　〃위[에 기록한 동래에서 보낸 회답서에 대해] 요자에몬 측에서
　　재답의 서부를 보내셨다. 그것을 아래에 기록한다.

[真文]

　今月十日某去和館乗船泊于絶影島下将去和館時付与一本書於裁判
欲以渡海之日送呈于府使大人今日裁判送達開示書於船上某謹読之開
示不明是所謂過而順之又従而為之辞者也開示不明之旨趣論之如左開
示書八十二年前書辞載於来書疑問第四条若欲知此事源委此一書足矣
安用許多葛藤之説乎云欲知此事源委此一書足矣之語不察事理之甚也
八十二年前書即述新羅高麗国初彼島属于貴国之事而已彼島属于本邦
者八十年来之事則何以八十二年前書為尽今番一件之源委乎開示書漂
船之泊只令順付者沈溺余生乞淂速還則資送是急不暇問他与国之礼有
当然者夫豈有容許我土之意乎云八十二年前言可容許他人之冒居以啓
闇寡耶則無七十八年前聞他人徃漁而容許之之理矣其説先日所呈疑問
書詳述之而今開示書言沈溺余生乞淂速還則資送是急不暇問他与国之
礼有当然者是乃遁辞之窮也、所謂礼者何礼乎非礼之礼大人不為其窃

嘆貴国無開示之辞也開示書捄兵衛言於朴再興曰以輿地勝覧観之蔚陵
島果是貴国地云此書乃貴州人所嘗見而丁寧言説於我人者也云捄兵衛
所言即蔚陵島古属于貴国之事以輿地勝覧観之之意也輿地勝覧即二百
年前之書籍而彼島属于本邦者八十年来之事也以輿地勝覧為今晩一件
之証験何其不察古今之変易乎開示書時遣公差徃来捜撿事我国輿地勝
覧書詳記新羅高麗及本朝屢遣官人於島中之事近間公差之不常徃来蓋
為海路之多険故也今者舎自前記載之書而不信乃反以彼我人之不相逢
値於島中為疑不亦異乎云輿地勝覧記新羅高麗国初遣官人島中之事者
不可為今番一件之証験八十年来我国辺民年年徃漁于竹島未曾与貴国
公差相逢于彼島而今之答書却有時遣公差徃来捜撿之語是乃所以為疑
問也今開示書以輿地勝覧為証験則今之答書言時遣公差徃来捜撿者豈
不有為虚偽之説乎不能開示某之所問而却著書中辞意之虚偽者某竊為
貴国耻之開示書朴再興与正官相見時正官乃発我国芝峯類説之説類説
曰礒竹即蔚陵島也然則一島二名之説雖本載於我国書今番発其言端実
自貴州正官之口回答書契中所謂一島二名之状非徒我国書籍之所記貴
州人亦皆知云之者乃指此而言也此豈可疑而請問者乎云某与朴再興相
見時発芝峯類説之説者欲使貴国知弊州有芝峯類説書也然某自以為漫
筆之書籍不足備于両国相論之証験故只竊告之朴再興而先日所呈之疑
問書不述之而今開示書以類説為一島二名之証験則某亦可以類説為蔚
陵島属于本邦之証験某曾考之類説自序即八十二年前所識也当時我民
有住居彼島者之事本州記籍載之而類説亦有近聞倭人占拠礒竹島之語
知他人占拠而容許之知他人徃漁而容許之則是八十年来貴国自棄彼島
以令為他人之有也往事如是而今番以我民徃彼島為犯越侵渉者不思之
甚也某疑答書中一島二名之状非徒我国書籍之所記貴州之人亦皆知之

之語者以与初度答書辞意不相合也其説疑問書述之今不贅之開示書癸
酉年初度答書所謂蔚陵島云者有若以竹島与蔚陵島為二島者然此乃其
時南宮之官不詳故事之致朝廷方咎其失言矣此際貴州出送其書而請改
故朝廷因其請而改之以正初書之失到今唯当一以改送之書考信而已初
書既以錯誤而改之則何足為今日憑問之端乎云今之答書与初度答書辞
意不相合而某請問之者以春先太守赴東都時帯初度答書写本也貴国今
帰罪於南宮之官以隠前後答書辞意不相合之失今番一件固両国之大事
則無南宮所作答書朝廷不閲之之理矣某今読開示書而深為貴国耻之

　　乙亥六月十二日　　　　　　　　　差使橘真重

　　이달 10일에 졸자는 화관을 퇴거해서 배를 타고 출항하여 절영도
에 정박했다. 막 화관을 떠나려고 했을 때 1통의 서를 재판에게 맡
겨 두었다. 졸자가 도해하는 날에 이것을 부사 대인에게 송정하도록
[재판에게] 의뢰했다. 오늘 재판 [타카세 하치에몬]이 [의문 4개조에
대한 회답이 되는] 개시(설명하여 일러주 는)의 서부를 [졸자가 탄]
선상에 송달해 주었다. 졸자는 삼가 이것을 읽었다. 그러나 그 개시
의 [내용은] 명확한 것이 아니다. 이것은 소위 오류 그대로로 [개정
하는 일 없이 그대로]이고, 또 그 [오류] 그대로를 [오류에] 의거하
여 [그대로] 문언으로 만들었다라고 하는 것과 같은 것이기 때문이
다. [그러한] 개시[의 내용이기 때문에 당연히 문제가 많다. 그 문사
의 문제는 그] 명확하지 않은 이유를 [구체적으로 열거하여] 아래에
들어둔다. 이 개시의 서부는 82년 전의 서사를 의문 4개조에 [대한
회답으로 해서] 싣고 있다. 즉 「만일 [이번에 의문이 된] 일의 대개
(源委)를 알고 싶다고 하는 바람이라면, 이 [박경업의 답서] 일서를

보면 [충분]하고도 남는다. 어찌하여 여타의 갈등[과 같은 착종의] 설을 [일부러] 인용할 필요가 있겠는가」라고, 이렇게 말했다. [그러나 이 부분에는 문제가 있다.] 이 일의 대개를 알고 싶다고 하는 바람이라면 이 일서로 충분하다고 하는 문언은, 참으로 사리[에 벗어난, 사정을] 알고 못하고 있다. 82년 전의 서부는 그야말로 신라, 고려, 그리고 조선의 초기에 그 섬이 귀국(조선)에 속한다는 것만을 이야기했을 뿐이다. 그 섬이 본방(일본)에 속하는 것은 [그 이후에 생긴 일로, 즉] 82년이래에 생긴 일이다. 그것을 어찌하여 82년 전의 서부를 가지고, 이번 일건의 근원(源委)을 설명하는 일로 하려는 것인가. 또 개시의 서부는 [표류선이 비참한 상태로] 유착했을 때 허약해진 자들은 구조된 후에 빨리 나라로 송환해줄 것을 원했다. [그들을 귀국의 도항선에] 태워 보낸 것은, 수습하여 이송(資送)하는 것을 서둘렀기 때문으로, 그 외에 [범월 침섭]을 묻는 것과 같은 여유는 [이러할 때] 있을 리 없다. [구조를 우선한 것은] 우호국으로서의 예의이고 당연히 그래야 하는 일이었다. 그것이 어찌 우리 영토를 [방기한 일이 되고, 우리나라가 그것을] 허용하는 일이 되겠는가]라고, 그렇게도 말했다. 그러나 82년 전에 타인이 멋대로 들어와서, 이곳에서 어렵을 한다고 하는 것을 듣고 이곳에 거주하여 요과(鬧寡: 붐볐다가 한적했다 하는 일상생활)를 여는 일을 인정할 수 없다고 말하나, 그렇게 말할 때 [그 직후의] 78년전에 타인이 섬에 왕래하며 이곳에서 어렵을 한다고하는 것을 듣고, 이것을 허용한다고 하는 것은 [전혀 수미가 일관하지 않아] 이치가 통하지 일이다. [그 설에 대해서는 이미] 선일에 보낸 의문서에서 [이쪽은] 자세히 이야기해 두었다. [그러하니 지금 다시 한 번 이것을 참조해 주었으면 한다.] 그러나 지금 해명한 서부는 [쇠약해진 자들이 구원된 후에 빨리 귀환하는 것을 원했을 때, 수습하여 보내는 것을 서둘렀기 때문에, 그 외에 [범월 침섭을] 따지는 것과 같은 여유가 없었다] 라고, 이렇게 말한다. 또 [구조를 우선으로 하는 것은] [우호국으로서 예의로 당연히 그렇게 해야 했다]라고도 말한다. 그러나 이러한 설명은, 할 말이 없어서 본질을 떠나 회피하는 말이다. [그렇게 말한다면] 소위 [양국간의] 예의란 [도대체] 어떤 예의인가. [그것을 질문하고 싶다.] 비례가 될 것 같은 예의를 [졸자와 교섭하는 사이에 접위관이나] 동래부사의 대인들은 하고 있지 않았던 것인가. [그렇지 않을 것이다.] 졸자가 가만히 생각하건데 [의문 4개조에 대한] 귀국이 해명하는 문언은 [전혀 내용이 없는 것으로 마치] 존재하지 않는 것과 같다. 그것을 [깊이 귀국을 위해] 한탄하는 것이다. 또 개시의 서부에는 [이쪽의] 소우베에가 박재흥에게 이야기한 말 가운데 「여지승람을 참조하면 울릉도는 그야말로 귀국(조선)의 땅이다」라고, 그렇게 말했다고 기록했다. 또 「여지승람이라는 서물은 귀쥬(쓰시마)의 사람들도 이전부터 잘 알고 있는 것으로, 우리 조선사람이 [우리나라 토지를] 바르게 언설한 서물이다」라고, 그렇게 기록했다. 그러나 소우베에가 말하는 것은, 즉 울릉도는 오랜 옛날에 귀국(조선)에 속한다는 것을 여지승람을 참조하면 알 수 있다고 그렇게 말했을 뿐이다. 여지승람은 200여 년전의 서적으로, 이 섬이 본방(일본)에 속하게 된 것은 80년래의 일이다. 여지승람을 가지고 이번 일건의 증거의 표시로 삼으려고 하는 일은, 고금의 변이 [즉 시대의 변천]이라고 하는 것을 전혀 이해하고 있지 않은 것에 의한 [발상]이다. 또 개시의 기술은 말한다. 「자주 공적으로 사자를 섬에 파견하여 도내를 수검해 왔다. 그것은 우리의 여지승람에 자세히 기록되어 있다. 신라, 고려 및 본조에서 가끔 관인을 섬에 파견해 왔다. 근래 공적인 사자가 자주 섬에 왕래[하는 일에 태만한」 것처럼 된 것은 왕래하는 해로가 위험한 것이 원인일 것이다. [왕래가 적게 된] 지금, 이전부터 기록되어 있었던 이러한 여지승람의 내용이 [일본에서는] 버려져 신용하지 않게 되어버렸다. 오히려 피아의 사람들이 섬 안에서 조우하지 않는 것을 가지고 [우리 조선국의 섬이라고 하는 것을 일본은] 의심하기에 이르렀다. 이것은 이상한 일이 아닌가]라고. [그렇게 개시의 서]는 말한다. 그러나 여지승람이 신라의 시대, 고려의 시대, 국초의 시대에 관인을 섬 중에 파견한 일을 기록하는 것은 [이전의 이야기로] 이번 일건을 증거하는 표시로 하는 것은 [앞에서도 이야기한 것처럼 아무래도] 인정할 수가 없다. 이 80년래, 우리나라 변민이 연년 죽도에 왕래하며, 이 섬에서 어렵해 왔으나, 그 사이에 아직 과거에 귀국의 공적인 사자를, 그 섬에서 조우하는 것과 같은 사실이 없었다. 그렇기 때문에 이번 답서에는 오히려 [이상하게 생각하는 부분이 있다. 즉] 자주 사자를 파견하여 섬에 왕래하며 수검한다는 문언이 있으나 [이 일을] 의문으로 생각하는 것이다. 지금 개시의 서에 있는 여지승람을 예로 들어 증거로 삼는 것과 같은 일은 [아주 틀린 일이다.] 즉 이번의 답서에 있는, 자주 사자를 섬에 파견하여 왕래 수검한다고 말하는 것은 그야말로 허위의 이야기로 [그쪽이] 만들어낸 것일 것이다. 졸자가 이 사실을 물었는데, 그 회답을 개시하지 못하고, 오히려 서중 문언에 [이 80년래 아직도 왕래 수검하는 것처럼 생각하게 하는 것과 같은] 허위 기재를 하게 되었다. 졸자는 은밀히 귀국을 위한 생각을 하며, 이 일을 부끄럽게 생각한다. 개시서는 또 이야기한다. 정관이 박재흥과 회담했을 때, 우리나라(조선)의 지봉유설에는 이소타케시마(의죽도)는 곧 울릉도라는 기록이 있다. 그렇다하면 1 도2명의 설은 원래 우리나라(조선)의 서적에 실려 있다고는 해도 이 번에 그 말을 한 것은, 실로 귀주의 정관이 말한 것이다. 회답서계 안에 소위 1도2명의 상태는 우리나라 서적이 기록하는 것만이 아니라 귀주의 사람들도 역시 모두 이 사실을 알고 있다고, 그렇게 말하는 것은, 즉 이와 같은 사실을 가리켜서 말하는 것이다. 이 일을 어째서 의심하고 어째서 의문을 [다시 표하며 회답을 다시 요청하는 것일까]라고, 이렇게 개시의 서는 기록한다. 졸자가 박재흥과 회담했을 때 지봉유설을 이야기한 것은 귀국에 대해 폐주가 지봉유설이라는 책이 있다는 사실을 알고 [그 내용도 알고 있다는 사실을 박재흥을] 통해 [은연 중에 귀국에게] 알려주려고 했던 일이다. 그러나 졸자는 혼자 생각하는 일이 있어 이러한 만필(생각나는 대로 기록한 글)의 서적으로는 양국 상론의 증거의 표시로 하는 일에 부족함이 있다고 판단하고 있었다. 그렇기 때문에 그저 은밀하게 이것을 박재흥에게 말했을 뿐으로, 지난번에 송정한 의문 4개조의 서중에서는 이 일을 [일부러 취급하지 않고] 말하지 않았다. 그러나 지금 개시의 서가 지봉유설을 가지고 1도2명의 증거물로 한다[는 것을 말한다면], 그것에 대해 졸자도 역시 이 지봉유설을 가지고 울릉도 [즉 죽도]가 본방(일본)에 속한다고 하는 증거의 표시를 [애써] 이야기하기로 한다. 졸자가 과거에 이 일을 생각하기를, 지봉유설(발행은 1614)의 자서는 82년 전에 기술된 것이다. 당시 우리 인민은 그 섬에 [건너가 그곳에] 거주하는 자가 있었다. 그 일은 본주(쓰시마)가 기록한 서적에도 실려 있다. 그리고 지봉유설도 역시 이 일을 기록하고 있다. 즉 「최근에 들은 이야기이나 왜인이 의죽도를 점령하고 있다고 한다」고 하는 그런 문언이다. 즉 타인이 점령하고 있는 사실을 알고, 이것을 허용한다. 그리고 타인이 왕래하며 어업을 한다는 것을 알고 이것을 허용한다. 이러한 일은 지금까지 80년래 [이루어져 온 기성사실이라고 하는 것]이다. 이것은 귀국 스스로가 그 섬을 버려서, 그래서 타인의 소유로 한 것을 [인정하는 일]이다. 지금까지 [이러한 일에 이의나 문제를 제기하지 않았다.] 그러하면서 이번에 우리 인민이 그 섬에 왕래하는 것을 [돌연] 범월 침섭이라고 [규탄]하는 것은 생각지도 못한 심한 처사이다. 졸자가 [귀국의] 답서 중에 있는 [1도2명의 상태를 함부로 의심하는 것은 처음의 답서와] 문언이 일치하지 않기 때문이다. 이 설에 대해서는 [이미] 의문 4개조의 서에서 이것을 이야기했다. 지금 [다시] 이것을 [여기서] 이야기하여 반복(贅言)할 생각은 없다. [그렇기 때문에 의문의 서를 다시 참조하기 바란다.] 개시의 서는 또 이야기한다. [계유년(원록 6년)에 처음에 답서[를 보낸 일이 있다. 그곳에는] 소위 귀계의 죽도, 그리고 폐경의 울릉도라고 하는 [기재가 있었다. 그러나 이것은] 죽도와 울릉도를 2도[로 간주하는 표현]이었다. 그러나 이것은 그때 남궁(예조)의 관이 고사에 있는 일에 자세하지 않아 [그렇게 기재한 것으로] 조정 측은 그것이 실언[이기 때문에 이 남궁을] 처벌했다. 이때 귀주(쓰시마)는 그 [이상한] 서를 [이쪽에] 보내어 이것을 고칠 것을 요청했다. 그래서 조정은 이 요청에 의해 이것을 고치는 것으로, 처음 답서의 실언을 정정했다. 이렇게 해서 [두 번의 답서는] 그야말로 단하나로 개정되어 송부한 답서가 되었다. 그 [개정하여 송부한] 답서의 [기재를] 신뢰해야 한다. 처음의 답서는 이미 착오를 기록했다.

이것을 개정한 오늘, 어찌하여 [처음의] 답서에 의거하여 [아직도] 의문의 발단으로 하는 것인가」라고, 그렇게 말한다. 지금의 답서와 처음의 답서의 문언은 [어떻게 해도] 합치하지 않는다. 졸자가 왜 이러한 의문을 품고, 이것에 대한 답변을 일부러 요청하는가 하면 [이것에는 이유가 있다.] 거년(원록 7년)의 봄에 앞의 태수(宗義倫)가 동도에 갔을 때, 처음답서의 사본을 대동하고 동상(에도)행했기 때문이다. [동무는 이 처음답서로 이미 일의 내용을 이해를 하고 있다. 그 정도로 중요한 문서이다.] 귀국은 지금 [처음답서가 저지른 오류] 의 죄를 남궁의 관리에게 돌리는 방법으로, 전후 답서의 문언이 합치하지 않는 실태를 감추고 있다. 이번의 일건은 원래 양국의 대사이기 때문에 [그러한 상황에서] 남궁이 작성한 답서의 문언을 [다시 한 번] 조정이 열람 [점검]하지 않았다는 식으로 하는 [책임전가의] 이유는 [도저히 이쪽에서는 통용되지 않는다. 전혀] 이해할 수 없는 일이다. 졸자는 지금 이 개시의 서를 읽고 깊이 귀국을 위해 이것을 부끄러워하고 있다.

　을해(겐로쿠 8년) 6월 12일　　　차사 타치바나 마사시게

(35－12)

〃六月十七日与左衛門一行并陶山庄右衛門阿比留惣兵衛府内帰着

(35－12)

〃6월 17일에 요자에몬 일행 및 스야마 쇼우에몬과 아비루 소우베에가 부내(쓰시마 후츄우)에 귀착했다.

찾아보기

(ㄱ)

가덕 40
가덕도 65
가독 451
가마 36
감찰사 421
강선 146
강원도 33, 63, 521
개시 473
검관옥 462
경상도 39
경호 36
고양이 65
곡연 120, 290, 304
공갈 516
공적 199
관수 216, 456
교대 420
구집 313, 484
국기일 350
국왕 78, 192
국주 408
국풍 325
권해 145
귀계 145, 469
귀국 49, 109, 300, 377
귀양 123, 174
규문 175
금지 268
기입 142, 222
김병사 424
김판사 100, 498

김판서 121
김홍복 316
꾀병 377

(ㄴ)

난출 359
난투 285
남구만 379, 419, 431, 433
남궁 77, 148, 214, 316, 345, 524, 533
남정승 420, 422
납치 433
내담 410
네덜란드 495
논어 341
농사 127
닌자에몬 69

(ㄷ)

대국 495
대접 67
대차사 16
대청 253
도선주 70, 73, 210, 211
도중 499
도해금지 82
돈벌이 66
동래부사 71, 243, 310, 370, 414, 437
동래부사 성관 147
동무 142, 268, 407, 437
동심 123
동인 451

동좌 103
두류 45, 371, 394

(ㅁ)

마타자이 468
만력 267, 400
망국 139, 327
명목 128, 143, 151
목록 290
목면 의류 40
목찰 44
무례 310, 363
무루구세무 40, 65
무사 403
무악 119
무위 167
문자 340
문장 346
문필 338
물품 54
미호노세키 468
밀선 180
밀수 66

(ㅂ)

바쿠토라비 62
바쿠토라히 67
박경업 521
박동지 88, 92, 111, 123, 151, 173,
    188, 306, 429, 431, 434
박세채 418, 433
박재흥 523, 529
박첨지 322
박토라히 39, 41
반한 142, 184, 222, 275, 298, 462
발선 105
방각 30
방물 521
방해 407
벌레 15

범월 467
변동지 88, 306
별차 78, 100
별폭 16
복서 147
복통 329
봉공 164
봉인 449, 501
봉진 70
봉진물 117
봉진역 210
봉진연석 114, 276
봉함 340
봉행 53
부룬세미 29
부산첨사 71
부산첨사 박횡 148
부산포 32, 117
부채 496
북경 224
북동 33, 97
불신 268
비각 498
비밀 88
비애 488
비용 79, 124

(ㅅ)

사무라이 382
사본 122, 135, 149, 283, 364, 457
사서 422
사양 113, 303
사자 81, 232
사자옥 58
삭제 139, 190, 210, 241, 469
삼한 314
상매 66, 105
상매선 32
새끼줄 103
서거 425

선례 340
선중 518
선향사 78, 82, 216
성신 105, 127, 200, 305
세평 409
소문 408, 494
소송 408
소옥 65, 67
소인배 347
속도 456, 472
송환 310
쇄출 315
수검 530
수역 88, 96
수정 167, 184
수치 514
숙배 290
숙배소 115
순찰사 176
순천 65
스기무라 17
스즈키 17
승조원 62
신라 521
심문 37, 49, 94
쓰치야 19

(ㅇ)

아메노모리 18
아베 23
아비루 129
악생 115
안동지 88, 407, 424
안요구 62, 67
안요쿠호키 39, 41
야자에몬 69
양도 61
어채 522
어치주 85, 101, 154, 263, 285, 355,
    449, 462

에도 312, 318, 433
여지승람 92, 98, 128, 309, 485, 521
역관 280
연석 285
연향대청 99, 115
열좌 22
영해 33, 39, 62, 63
영호 45, 53
예비교섭 325
예조참의 71, 146
예조참판 70, 74, 210, 484
오루스이 19
오오우라 17
오정 333, 350, 436
와니우라 203
왜곡 198
왜란 96
우루친토우 33
우산도 93, 97
울릉도 136, 210, 211, 222, 255,
    309, 362
울산 175
월범 147
유배 177
유소 451
윤지완 418, 433
은밀 96
의문 515
의문서 444
의죽도 523
이나바 407
이소타케시마 30, 132, 243, 521
이안테이 16
이여 311
이인환 422, 433
이전 206
이테이안 208, 374
이홍적 317
이희룡 350, 396
인질 24, 72, 75, 79, 84, 96, 97, 104

인판 500
임시회담 332
임진 108, 140, 379
입관 352

(ㅈ)

잠상 305
장군 168, 190
장한상 423
적선 521
전라도 40, 65
전례 353, 357
전마선 67
절영도 63, 84, 518
접위관 86, 106, 111, 125, 194, 226, 262
정관 70, 73, 104, 108, 210, 211,
    260, 352
제주도 495
조례 450
조반 115
조선인 271
조선통교대기 13
조선통신사 424
조종 176
주진 121, 185, 270
죽도 22, 30, 68, 88, 127, 129, 164,
    310
죽도전복 22
중국 139, 161, 434
증석 314
중연석 301
증거 52
증문 55, 59
증보판 18
지두 407
지리멸렬 348
지봉유설 98, 524
직접 268, 407, 408
진량 106
진퇴유곡 517

(ㅊ)

차례 99, 102, 119, 227, 235
차비관 121, 135
참의 169
참판사 15, 69
창구 407
처자 432
철수 322, 334
체류 385, 404, 440, 465
초량화관 29, 84, 157
초안 200, 250, 323
추고 417
축의물 307
출비 85
출연석 194, 369, 382, 390, 440
충절 174
취조 62
치욕 199
치주 163
칙령 180

(ㅋ)

킨바타이 66

(ㅌ)

탄원 175
탈것 67
태종 312
텐류우인 17
토관 72
토지 269, 379
통사 32, 58, 103, 296
퇴휴사 267

(ㅍ)

파견 34
폐경 469
폐방 138, 145, 161
표류 145
표민 467

풍설 411
풍습 409
필사 328

(ㅎ)

한명상 316, 396
한비챠구 32
한첨지 475, 481
할복 518
해금 145, 147
해적 105
허가 80, 458
허위 160, 530
현상 22, 466
형식 370, 490
홍중하 100, 523
후은 173
훈도 78, 100
히라타 267

(기타)

10표 66
12세 471
17인 40
1도2명 231, 310
2도 98, 160, 225
2명 280
2인 57
2통 464
300관목 173
30일 498, 513
3개조 446
3척 40
3회 467
40인 25, 70, 104
43세 41
7, 80년 444
80년 530
81년 466
82년 473

9인 39, 62, 175
9헌 291, 308

一宮助左衛門 49, 52
一汁七八菜 65
七人 126
七八拾年 133
万松院 11
三尾関 467, 472
両人 91, 127
中山加兵衛 28, 116, 304
乗物 430
九拾余人 36
九月三日 55
仁位弥右衛門 83
仁左衛門 68
兄弟同前 130
六月晦日 45
内山郷左衛門 69
内野九郎左衛門 61
別之嶋 81
加勢傳五郎 58
加納幸之助 68, 365
十人乗 38
南芳院 149
古川蔵人 451
古来 79
召捕 18, 70
商人 406
土屋相模守 18, 20
地頭 406
坂之下 118
多田與左衛門 24, 69, 208
大浦陸右衛門 15
天龍院 68, 406, 428
安同知 406
宗対馬守 26
宿主 41
富井源八 103
寺崎与四右衛門 69, 209

小畑元右衛門　20
山岡對馬守　46, 56
山田兵右衛門　36
嶋三有　90
嶋雄菅右衛門　33, 45
川勝平蔵　220
川口攝津守　37, 48, 56
差返　275, 298
平田直右衛門　24, 220
平田隼人　116, 149, 208, 375, 453
年寄　355, 360, 375
幾度六右衛門　215
弔禮　450
引船　83
御隠居　356, 365, 373, 376
捨置　92, 125, 128, 223
朝鮮之内　79
本一嶋　98
杉村采女　24, 28, 453
杉村頼母　365
東釜　209
松浦儀右衛門充任　11
柳川調興　471
柳左衛門　209, 240, 475
樋口太郎兵衛　102
樋口孫左衛門　24
樋口左衛門　149, 375
樋口靭負　365
永瀬伝兵衛　78
江戸　311

河内盆右衛門　360, 376, 397
浦触　55, 59
濱田源兵衛門　37, 48
濱田源左衛門　102
田嶋十郎兵衛　20, 24, 355, 374, 453, 460
磯竹弥左衛門　68
笠原養沢　215
籠舎　126
請岡助左衛門　436
諸岡助左衛門　103, 289, 328, 335
越克明　11
越常右衛門　15
金子　430
鈴木加平次　215
鈴木半兵衛　20
銅印　365
長小屋　29
阿比留惣兵衛　83, 122, 134, 157, 195, 202, 215, 289, 328, 342, 356, 376
阿部豊後守　20
陶山庄右衛門　443, 453, 454, 461, 516, 533
雨森　18
霊光院　424
馬多三伊　467, 470
駕籠　36
高勢八右衛門　78, 86, 215, 443
鰐浦　201, 218

권혁성(權赫晟)

　1976년 서울 생

　순천대학교 일어일문학과
　동경대학교 초역문화연구과 석사과정 수료
　동북대학교 박사과정 수료

죽 도 기 사　종 합 편 (상)

초 판 인 쇄 ㅣ 2013년 9월 13일
초 판 발 행 ㅣ 2013년 9월 13일

편　역　자 ㅣ 권혁성
펴　낸　이 ㅣ 채종준
펴　낸　곳 ㅣ 한국학술정보㈜
주　　　소 ㅣ 경기도 파주시 문발동 파주출판문화정보산업단지 513-5
전　　　화 ㅣ 031) 908-3181(대표)
팩　　　스 ㅣ 031) 908-3189
홈 페 이 지 ㅣ http://ebook.kstudy.com
E - m a i l ㅣ 출판사업부　publish@kstudy.com
등　　　록 ㅣ 제일산-115호(2000. 6. 19)

ISBN　　　978-89-268-4566-0 94380